住房城乡建设部土建类学科专业"十三五"规划教材
高等学校城乡规划学科专业指导委员会规划推荐教材
本教材受国家自然基金资助（项目批准号：51678517）

城市空间发展导论

华晨　曹康　主编

董文丽　傅舒兰　副主编

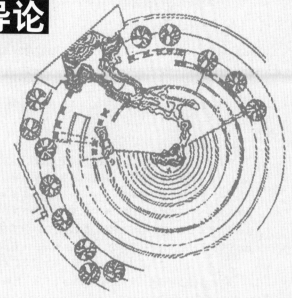

中国建筑工业出版社

图书在版编目（CIP）数据

城市空间发展导论/华晨，曹康主编.—北京：中国建筑工业出版社，2017.9
住房城乡建设部土建类学科专业"十三五"规划教材
高等学校城乡规划学科专业指导委员会规划推荐教材
ISBN 978-7-112-21304-7

Ⅰ.①城… Ⅱ.①华… ②曹… Ⅲ.①城市空间–空间规划–高等学校–教材 Ⅳ.①TU984.11

中国版本图书馆CIP数据核字（2017）第238705号

本教材是住房城乡建设部土建类学科专业"十三五"规划教材、高等学校城乡规划学科专业指导委员会规划推荐教材。本书从理论到方法系统地介绍了城市空间发展的相关内容，内容从浅入深，图文并茂，通俗易懂，具有理论性与实用性相结合的特点。本教材从城市空间界定、城市空间发展相关理论、城市空间发展机制、城市空间发展研究的技术方法、城市空间发展战略与规划五篇进行介绍，具体包括城市空间及相关概念、城市空间的学科维度、城市空间的类型、城市空间发展的一般理论、多学科视角下的城市空间发展相关理论、城市形态与建筑类型学理论、城市空间发展规律、城市空间研究技术与方法、城市空间发展模式、城市空间的设计与调控、城市空间发展战略。同时，为便于学习，每章后都配有相应的习题。

本教材可以作为全国高等学校城乡规划专业的教学用书，也可以为城乡规划行业相关的从业人员参考使用。

本教材赠送教学课件，有需要者可与出版社联系，邮箱：jgcabpbeijing@163.com。

责任编辑：杨　虹　牟琳琳
责任校对：焦　乐　党　蕾

住房城乡建设部土建类学科专业"十三五"规划教材
高等学校城乡规划学科专业指导委员会规划推荐教材

城市空间发展导论

华晨　曹康　主编
董文丽　傅舒兰　副主编
＊
中国建筑工业出版社出版、发行（北京海淀三里河路9号）
各地新华书店、建筑书店经销
北京嘉泰利德公司制版
北京同文印刷有限责任公司印刷
＊
开本：787×1092毫米　1/16　印张：21$\frac{1}{2}$　字数：478千字
2017年12月第一版　2017年12月第一次印刷
定价：49.00元（赠课件）
ISBN 978-7-112-21304-7
　　　（31020）

序　言

所有人在城市中的行为均发生在城市空间之中，对城市空间的观察、认知和研究涉及了多样视角和多种学科。在我国城市化仍处在不断推进和深化的过程中，认识和理解城市空间的特点，辨别其类型、解释其原因、厘清其作用，才能使有关城市空间的研究和规划设计工作具备基础要素和学术线索。同时，城市空间从长期来看并不是稳定的，从时间的维度考察空间，发展既是驱动城市空间出现变化的因素，也是对应于城市行为多样性的适应方式。本教材对以上内容作了系统的归纳和阐述，具有导论的属性。适用于高等学校城乡规划学科的课堂教学和学术研讨，为研究生文献综述工作提供借鉴，也可为建筑学、风景园林、城市管理等相关学科的跨学科学习和研究提供扩展方向。

本教材包含 5 篇 11 章，每章之后附有习题。为辅助教学用途配备了对应的 PPT 课件。

基于视角和学科背景的差异，关于空间及城市空间的定义存在众多看法。这反映出空间的广义性和特征性的对立统一，不仅说明了城市空间的研究博大精深，也寓意着如何认识空间必会直接影响相关学科的建立基础。可见的空间与无形的空间均为城市行为的发生提供了条件，某些学科始终关注着空间的物理属性，也有不少学科发现城市中的行为与无形的空间更为关联，进而导致了可见的空间变化。较早经历工业化和城市化的西方国家从不同学科角度归纳了城市空间的结构和模式，并推演出空间动态发展所遵循的规律。这些结构、模式和规律名目繁多，不仅立场或价值观分庭抗礼，也体现了城市空间的学术研究仍处在一个开放和争议的阶段，这虽然对形成一个学科的共识造成了不少困难，但可以让读者特别是城乡规划专业的学生扩展视野和培养批判精神。网络技术发展带来了社会意识的多元趋势，同时了解正方和反方的动机与意图才能使城乡规划专业人员更能够适应多元社会发展的需求。

随着我国开始进入后工业化时代，城市空间的存量属性明显增强，空间治理和制度设计成为众多中国城市的关注热点，虽然政策意图并不是一个可见的物理空间，但对可见的城市空间作用巨大、影响深远，因此城市规划的研究领域从传统的可见空间走向参与城市政策制定成为学科发展趋势。跨越学科已有边界是当前学术界普遍采用的技术路线构建方式，其研究成效令人欣喜，在城市规划学科领域也不例外，随之需要了解和掌握的知识与方法也大量增长，能够熟知其中一二已称得上是业内专家。本教材收录和解读了很多在城市空间研究与规划工作中运用的技术方法和数理分析手段，凸显了城乡规划学科中理性过程的重要性。城市空间好看固然符合众望，而好用则万不可缺。在城市空间理论层面阐述的基础上，结合具体案例，探讨了各类要素导向下的城市空间发展战略和规划方法，针对可见的城市物理空间，重点解析了城市设计在城市空间塑造和调控中的历史作用与技术流程，期望对城市空间规划设计的实践工作者有所帮助。

本教科书的编写凝聚了许多个人和部门的辛勤工作。浙江大学城乡规划学科的教师和同学们承担了编写工作，三位主要编写教师是曹康、董文丽和傅舒兰，她们系统全面的专业教育背景、海外深造经历和女性的细致认真态度，是完成编写工作的根本保证。感谢中国建筑工业出版社的编辑们对本书付出的努力。浙江大学建筑设计研究院黄杉副总规划师提供了丰富的案例资料。研究生龚嘉佳和朱云辰的协助工作非常出色，研究生童济、王金金、陶舒晨、韩天成、李琴诗和李晓澜，本科生吾希洪、常家齐、朱书颉和吴佳一在图片重绘、校对和整理工作中发挥了具有职业性的团队精神。本书第1章由曹康、王金金、刘昭撰写；第2章由曹康、董文丽撰写；第3章由傅舒兰、曹康撰写；第4章、第5章由董文丽撰写；第6章由傅舒兰、张唯一撰写；第7章由董文丽撰写；第8章由曹康、陶舒晨撰写；第9章由曹康、王金金撰写；第10章由傅舒兰、龚嘉佳撰写；第11章由曹康撰写。各章图片绘制分工情况如下：吴佳一为第8、9章，常家齐为第3、7章，吾希洪为第2、4、5章，朱书颉为第6、10、11章。

编写工作的完成也是对浙江大学城乡规划学科已故同事韦亚平副教授的告慰。

感谢参考书目和资料的作者、编著者以及网络媒体的知识推送和资讯启示！

目　录

—Contents—

第一篇　城市空间界定

1 城市空间及相关概念
002　1.1　空间
009　1.2　场所
010　1.3　城市空间
011　1.4　城市空间结构
013　1.5　城市形态
015　1.6　城市模式
017　习题
017　参考文献

2 城市空间的学科维度
020　2.1　地理学
022　2.2　社会学
023　2.3　经济学
025　2.4　建筑学
027　2.5　系统科学
029　2.6　城乡规划学
030　2.7　生态学
030　习题
030　参考文献

3 城市空间的类型
033　3.1　物质属性
036　3.2　社会属性
039　3.3　功能属性
043　3.4　城市空间要素的划分
043　习题
044　参考文献

第二篇　城市空间发展相关理论

4　城市空间发展的一般理论
047　4.1　城市空间发展理论
064　4.2　城市群及城市体系发展理论
069　习题
070　参考文献

5　多学科视角下的城市空间发展相关理论
074　5.1　系统科学视角下的城市空间发展理论
086　5.2　可持续发展视角下的城市空间发展理论
092　5.3　关于城市空间发展的其他重要研究
104　习题
104　参考文献

6　城市形态与建筑类型学理论
107　6.1　城市形态学
121　6.2　建筑类型学
136　习题
137　参考文献

第三篇　城市空间发展机制

7　城市空间发展规律
140　7.1　城市空间发展要素
145　7.2　城市空间发展的特征
147　7.3　城市空间发展机制

164　7.4　城市空间发展的阶段

169　7.5　城市群及城市体系发展特征与演变规律

177　习题

177　参考文献

第四篇　城市空间发展研究的技术方法

8　城市空间研究技术与方法

183　8.1　统计分析思想和计量技术

189　8.2　决策方法

199　8.3　系统动力学模型

207　8.4　城市空间分析

220　习题

220　参考文献

第五篇　城市空间发展战略与规划

9　城市空间发展模式

228　9.1　城市空间发展抽象模式

232　9.2　经济导向下的模式

237　9.3　集约利用模式

246　9.4　交通导向下的模式

251　9.5　生态导向下的模式

256　9.6　信息化下的模式

265　9.7　城乡一体化下的模式

270　习题

270　参考文献

10　城市空间的设计与调控

275　10.1　城市设计的起源与发展

277　10.2　城市设计的主要内容与要领

284　10.3　城市设计的基本步骤与方法

308　10.4　城市空间的控制导则

314　习题

314　参考文献

11　城市空间发展战略

315　11.1　区域空间发展政策

317　11.2　城市战略空间规划

331　习题

331　参考文献

335　后记

第一篇
城市空间界定

本篇分为三章，从相关概念、学科维度和类型三个角度，解析城市空间研究与分析中的基础问题。

1 城市空间及相关概念

　　本章从物质领域、精神领域和社会领域这三个方面阐述空间（Space）从古至今的复杂演变。同时，解析空间（Space）和场所（Place）两个相互联系的概念，以及相关的城市空间、城市空间结构、城市形态、城市模式等其他概念，为本教材其他各章内容的理解奠定概念基础。

1.1　空间

　　人类对空间的看法或认知受到哲学、物理学、心理学、社会学等学科发展的影响，从古至今有极大的变化，但其中仍有可遵循的发展逻辑。法国哲学家列斐伏尔（Lefebvre）认为对空间的理解大致可以分为 3 个领域：物质领域（自然界）、精神领域（逻辑和形式的抽象）及社会领域（Lefebvre，1991）。马克思在《资本论》中也提到了类似的三种空间概念：作为人类生产和生活的场所的广延空间、作为发展的各种可能性集合的可能空间、作为人与人的社会关系总和的关系空间。上述三个领域可分别对应于美国地理学家苏贾（Soja，亦译为"索杰"）提出的自然空间（物质空间、物理空间）、心理空间和社会空间三个分类，并且涉及古代最早探讨空间概念的学科如哲学、天文学、数学（几何学）[①]、物理学[②]、1960年代以来在"空间转向"影响下的政治学、社会学、经济学、心理学等以及"文化转向"影响下的地理学、城市规划学。"空间转向"下的人文社会学科赋予了空间以更丰富的文化内涵，认为空间概念因文化背景而异，不同的社会形态下概念千差万别，同一个社会形态下概念框架也是动态的（哈维，1996）。"文化转向"下的传统空间学科则将文化研究空间化。对空间问题的跨学科性的广泛重视，显示出对空间问题理解的逐步深化。

学界对自古以来空间认知发展的理解因采纳的视角——社会学、地理学、文化批判、心理学等——而各有不同，有概括为从物理空间到社会空间的线性发展路径的（张广济，计亚萍，2013），有归纳为绝对空间与相对空间、先验空间与经营空间，以及自然空间与社会空间（或主观空间与客观空间）三条发展路径或三对二元论的（苏尚锋，2008；文军，黄锐，2012），有理解为形而上学空间和知觉空间两个发展阶段的（冯雷，2008），也有总结为形而上学和"主体－身体"双重演进逻辑的（王晓磊，2010）。学者一般以古代空间二元论概念——绝对空间与相对空间为阐述的起点，但是对近现代以来发展的理解差异较大。本章主要依照列斐伏尔和苏贾的观点，将空间认知分为物质、精神和社会三个领域进行分析。这三个领域之间存在时间上的演进关系和相互之间的影响与交错，也可视之为空间认知的简化发展路径（图1-1）。

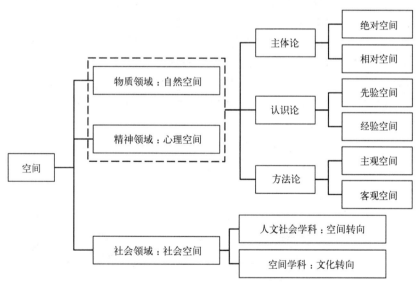

图1-1 空间概念的发展
（图片来源：编者自绘）

---

① 数学上，空间指一种具有特殊性质及一些额外结构的集合，但不存在单指为"空间"的数学对象，初等数学中空间通常指借助于笛卡尔坐标系表示的三维空间。

② 物理学上，空间是与时间相对的一种物质存在形式，表现为长度、宽度、高度，可以用来描述物体及其运动的位置、形状和方向等抽象概念，也可被称为宇宙空间。

1.1.1 物质领域

人类最早从本体论视角认知空间为一般化和抽象化了的物质形式，时间、空间和物质密切相连。这种形而上的认知影响了各种哲学上、理论上和经验上的空间分析，导致将空间理解为人类生活环境的容器，认为空间可以客体化（几何学上）、空间具有现象学本质等（苏贾，2004）。这种将空间外在化、物质化和抽象化的理解，引发了希腊自古以来关于空间的性质是绝对的还是相对的旷日持久的争论。近代以来，在数学的发展下欧式几何被质疑、非欧几何逐渐形成，推动了物理学上相对论的发展和时空一体的新空间观的形成。

（1）绝对空间与相对空间

古希腊学者在对空间概念的探知中，认识到空间可以分为相对空间和绝对空间（图1-2）。对空间的绝对性和相对性的讨论，持续了接下来几千年时间，各个学科的学者都有参与。

相对空间观认为空间是物质世界中物体或事件的位置（Jammer，1954，哈维，1996）。此观点持有者主要有古希腊哲学家德谟克利特、亚里士多德和德国数学家莱布尼茨等人。德谟克利特在其原子论中提出万物本原是原子与虚空—— 一切事物都由绝对性的原子构成，原子是"存在"的；而相对性的虚空是绝对的空无、是原子运动的场所、是"非存在"的。亚里士多德认为空间是相对的、有限的，并在其《物理学》中提出了空间是"像容器之类的东西"的观点，认为空间"乃是一事物的直接包围者，而又不是该事物的部分"、"空间可以在内容事物离开以后留下来，因而是可分离的"等（亚里士多德，1982）。受原子论以及充盈原理的影响，莱布尼茨认为物质是现象的；而时空是关系、观念和连续的；空间是"纯粹相对的东西"、"并存事物间的秩序"（莱布尼茨，克拉克，1996），是相对的而不是绝对的（王冰清，2014）。

绝对空间观认为空间是所有物质实体的容器（Jammer，1954，哈维，1996）。古希腊哲学家柏拉图、英国物理学家牛顿、德国哲学家康德等人都秉

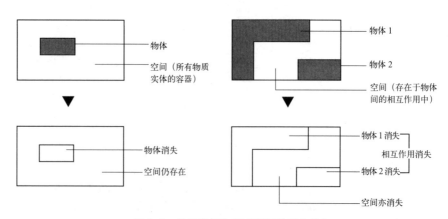

图1-2 绝对空间和相对空间的对立认知
（图片来源：编者自绘）

持这一观念。柏拉图（2005：35）认为空间"不朽而永恒，并作为一切生成物运动变化的场所"。牛顿区分了绝对空间与相对空间，认为"绝对的空间，就其本性而言，是与外界任何事物无关而永远是相同的和不动的。相对空间是绝对空间的可动部分或者量度"（塞耶，1974）。他本人则是绝对空间观的有力推动者，因为他的机械论体系需要建立在一个绝对静止的参照系中[①]。康德支持牛顿，不过他的空间观批判性继承了牛顿和莱布尼茨的观点，去除了空间的绝对客观性，认为空间是作为理念而存在的绝对空间（刘彬，2012），具有自身的实在性（Kant，1768；刘胜利，2010）。

（2）时空一体

古希腊数学家、教育学家欧几里得被誉为"几何学之父"，他所开创的具有严密逻辑结构的建立在平坦的三维空间（欧式空间）中的几何学，在2000多年来一直统御着数学、物理等领域，直到19世纪才有所突破。17世纪时牛顿在欧氏空间的基础上加入时间维，创造出四维绝对时空的概念——绝对时间均匀流逝，与空间无关，绝对空间符合三维欧几里得几何准则。19世纪在罗巴切夫斯基（Nikolas Ivanovich Lobachevsky）、黎曼（Georg Friedrich Bernhard Riemann）等数学家影响下诞生的非欧几何是对传统的欧几里得几何学的突破和超越，它把几何从二维、三维的平直、均匀空间扩展到n维的弯曲（不均匀）空间，打破了空间的绝对性。爱因斯坦于20世纪初提出相对论，证明现实世界、实际生活空间并非平直几何空间，而是一种弯曲几何空间，他称之为"四维时空流形"——时间是相对的、空间也是相对的。相对的另一个含义是它以场的概念取代了绝对空间观的物质概念，"场"由可衡量的物质与能量的性质及关系来说明（哈维，1996）。这样，人们千百年来一贯遵循的基于牛顿经典力学的绝对时空观念——时间单向匀速流动和空间的平坦与均匀——均被打破。

英国社会学家安东尼·吉登斯（Anthony Giddens）在《社会的构成：结构化理论大纲》（The Constitution of Society，1984）一书中提出了结构化理论（Structuration Theory）。该书基于物理学和数学的发展，集中论述了关于社会生活的时间—空间构建。吉登斯完全承袭了爱因斯坦的"四维时空流形"观，把时间与空间视为不可分割的整体，共同投入社会的构成当中——对空间的一种更接近本原的理解。

1.1.2 精神领域

近代以来，形而上空间观有两条扬弃道路（王晓磊，2010）。一条是牛顿以后，康德将形而上空间概念引入认识论领域，空间哲学与空间科学之间的分野开始出现。从认识论层面研究空间对主体（即人）的意义，引发先验空间与经验空间之争。另一条是笛卡尔以来，对空间的"主体－身体"向度的理解，引发了方法论上的主观空间和客观空间之争。如果说第一条道路还

---

① 牛顿和莱布尼茨在学术上处处针锋相对，也体现在他们的空间观上，集中反映在莱布尼茨和克拉克（牛顿代言人）的著名论战中。

视空间与主体为分离的两种客体的话，第二条道路已经在尝试消解这种区分，将二者结合。

（1）先验空间与经验空间

哲学家在人类获取知识方面的争议，形成了"先验"与"经验"这一对基本概念。先验（A Priori）在拉丁文中指"来自先前的东西"，引申为"在经验之前"。中世纪经院哲学里先验意即超范畴的，表示普遍存在的、超感觉的、在一切经验以前被知觉认识到的。而经验指体验或观察某事物后获得的心得。

康德在其《纯粹理性批判》（Kritik der Reinen Vernunft）中系统阐述了他的先验空间观。在他看来，空间不是物体自身的一种属性，而是一种"先验的阐明"、先天形式的知识、离开经验而独立存在的纯粹知识，是心灵使知识得以可能的一个范畴（Nerlinch，1976）。他进一步认为，按照时间的描述为历史，按照空间的描述为地理；这两者可以满足人类知识的整个领域，即历史学是时间的知识领域，地理学是空间的知识领域（柴彦威，2000）。不过康德（2004：32）也认可空间的"经验性的实在性"，即经验在空间认知中的作用。英国哲学家约翰·洛克（John Locke）则是经验主义——人们的全部知识（逻辑和数学或许除外）都由经验得来——的始祖。洛克认为空间是通过视觉和触觉获得的关于事物并存的关系，纯粹空间的各部分是物质实体的广延本身，所以空间是一种经验空间。洛克的学说遂成为空间的心理学研究的发端，并在18世纪初为英国哲学家贝克莱（George Berkeley）所继承。贝克莱试图从生理学角度探讨空间知觉，认为空间是一种由各种观念联结而成的复杂体验、一种被感知的主观现象和知觉经验，且这种知觉经验对客观空间具有相对性。休谟（Hume）也是经验论的代表人物，受贝克莱影响认为空间观念源于印象，是通过视觉或触觉感知客体而投射在内心中的经验。

（2）客观空间与主观空间

笛卡尔的主客体二元论将物质与精神平行看待，在方法论层面上影响了空间的认知模式（郑震，2010）。19世纪以来，在现象学、实验心理学[①]和人类学兴起的影响下，空间由形而上问题转为实证性问题（冯雷，2008），推动了20世纪以来客观空间（抽象空间）和主观空间（知觉空间、象征性空间）理论的发展。

在洛克、贝克莱等人的基础上，法国哲学家梅洛－庞蒂（Maurice Merleau-Ponty）从知觉现象学入手，认为知觉经验和客观空间相对性的存在表明有三种空间类型：身体空间（经验主义的空间，物质空间）、客观空间（理性主义的空间，一种抽象空间、知识结构）以及作为二者交叉的知觉空间（冯雷，2008）。瑞士心理学家皮亚杰（Jean Piaget）在认知心理学研究中将空间的表现形式分为两类：（客观世界的）空间属性和（人类的）空间观念，可分别对应于客观空间和主观空间。苏贾则提出了"第一空间"（客

————————

① 威廉·冯特（Wundt）认为实验心理学是一门研究主体直接体验到的感觉、情感等经验的科学。

观空间）和"第二空间"（主观空间）的概念。他认为客观空间是基于物质的和物质化的空间，是真实可感的物质性空间，可以通过观察、实验等方法被分析、被标识，是能够被直接把握的具体的物质空间形式（苏贾，2005：95）。所以，梅洛－庞蒂的身体空间和客观空间其实都可归入到苏贾所称的第一空间。

主观空间论的先行者——康德认为空间"是主观的东西，是观念的东西"，否认客观空间的存在（康德，2004）。而苏贾（2005：97）所指的主观空间主要表现为心理空间，是精神的建构、"主体的、精神的、反思的、哲学的产物"，是按主观想象通过图像和文字表现出来的观念性空间，并假定"空间知识的生产主要通过话语建构式的空间再现、通过精神性的空间活动来完成"。这一概念并不否认客观空间的存在，而是强调要通过思维活动去获得对物质现实的知识本质的认知和理解。正如梅洛－庞蒂将知觉空间定义为人的知觉世界，可自由在客观和身体空间之间自由转换。

1.1.3 社会领域

（1）人文社会科学的空间转向

列斐伏尔在空间研究领域具有开创性地位，他有关空间的概念和理解对政治经济学等学科的学者影响巨大，引领了空间研究的新马克思主义学派。列斐伏尔的社会空间概念源自海德格尔和马克思，他用马克思的"生产活动"代替了海德格尔的"生存活动"（朱耀平，2012），指出任何一个社会、任何一致的生产方式都会生产出自身的空间，这种（社会）空间具有政治性和意识形态性。不过，在列斐伏尔之前，涂尔干（Emile Durkheim，1999）已经意识到了空间的社会差异性。社会空间包含生产关系和再生产关系，这些关系也被给予适当的场所——用他的话来说，就是资本主义"占有空间，并生产出一种空间"（Lefebvre，1976）。比利时经济学家曼德尔则以资本主义制度下的各种地区不平等为例，佐证且发扬了列斐伏尔的基本观点。他并未将不平衡发展的空间结构归因于社会阶级，而是将这种空间结构"等同于社会阶级"，并激进地声称各种空间的不平等是资本主义积累所必需的（Mandel，1976，苏贾，2004）。

列斐伏尔还认为，从一种生产方式转变到另一种生产方式会伴随新空间的生产（Lefebvre，1991）。同时，各种社会关系和各种空间关系之间存在辩证的交互作用和相互依存关系，生产关系形成空间，但也受制于空间。这一看法得到了另外一位新马克思主义学者卡斯特利斯（2011，即卡斯特尔）的进一步发展。他认为空间形式是人类行为的产物，取决于特定生产方式和发展模式，表达和实现统治阶级的利益，以及特定历史条件下的国家权力关系。与此同时，各种空间形式被烙上来自被剥削阶级、被压迫主体以及被统治妇女的反抗的印记（Castells，1983，苏贾，2004）。因而，城市空间演变的动因是城市社会运动，这是最高层次的城市社会变革。它会造成城市内涵的改变或形成新的城市内涵，进而使空间发生重构。

空间转向引致的具有深远意义的社会－空间重构活动，同时也推动了

三种对空间的新理解——后历史决定论[①]、后福特主义[②]和后现代主义（苏贾，2004：94），而广义的后现代主义则涵盖了这三方面内容。有关后现代主义空间观的学说林林总总，但都认可法国哲学家福柯有关考古学和谱系学的知识是基石，为空间性的后现代文化批评和权力的制图学提供了一条重要的发展途径（苏贾，2004）。福柯将空间与权力相连，认为空间是任何权力运作的基础，权力的运用需要通过分割和管理空间来实现。

美国哲学家弗雷德里克·詹明信（Jameson，1991）是后现代空间论的代表人物之一，提出了空间概念化理论。他认为"后现代就是空间化的文化"，空间范畴和空间化逻辑主导着后现代社会，正如时间主导着现代主义世界一样。詹明信将适应后现代形式的激进政治文化的空间化模式界定为一种"认知图绘的美学"，这种工具性制图法在各种形态的文化逻辑和后现代主义中体察权力和社会控制（苏贾，2004）。此外他还提出了"超空间"的概念，认为它最终有效地超越了个人身体的局限，感性地组织其周边环境，从认知角度去发现自己在外在世界中所处的地位（Jameson，1991，迪尔，2004）。索杰（2005，即苏贾）则根据列斐伏尔的空间分类以及他本人的三种空间分类，提出了"第三空间"的概念，指客观的物理空间和主观的精神空间融合而成的社会空间，是"特别开放的空间，一个交换批评意见的地方"。其核心思想是空间的本质在于空间性、历史性和社会性三者之间的关系。

随着1960年代女权运动的蓬勃开展，女权主义或女性主义思想或意识也逐渐浮出水面，其影响空间及空间性探讨的同时，也构成后现代空间探讨的主要部分之一。一般认为，性别（Gender）指与人的性相联系的、与生物差异相伴随的社会和文化的区别性建构，性别差异的社会内涵随历史和社会的变化而变化。性别空间（Gendered Space）则将女性与男性借以生产及再生产权力和特权知识隔离开来（斯佩恩，2008）。性别的空间状况是社会安排的，通过促进男性或遏制女性获取知识的机会，几千年来的制度化的空间隔离或空间体制持续强化着男女不平等现象，而这种空间隔离表现在社会和家庭的各个方面。

（2）传统空间学科的文化转向

人文社会学科出现空间转向，而传统空间研究学科如地理学、建筑学、城市规划学与人文社会学科交叉，出现空间研究的"文化转向"。在这种趋势下，空间不再被视为一种几何拓扑关系，而是一种社会关系，对空间的科学研究遂转化成文化研究（李蕾蕾，2005）。

地理科学的文化转向是新文化地理学兴起的产物。1920、1930年代，地理学家索尔（Carl Sauer）针对地理学中的环境决定论提出了自然景观研究的"文化决定论"，认为文化是人改造自然的动力，由之形成伯克利学派，即文化地

---

① 历史决定论指历史进程受历史因果性、历史规律性和历史必然性决定。后历史决定论与之相对应，乞求重新平衡历史、地理和社会三者之间的交互作用（苏贾，2004：94）。

② 1970年代后西方资本主义国家在生产领域发生了制度性变革，为了适应消费方式的转变，以标准化大生产为特征的福特主义转变为小规模、专门化、高技术和灵活的生产方式，即后福特主义，它在劳动过程、劳动力市场、产品和消费模式上更具灵活性与机动性。全球市场、劳动力市场随之发生转变，并进一步扩大至社会其他领域，带来了社会－空间上的重构。

理学派。1980 年代，英国地理学家杰克逊与考斯格罗夫（Cosgrove）不满于传统文化地理学对城市空间的忽略而创立新文化地理学，形成了地理学科的“文化转向”。与伯克利学派将文化理解为环境与历史作用下的整体建构不同，新文化地理学认为文化是各种社会关系的表征方式（李丹舟，2015）。随着文化转向的加深，长期被压制、忽略的少数族裔空间、女性空间、同性恋空间、贫困者空间等空间场景被纳入地理研究视域，地理学与社会学、人类学、政治学等产生诸多交错（唐晓峰，2005；姜楠，2008）。

在建筑领域，19 世纪以来在现代性转向下现代主义取代西方古典主义风格，空间和功能取代形式成为建筑的核心设计要素。第二次世界大战后，以国际式为代表的现代主义风格在全球风靡导致建筑文化趋同。1970 年代，在各种激进的意识形态运动影响下，以文丘里为代表的一批建筑师提出“建筑的复杂性和矛盾性”，强调要找回建筑与地域、文脉等要素间的联系（应文等，2013），表明以空间为设计、研究对象的建筑学也出现了“文化转向”。

城市规划学起源于建筑学、工程学、景观设计等学科，注重物质空间的设计是学科的本质特征。第二次世界大战以后城市研究者与规划师逐渐意识到城市空间既是物质空间也是社会空间，物质性城市空间视角下的物质形态规划——以蓝图式规划和理性综合规划为代表——逐渐被多元化视角下的其他规划类型如沟通规划所取代。资本主义社会已经使城市空间成为“重复劳动的产物，是可以复制的”（Lefebvre，1991）。全球化浪潮和快速城市化使这种城市同化现象日趋严重，普遍出现“文化危机”并引发了基于文化的城市复兴和竞争，“文化规划”随之兴起[①]，体现了城市规划领域的文化转向。文化规划包括双重含义，其一是对广义文化资源的战略性、整体性运用（DMU，1995）；其二是“文化地”进行规划，即将文化理解为社会关系和生活方式，在此视角与思维下实施规划。

1.2 场所

场所（Place，有时也被译为“地点”）是一个与“空间”联系密切的概念。两者的含义均依赖于自然、人类活动、人与环境之间的关系这三者之间的相互关联（萨克，2013）。场所指空间中独一无二的、人类日常活动的地点或位置（Location），是人类历史、文化和物质的凝聚（李晓东，张烨，2009）。同时它也是社会的构筑物，人们在这里生活、工作和经商的经历以及价值的历史累积为场所赋予了特性，并注入了价值（希利，2008）。

场所可以通过不同方式来进行“解释”。哲学上，海德格尔（2005）在《筑·居·思》（Bauen Wohnen Denken）一文当中将场所解析为由位置与地点两方面构成的一个概念。社会学上，英国社会学家安东尼·吉登斯（2011）认为，强调空间与场所这两个概念的区别极为重要。在前现代社会，空间与场所是一致的，因为对大多数人而言，社会生活的空间维度多数情况下受“在场”的支

---

① “文化规划”的正式提法最早见于哈维·佩洛夫（Harvey Perloff）的《用艺术提升城市生活》（1979）一文（黄鹤，2005）。文化规划不仅指根据地区文化特质制定规划，更是确保城市规划的各个阶段考虑文化因素的一种规划工具。

配——即地域性活动的支配。现代性的降临,通过对各种"不在场"(或"缺席")的要素的孕育,日益将空间从场所里分离出来。也就是说,建构场所的既包括在场的要素,也包括不在场的要素,而且正是这些被场所的"可见形式"掩藏着的那些远距离关系,决定着场所的性质。文化地理学中,场所概念强调的是附着于特定地域之上的文化的和主观的意义。建筑学上,克里斯蒂安·诺伯格-舒尔茨(Christian Norberg-Schulz)认为场所是用来指代环境的术语,是由具有材料物质、形状、纹理和色彩的具体事物构成的整体(诺伯格-舒尔茨,2011)。

玛西(Massey,1994)认为场所具有如下三个特征:①场所具有多重特性;②场所不是静态的,而是处于动态过程中;③场所并不是围合起来的,具有明显的内部、外部区分的。诺伯格-舒尔茨则认为,构成场所的事物共同决定了环境品质,也是场所的本质。由于场所是一个具有一定性质的整体,所以不能以分析性、"科学"性概念的方式来描述,只能用现象学方法——与抽象和心理解释相对立,是"回归事物本身"——来研究。在现象学的分析下,场所的结构可用"风景"、"居所"等术语来描述,是包括空间和品质两方面的环境整体。界定场所的空间属性都是拓扑类型的,而品质则取决于场所的材料和形态构成。城市空间在物质层面上是一种经过限定、具有某种形体关联的空间,当空间中的社会、文化、历史事件与人的活动及所在地域的特定意义发生联系时,也就获得了某种文脉意义,空间就成了"场所"。场所结构并不固定,但也会保持"地方稳定性"(Stabilitas Loci)。

"场所精神"(Genius Loci,或译"地方特征"、"场所意义")即体现人与价值观念之间、人与社会群体之间、人与文化传统之间、人与自然环境之间的密切关系,场所而非场地(Site 成为维持社会关系与文化传承的纽带)。罗西认为城市空间的场所精神存在于城市历史之中,一旦这种精神被赋予形式,它就成为场所的标志记号。保护"场所精神"意味着在新的历史背景下使场所本质具体化。

然而,在所谓后现代主义时期,一方面,大批无视地域传统的"没有场所"的空间(如市区购物中心)被制造出来(朱克英,2011);另一方面,场所对于人的意义也趋于消失(卡斯特利斯,2011),各个场所、各个城市会从其在一个层级网络中所处的位置获得其社会意义。

1.3 城市空间

罗布·克里尔(Rob Krier)认为,城市空间是"城镇中建筑之间以及其他地方所有类型的空间",它"被各种[建筑]立面以几何形围合,只有这些几何特征的可读性以及它的美学品质才能使我们意识到这种室外空间是城市空间"(克里尔,2011:353)。而其中,街道和广场是两种最基础的元素。从类型学的角度而言,根据空间底平面的几何模式、空间形式以及它们的变体,可以将城市空间分为正方形、圆形和三角形三种类型。这三种基本性质受到如下调节因素影响:角度、片断、附加、合并、重叠或无数的合并及扭曲,它们可对空间类型产生规则或不规则的几何结果，进而产生许多复合形式。同时，建筑的剖面在各个层面上影响空间品质，尺度差异对空间也非常重要（克里尔，2011）。卡斯特利斯（2011）认为，城市空间演变的动因是城市社会运动，它引起城市社会变革并引出新的城市内涵。

如果将城市抽象地看作是一定地域范围内的社会、经济、文化、政治等活动的集中和统一，那么城市空间则是所有上述的抽象内容集合的载体。

1.4 城市空间结构

1.4.1 界定

结构指构件与构件之间的关系以及这些构件是如何被构造化的。该词原本在建筑、土木工程领域被使用，后被引入生命、社会科学领域（柴彦威，2000），指被研究的对象具有系统性、持续性、动态性和层次性（不对称性）（陈坤宏，1994）。

城市是一个社会、经济、生态复合巨系统，具有复杂的社会结构、经济结构和生态结构，这些结构要素以城市物理空间作为载体（张新生，何建邦，1997）。城市空间结构与城市社会结构、经济结构和政治结构等相似，均属于城市结构的内容，指的是构成城市经济、社会、环境发展的主要要素，在一定时间形成的相互关联、相互影响与相互制约的关系在土地使用上的反映（顾朝林等，2000），也即城市的人类活动和组织功能在空间地域上的反映或投影（Gallion，1983）。从上述定义可知，城市空间结构具有两层含义：从其表征看，是城市各组成要素的特征和空间组合格局；从内涵看，它是人类的经济、社会、文化活动在历史发展过程中的物化形态，即人类活动与自然因素相互作用的产物（Harvey，1975）。空间结构作为城市空间的一种内在的规定性，反映了城市空间中各个要素（子系统）相互联系、相互制约，从而使城市空间具有了整体行为，成为城市空间具有整体性的原因（袁雁，2008）。

1.4.2 分类

城市空间结构有不同的分类方法，其中一种分类是将其分为实体空间结构和非实体空间结构。对于实体空间而言，空间结构可以是城市物质环境的组织方式，如多中心的城市结构；对于非实体空间而言，空间结构指各类城市活动或子系统的构成，如产业结构，社会结构。具体而言，城市空间结构包括土地利用结构、经济空间结构、人口空间分布、就业空间结构、交通网络结构、社会空间结构、生活活动空间结构等（柴彦威，2000）。

此外，还可将城市空间结构分为内部空间结构和外部空间结构两类。城市内部空间结构（Urban Internal Spatial Structure），在西方又称城市内部结构，亦有学者称之为城市空间或城市空间结构。其实，城市空间结构一般而言即指城市内部的空间结构，是城市地域内部各种空间的组合状态。可以将以中心区为主的城市建成区看作为城市的内部空间结构，它是城市居民各种生产、生活活动在城市地域上空间投影的结果。可以从城市内部生活空间结构和城市土地

利用结构两方面，来探讨城市内部空间结构的特点（顾朝林等，1999）。广义的城市空间结构还包括城市与周围地区空间关系，即城市外部空间结构（朱喜刚，2002）。

1.4.3 各学科的理解

各个学科对城市空间结构的理解和分析视角不同。传统的城市地理学在研究城市空间结构时着重点是城市形态和土地利用，或称功能分区；现代的城市地理学除了研究城市土地利用，以及人的行为、经济和社会活动在空间上的表现之外，还研究城市内部市场空间、社会空间和感应空间等（许学强等，1996）。城市规划学则将城市空间结构作为城市存在的理性抽象，更多强调空间场所的概念，偏重于视觉艺术及形体秩序的城市形式分析（顾朝林等，2000）。建筑学主要强调实体空间以及实体要素在城市空间上的反映，偏重于城市自然要素、建筑、设施等在空间上的组合方式（夏祖华，黄伟康，1992）。社会学认为城市空间结构明确地反映了政治和公共政策关系，它是一种网络，由与特定事件相联系的、具有某种内在精神的关系模式所构成。经济学实际上偏重于解释城市空间格局形成的经济机制。

富利（L.D.Foley）认为城市空间结构是一定的自然环境条件下城市的经济和社会活动的产物，特别是城市生产和生活的经济活动都按照各自的区位要求，形成在空间位置和规模上相互密切联系的集合体（Foley，1964）。所以，对城市空间结构的理解包括以下内容：①城市空间结构具有三个结构层面，分别是物质环境、功能活动、文化价值，也可以理解为城市结构的三种要素；②城市空间结构包括"空间的"和"非空间的"两种属性，"空间的"是指城市结构的要素在地理上的空间分布，"非空间"则指除上述空间要素外，在空间中进行的各类文化社会活动和现象；③城市空间包括"形式"和"过程"两个方面，形式即空间分布模式与格局，过程即空间的作用模式，两者体现了空间与行为的相互依存性；④应该历史地、动态地看待和研究城市空间的演变，即有必要在城市空间结构的概念框架中引入第四层面，即实践层面。

波纳（Bourne，1971）则从用系统理论的观点来看待城市空间结构的概念，强调各个要素之间的相互关系。他认为城市空间结构包含三个要素：城市形态、城市内在相互作用、组织法则。城市形态指城市各个要素（包括物质设施、社会群体、经济活动和公共机构）的空间分布模式。组织法则包括经济原则也包括社会规范。城市相互作用指城市要素之间的相互关系，它使要素整合成为一个个功能各异的实体或子系统。城市空间结构以一套组织法则来连接城市形态和城市要素之间的相互作用，并将它们整合成一个城市系统。韦亚平与赵民（2006）对波纳的概念进行了拓展，认为"城市与区域空间结构"从空间角度而言，是对经济社会活动在特定空间范围中各种非均质分布的整体性描述，在时间轴上，若干经济社会活动的不同区位选址决策将引起空间结构的相应变化。

根据韦伯（M.M.Webber）的理解，空间结构包括了形式和过程两个方面，分别指城市结构要素的空间分布和空间作用的模式，韦伯则将空间结构进一步划分为静态活动空间（Adapted Space，建筑等构筑物所形成的活动空间）和动态空间（Channel Space，交通流所形成的活动空间）两种（Webber，1964）。

美国建筑理论家哈米德·雪瓦尼（Hamid Shirvani）在《城市设计过程》(Urban Design Processes)一书中，从城市设计层面对城市空间基本构成要素的特征及作用进行了分析，将城市空间结构分解为 8 种要素：土地使用、建筑形体与体量、交通与停车、开放空间、人行走道、支持活动等。

1.5 城市形态

1.5.1 界定

形态（Morphology）一词来源于希腊语 Morph（构成）和 Logos（逻辑），意指形式的构成逻辑。中文中形态即形状和神态，也指事物在一定条件下的表现形式（辞海编辑委员会，1979）。形态学研究最早起源于生物学，是生物学中关于生物体结构特征的一门分支学科，指动物及微生物的结构、尺寸、形状和各组成部分的关系，亦指形式的构成逻辑研究。随着城市研究的兴起，形态学被引入城市的研究范畴，产生城市形态学，即以形态的方法分析城市的社会与物质环境（熊国平，2006）。城市形态学自 19 世纪开始萌芽，通过一个多世纪中外学者的努力，城市形态学如今已成为一门显学。

城市形态在英文文献中有几种称法，一个是"Urban Morphology"，欧洲学者多用；一个是"Urban Form"，美国学者多用（中文中有时也将其译为"城市形式"）；此外还有 Urban Pattern（或译为"城市模式"，见下节）、Urban Shape 等。

有关城市形态这一术语的界定林林总总，万斯（2007）认为城市形态就是城市的物质形式与结构，它包括城市形态最初的创立和后来的演变。卡斯特尔认为城市形态是城市意义的象征性表达和城市意义（及其形态）的历史叠加，并总是由历史参与者的博弈过程决定（Castells，1983）。顾朝林等（1999）认为城市形态是人类社会、经济和自然三种环境系统构成的复杂空间系统，反映了过去和现在城市文化、技术和社会行为的历史过程。武进（1990）的定义更为宽泛，认为广义的城市形态不仅仅是指城市各组成部分有形的表现，也不只是指城市用地在空间上呈现的几何形状，还是一种复杂的经济、文化现象和社会过程，是在特定的地理环境和一定的社会经济发展阶段中，人类各种活动与自然因素相互作用的综合结果；是人们通过各种方式去认识、感知并反映城市整体的意象总体。从上述定义可看出城市形态的概念还具有时间性，可以解释为城市在时间中的变化规律，以及在时间影响下人们对于城市形态的认知（郑莘，林琳，2002）。所以广义的城市形态不仅包括城市的物质环境，如城市建筑环境、街区路网的结构形式，土地利用的空间组织以及城镇群体的空间组合（郑莘，林琳，2002）；也包括城市的社会形态，如城市社会精神面貌、文化特色和社会分层现象（谷凯，2001）。具体可解析为行为空间、社会空间、象征空间、心理空间和文化空间等多重含义（郑莘，林琳，2002）。

建筑学（建筑史学）、城乡规划学、地理学、社会学、人类学等学科都从各种的角度出发研究城市形态，关注点也各不相同。建筑（史）学家更关注城市形态的美学特征、几何性及其相关联的政治、社会结构和文化。建筑师艾

森曼（D.Eisenman）、范艾克（A.V.Eyck）、赫兹伯格（H.Hertzbourger）、洛克斯（Rocckx）等人运用结构主义、信息论和符号学等分析方法，建构了城市形态结构和组织法则的学说。舒尔兹（C.Norberg Schurz）的"场所精神"则综合现象学、建筑学及城市形态学对人类场所之形态加以研究。林奇（K.Lynch）以物理的、可知觉的物体所产生的心理效果来分析城市形态构成因素间的关系。此外还有卡夫卡（K.Koffka）的"行为环境"、莱文（K.Lewin）的"生活空间"、罗西（A.Rossi）的"形态类型学"等。

而地理学家则把重点放在经济要素、空间的规模尺度与度量上。1841年德国地理学家科尔（J.G.Kohl）发表"人类交通居住地与地形的关系"，分析了各种聚落形态与地形、地理环境与交通线的关系。斯卢特（O.Schluter）提出"人文地理学的形态学"，认为城市形态是人类行为遗留于地表上的痕迹，提出形态是由土地、聚落、交通线和地表上的建筑等要素构成，并称为"文化景观"。1960年代康泽恩（M.R.G.Conzen）的城市形态类型学研究则以土地使用、建筑结构、地块模式和城市街道为主要分析要素。卡特（Carter）把城市形态的发展与社会阶层分布模式和人口迁移规律联系起来，以地租理论和行为心理研究分析其历史轨迹和规律。

社会学家韦伯（W.W.Webber）从社会学视角研究城市空间和活动以及人口分布和土地利用，以此建立城市形态模式。拉·波波特（A.Rapoport）则从人类学和信息论的观点研究，总结城市形态与心理的、行为的、社会文化因素的关系。

1.5.2　组成与影响因素

城市形态由物质形态和非物质形态两部分组成。具体来说，主要包括城市各有形要素的空间布置方式、城市社会精神面貌和城市文化特色、社会分层现象和社区地理分布特征以及居民对城市环境外界部分现实的个人心理反映和对城市的认知。城市物质形态是由若干城市设计和建设活动，在时间维度中叠合拼接构成（王建国，1991）。

影响城市形态演变的因素非常多，城市中任何组成要素的发展、演变以及这些要素之间相互关系的改变，都会导致城市形态的变化和发展。因而建筑学界的威尼斯学派与一些法国规划师都提出通过类型学方法研究城市形态。意大利建筑理论家罗西（A.Rossi）先对城市形态进行历史分析，再以类型学方法认识传统城市形态，认为任何建筑和空间安排都需以类型的方式来组织；意大利建筑师玛拉托利（Maratori）和坎尼吉亚（Canniggia）指出类型可用来解释城市形态的演变并预测城市未来发展方向（熊国平，2006）。莫里斯（2011）将决定城市形态的因素大体分为两类，一类是自然世界的决定因素，包括地形、气候、建筑材料和建筑技术，另一类是人为决定因素，包括贸易、政治和社会力量、宗教。

1.5.3　类型

林奇（Lynch，1981）在《好的城市形态的理论》（A Theory of Good City Form）一书中设立了城市形态的三种"标准性模式"，第一种是宇宙模式或神圣城市，将平面布局作为对宇宙和神性的一种解释，文艺复兴时期在巴洛克风格影响下设计出来的城市即属于此类；第二种是实用模式或机器型城市，特征是真实、实用、冷静，殖民地城市、企业城市、美国土地投机开发中出现的方格网城市、勒·柯布西耶的光辉城市、保罗·索莱里的生态城市等都属于此类；第三种是有机模式或生物型模式，将城市视为生命体而非机器，奥姆斯特德的公园设计、霍华德的田园城市、格迪斯的区域城市都属于此列。

斯皮罗·科斯托夫（Spiro Kostof）认为在被刻上特定的文化意图印记以前，城市形态就其本身而言是中性的。所以，在不同时期、不同社会、不同文化下出现雷同或类似的城市形态，这一点不足为奇，同样，相同的政治社会和经济秩序之下也不必然产生相同的城市形态，重要的是分析这些形态蕴含的实质以及设计者各自的社会出发点（科斯托夫，2005）。此外，科斯托夫还持一种城市形态的动态观，认为对城市形态的探讨必须要与城市进程放在一起。因为城市形态无论其完美与否，都永远不会是已经完成的、静止的，每天都有无数个有意无意的行为在改变城市形态，这些改变只有经过很长时间才能被察觉。对城市进程的探讨需要涉及两个问题，其一是促成城市形成、改变的人、势力和机构；其二是"时间流逝过程中城市发生的物质变化"（科斯托夫，2005：13）。

科斯托夫也总结了5种城市形态：第一，有机模式，包括具有自然形式的非几何形城市结构；第二，网格；第三，图形式的城市，遵循假定或已颁布的某些法则来描述并建造城市；第四，壮丽风格，具有政治庆典意味的城市，充满英雄主义、戏剧性与自我意识；第五，城市天际线。

王建国（1991）认为，城市形态的分类研究与人文地理学中的聚落（Settlement）研究有密切关系，并进而把城市形态从"型"（Paradigm）、"类"（Type）和"期"（Period）三个变量或角度来进行分析。从"型"而言有三种城市形态：整体受控型、自由放任型和放任叠合型；从"类"来分析有宏观和微观两个类别层次；从"期"来说有朦胧期、滥觞期、进化期、革新期和多元期5个时期。

1.6 城市模式

城市模式的探讨经常与对城市理想模式的研究或探索联系在一起，而这种探索甚至可以追溯至几千年前。成书于战国时期的《周礼·考工记》提出了"匠人营国，方三里，旁三门，国中九经九纬。经涂九轨，左祖右社，前朝后市，市朝一夫"的理想都城模式（图1–3）。

在西方，公元前5世纪的古希腊，建筑师希波丹姆提出了方格网城市模式。据称，古希腊伯里克利时期的雅典港口比雷埃夫斯（Piraeus）、奥林索斯（Olynthus）、米利都（Miletus）都是他规划的。这一古典式城市模式手法于2000多年后在新大陆遍地开花。哥伦布发现新大陆后，美洲的殖民化过程开始。美国的欧洲殖民地如康涅狄格州的纽黑文（New Haven）始建于1630年代，采取了由9个格子组成的格网，其他在17、18世纪规划的殖民地如费城（1682）、底特律（1700）、新奥尔良（1718）及萨凡纳（1733）等也都沿用了这种格网模式。

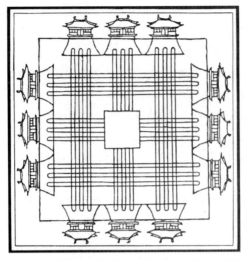

图1-3　聂崇义《三礼图》中所载"匠人营国"之图
（图片来源：聂崇义，2006）

图1-4　底特律1807年规划
（图片来源：Reps，1979）

底特律 1807 年规划如图 1-4 所示。

　　古罗马建筑师维特鲁威（Marcus Vitruvius Pollio）在其有关建筑学的名著《建筑十书》（Ten Books on Architecture）当中也对理想城市模式进行了探讨。他认为应该合理地考虑城市的选址，气候、地形、资源、交通都是选址时需要注意的因素。他设想的理想城市模式是八边形，城市中心布置教堂、宫殿城堡，街道从城市中心广场向外辐射，城门不对道路，塔楼间距不超弓箭射程（图 1-5）。这种核心辐射式的理想设计象征公共权力集中在宗教组织或专制君主手中。

　　遵循这一模式，公元 15 至 16 世纪的文艺复兴时期，阿尔伯蒂（Alberti）、帕拉第奥（Palladio）、斯卡莫齐（Scamozzi）等西方学者对城市形态及理想空间模式也进行了探讨。例如，斯卡莫奇认为，一个城市与各个部分的关系就好比一个人体与其四肢的关系那样，而街道则是城市的动脉。他将这种理念运用在规划当中，为意大利的帕尔玛诺瓦（即"新帕尔马城"）做了规划（图 1-6），

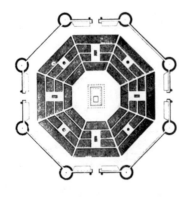

图1-5　维特鲁威的理想城市模式
（图片来源：维特鲁威，2001）

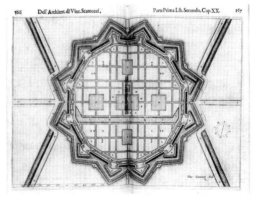

图1-6　斯卡莫奇为意大利帕尔玛诺瓦做的规划
（图片来源：https：//www.architecture.com/Explore/
Architects/Assets/Images/VincenzoScamozzi/Palmanova_RIBA）

并收录在他的著作《建筑理念综述》（L´Idea della architettura universale）一书当中。

■ 习 题

1．试析传统空间科学当中的文化转向。
2．什么是城市空间？
3．城市空间结构有几层含义？分别是什么？

■ 参考文献

[1] Berger J.The look of things[M].New York：The Viking Press, 1974.

[2] Bourne L S.Internal structure of the city：reading on urban form, growth and policy[M].Oxford：Oxford University Press, 1971.

[3] Castells M.The city and the grassroots：a cross-cultural theory of urban social movements[M].Berkeley：University of California Press, 1983.

[4] Castree N, Gregory D, Harvey D.A critical reader[M].Manchester：Wiley-Blackwell, 2006.

[5] Michael J.Dear. 后现代都市状况 [M]. 李小科译 . 上海：上海教育出版社，2004.

[6] Foley L D.An approach to metropolitan spatial structure[A] // Webber M.M.et al. (eds.) exploration into urban structure[C].State College：University of Pennsylvanian Press, 1964.

[7] Gallion A B.The urban pattern[M].Van Nostrand：Van Nostrand Reinhold Company, 1983.

[8] Harvey D.Class structure in a capitalist society and the theory of residential differentiation[A] // Peet R, Chisholm M and Haggett (eds.) Processes in physical economy of cities[C].Beverly Hills：Stage Publications, 1975.

[9] Jameson G.Postmodernism, or the Cultural Logic of Late Capitalism[M].Durham (NC)：Duke University Press, 1991.

[10] Kern S.The culture of time and space, 1880—1918[M].London：Weidenfeld & Nicolson, 1983.

[11] Lefebvre H.The production of space[M].Translated by Donald Nicholson-Smith. Oxford (UK), Cambridge (MA)：Blackwell, 1991.

[12] Lefebvre H.The survival of capitalism[M].London：Allison and Busby, 1976.

[13] Lynch.A theory of good city form[M].Cambridge (MA), London：MIT Press, 1981.

[14] Mandel E.Capitalism and regional disparities[J].Southwest Economy and Society, 1976, (1)：41-47.

[15] Massey D.From space, place and gender[M].Minneapolis：University of Minnesota Press, 1994.

[16] Massey D.Spatial divisions of labour[M].London：Macmillan，1984.

[17] Nerlich G.The shape of space[M].Cambridge：Cambridge University Press，1976.

[18] Reps.J.W.Cities of the American West：a history of frontier urban planning[M].Princeton：Princeton University Press，1979.

[19] Webber M.M.The urban place and nonplace urban realm[A] // Webber M.M.et al.(eds.) Exploration into urban structure[C].Philadelphia：University of Pennsylvania Press.1964

[20] 柴彦威 . 城市空间 [M]. 北京：科学出版社，2000.

[21] 陈坤宏 . 空间结构：理论，方法与计划[M]. 台北：明文书局，1994.

[22] 辞海编辑委员会 . 辞海（缩印本）[M]. 上海：上海辞书出版社，1979.

[23] 顾朝林，甄峰，张京祥 . 集聚与扩散：城市空间结构新论[M]. 南京：东南大学出版社，2000.

[24] 顾朝林等 . 中国城市地理 [M]. 北京：商务印书馆，1999.

[25] 谷凯 . 城市形态的理论与方法——探索全面与理性的研究框架[J]. 城市规划，2001，25（12）：36－41.

[26] 大卫·哈维 . 地理学中的解释 [M]. 北京：商务印书馆，1996.

[27] 马丁·海德格尔 . 演讲与论文集 [M]. 北京：生活·读书·新知三联书店，2005.

[28] 康德 . 纯粹理性批判 [M]. 蓝公武译 . 北京：商务印书馆，2009.

[29] 伊曼努尔·康德 . 任何一种能够作为科学出现的未来形而上学导论[M]. 庞景仁译 . 北京：商务印书馆，1982.

[30] 莱布尼茨 . 莱布尼茨与克拉克论战集 [M]. 陈修斋译 . 北京：北京大学出版社，1996.

[31] 曼努埃尔·卡斯特利斯 . 空间与社会之间新的历史关联[A] // 亚历山大·R·卡斯伯特 . 设计城市——城市设计的批判性导读[C]. 北京：中国建筑工业出版社，2011：65－74.

[32] 罗布·克里尔 . 城市空间概念的类型学和形态学元素[A] // 亚历山大·R·卡斯伯特 . 设计城市——城市设计的批判性导读[C]. 北京：中国建筑工业出版社，2011：353－370.

[33] 聂崇义 . 新定三礼图 [M]. 北京：清华大学出版社，2005.

[34] 斯皮罗·科斯托夫 . 城市的形成——历史进程中的城市模式和城市意义[M]. 单皓译 . 北京：中国建筑工业出版社，2005.

[35] 斯皮罗·科斯托夫 . 城市的组合——历史进程中的城市形态的元素[M]. 邓东译 . 北京：中国建筑工业出版社，2008.

[36] 李晓东，张烨 . 城市"遗余空间"[J]. 世界建筑，2009，(1)：114－116.

[37] E.J. 莫里斯 . 城市形态史——工业革命以前（上册）[M]. 北京：商务印书馆，2011.

[38] 塞耶 . 牛顿自然哲学著作选 [M]. 上海：上海人民出版社，1974.

[39] 克里斯蒂安·诺伯格－舒尔茨 . 场所现象[A] // 亚历山大·R·卡斯伯特 . 设计城市——城市设计的批判性导读[C]. 北京：中国建筑工业出版社，2011：127－140.

[40] 达芙妮·斯佩恩 . 空间与地位[A] // 汪民安，陈永国，马海良 . 城市文化读本[C]. 北京：北京大学出版社，2008：295－305.

[41] 爱德华·索杰 . 后现代地理学：重申批判社会理论中的空间 [M]. 北京：商务印书馆，2004.

[42] 爱德华·索杰.第三空间：去往洛杉矶和其他真实和想象地方的旅程[M].上海：上海教育出版社，2005.

[43] 詹姆斯·E·万斯.延伸的城市——西方文明中的城市形态学[M].北京：中国建筑工业出版社，2007.

[44] 王建国.现代城市设计理论和方法[M].南京：东南大学出版社，1991.

[45] [古罗马]维特鲁威.建筑十书[M].高履泰译.北京：知识产权出版社，2001.

[46] 韦亚平，赵民.都市区空间结构与绩效——多中心网络结构的解释与应用分析[J].城市规划，2006，30（4）：9-16.

[47] 武进.中国城市形态：结构、特征及其演变[M].南京：江苏科学技术出版社，1990.

[48] 帕齐·希利.制度主义理论分析、沟通规划与场所塑造[J].国际城市规划，2008，23（3）：25-34.

[49] 夏祖华，黄伟康.城市空间设计[C].南京：东南大学出版社，1992.

[50] 熊国平.当代中国城市形态演变[M].北京：中国建筑工业出版社，2006.

[51] 许学强，周一星，宁越敏.城市地理学[M].北京：高等教育出版社，1996.

[52] 亚里士多德.物理学[M].张竹明译.北京：商务印书馆，1982.

[53] 张新生，何建邦.城市可持续发展与空间决策支持[J].地理学报，1997，(6)：507-515.

[54] 朱喜钢.城市空间集中与分散论[M].北京：中国建筑工业出版社，2002.

[55] 朱克英.关于城市形态的后现代讨论[A] // 亚历山大·R·卡斯伯特.设计城市——城市设计的批判性导读[C].北京：中国建筑工业出版社，2011：50-62.

2 城市空间的学科维度

列斐伏尔认为，在我们所处的时代，较之工业化和经济增长等问题，城市的问题框架在政治上已变得更具决定性，工业化、经济增长、资本积累的基础等主要受到城市化空间社会生产的影响（苏贾，2004）。这使得城市问题研究，尤其是城市空间研究成为 20 世纪以来诸多学科都极为重视的一个议题。

学者从各自不同的学科维度出发对空间，尤其是城市空间加以分析和研究，这些研究对城市研究及城市规划学有大小不同的影响。其中，影响最大的是地理学（城市地理学）、社会学（城市社会学）、经济学（城市经济学）、建筑学等。近年来，随着系统科学、生态学等学科日益受到重视，它们也从方法论和认识论角度对城市空间的理解产生了革新性的影响。

2.1 地理学

地理学是从地域（区域）和综合（景观）的角度研究地球表层的学科，以人地关系，即人类社会同地理环境的关系为主线（杨吾扬，梁进社，1997）。地理学家自古以来即从两个密切相关的视角来研究和分析地球表面：其一是空间的区分及其与现象相结合的视角，强调空间、空间关系及场所的含义；其二是人与自然环境相关联的视角（萨克，2013）。地理学与空间的概念及空间研究具有极为密切的关系，它把自身确立为"空间科学"，研究空间规律、空间关系和空间过程（梅西，2011）。地理学家研究的空间，是地球表面的一部分，即地标空间，这种二维化的空间被称为区域、地表、地方、地区、地点、领域、景观等（柴彦威，2000）。这一学科领域历来还存在着绝对空间论和相对空间论，前者接近地理学三大传统中所谓的区域传统，视空间为本体，认为地理学的中心研究课题是空间各要素的因果关系、相互作用以及区域差异；而后者接近于三大传统中的空间传统，它受爱因斯坦相对空间论的影响，认为没有一个单一的空间体系足以描述整个世界，方向、距离、区位、区域都是相对空间体系下的产物。城市空间概念的内涵最早源自地理学的空间观。

2.1.1 经济地理学

经济地理学对城市空间研究的贡献在于再现了城市空间的形成和扩散过程。经济活动与土地使用两者之间有着千丝万缕的联系，经济地理学是地理学的主要组成部分，研究经济活动在地理空间上的生成、发展和演进（袁雁，2006）。经济地理学连结经济学和地理学，强调理论和数量模型方法分析城市和区域的经济和空间演化过程。19世纪初以后，经济地理学开始从经济学和地理学中各自向外分化。经济学方面，以杜能（Johann Heinrich von Thünen）的《孤立国》（The Isolated State）和韦伯（Alfred Weber）的《工业区位论》（Theory of the Location of Industries）为开山之作；地理学方面，以1882年德国地理学家葛兹（W.Gotz）的"经济地理学的任务"一文为开端，该文提出经济地理学把地球空间作为人类经济活动的舞台（杨吾扬，梁进社，1997）。

"古典经济学"将空间和距离因素引入经济学研究，开创了区位理论（或称区位论）。区位论是通过地球表面的几何要素（点、线、面）及其组合实体（网络、地带、地域类型、区域），从空间或地域方面研究自然和社会现象，这是关于人类活动特别是经济活动空间组织优化的学问（杨吾扬，梁进社，1997）。区位理论有两层基本内涵：人类活动的空间选择以及空间内人类活动的有机组合。古典区位论的代表理论包括杜能（1826）的农业区位论、龙哈德（W.Launhaldt）的"区位三角形"、韦伯（1909）的工业区位论等。近代区位论包括克里斯泰勒（Walter Christaller）（1933）的中心地理论、廖什（August Losch）（1939）的经济地景模型等。这些理论都可称为传统区位论，其特点是用一般均衡分析方法描述区域活动，建立区域与区际模式。

1960年代，欧美的地理学开始受到（新）马克思主义的影响，运用历史唯物主义来连接空间形式与社会进程（苏贾，2004）。1970年代，以结构主义为主的区位理论重视社会因素、结构因素和体系因素在空间发展中的作用，并构建了全球背景的宏观研究框架。经济学家史密斯（D.M.Smith）（1996）的区位理论认为应该分析空间经济现象与非空间经济现象之间的相互作用，被称为"空间社会主义正论"。沃勒斯坦（I.Wallerstein）、默德斯克（G.Modelski）、布罗代尔（F.Braudel）等人的全球化理论中都表明世界

范围的空间结构特征。依附理论认为发达国家与不发达国家之间存在剥削关系，并研究这种关系主导下的空间格局。1980年代，随着西方发达国家生产方式的转变，区位理论开始关注与生产方式有关的空间变化。其中，斯科特（A.J.Scott）的新产业空间理论以制度经济学和经济地理学为理论基础，指出在新的生产方式中，区位的核心因素不仅是聚集经济、规模经济和劳动力市场规模，更重要的是对环境变化的适应能力，因此，新产业空间具有独特的社会政治形态和自己的发展路径。

1990年代以来，以克鲁格曼（P.Kmgman）和亚瑟（W.Brian Arthur）为代表的新经济地理学迅速崛起，该学科有这样几个特点：关注经济活动的空间维度，将城市发展放在区域整体环境乃至全球背景之中考虑，强调区域历史、文化及制度背景的作用，运用复杂性科学的研究方法和主流经济学建模手段来考察经济区位问题。新经济地理学对经济活动的空间聚集[①]的研究揭示了区域一体化和大都市圈以及大都市带的发展（袁雁，2006）。

2.1.2 城市地理学

人文地理学和自然地理学保持着密切的血脉延承，将空间视为一个真实世界的外部坐标，强调其内部的地域差异。1950年代，人文地理学的关注点开始从"区域差异"转向"空间分析"；摆脱经验主义，追求空间法则。空间经济学和区位论被引入并称为人文地理学新的基本理论。这样，空间关系不是被界定在一个坐标系的固定点之间，而是在对象和事件之间，且更多地考虑社会的空间差异、空间布局和由此产生的空间相互作用。而空间的表述又与以特定方法测度的距离有关（如费用距离、时间距离、公里数等）（石崧，宁越敏，2005）。

2.2 社会学

城市是以人为主体的社会系统，社会群体的相互联系和作用影响着城市空间形态的演化。因此，社会学的研究是城市空间理论的重要组成部分（袁雁，2008）。在《大都市与城市》一文中，齐美尔认为正是大城市的空间形式使个体（生活在城市中的人）有可能取得独特的发展，因为个体置身于极为多样化的环境之中。

芝加哥学派泛指围绕芝加哥大学的一群学者在各自领域中提出的独特观点而形成的学派，包括建筑学科、经济学科、传播学科以及社会学科四大分支。芝加哥学派的社会学派于1910、1920年代兴起，深受源自德国19世纪末的古典城市社会学研究、达尔文和进化论的社会达尔文主义或者说社会生态学的影响。其研究扎根于理论，而以观察做检验[②]，是对大城市之社会结构的全面研

---

① 空间聚集现象，主要指产业或经济活动由于集聚所带来的成本节约而使产业或经济活动区域集中的现象。

② 帕克于1915年发表了《建议对城市中的人类行为进行调查》（The City：Suggestions for the Investigation of Human Behavior in the City Environment）一文，明确提出城市社会学的研究方法为实地调查。

究，奠定了城市社会学的产生。学派代表人物有帕克（Robert E.Park，1864—1944）、伯吉斯（Ernest W.Burgess，1886—1966）、麦肯齐（R.D.McKenzie）、沃斯（Louis Worth）等，1925 年他们的研究集结成册，为《城市》（The City）论文集。芝加哥学派用吸收、合并、集中、集聚、分散、离散、隔离、专门化、侵入、接替这 10 个概念来描述城市空间结构的演变和揭示城市空间演化形式，提出了几种著名的城市社会空间理论。学派代表人物之一的沃斯则在其著名的《都市生活作为一种生活方式》一文中阐述，是空间的组织（主要是规模和密度方面的组织）阐述了相应的社会模式（Wirth，1938）。

1960 年代出现了以行为分析方式对城市空间进行分析的行为学派。该学派强调对人的研究，提出用城市社会系统来分析城市社会空间，认为城市是一个容纳各种人群的居住空间，也是一个各种社会关系交织的社会空间（熊国平，2006）。

2.3 经济学

经济关系是在资源分配和物质生产过程中的各类社会群体的相互联系和相互作用。在城市空间的形成过程中，社会经济活动的效用尤为重要。因此，经济学理论是城市空间结构和形成机制的相关研究十分重要的理论依据。

20 世纪后半期，经济学家有关城市经济增长理论从经济发展规律揭示了城市空间扩散和区域空间不平衡发展的内在本质（袁雁，2006）。1955 年，法国经济学家佩鲁（F.Perroux）提出增长极理论。佩鲁认为，经济增长首先出现和集中在具有创新能力的行业和地区。这些具有创新能力的行业常常聚集于经济空间的某些点上，于是就形成了增长极。经济的增长首先发生在增长极上，然后通过各种方式向外扩散，对整个经济发展产生影响。佩鲁的增长极理论是对空间经济不平衡发展的概括和总结。1957 年，缪尔达尔（Gunnar Myrdal）的《经济理论和不发达地区》（Economic Theory and Underdeveloped Regions）一书，提出了"地理上的二元经济"结构理论，又称"循环积累论"。根据二元空间结构理论，缪尔达尔提出了经济发展优先次序。1958 年，赫希曼（A.Hirschman）的《经济发展战略》（The Strategy of Economic Development）一书提出了"非均衡增长"理论。

新古典主义经济学对城市空间的研究注重经济行为的空间特征（或者称为空间经济行为），引入了空间变量（克服空间距离的交通成本），从最低成本区位的角度，通过探讨在自由市场经济的理想竞争状态下的区位均衡过程，来解析城市空间结构的内在机制。其中，最具影响的是阿隆索（Alonso，1964）新古典主义经济理论，以理想模型解析了区位、地租和土地利用之间的关系。他运用地租竞价曲线来解析城市内部居住分布的空间分异模式，指出高收入家庭享用土地较多，土地成本的变化比区位成本的变化相对更重要，表现为高收入家庭居住在城市边缘，低收入家庭居住在城市中心（熊国平，2006）。

近年来经济学对空间问题的重视，源于学者对区间差异问题的关注。这种地区间差异存在于各个地理尺度上：全球、洲内、国家和地方，一种"核

心－边缘"结构或现象广泛存在。例如在全球尺度上，伊曼纽尔·瓦勒施泰因 (Immanuel Wallerstein) 作了关于资本主义"世界体系"及其中小边缘和半边缘的特征性结构的著述；萨米尔·阿明 (Samir Amin) 论述了全球范围的资本积累和中小资本主义在地方（或城市）尺度上，安德烈·冈德·弗兰克 (Andre Gunder Frank) 及拉丁美洲的"结构主义"学派分析了大都市－卫星城的关系，论述了不充分发展和依附性。这种经济（或政体）上的地区不平衡或区间差异，在地理上或空间上也有极为明显的表征，也因此经济学家开始关注空间问题，研究经济现象和空间现象之间的联系。

2.3.1 政治经济学

政治经济学是研究社会生产关系，尤其是支配社会生产、交换过程的分配规律的学科。在对城市空间的研究中，政治经济学将政治和经济因素结合，提供了一个新的视野，成为揭示城市空间本质的重要手段。政治经济学的城市空间研究主要涉及结构主义方法和马克思主义的结合，希望致力于研究事物外部表象之下的、作用于空间活动的根本机制（袁雁，2006）。

传统的城市空间研究往往认为城市空间的变化由环境和技术条件的变化导致，而政治经济学理论延续和马克思主义分析和解决问题的基本思想，从阶级斗争、资本积累以及由此形成的国家政体角度对城市现象和城市问题进行研究，也被称为"新马克思主义"城市研究（熊国平，2006）。新马克思主义思潮的中心在法国，领军人物是列斐伏尔、曼纽尔·卡斯特尔等人。但随着两位重要的新马克思主义思想代表人物——英国的大卫·哈维和原籍西班牙的曼纽尔·卡斯特尔都移居到了美国，到了 1970 年代以后美国也成为这一思想的重要基地。新马克思主义方法将结构主义方法与马克思主义观点结合在一起，尝试将马克思在 19 世纪工业城市的背景下形成的观点（有时被称为古典马克思主义），按照 20 世纪的发展进行修正。新马克思主义在城市层面上的空间分析，同时结合若干学科（经济学、社会学、地理学）的更大规模的发展，在 1970 年代形成了城市空间的政治经济学派。该学派运用马克思主义的基本原理和方法，将城市空间过程放在资本主义生产方式下加以考察。学派认为社会结构包括经济、政治和社会文化三方面，城市空间是这三个方面共同作用的结果，对城市空间的研究需放在社会与历史脉络之中（袁雁，2006）。

1970 年代新马克思主义学派出现了两个基本研究方向，其一是以戈尔顿 (David Gordon)、斯托坡 (Michael Storper) 为代表的学派，以阶级斗争为出发点对城市发展和空间结构进行研究。另一派以哈维 (David Harvey) 为代表，以资本积累为出发点，探讨资本循环和积累以及利润实现对城市空间的影响（熊国平，2006）。哈维在《社会公正与城市》(Social Justice and the City) 一书中寻求西方国家 1960 到 1970 年代经济危机的根源，并认为城市空间是这场危机的中心。但是他又把资本家之间的竞争看作是城市地理空间布局的主要决定因素和摧毁资本主义制度最有可能的力量，而马克思主义理论中的主要内容——阶级矛盾与阶级斗争却成为副因。这与经典马克思理论具有相当大的差异，也遭到其他马克思主义学者的批判（吴志强，1998：48-49）。他进一步分析了城市空间的变化和资本主义发展动力之间的矛盾关系，在此基础上建立了"资本循环"理论,指出城市空间变化过程中蕴含了资本置换的事实 (Harvey, 1985)。

2.3.2 城市经济学

空间经济学泛指用三维空间向度研究经济的科学，包括土地经济学、环境(生态) 经济学、人口经济学、乡村经济学、城市经济学和区域经济学等 (杨吾扬，梁进社,1997)。1935 年,瑞典经济学家帕兰德 (T.Palander) 第一次提出了"空间经济学"这一学科名称。空间经济学强调从空间（而非传统的经济学分析视角）的角度来理解经济现象，包括城市经济学和区域经济学。在城市空间的经济学研究中,城市经济学和区域经济学有着密切的联系,两者都强调从空间（而不是工业门类、经济主体的职业或是其他划分经济体的方法）的角度来理解经济现象，因此这两个领域采用的很多研究方法和模型都是非常类似的。

城市经济学是依照经济学观点、利用经济学方法去发现、描述、分析及预测城市现象和问题的科学（杨吾扬，梁进社，1997)。1959 年西方成立的"城市经济委员会"认为城市经济学研究范围包括：①城市经济结构与增值；②城市经济活动的组织同城市形态与资源配置的关系，核心问题是土地利用、城市住房和城市交通；③城市公用设施与服务的供给与需求，城市财政，市区内各级政府的财政收支分配等；④城市人力资源问题；⑤城市经济和管理的资源和数据系统。区域经济学研究一定区域内人类的经济活动，是介于经济学和地理学之间的边缘学科。

2.4 建筑学

空间一直是现代建筑学研究的核心，随着城市化发展，建筑学对空间的研究逐渐从建筑内部空间向建筑外部的城市空间扩展。建筑学视角的城市空间研究十分关注空间的物质属性，且通常会与建筑相联系，视建筑为微观层面，而城市空间为中观层面。侧重于对城市空间微观环境的分析，注重城市的实体要素（如建筑、街道、水面、绿化环境、交通设施等）与其周围的虚空间之间的交织、组合形式，城市空间整体或局部的空间格局与模式特征，空间要素之间的形式组合规律及处理它们之间相互关系的艺术原则（袁雁，2008)。这种对空间的理解是从空间知觉（认知）的角度进行的（朱文一，1993)，从场所、路径、领域以及内、外等知觉图式出发，把空间划分为路径空间、广场空间、领域空间等。

坎尼夫（2013）认为，在国外，建筑学对城市空间的关注或探讨直到战后重建时期才开始。这是因为，工业化带来的新的美学和材料潜力被建筑和城市设计挪用，因而形成了早期城市现代化的双重困扰（生活的机械化和传统建筑表达形式的式微）。至 1960 年代，对现代主义的大规模抵抗导致了建筑师们（如"十人小组"）将注意力从建筑转向城市空间。该时期的主要研究成果之一是罗伯特·克里尔（Krier，1979）的《城市空间》(Urban

Space），他基于传统欧洲城市对城市空间的形态和现象进行了研究。不过克里尔对空间进行的几何界定，以及对由一系列连续建筑物构成的市民空间模式的分析，仍要归功于现代主义。同时期阿尔多·罗西（Rossi，1982）的《城市建筑学》（The Architecture of the City）（该书主要部分于1966年在意大利首版）采用了类型学的视角，唤起了对城市形态研究的兴趣。罗西从历史主义的角度指出，城市空间是所有现存纪念物的集中表现，这种集中只存在于人对这些纪念物的记忆中，人的心智将这些记忆片段结合起来就形成了认识中的城市空间或意象中的城市空间。于是记忆代替了历史，城市空间成为集体记忆的所在地（李罕哲，2008）。

1960年代建筑界对城市空间的关注，导致城市设计于1960、1970年代兴起。城市设计介于城市规划与建筑设计之间，注重建筑物之间空间的聚集与组织。城市设计考虑的是城市、建筑以及它们之间的空间的物质形态，处理的是城市形态与影响城市形态的社会力量之间的关系，注重公共领域的物质属性，以及公私开发之间的相互作用及其对城市形态的影响（引自威斯敏斯特大学城市设计硕士专业教程，Greed，2000：171）。该时期有关城市设计的代表论著还有凯文·林奇的《城市意象》（The Image of the City，1960）、戈登·柯伦（Gordon Cullen）的《简洁的城市景观》（The Concise Townscape，1961）、保罗·施普赖雷根（Paul Spreiregen）的《城市设计：城镇与城市的建筑》（Urban Design：The Architecture of Towns and Cities，1965）和埃德蒙·培根（Edmund Bacon）的《设计城市》（Design of Cities，1976，中译本，中国建筑工业出版社，2003）等。

日本建筑理论家芦原义信的理论成熟于现代主义思想最有影响的年代，他通过对欧洲传统城市空间的研究，提出了恢复人性尺度的城市空间理论。芦原义信用三维空间因素分析评价城市空间的尺度。其三维系统包含空间因素、形式美学和直观环境的心理学影响。

建筑理论家艾伦·柯洪（Alan Colquhoun）在对城市空间进行定义时使用了社会空间和建成空间两个概念。其中社会空间指社会结构所具有的空间含义，属于社会学和地理学研究的范畴。建成空间或建成环境的焦点则是物质空间，它隶属于建筑学和城市设计的范畴，侧重的是环境的形态要素、环境的使用方式、人对环境的感知方式以及环境的各种意义。柯洪认为："无论什么样的城市空间，都要屈从于形式和功能相互作用的两种形式，一是形式与功能各自独立，即城市空间形式与其社会功能各自独立；另一种是形式追随功能，即城市空间形式是社会功能的附属物，由社会功能决定"（李罕哲，2008）。

中国建筑学界的研究主要是将城市空间限定在城市的物质实体内，研究的重点是物质空间环境及其空间布局（何子张，2006）。

意大利有机建筑学派理论家布鲁诺·赛维（2006）认为，建筑物外部空间即城市空间，由建筑物和周围的事物构成。在城市空间的创造中其他物体也被包含在内，这些物体并不都是建筑，可以是桥梁、喷泉、凯旋门、方尖碑、树木等。这些非建筑物对空间的围合表明，可以以一种新方式定义空间。

2.5 系统科学

"系统"一词源于希腊文的 $\sigma\upsilon\sigma\tau\eta\mu\alpha$ (systema)，本意很宽泛，直到近现代才赋予它以我们今天所认为的涵义（关子尹，2014）。中外学者曾经从不同的角度定义系统。美国的韦伯斯特大辞典把系统称为"有组织的或被组织化的整体、相联系的整体所形成的各种概念和原理的综合，由有规则的相互作用、相互依存的形式组成的诸要素的集合"。如果一个对象集合中存在两个或两个以上的不同要素，所有要素按照其特定方式相互联系在一起，就称之为一个系统（王其藩，1995）。我国钱学森院士则称"系统是由相互作用和相互依赖的若干组成部分结合成的具有特定功能的有机整体，而且这个'系统'本身又是从属于另一个更大的系统"；系统由它的各种组成部分之间相互联系与相互依存的关系构成（钱学森，2001）。贝塔朗菲（Bertalanffy）和拉兹格（Ervin László）是一般系统论的创始人，并且后者将系统论发展为系统哲学，提出了系统的有序整体性、自稳定、自组织和等级性系统模型（拉兹洛，1985）。也有学者提出，系统的属性主要有集合性、相关性、层次性、整体性、目的性等（唐谷修，2007，Richmond，1993，罗宾斯，2004）。

综合来说，系统论的基本观点如下：第一，系统是作为一个整体出现并存在于环境中，与环境发生相互作用的，任何组成要素或是局部都不能离开整体去研究；同时，系统也依存于其所处的环境。第二，系统是由诸多可以相互区别的要素组成的。系统内部的要素之间、要素与系统之间、系统与环境之间存在错综复杂的联系。第三，系统内部及系统之间都存在相互作用。系统可以通过调节其中各组成部分之间的关系来控制。第四，系统包含多个层次，层次之间是包含与被包含的关系。任何自然或人类环境的范围内都存在着大大小小的各种系统，每个系统都是上级系统下的子系统，整个现实是一个巨系统。自1980 年代以来系统论又有了新的发展。对于系统复杂性的研究来自混沌与复杂性思想，这种观点认为复杂系统具有如下特征：①巨量独立的作用者以巨量不同的方式相互作用；②自组织；③适应与（共内）进化；④动态（Waldrop，1992）。

2.5.1 系统论在城市研究中的应用

系统论思想与系统哲学对城市研究和城市规划思潮的影响很大。1969 年富雷斯特（J.W.Forrester）将系统动力学应用于城市结构的动态变化研究中，建立了城市系统动态学模型。该模型借助社会、经济要素的反馈等一系列微分方程，对城市各要素指标的变化进行动态模拟。波纳（Bourne）运用系统理论对城市空间进行研究，强调各个要素之间的相互关系正是城市空间的本质所在（唐子来，1997）。他描述了城市系统的三个核心概念：城市形态，指城市各个要素（包括物质设施、社会群体、经济活动和公共机构）的空间分布模式；城市要素的相互作用，指城市要素之间的相互关系，通过相互作用将个体要素整合成为一个功能实体，即一个子系统；城市空间结构，指城市要素的空间分布和相互作用的内在机制，即将城市各个子系统整合为城市空间大系统的作用机

制。当前，元胞自动机（CA）模型、DLA 模型、逾渗模型、多主体模型等离散动力学模型成为当前城市动态模型的最新发展方向。而采用元胞自动机模型对城市增长的研究是目前的一个热点。

系统思维方法从根本上有别于传统形式的分析。传统分析着重于将研究对象分成独立的部分，比如英文单词 analysis 的词根意义就是"分成几个组成部分"；与之相反，系统思维着重于研究作为系统一个组成部分的研究对象如何与系统的其他组成部分相互作用。将系统定义为一系列相互作用产生行为的元素，这意味着作为研究对象的系统将不会被孤立成一个个越来越小的部分；反而，系统思维方法通过联系越来越多的组成部分之间的相互作用来研究问题。这在某些时候将导致与传统形式的分析截然不同的结论，特别是当研究对象具有动态复杂性，或者与内部和外部有许多反馈的时候（许光清，邹骥，2006）。周干峙（1997）应用"开放的复杂巨系统"理论研究 21 世纪以来在交通、通信技术发展带动下形成的高度聚集的城市及其区域系统，提出了以下几方面认识：①复杂是相对的、复杂性是有规律的。一部城市发展史就是一部由简入繁的历史。②复杂性是可以量化的，可以区分出不同的复杂度。③城市复杂系统具有可预测的方面也有不可预测的方面。④城市复杂系统既具有可控制部分，也有不可控制的部分。⑤复杂系统具有学习功能，有组织作用。复杂系统的动态平衡的本质特征，使系统具有"智能"学习的功能，成为事物进化、发展的内在动力。⑥该理论认为解决城市发展的复杂问题必须要有科学决策、民主决策和团队精神。

2.5.2 系统论在城市规划中的应用

1950 年代末美国的运输－土地使用规划研究中最早运用了系统思想和方法，这些研究突破了物质空间规划对建筑空间形态的过分关注，而将重点转移至发展过程和不同要素间的相互关系，以及要素的调整与整体发展的相互作用上。受系统论的影响，原来纯粹注重物质形态规划的功能理性思想在 1960 年代发生了重大改变，相关代表著作是麦克罗林（J.Brian McLoughlin）的《城市与区域规划：一种系统方法论》（Urban and Regional Planning：A Systems Approach，1969）和乔治·查德威克（George Chadwick）的《规划的系统观：针对城市与区域规划过程的理论》（A Systems View of Planning：Towards a Theory of the Urban and Regional Planning Process，1971）。两者都借用了生物学中关于系统论的观点来说明规划中的类似情况，并利用自然系统（或生态系统）来比拟人类系统（如城市和区域）；查德威克还采用了物理学中的热力学定律作了类比。自此，城市被当作包含一系列特殊空间子集的复杂系统，城市规划也成为一项系统性的规划（沈体雁，张丽敏，劳昕，2011）。

系统规划论的核心在于承认城市与区域是各种相互关联又不断变化的部分的综合体，这些组成部分或作用因素（包括地理、社会、政治、经济和文化等）之间的相互作用形成了城市与区域系统的性质与状况。而城市规划的实质就是进行系统的分析和系统的控制，规划师的职责则在于首先把握这些相关性，然后在需要的时候去引导、调控和改变它们，以促进有利因素、遏制不利因素。因此规划师要制定一系列的总体目标和更为明确详尽的目标（McLoughlin，1969：59），并在提出目标之前对人口规模、土地利用和其他的活动做出分析，预测规划行为本身产生的后果。正因为规划所要考虑的要素是动态的，规划本身也应当是动态的，每隔一段适宜时间（例如五年）制定（修订）一次。这样一来，规划是一个个状态连续起来的"轨迹"（McLoughlin，1969：255）；但规划同时还是一种约束和预测变动的决策，因此它在顺应变化的同时也反作用于变化。这样，规划就不再是一步到位的"蓝图"式设计了，它是对发展过程的一种监测、分析和干预。使规划脱离蓝图设计是系统规划论对规划的一大贡献；它同时还改变了规划与社会及经济背景脱离、只重视技术环节的传统，使"社会规划"、"经济规划"与"物质规划"并存。由此，系统规划对规划师自身也提出了新的要求，除了设计技能和艺术修养，还必须掌握经济地理学（如区位论）和社会科学方面的知识才能做好规划。查德威克设计了规划程序设计（图2-1），它包括需要观测和控制的系统（如城市，图2-1右侧结构）和规划人员对该系统的设计与控制措施（图2-1左侧结构）。这两套系统被区别开来，但相互之间有联系，从而整体形成一个反馈的循环系统。

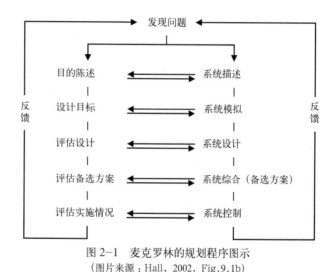

图2-1　麦克罗林的规划程序图示
（图片来源：Hall，2002，Fig.9.1b）

2.6　城乡规划学

列斐伏尔认为，规划师对空间加以排列和归类以便为特定阶级效力，他们只关心空洞的空间（原初的空间）和将内容分离出去的空间，那是不相关的事物、人和动植物所在的中立场所（1991：308）。而奥斯曼的巴黎改建以及纽梅耶尔设计的巴西利亚在列斐伏尔看来都是设计者把空间和局部进行分离的典型案例。他的核心观点是在城市空间的生产过程中，国家权力主导一切，中心地区主宰边缘地区，并把地方与全球连结在一起。

盛行于1960、1970年代的规划观念（尤其是在规划实践界）仍然受欧几里得思想的影响，视城市的空间、地域为均质的、统一的、一元的物质实体，

可为规划工具所左右，时间与空间不过是城市生活的客观的、外部性容器，这一思想一直在城市规划中居统治地位（Graham，Healey，1999）。后现代主义思想家对以往规划中把城市空间看成是均质欧氏空间这一观念进行了深刻批判。列斐伏尔指出空间被看作一个空白的舞台，影响城市的空间关系与空间作用就在其中运作（Lefebvre，1984）。大力提倡规划的后现代主义的哈维也指出，欧氏几何为"征服与控制空间"的人（如建筑师、工程师、土地管理者等）提供了基本的语言，空间被认为具有普遍、同质、抽象、连续、客观的性质（哈维，2003：314–317）。美国后现代地理学家苏贾（Edward W.Soja）也总结说传统的地理学与规划方法把城市空间当成是一种死板、固定、非辩证、静止的空间，是被动的度量的世界，而非能动的有意义的世界（Soja，1989：37）。

中国的城市规划脱胎于建筑学，因此建筑学的空间观念对规划界影响很深。这种观念偏重于空间的物质属性，忽视了城市空间内涵的复杂性（例如空间的社会属性），即使涉及空间的社会性方面，也偏重于从环境行为的角度来认识空间的"场所感"（何子张，2006）。

2.7 生态学

早在1920年代，芝加哥学派的帕克（E.Park）和沃斯（L.Writh）就从城市社会生态学的角度对城市形态或城市空间结构进行了研究。依据对城市生活结构的详细考察，用阶层、种族或生活方式的质量来分析城市形态，提出城市形态的马赛克式自然区镶嵌（熊国平，2006）。

霍利（Hawley，1950）和施诺（Schnore，1965）的研究为生态学方法的改革做出了重要的贡献。霍利运用生态学方法来研究社区结构的形成和发展，强调社区之间在功能上的相互依赖，这种相互依赖来自于大家对竞争的适应。施诺从人类生态学的视角出发，详细阐述了伯吉斯和其他人类生态学研究者著作的前提和假设条件，将生态学理念看作分析城市内部结构的概念性和统计性框架。霍利和施诺的研究修正了传统人类生态学的最大缺陷，为后期城市生态学模式研究提供了良好的基础。查尔斯利（Kearsley，1983）则尝试修正伯吉斯的城市结构模型，他将当代城市化的某些方面，例如内城的衰败、绅士化和离心化综合到伯吉斯的模型中（袁雁，2006）。

■ 习 题

1. 经济地理学对城市空间研究有什么贡献？
2. 建筑学视角的城市空间研究关注哪些问题？
3. 系统规划论的核心思想是什么？

■ 参考文献

[1] Alonso W.Location and land use[M].Cambridge, MA：Harvard University Press,

1964.

[2] Graham S.and Healey P.Relational concepts of space and place：issues for planning theory and practice[J].European Planning Studies, 1999, 7 (5)：623-646.

[3] Harvey D.The urbanization of capital：studies in the history and theory of capitalist urbanization[M].Charles Village, Baltimore：Johns Hopkins University Press, 1985.

[4] Hawley H A.Human ecology：a theory of community structure[M].New York：The Ronald Press Company, 1950.

[5] Kearsley, G W.Teaching urban geography：the burgess model[M].New Zealand Journal of Geography, 1983, 75 (1)：10-13.

[6] Krier R.Urban space[M].London：Academy Editions, 1979.

[7] Lefebvre H.The production of space[M].Oxford：Blackwell, 1984.

[8] McLoughlin J.B.Urban and regional planning：a systems approach[M].London：Faber & Faber, 1969.

[9] Richmond B.Systems thinking：critical thinking skills for the 1990s and beyond[J].System Dynamics Review 1993, 9 (2)：113-133.

[10] Rossi A.The architecture of the city[M].Cambridge, MA：MIT Press, 1982.

[11] Schnore L F.The urban scene：human ecology and demography[M].New York：The Free Press, 1965.

[12] Soja E W.Postmodern geographies[M].London：Verso, 1989.

[13] Waldrop, J.Pub[J].American Demographics, 1992, 14 (4)：24.

[14] Wirth L.Urbanism as a way of life[J].American Journal of Sociology,1938,44(1)：1-24.

[15] 柴彦威 . 城市空间 [M]. 北京：科学出版社, 2000.

[16] 段进 . 城市空间发展论 [M]. 南京：江苏科学技术出版社, 2006.

[17] 大卫·哈维 . 后现代的状况——对文化变迁之缘起的探究 [M]. 北京：商务印书馆, 2003.

[18] J. 厄里 . 关于时间与空间的社会学 [A] // 布赖恩·特纳 . 社会理论指南（第二版）[C]. 上海：世纪出版集团, 上海人民出版社, 2003：504-536.

[19] 关子尹 . 黑格尔与海德格尔——两种不同形态的同一性思维 [J]. 同济大学学报（社会科学版）, 2014, 25 (1)：1-14.

[20] 何子张 . 我国城市空间规划的理论与研究进展 [J]. 规划师, 2006, 22 (7)：87-90.

[21] 埃蒙·坎尼夫 . 城市伦理——当代城市设计 [M]. 北京：中国建筑工业出版社, 2013.

[22] 李罕哲 . 群体行为模式与城市空间的互适性研究 [M]. 哈尔滨工业大学博士学位论文, 2008.

[23] 罗宾斯等 . 管理学（第 7 版）[M]. 孙健敏等译 . 北京：人民大学出版社, 2004.

[24] 多琳·梅西 . 空间的诸种新方向 [A] // 德雷克·格力高里, 约翰·厄里编 . 社会关系与空间结构 [C]. 北京：北京师范大学出版社, 2011.

[25] 罗伯特·戴维·萨克 . 社会思想中的空间观：一种地理学的视角 [M]. 北京：北京师范

大学出版社，2013.

[26] 钱学森. 论宏观建筑与微观建筑 [M]. 杭州：杭州出版社，2001.

[27] 布鲁诺·赛维. 建筑空间论：如何品评建筑 [M]. 张似赞译. 北京：中国建筑工业出版社，
2006.

[28] 沈体雁，张丽敏，劳昕. 系统规划：区域发展导向下的规划理论创新框架 [J]. 规划师，
2011，（3）：5-10.

[29] 石崧，宁越敏. 人文地理学"空间"内涵的演进 [J]. 地理科学，2005，（6）：340-344.

[30] 唐谷修. 企业安全管理系统动力学模型与应用研究 [D]. 湖南：中南大学出版社，2007.

[31] 唐子来. 西方城市空间结构研究的理论和方法 [J]. 城市规划汇刊，1997，（6）：1-11.

[32] 爱德华·W. 苏贾. 后现代地理学——重申批判社会理论中的空间 [M]. 北京：商务印
书馆，2004.

[33] 王其藩. 高级系统动力学 [M]. 北京：清华大学出版社，1995：6-9.

[34] 吴志强. 介绍 David Harvey 和他的一本名著 [J]. 城市规划汇刊，1998，（1）：48-49.

[35] 熊国平. 当代中国城市形态演变 [M]. 北京：中国建筑工业出版社，2006.

[36] 许光清，邹骥. 系统动力学方法：原理、特点与最新进展 [J]. 哈尔滨工业大学学报（社
会科学版），2006，（4）：72-77.

[37] 杨吾扬，梁进社. 高等经济地理学 [M]. 北京：北京大学出版社，1997.

[38] 袁雁. 全球化视角下的城市空间研究 [M]. 北京：中国建筑工业出版社，2008：17-29.

[39] 周干峙. 城市及其区域——一个开放的特殊复杂的巨系统 [J]. 城市规划，1997，（2）：4-7.

[40] 朱文一. 空间·符号·城市：一种城市设计理论 [M]. 北京：中国建筑工业出版社，
1993.

3 城市空间的类型

　　人类基于空间特性对其进行认识和归纳，并将其分为若干种类，界定城市空间类型的过程实际上也是人类对空间认知的过程。进行城市空间分类的前提是承认城市空间的多样性和多属性，因而，可根据空间不同的属性将空间定义为不同的类型。本书根据空间的物质属性、社会属性和职能属性这三种属性对空间类型进行划分。

3.1　物质属性

　　物质属性的概念通常用于物理学和哲学，是辩证唯物主义运动观的重要命题，后来被广泛应用于各个学科，主要用来定义物质的本质属性。为了更好地理解和把握城市空间的特征，可以将城市空间按照其物质属性，归纳为一系列相互对照的类型来解读，例如开敞空间与封闭空间、横向空间与纵向空间、地上空间与地下空间等。

3.1.1　开敞空间与封闭空间

开敞空间与封闭空间是相对而言的，开敞的程度主要取决于有无侧界面、侧界面的围合程度及开洞大小等。有时为更准确地表达程度，还会提出介于两者之间的半开敞空间和半封闭空间。界定城市空间的开敞与封闭性通常与空间的周围环境以及观察者的视觉和心理上的需求有密切的关系。同一空间在不同的时刻或者由不同的使用者观察时会有不同的定义。

开敞空间通常指受侧界面的围合与限制较弱，视野开阔，与外界交流便捷的空间。空间性格上通常表现为开放性、灵活性和收纳性。开敞空间在景观上与外界的联系与交流更为紧密，在这类空间中的使用者往往具有较大的视野。一般来说，城市的广场可以认为是开敞空间。

封闭空间通常指被限定性较高的围护实体包围起来，在视觉、听觉等方面具有很强的隔离性的空间，具有较强的领域感、安全感和私密性。封闭空间与外界景观的交流很少，或者需要通过间接的方式（如墙上的小孔、可以反光的材质或镜面等）。在这类空间中使用者往往视野较小。一般来说，大型建筑群中被建筑包围的广场都是封闭空间。此外封闭空间在中国传统园林中的使用比较多，传统造园者擅长用树丛、假山等营造相对幽静的封闭空间。

在城市中，绝对的封闭空间与开敞空间实际上是很少的，更多的是介于两者之间的半开敞空间和半封闭空间。但是对使用者来说，对空间开放性的定义仍然是开敞空间或封闭空间，他们作出这个定义与环境参照以及使用者心理需求有很大的关系。比如同样是一个仅被80cm高的灌木丛包围的空间，一个身高为180cm的成年男子倾向于认为这是一个开敞空间，因为空间中没有其他遮蔽物，他可以很容易地与外界交流；同时，一个高为90cm的幼童在这个空间中时这个空间就成为一个封闭空间了，他的视野非常狭窄，很难与外部空间进行交流，灌木丛为他营造了与外界隔离的障碍。这样的例子在生活中非常常见，正是由于这种现象，设计师在设计外部空间时往往要考虑使用者的特征与心理，由此来满足不同使用者的需求。

3.1.2　横向空间与纵向空间

横向空间主要指某一水平面（通常为地平面）沿横向发展而形成的空间，如城市中交错延伸的街道等。横向空间的主要衡量指标为空间的占地面积。横向空间的认知与人们的日常生活更为紧密，横向空间是人们最容易感知的空间类型，因为人的视线通常都是水平方向的。对横向空间的认知通常基于长度与宽度的概念。比如一条机动车道的宽度为36m，这条道路相邻两个路口之间的距离（长度）是200m等。

纵向空间主要指在垂直与地平面的方向上发展而形成的空间，主要表现为多层、高层建筑空间，有时也包括地下空间。纵向空间的主要衡量指标为空间的高度与深度。纵向空间的发展因受到科学技术的制约而起步较晚，但在土地资源日益紧张的当今社会，正受到越来越多的关注。如今生活中的很多行为是发生在纵向空间上的。如建筑墙体灯光设计就是依托垂直墙体进行的；此外墙体绿化的行为也正是将原本发生在横向空间的绿化工程转移到纵向空间上去，是适应城市土地资源匮乏而城市绿化规模不够这一问题的重要解决手段。

当然，横向空间和纵向空间是相互交错的，城市空间中的行为不可能单独发生在横向空间或者纵向空间中，它们都是发生三维的空间中的，就好像街道除了长和宽外也是一个有厚度的空间。横向空间和纵向空间的概念只是在一定情况下人们的空间感受的认知。

3.1.3　地上空间与地下空间

地上空间顾名思义即指地表以上的空间；地下空间则指地表以下的空间。地下空间一般包括天然形成的地下空间和人工开发的地下空间，本书所涉及的地下空间主要指位于城市及其周边的人工开发的地下空间，如地下商城、地下停车场、地铁、穿海隧道等。

在城市中，地上空间的开发总是比地下空间开发早而完善，在中国很多中小城市中，地下空间的开发还停留在地下停车场的第一阶段，但是在如日本东京、美国纽约等大城市中地下空间的利用十分发达，轨道交通、商业等公共服务设施、公用设施都可以在地下空间中展开。近年来，由于城市土地资源的稀缺，中国很多城市也加快了对地下空间的开发利用，地铁、隧道、地下商场等开始进入人们的生活。

除了地上空间与地下空间外，还有一种空间形式介于两者之间，被称为半地下空间。半地下空间通常是指在不增加建筑高度的情况下使建筑向地下发展形成的空间，这类空间的日照、通风和防潮都比其他楼层差，但是可以被对这些条件要求低的功能所使用，是提高建筑密度，节约用地的有效手段。现在我国很多住宅区使用半地下空间作为储藏室、自行车库等，也有商场等将半地下空间开发成为下沉广场。

3.1.4　硬质空间和柔质空间

罗杰·特兰西克（Roger Trancik）在《寻找失落空间——城市设计的理论》(Finding Lost Space：Theories of Urban Design) 中试图从城市空间范例中汲取工作方法和设计手法，并把涉及的城市空间分为两大类：硬质空间和柔质空间。特兰西克认为，硬质空间主要由人工界面围合，通常在功能上被用作社交活动；柔质空间指城市内外由自然环境主导的场所，在城市中是指在建筑环境中为人们提供休憩愈合活动的公园、花园和绿色廊道等空间。

硬质空间的一大特点是人工营造的围合感，成功的硬质空间主要包括三维立体构架、二维平面形式和空间中的实体布局三个方面，特兰西克认为广场和街道都是硬质空间，许多城市设计就是由硬质界面创造联系空间的建筑手段。

柔质空间是与密集城区形成对比的柔软的自然环境，是人性的空间。特兰西克强调了乡村空间与城市空间的区别正是在柔质空间上。柔质化景观填充了由建筑围合的硬质广场空间，这是理想的城市自然环境。同时特兰西克还分析了日本寺院的空间，认为它们充满了象征手法和表达形式，传递着日本社会的玄奥理念，表达了人与自然之间的哲学联系的隐喻，在这里人工和自然秩序完

美地结合。他认为好的城市应该是硬质空间和柔质空间融合的场所。

3.2　社会属性

空间具有社会属性是因为空间使用者"人"具有社会属性。社会属性是人与其他动物相对的本质区别，人生活在一定的社会关系中，一切行为不可避免地要与周围人发生各种关系，因此各种不同关系发生的空间就具有不同的属性。根据社会属性中的私密性，我们可以把空间划分为公共空间与私有空间；根据人日常活动的范围，我们主要研究城市中的邻里空间。

3.2.1　公共空间与私有空间

公共空间与私有空间之分的最主要基础是对空间私密性等级的分异。私密性似乎与公共性总是相对的，因此把具有公共性的空间类型称为公共空间，把具有私密性的空间称为私有空间。

公共空间的定义为"一般社会成员均可自由进入并不受约束地进行正常活动的地方场所"。公共空间是社会生活中一类普遍和基本的空间形式，它的最重要特征是公开性，能为全体社会成员共同享有，不具有排他性。公共空间是人们进行公共交往、举行各种活动的开放性场所，其目的是为广大公众服务。公共空间欢迎各种类型和方式的活动，往往可以提供多样化服务。城市公共空间除具有各种使用功能要求外，其数量与城市的性质、人口规模有着紧密的联系。城市人口越多，公共空间的需求量越大，功能也越复杂。城市公共空间能展现城市自然环境特色和独特的文化魅力，其建设质量将影响大众的满意度与城市的综合竞争力。公共空间主要包括山林、水系等自然环境，人为建造的公园、道路、停车场及一些公共建筑对外开放的区域等。

私有空间一般指归属于或其使用限于某一特定对象（个人或团体），而其他人不能随意进入的场所，其特征是隐私性和单一性。私有空间通常是一个较为封闭的空间，与外界心理环境交流不密切，使用围栏、围墙等围护设施将其与公共空间隔离。由于私有空间的排他性，空间内的活动类型往往比较单一。私有空间主要包括私人住宅、办公场所等，一般会根据其服务对象的不同而拥有不同的风格和功能。

3.2.2　邻里空间

邻里空间是城市居住区居民使用频率最高，与日常生活最为密切相关的地方。在中国古代城市住区中，健全完善的邻里空间体系广泛地存在着。邻里由居住地相邻的住户构成，我国古代《周礼》曾有关于邻里的说法"五家为邻，五邻为里"。因此可见我国古代便认识到邻里空间是人与人之间社会关系发生最重要的场所，也对邻里空间进行了界定。

以北京的四合院住宅为例，每个人步出自己的房门之后，先后经过院子、家门、小胡同、大胡同，直到大街。从走出家门到到达城市大街，经过的空间层次并不多，但胡同所形成的亲切、宁静、舒适的居住氛围却是卓有成效的。现在居住区的规划理论对小区内空间层次的划分是基于西萨·佩里（Clarence Perry）提出的"邻里单位"，在我国的实践中都沿用了其小区－组团－院落的三级规划模式或者小区－院落的两级结构。这里的"邻里"实际上是现代城市规划理论中的一个重要概念，与中国古代所谓"邻里"已经有了很大的不同。这里的"邻里"指的是城市中一个最基本可识别，并有能满足生活需要的服务设施的城市单元。"邻里单位"的概念将在后文中详细介绍。

根据人们在邻里空间中的不同领域的心理感受、交往方式以及人群的差异，可以将邻里空间分为由公共到半公共再到半私密的三个层次空间：

（1）中心邻里空间

指整个邻里的中心场所，可与小区中心空间对应理解，属于邻里空间中的公共领域，包括邻里空间中的主要道路、绿化、设施等，空间里的活动对象主要为整个邻里中的居民。中心邻里空间中活动类型丰富多样，是典型的公共空间。它不具有排他性，只要遵守一般的社会规范，所有人都可以使用它。因此除了社区中的居民外，偶尔出现的经过社区的外来人员同样也可以使用这个空间。

（2）宅前邻里空间

指邻里中住宅建筑周围的场所，属于邻里空间中的半公共领域，包括住宅楼入口区域、住宅楼周围的节点等空间，空间内活动的主要对象是本住宅楼的住户。宅前邻里空间中已经显示出了一定的排他性，活动对象一旦超出本住宅楼住户的范围就会受到关注，在一些高档的居民小区中，有陌生人徘徊在宅前邻里空间时会引起保安的询问与注意，甚至有一些居民小区拒绝陌生人随意进入这个空间。宅前邻里空间的半公共性是居民对安全性的需求。

（3）户前邻里空间

指住宅入户门周围的场所，属于邻里空间中的半私密领域，包括入户前的庭院、走廊、平台等空间，空间内主要的是相邻住户间的活动。显然户前邻里空间的排他性更加强烈，这里拒绝除了邻居（同层，共享一个户前邻里空间的对象）外的其他人（受邀的访客除外）的进入。在户前邻里空间的活动类型相对单一，通常为邻居之间偶尔交流的场所，并且这里的活动是短暂的，人们不会在这里停留很久。在居民小区中，停留在他人户前邻里空间中的陌生人很容易受到邻居注视与戒备，这种半私密性也是居民对安全性的需求。

以上三种领域在空间上呈现逐渐收敛的态势，其空间的使用对象也逐步地具体化，公共性逐渐减低、私密性增强。人们需要与外部交流的空间，也需要保证安全和隐私的空间，正是人的这种社会属性造成了邻里空间的递进现象。实际上还有一种私密性最强的空间被称为私密空间，它只对一个人或若干人有限开放，比如卧室和浴室等，这种空间往往狭小且封闭，并且具有完全的排他性，主要分布在住宅内部或者办公室内部。

3.2.3 性别空间

女性主义（Feminism）是1970、1980年代以后西方最重要的社会理论流

派之一，广泛地渗透到政治、经济、历史、地理等许多学术领域，产生了诸如女性主义地理学、女性主义空间研究等研究领域和研究方向。女性主义地理学诞生于对传统地理学研究的批判，它关注城市社会中存在的性别差异和不平等状况，认为应当研究女性独特的地理认知和生活经验（柴彦威，翁桂兰，刘志林，2004）。

传统的空间研究往往以（中产阶级）白人男性为基本假设前提，关注男性的行为方式和生活体验，而忽视了女性独特的经验。这导致现有的城市空间结构模型以及城市居民行为研究都以家长制式的性别关系为默认条件。强调日常活动行为的时间地理学也仅表现了男性主义空间与公共空间，忽视了身体的差异与家庭等私人空间（柴彦威，翁桂兰，刘志林，2004）。而女性主义空间研究的核心是"性别"（Gender）和"平等"（Equality）。"性别"不单纯指男女之间的生理、心理等自然性差异，还包括了由此所产生的经济、行为、情趣等社会性差异，即女性与男性是不同的，不仅存在自然分工的差别，还有社会分工的差别，例如"男主外、女主内"的性别分工。女性主义所强调的"平等"正是建立在所有性别差异基础上的平等，而非相等。空间平等的关键在于城市建设必须与性别差异相联系，而不应由所谓的原则、标准来决定，尤其是这些原则本质上是男性的。所以女性主义所倡导的平等观念实际上是一个差异观念（黄春晓，顾朝林，2003）。

出于生活方式、日常活动和出行模式方面的差异，女性使用建成环境的方式不同于男性。作为"城市空间性别化"特征的一个断面，男性支配的生产活动场所等公共领域、与主要由女性支配的再生产活动场所之私人领域之间的空间分割，已成为城市发展中的主要问题。以男性为出发点的现代城市规划，在很多方面、在相当程度上不仅没有给女性提供便利，反而给她们在生活和工作中造成很多麻烦。传统的男性视角规划观将城市划分为"居住区域、工作区域和娱乐区域"，这种划分方法忽视了发生在家庭和小区内部的家务活动和育儿活动。错误的观念却衍生出一系列有缺陷的规划方法——例如通过土地分区制将家与工作场所隔开，或者通过交通规划最大限度地确保工作出行，这样或许方便了出行目的地单一的上班男性，但不利于同时承担着工作与照护家庭两种角色的妇女。由于女性对城市空间的使用方式与男性有很大的不同，她们承担着更多的抚育与照护（小孩、老人、病人）等的职能，会将工作出行与照顾活动的出行需求结合在一起，使用公交系统的频率更高，日常活动与出行模式更为复杂，行程的间歇性更强。这样一来，基于单纯的工作出行的传统交通规划策略就不适合女性出行的需求，必须得到相应的调整。同样，中央商务区的规划中经常会尽量考虑停车场的设置，但却从未考虑过为女性工作者设置育儿的空间（如托儿所）。居住小区当中的人车分离系统、与机动车道分隔的步道，在设计中由于只注重设计的景观效果，忽视妇女关注的视线良好、道路宽敞、不绕弯路等要求，也多为女性使用者所不喜。同样，女性也不太喜欢公共开放空间，而是比较喜欢公园和绿地，设计细节上注重安全、可视性的这类休憩空间尤其受欢迎。关于商业区位，女性规划师反对设在城市近郊的大型购物中心，提倡在小区或社区设置小型商店，同时在中心商务区重新开设食品店，这样可

为只能在午饭时间采购的女性上班族提供方便。

3.3 功能属性

空间的功能属性表现为其承载的各种功能活动的性质。随着社会发展，空间的职能属性也会出现相应的变化。拉波波特(Rapoport)和意大利的阿尔多·罗西都认为，早期的城市比较简单，空间可以约略概括为从属于统治者的"纪念性空间"和属于广大居民的"生活性空间"。工业革命以后，城市空间又被总体分为生产性空间和消费性空间。1933年国际现代建筑协会发表《雅典宪章》，认定现代城市的四大功能是居住、工作、游憩、交通，城市空间也分化为相应的四类空间：居住空间、工作空间、游憩空间、交通空间。而在当代社会，城市空间功能出现了更为复杂的分化与复合，这是现代生活内容的日益丰富，生活节奏不断加快，对城市空间的使用日趋复杂，要求梳理整合、实现效率的必然现象（田银生，刘韶军，2000）。

3.3.1 生产性空间与消费性空间

（1）生产性空间

在工业社会中，城市是工厂等生产场所和劳动力密集的空间、是人类社会的生产中心，当时的各种生产活动也可以看作是在城市空间中的生产。然而，进入消费社会之后，空间本身却日益成为商品被生产着。这一现象被亨利·列斐伏尔称作"空间的生产"，它已成为资本积累和利润最大化的有效途径。尤其是进入消费社会后，由于传统工业的衰败，城市资本的积累过程越来越多地与消费相关的服务业、全球性的房地产业、金融业及相关产业联系在了一起。城市空间已经成为商品，它的发展也遵循资本积累和利润追逐的规律（季松，2010）。

（2）消费性空间

广义上讲，使用意义上的空间消费自古就有。但是，真正商品意义上的大众参与的"空间消费"主要始于第二次世界大战之后，随着西方发达社会全面进入消费社会以及大规模郊区化的推进，尤其以英美为代表的西方政府对国家福利的减少和市场自由化的推行，建筑空间的市场化不断得以深化，私有化参与和商业化开发在城市建设中逐渐占据了主导地位，房地产业成为国家的支柱性产业，这为全社会范围内的"空间消费品"的出现提供了基础。另一方面，由于城市休闲娱乐业的发展和城市旅游的兴起，在当代消费逻辑的驱动下，许多城市空间成为可观、可玩、可游和可以体验的消费品。除了可供销售或出租的住宅、写字楼等商品房外，一些城市的商业消费建筑、文化建筑、旅游景点、节庆空间以及城市的标志性空间和建筑也成为了供人们消费的商品（季松，2010）。

3.3.2 功能属性下的城市空间分类

根据空间不同的功能属性，还可以将城市空间分为八大类：居住空间、公

共服务空间、商业空间、工业生产空间、物流仓储空间、交通设施空间、公用设施空间和绿地空间。

居住空间：主要指住宅的室内空间，另外还包括居住区内的城市支路以下的道路、绿地、配套服务设施等。居住空间是日常生活中最常见和最基本的空间类型，也是人类必须使用的空间类型，它是城市空间的重要组成部分，最早的构筑物就是从住宅发展起来的。居住空间布局是否合理是衡量一个城市空间品质的重要标准。

公共服务空间：指服务于居住区以上空间范围和人口规模，具有行政办公、文化、体育、医疗、教育科研等其中一种或多种基本公共服务职能的空间，常见的有学校、医院、政府大楼等。公共服务空间根据其规模分为不同的等级，服务不同类型的人群，如医疗设施就可以分为社区级、片区级和城市级三类，服务于不同需求的病患。公共服务空间的品质是衡量一个城市政府是否为服务型政府的重要指标。

商业空间：指具有各类商业、商务、娱乐康体等职能的空间，其核心内涵是以营利为主要目的，但是不一定完全由市场经营，政府如有必要亦可独立投资或合资建设（如剧院、音乐厅等机构）。当代城市的商业空间类型丰富，有单一商业或商务职能的空间，也有集商业、商务、休闲娱乐和康体职能于一体的综合性空间，我们习惯性称其为商业综合体。在城市中的商业空间往往是聚集人气的重要场所，商业设施，特别是大的商业综合体的建设一定程度上会改变城市原来的空间格局。当代新的建筑方法和新的建筑材料总是会最先应用于商业空间设计，科技感与时尚结合的商业空间会催生消费者的购买欲，培养消费者的信任感。因此商业空间的设计和建设往往可以体现一个城市的总体发展水平。

工业生产空间指：进行工业生产的空间，包括工业厂房及其附属设施、工业厂区内部的城市支路以下道路。工业生产空间承载了城市绝大部分的工业活动，由于其污染性（包括空气污染、水污染、噪声污染等），在城市中的分布往往表现为处于城市边缘地带，并且总体上集聚的特点。在中国城市的发展过程中，也出现了很多所谓"开发区"的工业区，它们常常在早期呈现飞地式发展，但是在城市扩张的过程中与城市空间最终衔接在一起，如杭州的下沙镇。

物流仓储空间：指具有物流、仓储、货运、批发等功能的空间。物流仓储空间是工业和商业重要的辅助空间。在城市中，物流仓库空间往往靠近城市重要的交通枢纽中心或者靠近城市工业生产空间，其作用是便于工业生产产品的快速运输与分销。

交通设施空间：指具有交通职能的空间，主要包括城市道路、交通枢纽、停车场等。交通设施空间是城市空间的一个重要组成部分，可以认为是城市发展的重要框架。对城市交通设施空间发展的研究可以表达一个城市发展的过程。城市道路交通网络承载的是城市物质交流的重要功能，人、车和物品都要通过交通设施空间转移到其他地方，城市的风道也常常借助交通设施空间进行展开。

公用设施空间：主要分为"供应设施空间"、"环境设施空间"、"安全设施空间"，如供电所、垃圾中转站、消防站等。城市公用设施空间是保障城市健康运营的重要组成部分，保障公用设施空间的安全就是保障整个城市的安全。

绿地空间：主要包括公园绿地、防护绿地与广场。城市中的绿地空间有着重要的生态环境功能和社会交流功能。公园绿地和广场是城市市民户外活动的重要场所，这些场所提供市民社会交流的平台，维持城市和谐发展。城市绿地空间构成的绿地系统是城市生态系统中非常重要的组成部分，有着维护生态系统稳定，保护物种多样性的重要功能，同时大块的绿地就像是城市的"肺"，让拥挤繁忙的城市得以呼吸，有助于缓解多种污染。通常意义上的绿地空间多为横向发展，即此前说过的横向空间，但是随着城市土地资源愈发稀缺和技术水平提高，纵向空间内的墙面绿化也走进城市中，成为一种新的绿地空间形式。

3.3.3 流动空间

信息时代的信息技术导致新空间形式的出现。在信息化的社会生产中，城市空间是围绕着控制中心、管理中心、服务中心来建立的；在流动性、灵活性、均质性的生产逻辑中，信息时代的城市空间是以即刻性和间距性被标识的。体积更小、功能更强大的以网络连接的计算机、传真机、手机、车载电话等技术以及卫星技术的发展，使人们可在任何地方、任何时间都能与他人联络（童明，2008）。

网络社会是一个高度动态、全面开放和无限扩展的社会系统，它把资本、管理与信息通过各种节点以即时网络的形式功能性地连接。而作为一种全新的社会模式，它使经济行为全球化、组织形式网络化、工作方式灵活化、职业结构两极化、文化生活碎片化。网络社会是"环绕着各种流动——例如资本流动，信息流动，技术流动，组织性互动的流动，影像、声音和象征的流动——而构建起来的"。流动是网络社会的主导性活动，支撑这种流动的空间形式也是流动的，即"流动空间"。卡斯特把流动空间定义为"通过流动而运作的共享时间之社会实践的物质组织"，而共享时间指"空间把在同一时间里并存的实践聚拢起来"。这种聚拢在传统上依靠的是物理上的邻近，即在场的同时性；而在网络社会则依靠的是网络的远距沟通，即缺场的同时性——场就是空间。按照卡斯特的理解，流动空间作为网络社会特有的空间形式，由三个层次共同构成：一是电子通信网络；二是各种指导性节点、生产基地或交换中心；三是占支配地位的管理精英的空间组织。电子通信网络及高速运输系统是流动空间的物质技术基础，而全球化的城市则是流动空间的主要节点和核心，它们以不同的方式和整个全球网络链接，并且按照它们在生产财富、处理信息以及制造权力等方面承担的不同功能而构成一个复杂的世界城市等级体系，而这些功能的操纵者就是由占据社会领导位置的技术官僚－金融－管理精英组成的精英阶层。网络社会的崛起不仅深刻地改变了人们的经济、政治和文化活动，而且也实质性地改变了作为社会表达的空间形式（牛俊伟，2014）。在网络社会中，办公空间、居住空间、公共空间和工业空间都在信息技术的支撑下开始流动（沈丽珍，江昱，于涛，2009）。

（1）流动的办公空间：任何地点的办公

尽管基于网络的流动办公其工作环境具有分散化和个性化的特点，但它仍是一种社会化合作方式，只是工作的含义被阐述得更加清楚：工作结果大于工作过程。工作程序的高度数字化是流动办公的前提，通过网络可以方便地与同事、上司进行交流，工作成果也易于在网上传播。办公空间的流动将导致公共办公空间的减少与灵活办公空间的增加。

（2）流动的居住空间：完全分散化的居住

在新的时代背景下，人们的活动半径因网络而极大地扩大，生活以及工作方式也因数字化而发生改变，在择居过程中更加追求居住环境、房屋品质以及社区氛围。信息社会的数字技术和互联网技术，使居住空间得以流动来实现完全分散化的居住。人们可以成为小岛居民，因为除了对信息设施的依赖外人们几乎不再需要其他固定的交流、交往设施。商业、文化娱乐、教育、办公等用地不再需要比邻而建，区位只是一种空洞的概念，因为人们的居住空间可以在网络与数字空间中自由移动，这就意味着一切公共设施的零距离感。

不过，随着空间流动性的日益增强以及中产阶级重新向市区移居，城市空间的碎片化以及社会结构的混合化的趋势也越来越强。同时，社会流动性的强化也激发出人们对公共环境进行安全防护和频繁监控的需求。越来越多的城市地区开始采用围墙来保护私有领域，这在居住层面上导致了空间割据化。大批限制外人进入的门禁社区自1980年代以来开始出现，社区里的公共空间已被私有化，被称为"私化城邦"。城市空间的割据化不仅体现在居住生活领域中，城市商业空间也逐渐呈现出这一倾向，大型购物中心也对当代城市空间和社会的分裂起到了一定作用（童明，2008）。

（3）流动的公共空间：双重运作模式

公共空间为城市居民提供生活服务和社会交往的公共场所，购物、学习、交流、休闲、交往等许多活动都是在确定的城市公共空间中发生的。然而在具备网络的地方原本束缚在固定地点的活动变得更为流动。虽然城市公共空间的流动不能完全脱离对物理空间的依赖，商场、学校、图书馆等公共空间的物质实体仍然存在，但其部分功能已被分解或转移，从而引发了公共空间的流动。

（4）流动的工业空间：两极化的工业空间

工业空间的流动向着两极化方向发展，管理的高层次集聚与生产的低层次扩散以及控制和服务的等级体系扩散方式构成了信息经济社会的总特征。这种"新工业空间"体现在垂直分散与生产的空间组织之间的一种交互作用上。一方面，在某些区域中，更分散的网络经济能引起经济行为的集中；另一方面，这些区域性生产系统促进了生产的更进一步分散和劳动的更进一步分配。卡斯特认为"新工业空间围绕着信息流动而组成"。未来工业空间的流动将出现以零配件等技术性生产为主的工业空间向分散化方向流动，依据生产过程对生产要素的要求分散到全球的不同区位的情况。而以组织管理为主的工业空间向集聚方向发展，通过电子通信将全球工业空间重新整合，跨国公司的总部越来越集中地位于某些国际性城市就是这类空间集聚的表现。

3.4 城市空间要素的划分

除了以上对城市空间类型的理解方法，也有按照其他方式，例如根据符号学原理或者是城市意象特征等，将城市空间划分为若干要素来理解的方法。比较具有代表性的有凯文·林奇的城市意象五要素。

可以说，林奇是最早将知觉图示，也就是他本人所说的意象应用到城市空间研究领域的学者。他通过对波士顿城市的认知调查总结出，在普通人脑海中的城市通常是由区域、地标、边界、节点、路径这5种元素构成的。区域是一种二维的面状空间要素，是观察者能够想象进入的相对大一些的城市范围，因为城市的不同区域有不同的功能，生活在不同区域的市民对城市的感知会有不同，因此定义自己生活的区位时常常会用区域的概念，如某杭州市民生活在湖滨一带，不会具体定位到某一条路或某一个交叉口。地标是城市中的点状要素，是人们体验外部空间的参照物。地标没有尺度限制，有时候地标可以用作确定城市身份或结构，存在唯一性。如杭州的三潭印月就是一个显著的地标，它是杭州西湖景区的一个重要标志，也是杭州重要的身份证，甚至被抽象为杭州重要的文化符号出现在巴士外表皮、城市广告牌上。边界是非路的线性要素，如河岸、铁路等，这些要素有着约定俗成的心理界标作用。节点是城市中的战略要点，是城市结构空间及主要要素的联结点，也在不同程度上表现为人们城市意象的汇聚点，有些节点也可以成为城市与区域的中心甚至是城市的核心。节点往往是广场、道路交叉口等，也可能是一个城市中心区，它承载的作用是城市结构与功能的转换，如杭州的武林广场即为重要的城市节点。路径是观察者移动的路线，如街道、小巷等，林奇认为那些沿街的特殊用途和活动的聚集处会在观察者心目中留下极深刻的印象，正如大多数人认同的那样，认识一个新的城市最好的办法就是行走在城市的街道中，人们习惯于了解道路的起点和终点，连续的道路将城市联结为一个整体。

近来国内学者也有提出类似林奇的理解方法，比如朱文一在《空间·符号·城市——一种城市设计理论》中根据符号学的理论和方法将城市空间分为6要素：郊野公园、城市大街、城市广场、城市的"院"、城市街道和城市公园。每一种空间都是特定符号在城市中的体现。郊野公园是游牧空间在城市中的体现，城市大街是路径空间在城市中的体现，城市广场是人的社会生活的体现，城市的"院"是领域空间在城市中的体现，城市街道是街道空间在城市中的体现，城市公园是理想空间在城市中的体现。

■ 习 题

1. 何为开放空间？何为封闭空间？试举例。

2. 女性主义空间研究的主要内容是什么？如何在城市空间设计中更多考虑女性的需求？

3. 什么是流动空间？流动的居住空间体现在什么地方？

■ 参考文献

[1] 布鲁诺·赛维.建筑空间论[M].张似赞译.北京:中国建筑工业出版社,2006.

[2] 黄春晓,顾朝林.基于女性主义的空间透视—— 一种新的规划理念[J].城市规划,2003,27(6):81-85.

[3] 季松.消费时代城市空间的生产与消费[J].城市规划,2010,34(7):17-22.

[4] 凯文·林奇.城市意象[M].北京:华夏出版社,2001.

[5] 李德华.城市规划原理(第三版)[M].北京:中国建筑工业出版社,2001.

[6] 芦原义信.外部空间设计[M].尹培桐译.北京:中国建筑工业出版社,1985.

[7] 芦原义信.街道的美学[M].尹培桐译.天津:百花文艺出版社,2006.

[8] 罗杰·特兰西克.寻找失落空间——城市设计的理论[M].北京:中国建筑工业出版社,2008.

[9] 牛俊伟.从城市空间到流动空间——卡斯特空间理论述评[J].中南大学学报:社会科学版,2014,20(2):143-148.

[10] 沈丽珍,江昼,于涛.新时期城市空间的流动特征.城市问题,2009,(6):9-14.

[11] 田银生,刘韶军.建筑设计与城市空间[M].天津:天津大学出版社,2000:10-12.

[12] 童明.信息技术时代的城市社会与空间[J].城市规划学刊,2008,(5):22-33.

[13] 王建国.城市设计[M].北京:中国建筑工业出版社,2009.

[14] 朱文一.空间·符号·城市:一种城市设计理论[M].北京:中国建筑工业出版社,2010.

[15] 柴彦威,翁桂兰,刘志林.中国城市女性居民行为空间研究的女性主义视角[J].人文地理,2004,18(4):1-4.

第二篇

城市空间发展相关理论

本篇分为三章，分别从一般理论、多学科视角下的理论和城市形态学与建筑类型学理论三个方面，延续第一篇的基础理论内容，从相关的其他理论层面解析城市空间发展。

4 城市空间发展的一般理论

　　广义上，理论是指人们按照已知的知识或者认知，经由一般化与演绎推理等方法，对自然、社会现象进行合乎逻辑的推论性总结。在狭义的研究中，理论专指由逻辑的或数学的陈述所连接的一组假设或命题，它们对经验现实的某一领域或某一类现象提出解释。这个概念可延伸为在某一活动领域中联系实际推演出来的概念或原理，或经过对事物的长期观察与总结，对某一事物过程中的关键因素的提取所形成的一套描述事物演变过程的简化模型。本书中的"城市空间发展的一般理论"以及"多学科视角下的城市空间发展相关理论"即指最后一种。

　　根据空间尺度的不同，本章从城市和城市群两个角度探讨空间发展理论，主要包括第4.1节"城市空间发展理论"和第4.2节"城市群及城市体系发展理论"。同时，每个小节将分别讨论二维尺度上的城市空间发展理论以及加入时间维度的城市空间动态发展理论，又称为时空发展（Spatial-temporal Development）理论。

4.1 城市空间发展理论

4.1.1 城市内部空间结构的相关理论

（1）西方理论研究

城市内部存在办公区、商业区、住宅区、工业区等各种功能分区，这些功能区的集合构成了城市整体。一般来说，城市空间结构是指构成城市区域的各种要素和全体，以及它们之间的关系。有学者指出："城市空间结构是城市范围内经济的和社会的物质实体在空间形成的普遍联系的体系，是城市经济结构、社会结构的空间投影，是城市经济、社会存在和发展的空间形式。城市空间结构的形式主要包括城市范围的各种实体的密度、位置（布局）和城市形态三个方面。"这样的定义侧重于要素自身及全体的几何学特征。也有学者认为："一个城市内部的空间结构，从表象上表现为密度、布局和城市形态，但实质上是城市土地的功能分区。"这样的定义主要着眼于构成要素的排列状态以及与全体的关系，即侧重于城市内部地域结构分析。本书中城市空间结构的涵义更接近于后者，认为城市空间是由城市内部各种均质地区构成。而均质地区的形成是由于特定功能的相对集中。这样的均质地区，随着城市的发展，功能的进一步分化，表现出明显的区域分化，并通过相互之间的空间及功能联系，形成城市内部空间结构。

从经济学的角度看，城市内部空间结构主要是指建立在地租理论上的城市土地利用结构。根据各种不同主体选址规律，事务所、商业、居民、工业将按照竞标地租的差异，形成一个同心圆状土地利用模式。这种单中心的同心圆分层结构模式，是城市空间结构演变的基本模式。随着社会经济发展，影响城市空间结构的各种因素不断发生变化，城市空间结构也随之发生演化。于是相继出现了扇形结构、多核心结构以及几种现代的城市结构模式。

1）传统结构模式

城市空间的传统模式主要有同心圆学说、扇形学说和多核学说，它们是由芝加哥大学的社会学家提出的，他们也被称为芝加哥大学（社会）学派。该学派对城市地理、经济和规划有着深远的影响（图4-1）。

A. 同心圆学说

城市同心圆结构理论主要是由芝加哥大学的一些社会学家，特别是E.W. 伯吉斯（Ernest Watson Burgess）于1925年提出的。伯吉斯通过对美国芝加哥城市地域结构演变的研究，认为城市的成长是城市向外的同心圆状的扩展过程，城市社会人口流动对城市地域分异的5种作用力：向心、专门化、分离、离心和向心性离心。城市的成长如同生物有机体一样，包含着集中与分散、分化与分离，在城市内部形成各具特色的地区，并从生态学的角度通过各地区之间的侵入和迁移，分析城市成同心圆状向外扩展的过程。按照伯吉斯的同心圆模式，一般城市发展的结构形式可划分为自5个圆形地带（图4-1 (a)）。同心圆状土地利用模式中，自内向外分别是：CBD，即"中央商务区"，是经济、社会、居民生活的中心，其核心聚集着大公司的办事机构、中心商业街、银行、

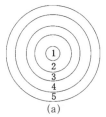 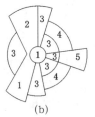

1—CBD；2—过渡区；3—低收入住宅区；4—优良住宅区；5—通勤区

1—CBD；2—批发与轻工业区；3—低收入住宅区；4—中收入住宅区；5—高收入住宅区

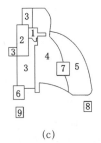 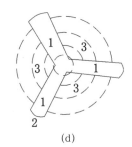

1—CBD；2—批发与轻工业区；3—低收入住宅区；4—中收入住宅区；5—高收入住宅区；6—重工业区；7—周边商业区；8—郊外住宅区；9—郊外工业区

1—中央商业区；2—工业用地；3—住宅用地

图 4-1　城市土地利用模式
(a) 同心圆状城市土地利用模式；(b) 扇形城市土地利用模式；(c) 多核心城市土地利用模式；
(d) 折衷式城市土地利用模式
（图片来源：汤放华，2010）

俱乐部等;过渡区，分布于CBD的周边，曾经为富人居住地区，因CBD的商业、批发业和轻工业不断侵入而导致居住环境逐渐恶化，逐步成为贫民集中区，犯罪率高；工薪收入住宅区，多为从第二环区迁入的低收入者后代的居住地区，他们大多为了接近工作地点而选择在此居住；高级住宅区，位于低收入者住宅区的外围，这里居住密度低、生活环境良好，多为中产阶级的住宅（独户住宅、高级公寓等），交通条件良好的地区会有商业街和上等旅馆出现;通勤者住宅区，位于优良住宅区外侧，一般沿着高速交通线路发展，往往会超越城市的行政区域，是每天往返市区的居民和上层、中上层人群的郊外住宅，同时该区还有一些小型卫星城。

很显然，伯吉斯的同心圆理论没有考虑道路交通、自然环境、区位偏好等各方面的影响，与现实有一定的偏差；但其作用在于提出随城市的扩展，城市内部结构将逐步分化，阐明了城市空间结构演变的一般规律。

B.扇形学说

美国土地经济学家霍伊特（H.Hoyt）利用美国64个中小城市房租资料和几个大城市的资料，将房租划分为五段，分析研究后发现美国城市住宅发展形成九种倾向，城市在这9种倾向的作用下呈扇形扩散分布。他于1939年提出了城市地域结构的扇形理论（Sector Theory）。他认为城市地域的扩张与其说是同心圆状，不如说是扇形（图4-1 (b)）。他通过对美国房地产市场考察发现，城市发展总是从市中心向外，沿主要交通干线或沿阻碍最小的路线延伸。高地价地区往往受景观或其他社会条件影响，位于城市一侧一个或两个以上的扇形范围内，呈楔状发展，不与低收入的贫民区混杂；中等收入的住宅区多在高收入住宅区的一侧或两侧发展，低地价地区也在某一侧或一定扇面内从中心区向外延伸。扇形内部的地价不随至城市中心的距离而变动。霍伊特判断高级住宅区呈扇形发展模式，主要依据以下认识：①高级住宅区有沿既存交通线或向既存商业中心延伸现象；②高级住宅区有在安全高地或沿水路分布倾向；③高级住宅区有跨越城市边缘，向田园扩展倾向；④高级住宅有集聚在社会名流宅邸周围倾向；⑤事务所、银行、商店的迁移对高级住宅有一定的吸引作用；⑥高级住宅区有沿既存最快交通干线发展倾向；⑦高级住宅区有在较长时间向同一方向发展倾向；⑧高房租公寓多建于市中心附近的老住宅区内；⑨不动产业可以改变高级住宅区的成长方向。从以上可以看出，霍伊特的扇形理论虽然强调了交通干线对城市空间结构的影响，但其分析仅仅限于城区内部。扇形模式与同心圆模式的最大差异在于扇形模式只针对居住用地，而同心圆模式描述的是城市全域。二者之间并非非此即彼，而是相互补充的关系。扇形学说是从许多城市的比较研究中抽象出来的，在研究方法上比同心圆学说进了一步。但这种学说仍没有脱离城市地域的圈层概念，其最大的缺陷是依靠房租单一指标来概括城市地域的发展运动，忽视了其他因素。

C. 多核心学说

美国地理学家哈里斯（Harris，C.D.）和乌尔曼（Ullman，E.L.）于1945年提出了城市地域结构的多核心理论（Multiple-nuclei Theory）。他们认为城市相当于一个细胞结构体，市区内存在若干生长点，即中心，一个城市发展要依靠多个中心的发展，除了中央商务区外，商业街、大学、港口、工厂等都可以成为副中心，围绕这些中心建立各自完善的生活设施和城市服务系统。他们通过研究不同类型城市的地域结构发现，虽然CBD是大城市总体上的中心，但同时城市内部还存在着其他中心，它们在一定程度上管辖着周边一定地域。城市的各种土地利用类型也并不只是分布在CBD周边，而是往往分布在几个不同的核心周围。这些核心的形成与地域分化是以下四个方面相互作用的结果：①某些活动需要特殊便利，如零售业通常在市内交通最方便的地方，而工业通常在水陆交通通达的地方选址；②相同活动因其产生的聚集效应而集中，如工厂因集中而享受到一些专项服务；③不同活动相互间利益不同，如工厂和高级住宅区不可能在同一地区共存；④某些活动负担不起理想区位的地租，比如虽然从交通方面看城市中心为批发业和仓储业的理想位置，但因其需要大量土地，不可能支付城市中心过高的地租。根据分析，在大部分人口50万以上的美国大都市中，围绕着不同的核心，主要形成中心商业区、批发商业和轻工业区、重工业区、住宅区和近郊区，还有一些相对独立的卫星城镇（图4-1（c））。中央商务区（CBD）：市内交通中心，交通最方便处为零售业区，事务所、行政机关等在其附近。批发和轻工业区：靠近CBD，同时是对外交通的交汇点。低收入住宅区：多在工厂和铁道附近。

中收入住宅区和高收入住宅区多在安全高地，远离工厂和铁路，为寻求好的居住环境一般向城市的某一端发展。重工业区：为了寻求广阔土地和便利交通，通常选择城市边缘部。周边商业区：在城市的周边地区，商业区往往成为周边住宅地区的中心。郊外住宅区和郊外工业区：随交通发达、郊区化进一步发展而产生。哈里斯和厄尔曼的多核心说考虑了城市地域发展的多元结构，触及地域分化中各种职能的结节作用。多核心模式与前两个模式相比更接近现代城市的实际状况，比较准确地反映了城市依照功能区组织城市结构以及城市郊区化的现状，但仍偏重于城区内部结构描述，忽略了对城区外围的深入研究。

D. 折衷式土地利用模式

在城市空间结构的三大传统模式中，同心圆模式更侧重于城市空间结构的成因，其基本原理遵循迁入城市人群的迁移过程；扇形模式是从土地经济学的角度，考察了不同地价住宅区的发展状况；多核心模式则强调城市内部的多种聚集核心。三者的关系并非对立，扇形和多核心模式均以同心圆为基本，而后两者是对同心圆模式的修正。在扇形模式中，扇形内的成长也是从内向外呈同心圆状扩展；而多核心模式中，在各个核心周围，都有同心圆状的土地利用分布倾向。其不同在于在成长的过程中，中心核是一个还是多个。以上三种理论都反映了城市发展和内部结构中的两种彼此矛盾的趋向，即城市的离心倾向和向心倾向，但用来指导实践有一定的局限性。此外，还有将这三种学说互相中和的折衷学说（Combined Theory）和三地带学说等（图4-1（d））。埃里克森（E.G.Ericksen）综合这三种空间结构理论，于1955年提出了折衷学说，认为城市商业区呈放射状向外延伸，市区外缘是工业，商业区与工业区围合起来的部分为住宅。现代城市地域变动很大，很难用模式图的方法了解城市地域的本质。因此许多学者采用分析城市地域结构中存在的结节性和均质性这两个最基本特性的方法，划分结节地域。他们认为城市地域中存在一些对人口和物质能量流动起到聚焦作用的结节点，这些结节点起作用的区域称为吸引区，而吸引区与结节点的组合就是结节地域。

2）现代结构模式

第二次世界大战之后，城市经济得到迅速发展，城区与其周围地区相互依存关系日益密切。一方面，城区从其周围地区获得食品和工业所需原料；另一方面，又向周围地区提供工业产品以及娱乐和购物场所。它们之间不仅仅限于依附关系，而是构成了一个统一的整体。因此，简单的城郊二分法，不再能准确地描述城市的具体特征。为了更加准确地划分城市地域结构，学者们开展了一系列探讨，提出了几种新的空间结构模式。

A. 三地带模式

英国地理学家迪肯森（R.E.Dikinson）根据对欧洲各城市的考察，于1947年将伯吉斯的同心圆理论，进一步发展为三地带理论，即城市地域结构从城市中心向外，按中央地带、中间地带、外缘地带或郊区地带顺序排列，开创了中间地带研究的先河。

B. 折衷式结构模式

美国的埃里科森（E.G.Ericksen）于1954年将同心圆理论、扇形理论和多核心理论综合起来,提出了折衷理论(图4-1(d)),将城市土地利用简化为商业、工业和住宅三大类，中央商务区从市中心呈放射状伸展，住宅用地填充于放射线之间，市区外缘由工业区包围。这种城市地域结构模式与西方工业城市的空间结构较为接近。

C. 大都市结构模式

穆勒（Muller）在对郊区化日益深化的大都市研究中，对多核心理论作出进一步扩展，于1981年提出了一种新的大都市空间结构模式（图4-2）。城市空间由4部分组成：衰落的中心城市、内郊区、外郊区和城市边缘区。穆勒认为在大都市区域内，除了逐步衰落的中心城市外，在外郊区正在生成若干小城市，这些小城市代表了郊区的核心。各个核心按照自然环境、区域交通、经济活动形成各自特定的城市区域，再由这些特定的城市区域组合成为大都市区域。

（2）我国理论研究

城市内部空间结构包括各组成要素，以及城市要素之间的相互关系，它使要素整合成为一个个功能各异的实体或子系统。国内对城市内部空间结构的研究是在西方近现代理论研究的基础上进行的，起步较晚。研究过程大致可分为三个阶段：1980年代初至1980年代末期，主要是在一些城市地理学教材中对国外的概念及相关研究进行简要介绍；同时，商业的空间结构研究在个别城市得以开展（冯健和周一星，2003）。1980年代末至1995年为研究起步阶段。城市商业的空间结构和社会空间结构有一定的进展，城市形态和城市土地空间扩展的研究开始起步。1996年以来，为热点不断出现、研究不断增多的加速阶段。对城市人口迁居、分布以及郊区化的研究得到发展，城市社会空间结构研究成为热点，城市内部的经济空间结构中的部分领域也出现热点，并对西方的一些相关热点问题有所涉及。

1）人口与城市内部空间结构研究

1982~1990年间，我国许多大城市的中心区人口出现绝对数量的下降，而近郊区人口增长迅速的现象，标志着人口郊区化的开始。1990~2000年间，大城市中心区人口减少的强度和速度都在加大，近郊区人口增长的幅度猛增，总体上来说1990年代中国大城市人口郊区化的速度在加快。但是，中国当前人口的郊区化主要是并不富裕的工薪阶层的被动外迁，高素质人才仍在向中心集聚，与西方的郊区化有很大区别。根据第三、四次人口普

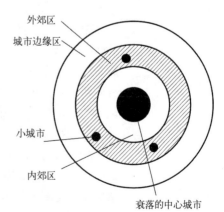

图4-2 穆勒的大都市空间结构模式
（图片来源：汤放华，2010）

查资料，广州市市区人口由过去向老城集聚转为向新区集聚，使得老区人口密度部分出现下降而新区较快上升；在部分老区，常住户籍人口已出现负增长；暂住人口明显增多且一半以上分布在新区；市场经济、心理作用以及区位因素是影响人口分布的主要因素。迁居者本身、社区因素、城市规划与建设、经济发展、人口政策、土地制度和住房政策等都是影响人口迁居的因素。住房单位分配制度、城市空间的扩展、市场经济体制以及居民经济能力均影响城市居住空间结构的演化。另外，随着1980年代以来我国大城市流动人口的发展，流动人口的有效安置问题与城市发展密切相关（冯健和周一星，2003）。

2）城市内部的经济空间结构研究

学术界对中国城市内部的经济空间结构研究始于1980年代初，最早是探讨几个大城市商业空间结构（冯健和周一星，2003）。在城市土地扩展、土地利用与城市形态研究方面，最早对城市形态的研究是围绕个别城市展开的（申维丞，1986）。1990年，崔功豪、武进以南京、苏州、无锡和常州等城市为例，探讨了中国城市边缘区的发展过程、社会经济特征、用地形态和空间结构的基本特征及其变化（崔功豪，武进，1990）。同年，武进系统地总结了我国城市形态基本特征及其演化的规律，讨论了我国当代城市工业、商业、居住等活动的基本特征及空间结构，对城市内部用地、土地功能分区、社会空间、城市边缘区等城市形态的主要方向进行了探索。随后，顾朝林等研究了中国大城市边缘区的特性，其中对大城市边缘区的经济功能、经济特征、经济特性以及城市边缘区土地利用特性和地域空间特性的探讨尤为详细（顾朝林等，1993，1995）。继之，姚士谋主编的两本著作《城市用地与城市生长》、《中国大都市的空间扩展》出版，尤其是后者，汇总了中国30余个超级城市和特大城市的用地扩展、空间布局与城市规划等方面的详细资料（姚士谋，1995，1998）。1998年，宗跃光运用廊道效应原理，结合北京中心市区不同时期空间扩展格局，分析了城市景观8个方位的廊道扩展量、扩展速度及变化趋势，提出将自然廊道体系纳入北京规划。1999年，刘彦随在研究区域土地利用优化配置时，探讨了城市土地利用的配置模式（刘彦随，1999）。2000年，陈彦光、刘继生提出城市土地利用结构的信息熵和均衡度公式，借助网格法定义城市土地利用的空间熵，并建议借此测算城市土地形态的信息维。近年来，遥感、GIS以及元胞自动机等新技术手段在城市用地扩展与城市形态演化的模拟方面得到充分应用，取得较大的研究进展。另外，就个别城市内部产业的空间结构而言，以对广州的研究最为深入。

3）城市内部的社会空间结构研究

1978年以前，中国城市内部结构的形成的主导因素为社会主义意识形态、政府调控和经济规划。1980年代，人口密集程度、科技文化水平、工人干部比重、房屋住宅质量及家庭人口结构是广州社会区的5个主因子；广州社会空间结构的模型呈现东西长的同心椭圆态势，且由5种类型的社会区构成（许学强等，1989）。1980年代末期，中国大陆学术界对城市的社会空间结构问题的研究主要集中在影响因子分析和基础模型的建立上（冯健，周一星，2003）。甘国辉（1986）的研究指出，北京城市地域结构体系及地域系统内诸要素的结构包括城市社会、功能和环境三个方面。

1990 年，针对 1970 年代以来的中国城市发展的新趋向，武进提出一种现代中国城市空间结构模型，包括在城市的独立地段建设大规模居住区等发展模式（武进，1990）。1990 年代初期，广州社会区类型变化的原因，被归纳为城市经济发展政策、城市规划、住房制度、城市发展历史和城市自然背景（郑静等，1995）。1996 年以后，针对以单位为基础的中国城市内部生活空间结构，柴彦威提出中国城市内部生活空间结构三个层次：由单位构成的基础生活圈、以同质单位为主形成的低级生活圈和以区为基础的高级生活圈。这是在社会主义计划城市行政管理和生活居住规划的双重影响下形成的（柴彦威，1996）。

1997 年，对于北京社会空间发展的影响因素，顾朝林和克斯特洛德认为北京社会空间结构的转变主要与中国社会经济制度改革、北京城市功能国际化和服务业、高技术产业发展密切相关。对于北京社会极化与空间分异现象，他们认为城市功能结构的转变、外国直接投资和技术引进、巨大的农村流动人口潮均是社会极化的动力机制（顾朝林，克斯特洛德，1997）。

4）城市郊区化研究

冯健（2001）基于中国城市化的独特背景与特征，将郊区化的研究概括为三种观点：一种观点可称之为"郊区化否定论"，即否认中国大城市已开始郊区化历程，认为西方的郊区化是一种自愿性迁移行为，而中国的城市核心区人口下降与城市边缘区人口剧增则是被动的、是一种过度市场化的行为，因而中国郊区化是一种假象（张京祥，1998；张越等，1998）。另一种观点可称之为"郊区化反对论"，承认我国大城市已开始郊区化，但认为郊区化是一种普遍失控的城市发展模式，带来一系列弊端，呼吁采取措施、坚决制止我国城市郊区化的继续和发展（吴良镛、吴唯佳，1997；金振蓉、龚雪辉，1998；李思禄、唐云，1998）。

第三种观点可称之为"郊区化实证论"，观点持有者重点开展实证研究，确认我国大城市在 1982~1990 年间已逐渐开始郊区化，认为对有利有弊的郊区化现象要采取"因势利导"的方式，更重要的是当前的城市规划和管理工作要从适应城市以向心集聚为主的发展模式转变到以离心扩散为主的发展模式上来（周一星，1996；周一星，孟延春，1997；周一星，1999；冯健，2001）。时至今日，情形大不相同，中国城市政府部门、规划部门已经接受并在规划和城市建设中普遍使用"郊区化"概念；房地产开发商已将"住宅郊区化"作为现在和未来的一种基本的城市居住理念，进行宣传甚至炒作；"郊区化"一词已经深入到市民百姓的生活，学术界更是已经接受郊区化的现实而再也听不到当初争议的声音（冯健，周一星，2003）。截至目前，学术界先后在北京、广州、上海、沈阳、大连、杭州、南京、苏州、无锡、常州等 10 多个城市证实了郊区化现象的存在。在 1982~1990 年间，这些城市基本上都出现过类似的现象：中心区人口出现绝对数量的减少而近郊区人口迅速增加，即人口明显发生从城

市中心向近郊区的迁移；由工业的外迁也广泛存在。1990~2000 年，大城市郊区化发展的幅度加大，工业的郊区化更加明显（冯健，2002；柴彦威，1996）。关于郊区化发展机制，在多数实证研究中均有涉及。周一星等给出了一个综合描述中国郊区化发展的机制模型：在改革开放的背景下，土地有偿使用制度的建立推动了城市土地功能置换，它和交通等基础设施建设、危旧房改造和新住宅区建设、内资和外资的投入一起推动了人口和工业郊区化的发展（周一星，孟延春，2000）。

最新的有关中国城市郊区化的研究，主要集中在三个方面：一是对 1990 年代中国人口郊区化的最新发展趋势进行研究；二是对工业郊区化进行系统研究，如工业郊区化的界定方法，从整个城市产业空间发展的角度把握工业郊区化发展的问题、对策以及发展机制变化；三是郊区化理论的应用研究（冯健，2002；冯健，周一星，2002，2003）。

4.1.2　城市空间动态发展的相关理论

（1）城市空间发展的多学科解释

城市空间结构的形成及其动力历来是城市研究关注的中心，西方研究中有多种理论来解释城市空间结构的动力机制。城市空间结构的演化是一个多因素综合作用的过程，应借鉴不同学科的研究成果进行全面考虑。

1）经济学理论：阿隆索的竞标地租理论，新古典学派和结构学派

目前，国际上对城市经济空间的研究从社会学视角出发，对城市经济空间现象和新经济社会现象进行分析与归纳。国际学者从地理学的视角对城市经济空间的形成与发展机制进行探讨与解释，主要是从传统的经济地理学的区位论出发。最经典的解释城市结构的理论是从经济学的角度分析城市空间结构，尤其是土地经济学，包括新古典学派和结构学派等。它们分别从不同角度运用地租理论解释了城市的土地利用及分异规律。

A. 新古典主义学派

新古典主义学派的代表人物阿隆索在解释了区位、地租和土地利用之间的关系之后，推导出竞标地租函数，并以竞标地租函数来求取个别厂商的区位结构均衡点，进而解释金融业、商业、工业、住宅、郊区农业等各类用地在城市空间内的组合规律，从而形成城市土地利用空间模式（王铮，等，2002）。竞标地租理论的基础是：对某处土地给予最高标价的主体将获得该土地的使用权，即遵循拍卖原理（李健，2007）。图 4-3 为城市中各主体的竞标地租曲线，曲线上各点分别在地点 x 处可支付的最大地租（即主体是企业时为一定利润水平下可支付的最大地租，主体是家庭时为一定效用水平下可支付的最大地租）。在没有任何土地利用分区管制的情况下，城市中的各主体将通过竞标地租决定其空间选址。在此，假设土地只受至城市中心距离的影响，竞标地租曲线可表示为向右递减的曲线。并假设 AA、BB、CC、DD 分别为事务所、商业、工厂和住宅的竞标地租曲线（各曲线的斜率不同是因为各利用主体对至城市中心距离的不同评价）。根据竞标地租的原理，标价最高的主体可以获得该土地的使用权，所以土地利用由图中的粗线决定。从中可以看出城市内部近似环状的土

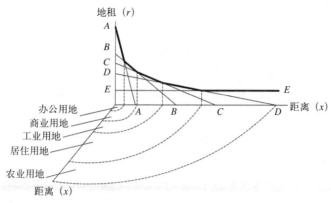

图 4-3 竞标地租曲线和城市土地利用结构关系
(图片来源：顾朝林等，2000)

地利用背后，有图中上半部所示的竞标地租曲线群的存在。阿朗索的竞标地租曲线表明，在城市土地市场上，城市土地利用空间结构和利用的集约程度与城市地租同时确定，从而运用地价理论对城市空间结构的演变做出解释（郭鸿懋，2002）。

B. 结构主义发展理论

结构主义发展理论兴起于 1950、1960 年代，属于发展经济学中的发展理论之一，与新古典主义发展理论相对，强调价格体系作为促进增长的均衡机制的失败。结构主义分析的发展理论较多，如保罗·罗森斯坦·罗丹的大推进理论、多位学者的二元结构理论、国际二元结构论、地理二元结构论、缪尔达尔、钱纳里的经验分析模型及双缺模型等。他们深受约翰·梅纳德·凯恩斯对资本主义经济的非均衡分析、对就业问题的极端重视以及对国家干预主义的政策主张的影响，发展了结构分析的方法论，始终关注发展中国家社会经济结构和发展过程的非均衡状态，强调其结构改造的重要性。结构主义发展理论的代表人物钱纳里等人认为，经济增长是生产结构转变的一个方面；生产结构的转变首先要适应需求结构的变化，并且能更有效率地对技术加以利用。在预见力不足和要素流动有限制的既定条件下，结构转变有可能在非均衡的条件下发生，在生产要素市场上尤其如此。因此，劳动和资本从生产率较低的部门向生产率较高的部门转移，能够加速经济增长。结构主义经济学的出现在西方经济学说史中是一次重大的突破。古典、新古典学派经济学家所描绘的和谐、完善资本主义经济被结构主义者对不协调的分析所取代。虽然结构主义者的主观愿望仍然在于，通过对资本主义经济缺陷的分析，寻求维持资本主义制度的途径，然而他们的分析无疑比新古典主义市场完善者更接近资本主义经济的现实（萨奇，1988）。

2）社会学的解释：芝加哥学派、新马克思主义理论和迁移理论

城市社会空间结构是城市空间实体的固有属性之一，是由城市居民的社会分化所形成的，体现为建立在一定居住空间分异基础上的城市社会群体的空间分异与组合格局。作为城市社会地理学研究的核心内容之一，城市社会空间结构问题已成为国内外学者共同关注的问题。西方学者从 20 世纪初的芝加哥学派开始，就对城市社会空间结构进行了大量的实证研究，提出了相应理论，现

已形成了比较完整的理论体系。

A.芝加哥学派

早在 1920 年代，以帕克为代表的芝加哥学派从城市社会学和生态学角度解释城市的社会结构，开始了城市社会学对空间结构的研究。这些古典的城市生态学家往往注重对城市生态系统空间结构的成因进行研究（刘贵利，2002）。

B.新马克思主义理论

随后出现的新马克思主义理论和迁移理论影响较大。新马克思主义认为城市空间配置的实质是城市中各阶级所处的地位高低的物质表现，也就是说城市空间的变化是城市中各利益集团关系变动的物质表现。

C.迁移理论

迁移理论始于伯吉斯对芝加哥市内不同族裔居民迁移所进行的研究。他认为种族的集聚是移民迁移的巨大动力，而居民迁移对形成美国大城市的空间结构，特别是居住空间结构起着决定性作用。因此，不同阶层、族裔的人群之间有分化的倾向人口的迁居过程也就是城市空间内部重组的过程（王开泳,肖玲,2005）。

我国学者对城市社会空间结构的相关研究始于 1980 年代中后期，早期研究侧重于定性分析与描述，1980 年代末期以后开始采用因子生态分析等定量方法进行城市社区分析，揭示城市社会空间结构的特征。近年来，转型期城市社会空间的重构和分异也成为了学界的研究热点（艾大宾，2013）。

3）文化政治学的解释："新政治文化论"

从阶级和种族来解释城市空间结构的社会学理论，是激进主义学派的观点。有些学者试图用相对温和的文化价值观进行解释。他们认为城市空间的构筑建立在居民对相近文化价值观的认同上。1980 年以来，芝加哥大学的学者们创立了"新政治文化论"，反映了当代西方一些中青年的主流文化的价值。他们强调全体市民共享的公共设施的重要性，他们对城市"质"的关心更甚于城市向外扩展的"量"的关心。因此，他们强调市中心区在城市结构中的重要性，认为城市内部空间的重组应获得更多注意（王开泳，肖玲，2005）。

4）政治经济学的解释："城市政体理论"

近 20 年来,美国学者从政治经济学的角度创立了"城市政体理论"(张庭伟,1990)。它对城市发展的动力——市政府、工商业和金融集团和社区三者的关系,以及这些关系对城市空间的构筑和变化所起的影响,提出了一个理论框架。他们认为城市空间的变化是政体变迁的物质反映。如果商业、零售业及投资于市中心的开发商和市政府结盟,则市中心改造会成为市政府关心的重点。在总投资有限的情况下,城市空间的变化会表现为市中心更新,而一般社区的面貌不变或出现衰退（王开泳,肖玲,2005）。

（2）空间集聚理论

1）集聚经济的形式

集聚经济不仅是城市存在的基本现象，也是城市经济发展的基本特征（丁成日,宋彦,2005)。集聚经济有多种形式;内部集聚经济、工业部门之间的联系、地方化经济集聚(Localization Agglomeration)和城市化经济聚集(Urbanization Agglomeration)。

A. 地方化经济聚集

当某一工业部门随着总产出的增加,企业生产成本降低,就会出现地方化经济聚集现象。地方化经济聚集有多种原因。首先,如果不是所有企业都有相同的商业周期,一些需要相同劳动力技能的企业空间聚集,要比在空间上分散的并相互隔绝的企业分布模式所产生的分功力需求更为稳定。这种劳动力需求在很大程度上平缓了每个企业表现的较大的就业波动。其次,外溢效应。如果公司地点相互靠近,那么在同一行业内传播技术的潜在可能性就更大,经营理念和市场信息传播得更快,因而使市场的参与者能够快速对市场条件变化作出反应。偏远地区发展滞后,一部分原因就是缺乏获得市场信息的途径。第三,购物的外部性,即一个商店的销售受其他商店位置的影响,这主要包括不完全替代产品和互补产品。销售不完全替代产品(如汽车、衣服、鞋子、珠宝及电子配件)的商店聚集,可以降低购物交通成本,有利于吸引潜在的客户。如果假设实际销售量与逛店的人数呈正比,那么两家店的需求曲线都会外移,或者销售量增加,进而提高了利润,或者价格升高(如果销售量不变)而使利润提高。对于互补产品,道理一样。销售互补产品的商店愿意互相临近。因为顾客喜欢在一个购物旅程中买到这些互补的产品,节省购物时间和交通成本。

B. 城市化经济聚集

城市化经济聚集意味着,公司将因坐落于城市内部而节省成本,获得收益。换句话说,当城市活动扩大时,一个公司的平均生产成本会降低。城市化经济聚集的产生首先源于公共基础设施供给方面,规模经济使得经济活动的每单位产出分担较低的基础设施费用。这种成本节约可能最终传递给消费者,比如让生产厂商和消费者缴纳较低的房地产税。其次,临近大城市所提供的大市场降低了将产品运行市场的交通成本。再次,大城市存在小城市不具备的广泛而多样的专门化服务。因为需要这些专门服务的企业如果建在大城市中将节约成本。最后,行业间潜在的知识与技术渗透潜力在大城市中也是很大的。

重要的是要了解规模经济带来的成本节约不仅有益于企业,而且有益于整个社会。因为一个地方的生产率提高并不是以另一地方的生产率降低为代价的。但是,经济活动聚集也会带来交通拥挤、高房价、环境污染、高犯罪率等问题。在交道拥挤与高工资使企业运行成本增加的地方,这些城市问题将降低城市对个人和企业的吸引力。城市集聚效应的正面影响需要超过这些负面影响,使城市能够继续吸引个人和企业。理论上,只要集聚效应的边际收益超过城市病带来的边际成本,城市规模就将扩大,反之城市规模减少。但实际中很难衡量那些真正带动城市发展的集聚效应。相对来讲,通过城市发展对交通拥挤、污染、房价等的影响,可以衡量边际成本。但完全的成本(如公共健康、公共安全等社会成本)计算是不可能的。因此,一方面在理论上存在着最优的城市规模;另一方面,却无法就任何具体的城市确定出其最优规模。因此,我们应当让市

场决定城市是否应当增长，通过制订城市政策和城市管理手段，如投资和税收政策等，来影响或改变城市发展或衰退的因素，进而影响城市发展。

2）空间形态的集中规划：更新、次结构规划和伸展轴

空间形态的集中规划包括对原有空间中心进行更新，发展规模，扩展原有空间；进行次结构体系规划，开发新的空间中心；规划伸展轴，发展空间走廊等。集中规划可以使空间高度集中，节约用地，减少基础设施投资，充分发挥规模效益（段进，2006）。

A. 对原有空间中心进行更新

对原有空间中心的更新、发展是对于城市空间的吸引力的复兴，对交通、用地、环境等问题的疏解。它通过原有空间质量提高和规模的扩大达到空间集聚的目的，如旧城更新、城区规模扩大等。

B. 次结构规划

次结构规划就是结合城市空间的构成现状，把城市或城市群体划分为综合规划片，发展次级空间中心。这种规划在原有空间基础上的集聚形成多中心体系，能适应现代大城市、大城市群体功能日益复杂的发展需要，有利于同期性改造更新。如莫斯科 1971 年的总体规划，把莫斯科公路环内 800 多 km^2 的城市用地，采用次结构规划，分为 8 个规划次结构中心，使居民就近工作、居住及活动。荷兰兰斯塔德（Ranstad）的区域空间规划则包括了阿姆斯特丹（Amsterdam）、鹿特丹（Rotterdam）、海牙（Hague）、乌德列支（Utrecht）、哈勒姆（Haarlem）、莱顿（Leiden）6 个工业文化中心，形成一个范围广大的空间中心体系。在大城市面临中心地区衰落的今天，兰斯塔德次结构规划是一个较成功的规划范例。

C. 规划伸展轴

集中规划还可以通过伸展轴的详细控制予以实现。伸展轴的形态多种多样，如惠贝尔（Whebell）提出的"走廊理论（Theory of Corridors）"所描述。其中"工作走廊"，主要是由对交通线依附性强的工厂、仓库等组成；"居住走廊"，主要是由居住生活设施所构成。如华沙 1977 年、哥本哈根 1947 年的规划都采用了指状的伸展轴发展空间形态。在巴黎地区著名的 1965 年规划中，选择了两根平行的新城优先伸展轴。在 1975 年规划中对比作了调整，使发展较为集中，同时限制了轴的长度。"带形城市"可以认为是伸展轴形态的高级形式，从模式上分析可以进一步向"串珠式"等方向演化。

（3）空间扩散理论

1）经济社会活动空间扩散

A. 空间扩散途径方式的研究发展

现代空间扩散和区域相互作用理论的重要发展之一是关于空间扩散途径方式研究的深入。1966 年英国地理学家哈格特（P.Hagget）受物理学说中热传导三种方式的启发，将城市之间、城市与所在区域间的空间作用划分为三种类型方式："对流"是指人口和物资的流动，是具体的有形的物质传送；"传导"是指各种财政交易过程，是无形但等同的交割；"辐射"是指信息、政策、思想、技术的扩散，能逐级传播，效益不断放大。随着社会经济和科学技术的发展，

第二种和第三种扩散类型对城市和区域发展的影响将更为突出。以瑞典地理学家哈格斯特朗（T.Hageistrand）和尤伊尔（Yuiil）为代表的一批学者在1960年代更是对信息、革新的扩散进行了不同分析水平的研究，引入了数学和计量模式，深入地模拟和揭示出空间作用中等级扩散方式的内在机制，形成了区域研究中著名的北欧学派（唐恢一，2004）。

B. 经济发展的空间需求扩张机制

我国学者认为，城市空间扩张是城市经济发展和城市化推进的产物，其基本特征之一是城市建设用地的高速扩张；而城市经济的发展也需要来自空间的支撑。王新涛（2009）认为，经济发展的空间需求是城市空间快速扩张的基本动力因素之一。尹来盛等（2012）认为，城市化带来的人口增长推动了城市经济空间的扩张。人口的增加将强化城市居民对住房、交通和公共设施等方面的需求，进而使城市用地不断向外扩张。庞瑞秋等认为，交通是联系城市和外围地区的主要媒介，交通方式的变化、交通设施的建设对城市空间扩张和城市空间结构与形态具有重要影响，城市空间易于形成沿交通干道扩张的方式，交通的发展对城市空间扩张具有一定的指向性作用。

C. 经济社会活动空间扩散方式

经济社会活动空间扩散方式可以概括为以下几种类型：第一，周边式扩散。从中心点向四周作墨渍式扩散，是一种最简单和最自然的方式。第二，等级式扩散。从中心点跳过相邻地区，而在距离较远，但属同级或次级中心点的区域扩散，反映出同级城市由于属性相近，扩散和交流也更容易实现的基本特征，信息、创新的扩散往往表现为此类方式。第三，点轴式扩散。由中心点沿主要交通干道串珠状向外延伸，多形成若干扩散轴线或产业密集轴带，反映出交通干道往往是产业经济向外扩散的基本传递手段，也是一种非常常见和相当有效的扩散类型。第四，跳跃式扩散。中心点的扩散向指定地点的非常规的跳跃式集中，往往是满足某些资源指向性产业群布局或产业协作的特定要求。第五，发展极式扩散。多在扩散影响较小、辐射作用较弱的地区，由一批具有创新能力的企业兴起而带动的扩散，具有一定的竞争性和空间不均衡性。第六，反磁力式扩散。多在中心点的外围选择若干地点，通过一定的空间差异政策人为地诱导中心点扩散式发展。

2）空间形态的分散规划："卫星式"和轴向的散团布置

空间形态的分散规划，在形态上表现为"卫星式"和轴向的散团布置。如赖特（F.L.Wright）设计的分散的、低密度的城市发展形式"广亩城市"，沙里宁（Eliel Saarinen）提出的"有机疏散"，还有林奇提出的"分散型方案"，其交通体系都建立在三角形网格基础上，城市的空间在区域内有规律地分散。分散规划的基本思想是将原有"集中在一点型"的空间改造成"多生长单元分散型"。所谓生长单元（Growth Unit）是指包含一个完整的居住单元邻里和保证城市生活质量的一系列完整的物质和文化服务设施的集合体。与一般空间扩展规划不同，生长单元从一开始就发展了基本的生长要素，因而可以成为未来城市发展的生长点（段进，2006）。分散规划在城镇群体规划中的应用亦十分广泛，花园城市理论实际上是分散规划理论的先导。雷蒙·恩温（R.Unwin）

在此基础上发展了卫星城理论，其要点就是在原有的大城市周围设置新的生长点，吸引人口，疏解原有中心大城市的空间、资源、环境等方面的困境。在1944年大伦敦规划方案，1946年英国"新城法"下，一大批新城相继得到建设。这些卫星城疏解了人口，然而大都是单纯的"卧城"，造成工作与居住点分离。因而这些卫星城被改进为一种完全独立分散布局的卫星城形式。

(4) 不平衡发展理论

1950年代后期，传统平衡增长观点由于以牺牲效率为代价和实践中效果不理想而受到了广泛的批评，不平衡增长的理论逐渐兴起（段进，2006）。同时，1960年代末诞生的耗散结构理论改变了人们对自然界乃至社会演化发展的看法。耗散结构理论指出，一个开放的、远离平衡的系统才能出现自组织；处于平衡态和近平衡态的体系都不会有向有序或更高级系统演化的推动力，不利于系统的整体发展。赫希曼（A.O.Hirschman）在深入研究哥伦比亚等国的工业化与经济发展实践后，对制造业在工业化进程中作为领头产业的关联作用进行了深入探讨。他认为应从充分利用稀缺资源出发，利用极化和扩散效应实施非平衡增长（Unbalanced Growth）工业化发展战略（Hirschman，1958）。法国经济学者弗朗索瓦·佩鲁（Perroux，1955）等人分别提出了增长极核或增长核、极化效应、扩散效应、涓滴效应和回波效应等，它们都与场和空间的相互作用有关。

1）增长极核理论

1950年代，佩鲁在对经济发展过程的观察研究中首先提出了增长极核理论。佩鲁认为，增长极是指经济空间中起支配和推进作用的经济部门。作为"受力场的经济空间"是由若干中心（或极核、焦点）组成，各种向心力或离心力则分别指向或背离这些中心。每个中心的吸引力和排斥力都拥有一定的场，它们与其他中心的场相互交汇。增长极核是否存在，首先决定于有无发动型工业或主导工业（Master Industry），即所谓能带动城市和区域经济发展的主导经济部门和有创新能力的行业。一组发动型工业聚集在某一地点，随着其生产的发展和规模的扩大，将吸引关联工业的发展和集中，成为增长的极核地区（Core Region）（彭震伟，1998）。增长极在经济空间中通过极化效应等形成对周围空间资源的吸纳，以保证其快速增长；通过扩散效应等向周围进行技术、投资的辐射，带动周围地区的发展。极核地区推动经济的极化（Polarization）和扩散（Spread）过程，从而形成获得最高的经济效益和较快的经济发展的增长极核效应。当然由于吸纳和辐射的方向是相反的，二者的通量、强度、范围存在着差异，因此会出现经济在空间结构变化中的不平衡增长（王开泳，肖玲，2005）。

佩鲁认为，经济增长不是在每个地区以同样的速度进行。在一定的时期，增长的势头往往集中在某些主导经济部门和有创新能力的行业，而这些部门和行业由于追求外部经济效果，往往集中在区位较好的地点，通常是地区的大中城市，这些城市就成为地区经济的增长极核。同时，这些极核对周围地区又有一种辐射扩散效应，因而在主导部门和创新行业周围吸聚了日益增多的相关部门、延伸产业、辅助性厂商以及提供社会服务的大量第三产业，起到了生产中心和市场枢纽作用，又将这种增长和发展的势头通过技术组织、生产要素、市场、信息等渠道向周围地区扩散，从而带动所影响地区的经济发展。

2）极化效应和渗透效应理论

赫希曼在佩鲁增长极核的理论基础上提出了"极化效应"（Polarizes Effects）和"渗透效应"（Trickling Down Effects）的概念。他倡导把非均衡发展作为最佳的促进地区发展的战略。他认为，在发展过程中出现集中意味着增长本身不可避免地伴随着区域间的不平衡增长。通过极化与渗透效应的作用，其他产业和地区也会成长起来，发展策略是保持地区间的不平衡和势能落差。而政府应通过政策将差别控制在一定的限度内。其他一些学者对这一理论的发展还包括对发展型的增长极核和调整型的增长极核的区分，对增长极核和增长中心的区分等。

3）增长极核理论的应用

赫希曼认为，增长极核理论可作为一种政策工具的基本依据在于以下三点：其一是由于集聚经济的存在使增长极核地区自身成为一种高效的发展地区；其二是在增长极核的自身投资中公共开支方面的费用小于大范围的全面补助性开支；其三是增长极核的"淋下效应"（即扩散效应）有助于根本上解决周围落后地区的发展动力问题。法国经济学家布代维尔（Boudeville）将佩鲁的增长极理论转换到地理空间方面。试图通过最有效地配置增长极，促进地区发展。他强调"极化效应"和"连锁效应"为空间的不平衡增长提供了基本原理。根据这种原理，针对地区内部生长点与次级空间的关系，形成了空间增长极理论和核心－边缘模式。这些理论与模式被认为是促进经济发展的政策工具，并由此形成了不平衡增长战略，相应进行了许多规划实践。增长极核理论已先后在法国、英国、意大利、巴西、刚果等国的区域规划中得到了广泛的应用，根据这一理论而设计出的区域增长极核模式，著名的有巴黎大都市地区规划的平衡式极核、英格兰东北部和苏格兰中部的增长极核、意大利南部区的巴厘－塔兰托－布林迪西增长综合体、巴西内陆地区的巴西利亚极核等。增长极核理论同样也被我国区域经济计划和生产力布局部门所接受，在全国和各省区经济空间组织的梯度推移、轴线开发和点轴开发等三种模式中，以增长极核理论为基础的点轴开发模式得到了尤为广泛的推行。

4）"扩散－回波"效应

一个地区空间单元上的某种经济地理现象或某一属性值与邻近地区空间单元上同一现象或属性值是相关的（Anselin，1988）。就区域城市化发展而言，此类空间相关效应的存在是显而易见的：一个地区城市化水平的提高不仅源于本地经济对非农业部门就业和产出需求的增加以及本地要素供给状况，而且还取决于区外经济对本地区的需求（高琳，2011）；地区间的互补或竞争关系导致区间商品流通、要素流动以及技术扩散产生的"扩散－回波"效应对地区城市化发展具有重要影响；由于相近的社会、经济、地理条件，某一地区制定的城市化发展目标往往会参照周边地区的城市化发展水平，促进城市化发展的政策也常常在地理上相邻的地区之间相互借鉴运用（蒋伟，2009）。

(5) 门槛理论

门槛理论是对城镇与工业区发展规模进行经济论证及其基本建设投资进行计量分析的一种理论。它于1950年代产生于波兰，1960年代后得到广泛应用。该理论基于影响城镇发展因素的分析研究，认为城镇和工业区发展至一定阶段，常出现妨碍其向某一方向发展的限制因素，包括：①所在地区地理环境，特别是城镇用地自然条件对扩大范围和继续开发的影响；②基本工程管线网设施（给水排水、交通、电力等）及铺设技术；③城镇结构及其改造的可能。上述因素标志着城镇发展规模和人口容量限度。城镇发展达到限度以前，只需按比例花费扩建投资。而为克服某一限制因素，突破其限度，则需突增一次跳跃式巨额投资，才能扩大城镇容纳能力，这种限度称为城镇发展"门槛"。"门槛"具有多层次性。城镇和工业区跨越一道"门槛"后，就为在已有基本设施范围内继续增加人口提供可能，人均基建投资和经营管理费用随之相应下降。但跨越的"门槛"愈多，继续超越下一发展限度所需投资额也愈大。城镇和工业区在两个"门槛"间采取紧凑方式发展，则经济效果明显。当城市已发展至较大规模并需跨越级别较高的"门槛"时，可在地区城镇网中选择投资额较小的低"门槛"，另建新城或卫星城，这样较经济合理。因采用控制论、信息论和电子计算机等先进科学技术，"门槛"理论应用范围日益广泛。在区域规划、城市规划和工业区规划中，多用于分析、认识城镇发展进程，研究铲平"门槛"（化整为零进行投资）或避免跨越"门槛"、控制城镇发展规模对策以及"门槛"投资与相应规模不同方案比较。

1) 城市空间演化边界

关于城市空间演化边界问题，查尔斯·蒂利（C.Tilly）主要是从社会学的角度，认为城市空间社会边界是内部联系的人口或活动的从属集合之间转变或分隔的邻近区域。城市空间社会边界的改变由形成、转变、激活和压制的合成构成（Tilly，2008）。彼德·卡斯洛普（Cathorpe）和富尔顿（Fulton）以经济地理学为视角的研究中认为，城市经济空间边界是指城市实现经济增长的土地资源和农村土地资源的分界线，是地理空间上的概念（Fulton，2001）。Cho等人（2007）从城市生态经济学视角研究认为，城市经济空间演化边界是指城市经济空间与其演化环境之间的一定界限，是承载城市经济空间的城市生态环境与城市经济空间扩张相互作用的重要中介环节，其适用边界的变化过程为城市经济空间与城市生态空间实现协同共生的过程。王琦等（2013）认为，城市经济空间演化边界是指城市经济空间作为主体在能够运用自身资源及其特质性能力谋求城市经济发展的有形或者无形的势力空间界限。这里的城市经济空间的演化边界包括能力与规模变动的双重属性。首先，城市经济空间演化边界是由经济基本要素等有形资源决定的规模变动边界。这些资本、技术、土地等城市要素与资源是同质的、可以实现一般递增与递减的经济规律。第二，城市经济空间演化边界是由社会网络、知识、区域意识、文化等无形资源决定的能力变动边界。这些资源是异质性的、难以模仿的，不完全满足边际收益递增和边际成本递减的经济规律。城市经济空间所具有的规模变化边界和整体能力变化边界就构成了现代城市经济空间演化的边界。这两者间具有相互依赖性，通常前者是后者的表现，后者决定了前者的边界。城市经济空间作为一个城市经济活动的复杂经济社会系统装置，要实现发展的目的，既需要经济活动的基本要素，还应该具备使这些要素有效实现投入－产出过程的能力。

2）城市经济空间演化边界的研究进展

在我国，有关城市经济空间及其演化边界的研究起步较晚。近年来，已有部分研究涉及了该方面的研究内容（张换兆，郝寿义，2008；杨振山，等，2009）。刘兴正从范围经济的角度研究认为，一个城市经济空间由只有一种经济产业演变为多种经济产业时，其经济空间边界就得到了扩大；当城市经济空间收缩自己产业范围时，也就是缩小了它的经济空间边界（刘兴政，2007）。我国学者的研究指出城市经济空间演化水平的提高离不开生态环境支撑，生态环境状况直接对城市化与工业化发展产生制约和反馈作用。还有部分学者揭示城市经济空间在其经济结构低水平下的快速扩张会对生态环境产生胁迫，环境损害成本上升（张伊娜，2008）。

在我国已经开展的城市经济空间演化研究中，已注意到演化边界对城市经济空间持续、稳定发展的作用（张学勇，等，2012）。但目前这些研究大多局限于城市经济空间演化方式与速度的角度，内容主要侧重于城市经济空间扩张的人文驱动机制及生态环境效应分析（常学礼，等，2007），对城市经济空间演化过程中的边界变动轨迹及其影响因素的研究就显得相对薄弱（杨光梅，闵庆文，2007）。以时间为节点的城市空间扩张模型更多地反映的是现象和结果（乔标等，2006），而对深层次问题的理论探讨，特别是城市经济空间演化边界变动规律的研究则明显不足，在理论建构的独创性方面还有所欠缺。

然而，城市空间演化理论中的线性思维仍是主流，现实中的城市化和工业化在这种理论的指导下，其经济空间的非生态化演化现象严重，如"城市病"的出现和蔓延等，加之城市环境的公共物品属性，造成环境物品或服务在市场上的低价甚至无价的状况，现有市场不能准确地反映环境产品或服务的生产和消费的全部环境成本（张晨，刘纯彬，2009），也使得城市经济空间演化的定量研究更为困难，无法系统完整地考虑外界的变化，从整体的角度解析城市经济空间演化的机理。

然而，当城市发展时，使城市成本增加的各种负面影响也在不断发展。这些因城市发展而产生的负面影响被称为城市病。几十年前，这种城市病就已经出现在东京、纽约等诸多城市，然而一直以来，并没有人提供令人信服的证据证明是城市病导致了城市的衰退。以布法罗为例的很多城市都有商业、人口往其他城市或者郊区转移的现象，但是布法罗城的退化归咎于经济结构的调整，而非简单地源于城市病。

3）城市发展边界的经济模型

土地地租是土地上的经营活动带来的收入减去除土地成本之外的所有成本后所剩余的利润，而自由市场均衡条件时市场利润为零。土地上的建筑面积的市场价格随着距离城市中心的距离的增加而递减，导致土地地租的空间递减规律（Meckner，1986）。如图4-4的土地地租竞标曲线模型所示，由于不同的土地利用类型有不同的劳动生产力，因而不同的土地利用类型在竖坐标上的截

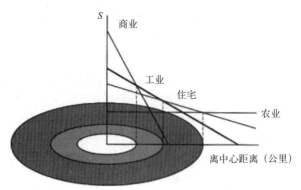

图4-4　土地地租竞标曲线与城市结构

（图片来源：丁成日，宋彦，2005）

距是不一样的；不同的土地利用类型对交通也有着不同的依赖程度，因而，不同的土地利用类型的土地地税曲线的斜率也不同（丁成日，宋彦，2005）。在市场体系下，土地的拥有者为获取最高利益，把土地出租或卖给出最高价格的租者或买者。这样，市场体系下城市结构由土地地租曲线来决定，城市的边界定在城市地租等于农业土地地税的点上。当土地地租由于收入的增加、交通的投资和城市化的发展向外推移时，城市区域向外扩张。由于社会发展和技术进步，不同的土地利用类型的土地地租曲线发生了不同比例的变化，并体现在模型中的截距和斜率上。由于土地价格对城市土地利用的作用，土地地租的变化带来了城市空间结构的重整（丁成日，2005）。

4.2　城市群及城市体系发展理论

当代城市发展的两个重要趋势为城市规模巨型化和城市联盟及其一体化，在高速发展的城市化与城市区域化的推动下，城市群已成为国家参与全球竞争与国际分工的基本地域单元，并成为区域空间未来发展的重要生长点。城市空间的研究一直是城市规划学与城市地理学的核心问题，随着区域研究的范围和尺度从个体走向群体，城市群空间的研究成为目前社会、经济、环境发展对城市研究提出的持续性要求。研究我国城市群空间结构特征有助于人们在更广阔的视野中把握城市的发展，形成合理的区域发展格局，健全区域协调互动机制（方创琳等，2002）。本节将对城市群及城市体系空间发展的相关理论进展进行介绍。

4.2.1　国内外城市群相关理论发展

自1950年代法国地理学家戈特曼（J.Gottmann）提出大都市带（Megalopis）的概念和理论以来，国内外围绕城市群的研究方兴未艾（Wallis，1994；Corey，2000）。西方国家关于城市群空间的研究起步于城市空间的研究，经历了由静态到动态、从小尺度都市区到大尺度城市带、从结构分析到机制探索、从本国研究到国际研究的过程（汤放华，陈修颖，2010）。中国城市群空间研究开始于1980年代末期，到1990年代中后期进入快速发展阶段。相比国外的研究进度我国城市群研究起步明显滞后，但是国内研究视角的起点相对较高，发展比较迅速。按照研究特点，中国城市群空间的研究有两个明显的阶段：1980 年代中后期，丁洪俊、宁越敏以"巨大都市带"的概念将戈特曼的大都市带理论引入我国（于洪俊，宁越敏，1983），引发了国内学术界借鉴国外城市群的成果来研究国内城市群发展的热潮，并提出了一系列具有中国特色的相关概念，如都市连绵区、都市圈、城镇密集区和城市群等种种称谓。1990 年代以后，国内学者逐渐对城市群空间结构进行实证研究，围绕我国的长三角、珠三角、京津冀、辽中南、长株潭等几大城市群区域的实证研究成果丰富，我国城市群空间研究进入快速发展阶段（吴建楠，等，2013）。中国城市群空间的研究从陆大道提出"点－轴"理论模式追溯起，研究领域不断深化，研究成果不断涌现（苗长虹，王海江，2005）。研究主要集中在探讨城市群的空间结构特征（方创琳，等，2002；曾鹏，等，2011），城市群空间演化的阶段、演化模式、演化规律和演化机制等方面。随着我国城市化发展的加速推进和区域经济的持续快速发展，不同层次、规模城市群地区的形成发展也不断加速。

综上所述，国内城市群空间结构的研究呈现以下转变：研究内容上，结合我国区域经济的发展，研究越来越结合实际需要，更加注重理论研究与应用相结合；研究方法上，从定性描述向定性与定量化分析相结合转变。随着新技术新方法的应用，运用现代计量经济学方法及 GIS、RS 等空间动态分析技术，对城市群空间的实证研究不断丰富，既对已有理论进行检验，又增强了研究结论的说服力，丰富了城市群空间结构研究的广度和深度；研究视角上，学者们从经济学、城市规划学、地理学及生态学等角度开展城市群空间结构演化及动力机制的判断。伴随着城市化发展速度的加快与区域外部环境的不断变化，城市群空间结构的变动和动态生长也是必然的。随着国家主体功能区战略的实行，在主体功能区以下统筹区域发展及协调区域关系，运用区域管治的理论指导城市群地区，以区域协调规划的手段引导区域整体朝着良性互动、有序竞争的方向发展，将是中国区域统筹研究的重点（吴建楠，等，2013）。

4.2.2 城市群空间发展的相关理论

（1）城市群空间演化阶段

国内外学者们倾向于将城市群空间演化的过程理解为城市与区域空间演化过程的有机组成部分，城市群的空间演化阶段可以主要划分为三种思路（吴建楠，等，2013）。第一种思路是从城市群历史演化的角度出发。崔功豪根据城市群发展的不同阶段和水平，划分城市群结构为城市区域、城市群组和巨大都市带三种类型，其中，大都市带可以看作城市群发展的高级空间模式（孙胤社，1994）。陈立人等人认为城市群的发展可划分为多中心孤散城市阶段、城市聚集区阶段、城市密集带阶段和大都市连绵区阶段（陈立人，王海斌，1997）。陈群元等人借鉴生命成长规律，把城市群发展划分为雏形发育的阶段、快速发育阶段、趋于成熟阶段和成熟发展阶段（陈群元，喻定权，2009）；第二种是从空间扩展方式的角度来划分城市群的演化阶段。张京祥结合长江三角洲城市群的实证研究，认为城市群空间的形成和扩展经历了多中心孤立城镇膨胀阶段、

城市空间定向蔓生阶段、城市间的向心与离心扩展阶段和城市连绵区内的复合式扩展阶段等四个阶段（张京祥，2000）。薛东前将城市群的演化发展阶段划分为集聚阶段、集聚扩散阶段、扩散集聚阶段和扩散阶段；第三种是以城市群演化的形态特征为依据。顾朝林从城市规模巨型化的角度，指出城市发展一般经历了传统向心城市－边缘城市－多核心城市－巨型城市－无边界城市的演化过程，并将城市体系的空间演化划分为孤立体系－区域体系－区际体系－大区际体系四个阶段。

（2）城市群空间演化模式

我国城市群的形成发展晚于西方发达国家的大都市连绵区或者大都市带，且形成机制和发育环境更为复杂，因此我国城市群的空间发展模式也具有多样化的特点（吴建楠，等，2013）。姚士谋等人按照城市组合的空间布局形式及城市本身的空间形态，将城市群分为组团式集聚城市群、沿交通走廊发展的带状城市群、地区分散式的放射状城市群和集群式的城市群组（姚士谋，陈振光，2006）。顾朝林（2011）认为，大都市的空间增长形态包括圈层式、飞地式、轴间充填、带形扩展式等基本类型。吕韬等人按照我国地区的经济基础、自然条件和城市发展形态，将城市群发展模式划分为高度集中型、双核心型、多中心分散型、交通走廊轴线型和混合型复杂发展模式等几类（吕韬，等，2010）。倪鹏飞按照城市组合的区域空间形态的不同标准将城市群划分为单中心城市群、双核心城市群和多中心城市群（Wallis，1994）。马志强根据中心城市的多寡和辐射模式，认为我国城市群将会发展成向心型城市群和多中心型城市群两种不同模式（倪鹏飞，2006）。吴启焰（1999）认为城市群的空间扩张形式可以分为点－环状扩张及走廊－串珠状梯度扩张两种模式。薛东前等人概括了城市群的四圈层空间结构模式，即核心首位城市带、城市组群发育带、城市个体分布带和城市群腹地带，并对城市群体结构发展动力、阶段及特征进行了理论概括（薛东前，孙建平，2003）。

（3）城市群空间演化规律

城市群空间结构是由构成城市群的各个城市之间的关联方式所决定的，迅速增长的城市人口规模、城市职能、经济发展、社会因素等都会引起各城市之间关联方式发生变化，形成新的城市群空间结构（吴建楠，等，2013）。姚士谋等人提出城市群地域结构递嬗规律，认为城市群地域结构是一个递进的上升过程，城市群地域结构的类型取决于城市之间的关联方式所决定的功能地域结构的合理性。城市群区地域的交通区位扩展和城市功能强化的有机统一过程，即是城市群地域结构的功能组织递嬗的阶段性规律的反映（姚士谋，等，2008）。孙胤社从城市发展轴与城市形态的关系出发，提出了城市空间结构演变的扩散假说（叶玉瑶，2006）。张京祥（2000）采用城市群体空间演化基本机理构建了以城镇组织体系、城乡关联体系、网络联通体系和空间配置体系为内容的城市群体空间运行系统，进而提出了有序竞争群体优势率、社会发展人文关怀率、城乡协调适宜承载率和空间优化率的空间组合规律。

1）空间引力理论和潜力理论

A．空间扩散和区域相互作用理论的发展

空间扩散和区域相互作用理论的早期发展主要集中在如何确定扩散影响空间可达性的空间引力理论和潜力理论。1931年美国学者凯利（W.J.Keilly）首先提出了"零售引力法则"，认为两个城市之间零售市场区的最佳划分与两个城市的人口规模成正比，与其空间距离的平方成反比，这一零售商业引力区的划分也被称之为"断裂点"（Break Point）理论。后又出现了测量区域中某一点相对于周围有关各点的综合影响力的"潜力"理论（Potential Theory），如艾萨德（Walter Isard）1960年提出的城市与周围几个城市相互作用的总潜力的模型（彭震伟，1998）。

B．空间引力和潜力计算理论的影响

空间引力和潜力计算理论的发展，在划定城市经济吸引范围、定量考察城市间经济联系密切程度以及在经济布局的区位决策方面产生了广泛的影响。在经济潜力应用上，借用物理学的概念，若将城市经济活动扩散范围称作为经济作用的"力场"，其扩散影响力的大小可称为"场强"，城市规模愈大，经济愈发达，其"场强"越强，"力场"空间亦越大，从而可划分相应的以城市为中心的结节性经济区域。在人口潜力应用上，列夫特（D.S.Neft）1962年经过大量的统计资料计算，编制出美国的等人口潜力分布图。图中呈现出由东海岸向西海岸递减并在加利福尼亚州重新出现高值点的特征，无疑较之单纯的人口密度图对经济活动的区位决策更为重要，特别对那些劳动力指向的经济单位更是如此。在市场潜力应用上，哈里斯（C.D.Hanis）1954年编制的市场潜力图以零售额代替人口数，用公路运费代替距离，对于市场指向型的区位活动、区位决策的指导将更加精确和有效（彭震伟，1998）。

2）核心－边缘理论

A．核心边缘理论

1950年代以后，关于空间扩散和区域相互作用的理论研究取得了进一步的发展。约翰·弗里德曼（Friedman，1958）用核心－边缘的关系描述了要素市场不平衡发展的过程。核心边缘理论认为，经济社会活动的空间集聚必然在区域中形成一定的核心区（结节区）；而每一核心区均有一个影响区（Zone of Influence），即边缘区（Peripheral Region）；核心与边缘之间存在着一种扩散与交流的基本关系，共同组成一个完整的空间系统，亦即为结节性区域（图4-5）（彭震伟，1998）。在一个区域内经济增长的中心只有一个，但在边缘地区中有希望成为下一轮增长中心的候选地点却有很多（王琦，等，2013）。

B．结节性区域中核心与边缘区间的4种基本的空间作用过程

经济增长中心的空间结构和演变过程是动态的。结节性区域中核心与边缘区间的4种基本的空间作用过程包括革新的扩散、决策的传播、移民的迁徙和投资转移。核心区作为空间系统的基本结构要素，一方面从边缘区吸聚生产要素产生出大量的革新（材料、技术、产品、社会、文化体制等）；另一方面这一革新又源源不断地从核心向外扩散，引导边缘区的经济活动、社会文化结构、权力组织和聚落类型的转换，从而促进整个空间系统的发展（图4-6）。除了

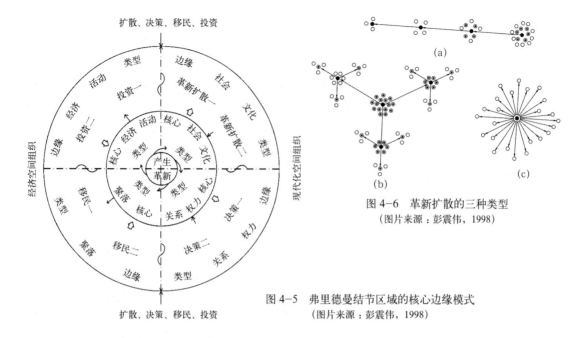

图 4-6　革新扩散的三种类型
（图片来源：彭震伟，1998）

图 4-5　弗里德曼结节区域的核心边缘模式
（图片来源：彭震伟，1998）

革新的扩散这一基本空间作用之外，结节性区域中核心与边缘区之间还存在着决策的传播、移民的迁徙和投资转移另外三种基本的空间作用过程，各种空间作用的力度也并不均衡。

3）效应差异理论

区域空间扩散和相互作用的效应差异理论代表人物是瑞典经济学者、诺贝尔奖获得者缪尔达尔（G.Mydel）。缪尔达尔通过对梯度发展效应所做的大量研究，提出了著名的"累积因果论"。他认为梯度发展中同时起作用的有三种效应，即极化效应、扩散效应（Spread Effect）和回波效应（Backwash Effect），它们共同制约着地区生产分布的集中和分散情况（Myrdal，1957），并促进形成了发达地区与落后地区的关系。缪尔达尔在分析区域经济增长时，发现区域的相互作用对某个区域而言可能存在完全不同的发展效应：一种是外围区域的经济增长，吸引了本区域的资金、劳力和原材料，削弱本区域的某些发展机会，从而对本区域的经济增长产生了不良的影响，即所谓回波效应；另一种是外围区域的经济增长，促进了本地区产品及原料市场增加，技术改良加快，就业机会扩大，从而对本地区的经济增长产生了有利的影响，即所谓扩散效应。他认为"回波"总是远远大于"扩散"。通过对"地理上的二元经济结构"进行研究，他提出了"循环累积因果原理"。在鼓励政府运用不平衡增长的同时，强调应防止累积性因果循环造成的贫富差距无限制扩大的情况。同时他认为，在一般的情形下，由于经济活动在地理区位上的集中会产生成本的节省和经济效率的提高，在市场自发作用下形成一种循环和累积的因果关系，在加速若干区域经济发展的同时，也造成了其他地区产生衰退的趋向，并从根本上影响了整个经济的效益和社会的稳定。基于克服区域间发展不平衡的政策基点，缪尔达尔提出了通过一定的空间政策在区域相互作用中弱化回流效应，增强扩展效应，以达到地区经济相对均衡增长的局面，从而形成了区域空间相互作用理论的一个新领域（彭震伟，1998；段进，2006）。

（4）城市群空间演化动力机制

城市群空间演化动力机制研究是城市群研究的一个重要领域，也是探讨城市群区域城镇体系、人口、产业等空间要素动态变化的直接或间接动因（吴建楠，等，2013）。国外研究主要从空间作用理论、经济学理论与产业组织理论等方面进行探讨（王婧，方创琳，2011）。国内学者对城市群空间演化机制的研究也成为经济地理学在近20年的研究热点，主要分为三种基本分析思路：一是以城镇形态学为基础，将城市群空间演化视为一个类似于有机体的空间生长组织过程，认为集聚与扩散是城市群地域结构演化的重要动力机制。知识经济、城市居住空间结构演变、企业或企业集团组织及其行为将日益影响城市群地域结构的变化（朱英明，2011）。二是从社会经济学的角度，将城市群空间演化视作社会经济演化过程。薛东前等提出经济活动是城市群空间扩展的决定因素，产业聚集和产业结构演变是城市群空间扩展的直接动力（薛东前，孙建平，2003）。吴启焰（1999）认为经济技术人口聚集是城市群向大都市带转化的动力，而交通走廊的形成是转化的前提。宁越敏认为城市群本质上是生产网络在大尺度空间范围内集聚与扩散形成的城市化现象，生产网络是城市空间结构变动的最为重要的动力（董青，等，2008）。三是结合前两种分析思路，认为城市群空间结构演化是由多主体和多种动力共同作用的结果，将经济、社会发展与空间演变过程建立对应关系的分析思路。叶玉瑶认为城市群空间演化是在自然生长力、市场驱动力以及政府调控力的交替主导与复合作用之下进行的。张京祥（2000）从区域和圈层两个层面将城市群的空间演化视作空间自组织，社会、经济演化以及空间结构组织的复合过程。姚士谋等通过对我国沪宁杭等五个超大型城市群、关中城镇密集区等八个近似城市群的城镇密集区的形成发展条件、现状特点、发展趋势深入的分析，认为从区域城市群集聚过程与动态变化特征来看，影响城市生长发育的因素主要有内聚力、辐射力、联系率和网络功能等（姚士谋，等，2011）。也有学者通过建立空间结构演化的动力机制模型，从行为主体、政府政策、居民行为和技术进步等角度进行综合分析（周春山，2007；阎小培，等，1997）。

在经济一体化背景下，城市群已经成为全球经济网络中的重要地域节点，经济全球化对其发育的推动主要体现在资本流动、对外贸易、产业转移和技术转移4个方面（王婧，方创琳，2011）。同时，在信息化时代，知识经济赋予城市群地域结构全新的内涵。城市群空间结构的演化机制不再仅仅局限于传统的区位因素影响，信息化、全球化、科技发展、生态环境与体制创新等将成为影响我国区域发展的新因素（陆大道，2003；许学强，1995）。

■ 习 题

1. 城市空间发展静态特征是什么?

2. 城市空间动态发展的相关理论有哪些?

3. 城市群空间结构静态特征有哪些?

4. 试述城市群空间发展的相关理论。

参考文献

[1] Allan D. Wallis. Evolving structures and challenges of metropolitan regions augmented title : part of a symposium on the challenge of American renewal[J]. National Civic Review, 1994, 83 (1) : 40-53.

[2] Seong-Hoon Cho, Olufemi A Omitaomu, Neelam C Poudyal, David B Eastwood. The Impact of an urban growth boundary on land development in Knox County[J]. Journal Agricultural and Applied Economics, 2007, 39 (3) : 701.

[3] 艾大宾 . 我国城市社会空间结构的演变历程及内在动因[J]. 城市问题, 2013, (1) : 69-73.

[4] 柴彦威 . 以单位为基础的中国城市内部生活空间结构——兰州市的实证研究[J]. 地理研究, 1996, 15 (1) : 30-38.

[5] 陈群元, 喻定权 . 我国城市群发展的阶段划分、特征与开发模式[J]. 现代城市研究, 2009, (2) : 77-82.

[6] 陈立人, 王海斌 . 长江三角洲地区准都市连绵区刍议[J]. 城市规划汇刊, 1997, (3) : 31-36.

[7] 崔功豪, 武进 . 中国城市边缘区空间结构特征及其发展——以南京等城市为例[J]. 地理学报, 1990, 45 (4) : 399-411.

[8] 丁成日 . 城市规划与空间结构 : 城市可持续发展战略[M]. 北京 : 中国建筑工业出版社, 2005.

[9] 丁成日 . 城市规划与空间结构 : 城市可持续发展战略[M]. 北京 : 中国建筑工业出版社, 2005.

[10] 董青, 李玉江, 刘海珍 . 中国城市群划分与空间分布研究[J]. 城市发展研究, 2008, 15 (6) : 70-75.

[11] 段进 . 城市空间发展论(第二版)[M]. 南京 : 江苏科学技术出版社, 2006.

[12] 冯健, 周一星 . 1990 年代北京市人口空间分布的最新变化[J]. 城市规划, 2003, 27 (5) : 55-63.

[13] 冯健 . 杭州市人口密度空间分布及其演化的模型研究[J]. 地理研究, 2002, 21 (5) : 635-646.

[14] 顾朝林, 甄峰, 张京祥 . 集聚与扩散——城市空间结构新论[M]. 南京 : 东南大学出版社, 2000.

[15] 顾朝林 . 城市群研究进展与展望[J]. 地理研究, 2011, 3 (5) : 771-784.

[16] 顾朝林, C. 克斯特洛德 . 北京社会极化与空间分异研究[J]. 地理学报, 1997, 52 (5) : 385-393.

[17] 胡俊 . 中国城市 : 模式与演进[M]. 北京 : 中国建筑工业出版社, 1995.

[18] 李健. 城市空间结构——理论、方法与实证 [M]. 北京：方志出版社，2007.

[19] 刘彦随. 区域土地利用优化配置 [M]. 北京：学苑出版社，1999.

[20] 刘贵利. 北京城市社会区的变迁 [J]. 人文地理，2003，(3)：28-31.

[21] 陆大道. 中国区域发展的新因素与新格局 [J]. 地理研究，2003，22 (3)：261-271.

[22] 吕韬，姚士谋，曹有挥等. 中国城市群区域城际轨道交通布局模式 [J]. 地理科学，2010，29 (2)：249-256.

[23] 苗长虹，王海江. 中国城市群发展态势分析 [J]. 城市发展研究，2005，12 (4)：11-14.

[24] 倪鹏飞. 中国城市竞争力报告 [R]. 北京：社会科学文献出版社，2006.

[25] 彭震伟. 区域研究与区域规划 [M]. 上海：同济大学出版社，1998.

[26] 汤放华，陈修颖. 城市群空间结构演化：机制、特征、格局和模式 [M]. 北京：中国建筑工业出版社，2010.

[27] 唐恢一. 城市学 [M]. 哈尔滨：哈尔滨工业大学出版社，2004.

[28] 唐子来. 西方城市空间结构研究的理论和方法 [J]. 城市规划汇刊，1997，(6)：1-11.

[29] 吴建楠，程绍铂，姚士谋. 中国城市群空间结构研究进展 [J]. 现代城市研究，2013，(12)：97-101.

[30] 王开泳，肖玲. 城市空间结构演变的动力机制分析 [J]. 华南师范大学学报(自然科学版)，2005，(1)：116-122.

[31] 王琦，沈滢，赵辉越等. 基于CNKI文献分析的城市经济空间演化研究综述 [J]. 现代情报，2013，33 (5)：173-177.

[32] 吴启焰. 城市密集区空间结构特征及演变机制——从城市群到大都市带 [J]. 人文地理，1999，3 (1)：11-16.

[33] 吴启焰，崔功豪. 南京市居住空间分异特征及其形成机制 [J]. 城市规划，1999，(12)：23-26，35.

[34] 王婧，方创琳. 中国城市群发育的新型驱动力研究 [J]. 地理研究，2011，3 (2)：335-347.

[35] 王铮，邓悦，宋秀坤等. 上海城市空间结构的复杂性分析 [J]. 地理科学进展，2001，20 (4)：331-340.

[36] 许学强，叶嘉安，张蓉. 我国经济的全球化及其对城镇体系的影响 [J]. 地理研究，1995，14 (3)：1-3.

[37] 薛东前，孙建平. 城市群体结构及其演进 [J]. 人文地理，2003，18 (4)：64-68.

[38] 阎小培，许学强. 广州城市基本－非基本经济活动的变化分析——兼释城市发展的经济基础理论 [J]. 地理学报，1999，54 (4)：299-308.

[39] 姚佳，陈江龙，姚士谋. 基于新区域主义的空间规划协调研究——以江苏沿海地区为例 [J]. 中国软科学，2011，(7)：102-110.

[40] 姚士谋，陈振光，朱英明等. 中国城市群（第四版）[M]. 合肥：中国科学技术大学出版社，2008：110-119.

[41] 姚士谋，陈振光. 对我国城市群区空间规划的新认识 [J]. 现代城市，2006，(1)：17-20.

[42] 叶玉瑶. 城市群空间演化动力机制初探——以珠江三角洲城市群为例 [J]. 城市规划，

2006，（1）：61-66.

[43] 于洪俊，宁越敏 . 城市地理概论 [M]. 合肥：安徽科学技术出版社，1983.

[44] 曾鹏，黄图毅，阙菲菲 . 中国十大城市群空间结构特征比较研究 [J]. 经济地理，2011，31（4）：603-608.

[45] 张京祥 . 城镇群体空间组合 [M]. 南京：东南大学出版社，2000：33-37.

[46] 郑静,许学强,陈浩光 . 广州市社会空间的因子生态再分析 [M]. 地理研究,1995,14（2）：15-26.

[47] 周一星 . 北京的郊区化及引发的思考 [M]. 地理科学，1996，16（3）：198-205.

[48] 周一星，孟延春 . 北京的郊区化及其对策 [M]. 北京：科学出版社，2000.

5 多学科视角下的城市空间发展相关理论

　　第四章重点介绍了城市空间发展的空间研究，而本章将在系统科学以及可持续发展视角下，拓宽城市空间发展研究的广度。第5.1节主要从系统科学的视角，讨论城市空间发展理论。历史上很多自然生长的、生动的城市空间，促使人们思考城市空间发展的自组织性，如城市空间是否存在内在的发展机制，外在的规划等干预是否有用，它与内在的机制有什么关系等问题。自组织理论不是一个独立的理论体系，它是一个学科群，包括耗散结构理论、协同学（Synergetic）、超循环理论、突变论、混沌学、分形学等一系列理论的集合。它们被人们统称为复杂性学科，以示其与传统学科的区别。在自组织的理论体系中，耗散结构揭示了自组织现象形成的环境和产生条件；协同学主要研究了自组织形成的发生机制；超循环理论阐述了自组织演化的具体形式和发展过程；突变论剖析了自组织演进的途径；混沌学和分形学则对系统走向自组织过程中的时间复杂性和空间结构与特性进行了解析。这些理论逐步深化形成了当今自然科学为探索自组织的复杂性而演化出的许多新兴系统科学。第5.2节主要从可持续发展视角，讨论城市空间发展理论。按照在1987年由世界环境及发展委员会发表的《布伦特兰报告》书所载的定义，"可

持续发展"是既满足当代人的需求，又不对后代人满足其需求的能力构成危害的发展。它建立在社会、经济、人口、资源、环境相互协调和共同发展的基础上，本身即包含了多学科维度。根据二者的含义，系统科学和可持续发展同样都是多学科视角下的综合概念。本章将分别基于这两方面的概念，讨论城市空间发展的相关理论。第 5.3 节将在城市空间发展的一般理论和系统理论之外，介绍其他重要的相关研究。

5.1 系统科学视角下的城市空间发展理论

5.1.1 自组织理论下的城市空间发展理论

(1) 自组织理论体系

自组织 (Self-organization) 的概念起源于物理学，1960 年代通过对热力学第二定律"熵"这一概念的重新研究和认识发展而来，指在一定外界条件下，系统通过内部非线性相互作用，经过突变实现一种新的稳定有序结构状态的过程和特点。系统有序状态的自我形成和自我完善，可以形象地称为"自组织"。自组织理论以系统的发生、发展为线索，揭示了组成一个宏观系统的子系统是如何自己组织起来实现从无序到有序、从低级有序到高级有序演化的一般条件、机制和规律性。自组织理论不仅超越了只限于研究简单物体运动的牛顿力学，而且第一次将生命性、演化、历史和选择等概念引入了科学范畴，为热力学与动力学、自然科学与社会科学、科学与人文之间建立起联系（段进，2006）。这些学科从不同的角度对"自组织"的概念给予界定。其中协同学的创始人哈肯 (Haken) 给"自组织"的定义具有较强的普适性，并在自组织学界获得了公认：

专栏：自然界自组织现象与城市系统自组织

自组织现象在事物的发展过程中普遍存在，冬天玻璃窗上美丽的冰花，鸟的飞行、水的沸腾、物种的进化、生物的生长周期、蜜蜂、白蚁等低级昆虫的社会分工、布阵、造窝等行为等都是自组织的结果。城市的形成与发展亦不例外，城市系统是典型的自组织系统。然而，由于人有自觉性和目的性，人类的社会系统与昆虫依靠本能形成的群体有所不同。在城市系统中的住宅布局问题，由于人们对居住地的选择意愿不同，有的愿在繁华的市中心，有的愿在安静舒适的郊外。此外，政策的影响，如新区开发等，可促进大规模移民、筑铁路、建工厂以及商业的发展；或为了保护某一地区的生态环境，可限制其发展。因而，人口的增长不同于生态系统中的种群数量靠生存竞争，而是可以在人类的自觉控制下进行。虽然单个人活动的目的性不会影响整个大系统演化形成有序结构的进程，但整个人类集体的有目的的活动却会改变系统演化的进程。尽管每个家庭情况不一样，但作为一个宏观体系，人口总量增长速度是有客观规律的，呈现出一定的自组织性。

"如果系统在获得空间的、时间的或功能的结构过程中，没有外界的特定干扰，则系统是自组织的。"这里的"特定"一词是指，系统的结构和功能并非外界强加给系统的，而且外界是以非特定的方式作用于系统的。

（2）耗散结构理论

布鲁塞尔学派认为，耗散结构（Dissipative Structure）是一种远离平衡的开放系统，在外界条件的变化达到某一特定的阈值时，量变可能引起质变，系统通过不断地与外界交换能量和物质，就可能从原来的无序状态转变为一种时间、空间或功能的有序状态。这种非平衡状态下新的有序结构，就叫耗散结构（唐恢一，2001）。相对于守恒的系统来说，耗散系统是一个随着时间的流逝，因摩擦而释放出熵的系统。自然界中的物理系统大多是耗散性的，这意味着它们的量是不断缩减的。这种耗散结构是远离平衡态的、开放的、消耗能量的系统，需不断对之做功，即引入负熵流，且抵制正熵流。它通过内部非线性的良性作用，通过涨落在临界点发生突变（失稳）和分叉，可以达到有序，并从低级有序进化到高级有序，表现出一种趋向有序与进化的时间的方向性和不可逆性。耗散结构论（自组织系统理论）的时间概念不但有方向性，而且趋向进化与有序。例如，生物的进化可能就是一系列的突变和分叉的结果，并由遗传基因记录和固定下来。生命的起源并不是完全偶然的，它可能和逐级不稳定性，如失稳、分叉、突变有关。耗散结构理论揭示了自组织系统形成与产生的必要与充分条件。具体地说，必须具备三个必要条件：①系统是开放性结构，物质和能量能够在系统内流动及在系统外交流。②系统是非平衡态，只有在这种状态下，自组织现象才能发生。③通过系统内部功能的涨落分化和组织能产生自我更新的能力。

（3）作为耗散结构的城市空间

城市空间的发展往往既不完全是确定的，但也不完全是偶然的，而是存在着一些既非确定性又非纯随机性的关系，如竞争性、协同性、渐变性、突变性、自相似性、混沌性、有序性等，这些都是自组织现象的表现。城市空间系统同样是具有开放性、非平衡态和内部涨落演进功能的系统，具有耗散结构的特征；城市空间系统是开放的、非平衡系统，由于不断地同外界进行物质与能量的交换，产生自组织现象，使系统实现由混沌无序的状态向有序的方向转化，并产生新的物质形态（段进，2006）。

1）城市系统的开放性结构

任何城市都不是孤立存在的，它与外在环境存在着人流、物流、能量流、信息流、资金流等各方面的交流，内部也是不断由低势位向高势位流动，是一种典型的开放性结构。城市为了保持自身的生存与健康发展，必须不断地与外部进行人员、物质、能量、信息、资金等交换，形成负熵流，保持城市系统的正常运转。城市系统的这种开放度随着城市向更高层次的发展会不断增大，如从小城市发展成大城市，从大城市发展成城市群。但是这个开放度也是有限度的。百分之百的开放意味着自身系统的丧失，成为其他系统的附庸。因此，城市空间都是有边界的，这有助于自身系统的运作和功能的发挥（段进，2006）。

A．城市系统的开放性

作为社会系统的城市，是一个非常复杂的系统，它包含人口、企业、交通、市政管理、商业服务等各种子系统。对外开放是城市系统的重要特点之一。城市生产的产品要销往外地，同时要从外地输入原材料，这样它的工业才能发展，经济才能繁荣。耗散结构理论指出，如果系统是孤立的，不论其初始状态如何，最终都将发展到一个均匀、单一的平衡状态上去，任何有序结构都将被破坏，呈现一片"死"的景象。只有与外界有物质、能量、信息交换的开放系统，才有可能走向有序。在开放的发展过程中，控制系统的参量达到新的临界点，使系统发生突变，朝有序的方向不断发展（唐恢一，2001）。

B．城市系统开放性的表现

城市系统的开放性表现在两个方面：与自然环境的交流和与社会环境的交流。前者如获取水和养料，同时排出废物。城市从农村取得食物，排出的粪便能用作农田肥料，就可实现一种自然的良性循环。然而，自工业革命以来，许多近现代城市并不能很好地实现这种自然大循环。比如，伦敦耗费巨资每天把大量粪便倾入海中。现代工业对自然环境造成严重污染，破坏生态平衡，导致城乡系统向无序发展。现代社会的劳动分工促进生产的发展和社会结构的变化，城市要从外界不断吸收新的资金、人才、设备、物资、技术、信息、能源，即从外界吸收负熵流，才能生存并发展。

C．正熵流和负熵流的控制

开放是系统向有序发展的必要条件。但并不是任何开放系统都能达到有序，因为一个开放系统从外界可能得到负熵流，也可能得到正熵流。正熵流不仅不会促使系统形成耗散结构，反而会加速系统无序化的进程。因此，负熵流使系统进化，正熵流使系统退化，二者同时存在。我们只能采取适当措施，尽量使前者增加，后者减少。

2）社会系统的平衡态与非平衡态

这里所说的平衡，是指物理的平衡态，是孤立系统的一种静止、均匀、单一的混乱无序状态。而耗散结构则是开放系统通过与外界环境不断进行大量的物质、能量与信息交流，所形成的一种动态稳定的有序结构。要达到这种稳定状态，必须打破僵死的平衡，打破无序，使系统处于远离平衡的非平衡态（唐恢一，2001）。比如，人体就是一种耗散结构，它必须在不断地新陈代谢中才能保持健康的生命，一旦新陈代谢停止，进入平衡态，死亡就来临了。在社会系统里也是如此，要有竞争，要不断地优胜劣汰、吐故纳新，社会才有活力，才能进步，才能保持健康有序的状态。城市系统也是非平衡态。城市首先在优势区位得到发展，由于区位之间存在差异，产生了位势，促使人类活动从低势位向高势位的流动，从而形成城市系统从无序走向有序的一种负熵流，产生了自组织现象。由人流、物流、能量流、信息流、资金流等共同的作用形成了空间的集聚。集聚使区位条件发生了变化，又产生了新的势和流，进一步产生更高一级的自组织现象，促使城市从无序到有序、从低级有序到高级有序演化。表现在城市空间上，一方面，城市空间向外扩散，寻找和开拓新的优势区位，开始新一轮的集聚与扩散，结果形成新的城镇或扩大的城市区域。另一方面，城市空间进行演替（Replace），即是指城市某空间的类型被另一种类型替代的过程，如商业替代居住、学校替代工厂、金融替代商业等。这些看来非常偶然现象，其实有着隐藏的秩序，其发展的结果是仍然形成一个整体有序、有活力的空间结构（段进，2006）。

3）社会系统内复杂的非线性相互作用

系统形成耗散结构的另一个条件，是系统内有复杂的非线性相互作用。城市系统内的相互作用，不是简单的因果关系或线性依赖关系（加法关系），而是既存在着正反馈的倍增效应，也存在着限制增长的饱和效应，即负反馈。正反馈，即所谓良性循环，产生一种协同效应，它会使系统不断地从无序变为有序，从低级有序变成高级有序，一步一步达到人们预定的目标。另一方面，系统各要素之间的相互作用也有可能产生消极效应，互相牵制，形成恶性循环。在系统中，各子系统间或各分子间的相互作用，若能促进良性循环，发挥协同效应，就会使系统走向有序；反之，若这种相互作用促进恶性循环，破坏协作、稳定和有序，就会使系统倒退到无序和死亡状态。

专栏：正反馈与负反馈

人口与企业之间相互刺激，共同增长。企业扩大，招收劳动力增多，吸引外地人口迁入，使本地人口增加；人口增多后，对产品和服务需求量增多，又刺激生产和经济的发展，形成正反馈。在教育经济系统中，经济发展增加了教育投资，加快了教育的发展；培养出的人才反之又促进经济的发展。反之，在一个国家或单位内，若不是团结协作，互相促进，而是互相牵制，互相抵消，那么就不能形成有序结构。

4）社会系统的涨落与临界点

城市系统还具有涨落进化功能。耗散结构理论重视"涨落"的作用。涨落是指构成系统的各分子的实际物理量对宏观平均量的偏离。涨落是偶然的，杂乱无章的，随机的。在一般情况下，个别分子的涨落对系统的宏观状态（平均值）不会有什么影响，经常被忽略。即使偶尔有大的涨落也会立即耗散掉，系统总要回到平均值附近。但在临界点附近，情况则大不相同，这时可能出现巨涨落，它可能不被耗散，反而可能被放大，而导致系统发生宏观的变化。在社会系统中也有类似情况，当系统处于稳定状态时，涨落相对于系统宏观量是微不足道的，而且系统所包含的子系统数愈多，涨落的效应就愈不明显。但当系统处于临界点时，涨落所起的作用就非常重要了；而且，由于社会系统内部的相互作用比自然系统复杂，在临界点附近，系统可能形成不同类型的耗散结构和有序状态。因此，涨落在临界点附近所起的作用显得特别重要，一些微不足道的偏差将会导致整个系统出现完全不同的发展前途（唐恢一，2001）。城市发展的自组织能力还表现在受到系统外力的干扰后的"自愈"和"进化"功能。城市系统由大量子系统组成，众多子系统运动状态的不同变化影响着总系统的

综合效应，形成涨落现象。涨落的完成与系统结构的调试推动着城市的进化。当涨落在一定限度内，系统通过自组织性调整的"自愈"功能，来达到新的有序。当系统受到的涨落干扰超出这一级系统的"自愈"能力时，系统会崩溃，或转化为新的结构，这就是自组织的"进化"功能。通过历史的分析，芒福德把城市的发展概括为6个阶段，从一个侧面反映了城市发展的进化过程。从村落到集镇，从集镇到城市，从城市到区域化城市，目前又向城市集群发展。新的空间组织形式一次又一次地涌现，正说明了城市在发展时，城市空间在更高层次的自组织作用下，一次次形成新的有机秩序（段进，2006）。

案例：扬州市城市中心的转移

明清时期，运河是扬州城对外的主要通道，所以市中心紧靠运河。运河运输的衰落和陆路发展的干扰，使城市重心与对外交通产生了矛盾。这促使城市结构调整，其结果是市中心北移，缓解了交通与发展的矛盾。

因此，城市作为一种开放、复杂的巨系统，它所具有的开放性、不平衡性、复杂的非线性相互作用及内部涨落演进等特征，与某些自然系统具有共同性，因此也有可能应用耗散结构理论这种自组织理论来分析其演化过程。人口、物资、资金、信息、能量的流动，地域和城市的发展不平衡，通过分化和调整组织新秩序等，构成了城市系统的开放性、非平衡性和涨落演进功能。这种自组织性通过物质形态和意识形态共同作用于城市空间，形成了城市空间的自组织演变规律（段进，2006）。

（4）城市空间的自组织演化研究

关于城市空间在无外力干扰的情况下的自然、有序地生长，中外许多专家进行了多方位的研究。例如，平均信息场扩散理论对社区居民的行为组织研究表明，居民之间的交流关系虽无序，但传播方式却遵循着有序的过程；芝加哥学派的人类社区循环发展模式，揭示了社区的发展与生产技术和自然资源的密切关系，指出了社区自组织进化的原因；城市生态学的研究，将自然生态学的基本原理应用于人类社会，归纳出城市形成和发展在空间分布上集中、核心化、分散化、分离、侵入、演替等变化过程的规律；耗散结构的理论方法通过对社区经济功能的涨落分析，建立了一个城市和社区进化的研究模型（图5-1）；场所的研究指出了混乱表面中包含着一种"隐藏的秩序（Hidden Order）"；还有用数学模型探索城镇空间演替的概率转移模型、城镇群体景观动态模拟以及镶嵌性研究等。这些研究的成果都证实了城市空间的生长是一种复杂而有序的过程，对城市空间自组织性的存在给予了有力的支持。

5.1.2　城市协同效应视角下的城市空间发展理论

协同学认为，系统性质的改变是由于系统中子系统之间的相互作用所致。任何系统的子系统都有两种运动趋向，一种是自发的无规律、无秩序的运动，这是系统瓦解走向无序的重要原因；另一种是子系统之间的关联引起的协调—

一种功能的中心　　T=4　　由于某种随机因素，某些点人口增加速度较快，这些点即为城市的雏形
两种功能的中心　　T=12　由于非线性相互作用，逐渐形成五个中心城市的空间结构
三种功能的中心　　T=20　人口不断在上述中心集中，聚居点的经济功能数也有所增加，城市开始蔓延
　　　　　　　　　　T=34　空间结构基本稳定下来，有两个中心城市出现人口流失的逆城市化现象
四种功能的中心　　T=46　"双子"城市出现，几个相近或在功能上有联系的城市开始形成更高一级的实体

图5-1　埃伦的城市自组织研究

(图片来源：P.M.Ellen，1997)

合作运动，这是系统自发走向有序的重要原因。系统是自发地发生从无序到有序还是从有序到无序，就取决于其中哪一种运动趋势占据主导地位。系统的自组织实质上是开放系统在一定条件下自发地协同而形成有序的过程，即开放系统内部大量子系统之间相互竞争、合作而产生协同效应，以及由此产生的序参量、支配，导致宏观的空间或时间有序结构形成的过程。协同学突破了以往线性科学着眼于他组织的局限，探讨了系统如何通过内部各子系统之间的竞争及由竞争导致的协同，最终形成有序结构的系统自组织动力机制问题，从而大大加深了对于系统演化的内部机制的认识（唐恢一，2001）。

（1）协同学原理

1）协同学理论

A.协同学的研究对象

协同学源于希腊文，意为"协调合作之学"。此概念系由哈肯（Hennaim Haken）于1970年末提出。他希望从许多完全不同学科的现象中，概括出一种统一的规律，来说明开放的复杂系统在输入能量和物质的条件下，是

怎样通过自组织作用而形成有序结构，进而能从低级有序发展为高级有序的。这种自组织过程有赖于集体行为中的竞争和协调合作并经过突变而得以达成。

B. 建序参数

自然界中的结构在形成过程中，通过竞争、筛选和各组件之间的协作，以及逐级分叉和突变，体现"总体大于部分的总和"，于是形成各种有序的结构。在所有自组织现象中，单个组织单元好像由一只无形之手促成的那样自行安排起来，而反过来正是这些单个组元通过它们的协作才创建出这只无形之手。我们称这只使一切事物有条不紊地组织起来的无形之手为序参数（建序参数）。序参数由单个部分的协作而产生；反过来，序参数又支配各部分的行为。从序参数和支配的角度，对物理学、化学和生物学的许多现象加以研究可发现，结构形成的过程会不可避免地朝有序的方向前进。本来无序的部分系统也被卷入现存的有序状态，而且其行为受它的支配。同时，从混沌创建有序的必然性，与发生反应的物质本身无关。

专栏：自然科学和社会科学中的协同现象

激光现象表明，无生命的物质也能自发组织，产生富有意义的过程。激光的形态与云雾的形成或细胞的聚合如出一辙。显然，我们面对着一个统一的现象。而且这种规律性也会在非物质领域中见到。比如，在社会学中，整个群体的行为似乎突然倾向于一种新的观念——风尚或文化思潮。我们发现，许多个体，无论是原子、分子、细胞，或是动物、人类，都是由其集体行为，一方面通过竞争，一方面通过协作而间接地决定着自身的命运。但它们往往是被推动而不是自行推动的。

C. 协同学的学科意义

因此，协同学是一门研究在普遍规律支配下的有序的、自组织的集体行为的科学，旨在多学科领域中确定系统自组织赖以进行的自然规律，尤其适合于创建新的结构或发现系统的宏观状态的普遍规律。事物在由混沌产生有序，或由一种有序性逐渐转变为另一种新的有序性的过程中，必然有着某种内在的自动机制。如果我们在经济、社会或政治领域中能够辨认这些规律性，总结出诸如集体行为模式、自动机制等规律性，就可为城市发展提供强大的理论支持。随着协同学的提出，社会学和经济学中也开始广泛利用"熵"这个物理学概念，不再认为一个特定社会的结构是静止的，处于平衡状态的，而是认为结构永远在形成、消失、竞争、协作或组成更大的结构。

2）协同学的原理

A. 协同作用的基本过程

在一个开放的复杂系统中，各组成部分不断地相互探索新的位置、新的运动过程或反应过程。在不断输入能量，或许还有新加入的物质的影响下，一种或几种共同的，也就是集体的运动过程或反应过程压倒了其他过程。这些特殊的过程不断加强自身，最终支配了所有其他运动形式。这些新的运动过程或方式，给予系统以一种很容易认识的宏观结构。

B.序参数的增长率

自组织系统的演化是动态的过程，因此其运动方式的增长率起决定性作用。增长率最高的那些运动方式通常获得优势并决定宏观结构。如果几个这样的集体运动（序参数）有着相同的增长率，那么它们在一定条件下可以相互合作并产生一种全新的结构。为了保持增长率为正值，需要有充分的能量输入。当输入的能量达到临界值时，系统总的状态就会发生宏观的改变，即出现一种新的有序性。

C.能量输入的变化

自组织系统的输入能量或环境条件的每一个微小变化，都有可能会能导致宏观有序状态的升级。而后某种有序状态不断增长，直到最后占了优势并支配一个系统的所有部分，迫使各个部分进入这种有序状态。常常是一种不可预见的涨落使得两个等价的有序状态之间失去平衡，成立一种新的更有序的状态。

（2）城市中的协同效应

在经济学与社会学研究中，有两种重要的思想体系：一种试图根据个体的行为来理解全貌，可按照高斯的大数定律进行研究和预测。另一种则从系统本身的观点出发来处理其过程。如果是个体被迫按照集体的有序态行事，则可按协同学的基本规律进行研究。

1）城市的集聚与分散机制的协同效应

城市的集聚与分散理论在本书第四章已有介绍。本节重点从协同效应的角度来解读城市的集聚与分散。

A.商业形态集聚

从商业区形成的机制来看，商贸行业会集聚在城市的中心地带，以形成规模吸引更多的顾客。这样的集中布局较之均匀分散的布局，服务半径加大了，顾客需付出更多的交通花费；而且同质竞争加剧。然而对商店来说，规模效应和各种基础设施的提供可以扩大营业规模；对顾客来说也有了更多便利性。

B.居住形态的集聚

类似的机制对居住形态来说也是如此。只有当一个居民点的大小达到一定

专栏：商业形态集聚的形式

这种商业集聚的形式早在城市产生之初就已经出现了。在封建社会的繁华都市中我们可以看到以商品命名的街道和市场，如珠市口、帽儿胡同、Baker Street（面包师街）等。现代则更有经营汽车配件或电子产品的专业性街道，备有大停车场的购物中心取代了夫妻店。

规模时，某些社会设施如学校、医院、法院、剧院、教堂等才有其必要性和可能性。人们也倾向于住在能提供这些便利的居民点。因此，城市的发展必然会经过大城市吞并小居民点的集聚阶段。如果城市交通能够便利市民在市内出行（出行时间不超过 45 分钟），那么，中心城市就有可能继续扩展。如果有很高效的交通联系，还可能出现卫星城镇或卧城。

C．产业集聚

高科技产业的空间选择需要具有舒适的环境、交通的可达性以及必要的集聚经济。根据曼纽尔·卡斯特尔（Castells）和彼得·霍尔（Hall）的研究，大都市区正好符合这样的条件，而成为高科技园区的主要依托主体。例如，世界上知名的高科技园区，如东京筑波、台北新竹、米兰、斯图加特等都设在大都市地区。高科技园区的兴建，带动了周边的房产开发以及商业和服务设施的配套建设，使城市经济空间呈现中心的商业金融区和外围的高科技园区，相互联系又保持一定距离的两极化发展，卡斯特尔形象地称之为"对偶城市"。从总体上说，信息技术的发展，使同质的城市功能在空间分布上趋为集中，如高科技集中分布的高科技园区、商务活动集中分布的商务园区等。而信息技术的协同效应则使城市中区位最好、基础设施最为完善的中心区成为信息流通和管理服务中心，生产性服务、商务办公等功能的集中化趋势使城市的中枢功能进一步加强。

D．城市形态和城市交通的发展

城市形态和城市交通的发展是相互关联的有机发展过程。在城市的人口稠密地区，建筑用地的价格不断上涨，促使企事业和人口不得不向外发展。在发达国家，住房郊区化与私人汽车的依赖息息相关，这导致了经济结构的改变，比如沿高速公路布置的巨大的购物中心，以及供汽车族消费和服务的一系列设施等。私人汽车的普及导致了分散的居住形态及相应的公路网、停车场等，导致了占用大量的土地、能源的大量消耗、交通堵塞、空气污染和噪声等一系列问题。所以，个人机动性（自由度）的提高要付出社会代价，也必然受到多方面因素的制约。这是熵值增加的过程，会导致无序。要发展近郊公共交通工具，并使其在经济上得以存活，就需要政府需要给予补贴或资助。我国目前发展小城镇是在城市化发展的集聚阶段进行的，占支配地位的倾向（序参数）是集聚的倾向。一些较有实力或潜力的民营企业并不安于在小城镇发展，而是想到中心大城市去发展。小城镇要提高吸引力，也有必要扩大规模，补贴基础设施的发展。

2）城镇体系网络及其等级规模分布模型

关于地域城镇体系等级规模分布模型的研究已有相当长的历史。如廖什（August Losch）的不同等位市场区中心地数目的研究、威夫（G.K.Zipf）的等级－规模法则、贝利（B.J.L.Beny）的对数正态分布研究以及克里斯塔勒（W.Christaller）的中心地理论等。近年来，还有熵最大化模型、规模－交通价格经济模型、马尔柯夫链模型、工业体系模型、行政等级体系模型、城乡人口匹配模型、各种动态模拟模型，以及应用协同学研究的地域城镇体系等级规模分布的控制论模型等。

A.L.巴拉巴斯研究提出一种具有普遍意义的"无比例"网络结构，是一个对不断成长的网络成员显示出某种偏好的网络。其随结点的连系数而变化的结点数的曲线，是一条不断递减的符合幂法则的曲线，即具有少量连系线的结点数很多，具有中等数量连系线的结点数是少量的，而具有大量连系线的结点数则极少。这同随机网络的结点数按其所具有的联系线数作正态分布是很不相同的，显示出更高的复杂性。城镇体系具备形成无比例网络的两个至关重要的共同性质：①它是不断成长的；②每个城镇都有其偏好的发展目标和需求，它要在激烈的竞争中找到立足点，需要中心城市的辐射作用，有向高等级中心集聚的倾向。

专栏：客观世界中的无比例网络

客观世界中有许多网络都符合这种形态。这是其中起作用的个体的集体行动所产生的网络，它们都遵循一个单一的、明确定义的数学公式。如电脑网络中的万维网及其基础因特网，被少数连线极多的网站（称为"活动中心"，如雅虎和纳普斯特）所主宰，而大量网站都只有少数连线。生态系统中的食物网络，只有少数吃掉大量猎物物种的"核心物种"。在人类社会中，科学家之间的合作网络，或演员之间的合作网络，都是围绕少数著名人物而建立，形成"无比例"网络结构。在生物学中，使细胞维持良好工作秩序的相互作用的蛋白质和化学物质的格网是无比例的。

无比例网络的第一个特性，是网络节点的互通性。如从万维网的一个网站到达任何另外一个网站只需点击很少的次数（平均只需点击19次）。另外，无比例网络的生命力和脆弱性并存。与随机网络相比，无比例网络抗御随机打击的能力很强，即使5%的结点被摧毁，网络的性能仍然不受影响。但另一方面，如果打击集中于无比例网络的"活动中心"，则其很容易被摧毁。利用无比例网络的特性，有可能帮助我们找到解决某些城乡系统中存在问题的捷径。例如，艾滋病或"非典"等传染病的传播、人口性别比例失调等。如果着重于针对其"活动中心"采取相应措施，可能会很快得到控制。无比例网络是我们研究个体的规律如何与大规模上的行为相联系的一条数学途径。

5.1.3 混沌学视角下的城市空间发展理论

（1）混沌理论

1）混沌理论的发展

混沌（Chaos）过程的研究肇始于气象学领域。在20世纪，气象学家把地球按经、纬度分成许多网格，建立数学模型描述各网格的气象变化，并通过数值计算进行预测。美国麻省理工学院气象学教授爱德华·洛伦茨（Edward Lorenz）由于在1960年代初就对混沌进行开创性研究，而被誉为"混沌之父"。但混沌这个名词还是于1975年由数学家李天岩和约克（J.A.York）提出的，后被学术界广泛接受。洛伦茨直到 1983 年还偏向于称之为"不规则"(Irregularity)，后来才接受了"混沌"，并于 1993 年发表了经典名著《混沌的本质》(The Essence of Chaos)。1970 年代对混沌过程进行研究的著名学者除李天岩与约克外，还有生物学家罗伯特·梅 (R.M.May)，物理学家费根鲍姆 (M.Feigenbaum)，数学家吕埃勒 (D.Ruelle) 及新闻作家詹姆斯·格莱克 (J.Gleick) 等。后者的名著是《混沌：开创新科学》(Chaos：Making a New Science)。罗伯特在其著名论文《简单的数学模型具有很复杂的动态行为》(Simple Mathematical Models with very Complicated Dynamics) 中，研究了描述昆虫种群繁殖过程的著名的罗杰斯特方程[①]。费根鲍姆于 1978 年发现了混沌中一个带有普遍意义的常数 4.669…，被称为费根鲍姆常数（达到倍周期所需的 r 值的差异率）。1980 年代混沌的研究进入高潮，如罗宾斯 (Kay Robbins) 研究地球磁场的反向；赫尔曼·哈肯 (Hermann Haken) 研究激光；奥托·罗斯勒 (Otto Rossler) 的化学反应模型中有迄今为止最简单的奇异吸引子。1980 年代之后，人们开始注意到如何根据混沌的特征去利用混沌、控制混沌（唐恢一，2001）。

2）混沌理论的含义和应用

科学中的"混沌"概念不同于古典哲学与日常语言中的理解。混沌虽貌似随机 (Randomness 或 Chance)，但混沌并非完全杂乱无章，而是有一定的特征和规律。它是由确定性的物理规律（以非线性方程描述）这种内在特性引起的，因此又称确定性混沌。而随机过程是由外生噪声引起的。简单地说，混沌是一种确定的系统中出现的无规则的运动。混沌理论所研究的是非线性动力学混沌，目的是要揭示貌似随机现象的背后可能隐藏的简单规律，以求发现复杂问题普遍遵循的共同规律。混沌的三个特征是：密集的周期性和非周期点特征、混杂（可转移）特征以及对初始条件的敏感依赖。目前人们对混沌理论及其应用较为有限。例如，在染料生成的化工过程中，利用混沌运动可使成分比例迅速过渡，以改变染料的颜色；混沌的节奏可能是使心跳迅速适应各种体力活动的关键因素，因而对心律失常患者给以混沌刺激，可使心律得到控制。了解混沌、研究混沌及其应用，对探索其在城市空间发展研究中应用的可能途径可以有所启发和帮助。

（2）分形城市理论

分形 (Fractal) 词意为分数 (Fractal) 及分裂 (Fracture)。分形的概念，通俗地说，是其部分中含有与自身整体相似的缩影，或说是局部与整体自相似。分形体具有粗糙和自相似的特征 (Rough but Self-similar)。分形几何学 (Fractal Geometry) 由波兰裔数学家本华·曼德布洛特 (Bennoit B.Mandelbrot) 提出。与欧几里得几何学专门研究规则形状物体相对，它是研究复杂形状物体的几何学。曼氏的名著为《自然界的分形几何》，书中提出了分形的观点以及复杂系统分形建模的新途径。英国的海岸线有多长？如果你用 10m 长的尺丈量得一个总长度，再用 1m 长的尺丈量得一个总长

---

① 亦称 Verhulst 方程，系比利时数学家皮埃尔·弗朗西斯·费尔哈斯 (Pierre Francois Verhulst) 于 1945 年左右提出。

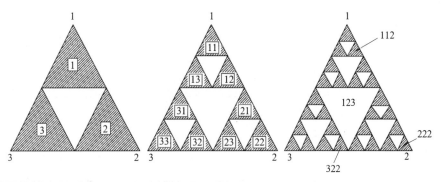

图 5-2 谢尔宾斯基三角形

(图片来源:唐恢一,2001)

度,则后者会比前者长。长出的比率大小取决于海岸线的曲折(不规则)程度。如果不断缩小尺规的基准,则量得的总长度可趋于无限大。这便是因为海岸线具有分形结构。分形过程本身就是一种正反馈的迭代过程,而许多事物具有的幂关系(Power Law),则是分形的物理基础,如谢尔宾斯基(Sierpinski)三角形(图 5-2)。

在欧几里得几何学中,形体只有整数维:一维、二维、三维……它认为直线和曲线都是一维的。而在分形几何学中,认为曲线的维数是介于一维与二维之间,是分数维。这个分数的大小,取决于曲线的曲折程度。直线没有曲折,就是一维的。如果有一条极为曲折的曲线,能够通过平面内的每一点,那么它就是二维的。如图 5-3(a)所示的科克(Koch)曲线,其分维数为 1.2619。如图 5-3(b)所示的谢尔宾斯基三角形,其分维数为 1.585。这些都是严格自相似的形状。分维数 D 或分形的维度,是对分形结构的一种测度。其数值的大小反映了不规则程度的大小。分形几何学对形体的维数(Dimension)计算在建筑学形态及城市空间发展中非常具有研究前景,澳大利亚学者迈克尔·欧斯特伍德(Michael Ostwald)采用计算机程序对建筑的立面分形研究作出了大量探索。

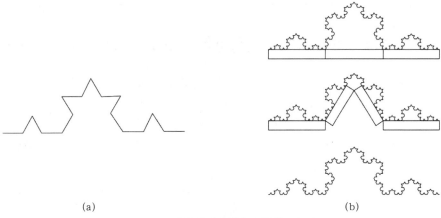

(a)   (b)

图 5-3 科克曲线和谢尔宾斯基三角形

(a)科克曲线;(b)谢尔宾斯基三角形

(图片来源:唐恢一,2001)

（3）制度动力学学派

1）制度学派

索尔斯坦·凡勃伦（Thorstein Bunde Veblen）提出经济学是一门演化科学。制度经济学家们随后引进了自组织系统理论与混沌理论的研究成果，致力于研究社会经济系统的演化模型，以之区别于新古典经济学理论的机械论的或牛顿式的特点。新古典理论认为，一切变化均产生于某一既定的社会结构之中；而制度理论认为，一切变化都是作为某一不断变化着的社会结构之结果出现的，具有达尔文式进化的性质。他们将系统动力学计算机模拟建模与自组织系统理论及混沌理论相结合，用以建立模拟社会经济系统演化的制度主义模型（Pattern Models），并由此大大提高其精确性。制度学派指出：社会制度的演进是依据它与物质世界的多次相互反馈作用的共同演化过程进行的。随着人们为了获得所需的社会供给而不断转换物质世界中的自然资源，他们既消耗掉高质量的能源储备，又产生出熵和废弃物。如果这一过程得不到有效的控制，必将导致无组织的增加与社会系统的全面崩溃。但人类通过对熵的认识和技术创新，扩大了他们所需的高质能量的供给，并将"负熵"带入或将"熵"带出系统。因此，需要有更深思熟虑的态度、更复杂的技能与组织，以促进新技术的发展与应用，使社会系统的复杂性、组织和多样性不断增加。

2）制度动力学模型

制度动力学模型是一个具有正负反馈环的数学模式（Mathematical Pattern），包括那些被各种非线性"耦合"（Couplings）交织于一起的积累物或数值集合。制度动力学模型建模者确认在过去、现在及将来可能对（被模拟的）社会体系有重要影响的要素，包括建模者认为与所研究问题相关的模型结构的各个方面。当进行模拟时，各反馈环的循环和积累效应便会随它们在时间中的相互作用而显现出来，对该模式整体行为的贡献也在不停地变化。一般来说，这种现象起因于该模式中的非线性性质，并可被理解为此模型之活性（Active）结构中的一种连续变化。总之，制度动力学模型可以通过在其活性结构中内生地引起变化，来模拟现实社会体系的演化行为。其建模过程是一种反复不断探讨的过程，它引起对模型结构的周期性修正。

5.2 可持续发展视角下的城市空间发展理论

近200年来，人口向城市大规模聚集。2008年世界城市人口首次超过农村人口，标志着人类开始进入城市型社会。城市在国家和地区的发展中扮演着十分重要的角色，是国家和地区政治、经济、文化与交流的中心。在城市聚集了丰富的资源和技术，创造了乡村地区无法比拟的财富与繁荣。城市的不断扩张也引发了一些经济、社会、城市建设与管理等方面的问题，特别是区域生态系统的结构、功能、过程和安全性维护机制面临着巨大的压力。为此，人类社会一直在进行着不懈的努力，探索理想的城市发展模式或途径，可持续城市就是近年来国际社会重点研究和实践的一种有效途径。但是，受到人类活动的持续影响，地球自从工业革命起已经被过度开发。近年来，人们逐渐意识到气候变化或许与人类活动带来的温室气体有关，而后者引起了全球性气候变暖和海平面上升。在此过程中，城市既是罪魁祸首又是受害者。与此同时，对人类活动破坏性的反思也带来了对可持续的城市规划方式的探索（中国可持续城市发展报告，2010）。

5.2.1　可持续发展的概念

穆尼尔（Munier）把可持续城市定义为：城市中的市民对一系列可持续性的原则达成共识，并坚持不懈地努力去实践这些原则的城市。可持续城市应该为其市民提供可以承受的教育、医疗、住房、交通等设施，达到良好的生活质量。另外，可持续城市建设的原则包括合理地利用和保护资源，尽力为后代营造健康的生活环境。中东欧区域环境中心（the Regional Environmental Center for Central and Eastern Europe）将可持续城市宽泛地定义为：一个制定了计划和政策的城市，目标在于确保足够的资源可获取和再利用，社会舒适和公平以及经济发展和保障后代繁荣。郑锋（2005）将可持续城市的基本特征描述为：以节约资源、提高技术、改善环境等为主要手段，以经济发展、财富增值、社会进步和生态安全为目标，维持城市系统内外的资源、环境、信息、物流的和谐一致，在满足城市当前发展需求和正确评估城市未来需求的基础上，满足城市未来发展的需要。1991年，联合国人居署（United Nations Human Settlements Programme，UN-HABITAT）和联合国环境署（United Nations Environment Programme，UNEP）在全球范围内提出并推行了"可持续城市计划"（Sustainable Cities Programme，SCP）。在此之后，一些国际组织、国家和地区开始广泛推动可持续城市建设工作，并组织很多专家学者对可持续城市建设理论与途径等问题开展了广泛深入的研究，并从经济发展、社会进步、生态环境、人类福利等不同的角度提出了很多具有重要价值的思想和观点。1996年，在土耳其伊斯坦布尔召开的第二届联合国人类住区会议（Second United Nations Conference on Human Settlements）提出：可持续城市是这样一个城市，在这个城市里，社会、经济和物质都以可持续的方式发展，根据其发展需求有可持续的自然资源供给（仅在可持续产出的水平上使用资源），对于可能威胁到发展的环境危害有可持续的安全保障（仅考虑到可接受的风险）。之后联合国"可持续城市计划"也采用了此定义。2000年7月，在柏林召开的21世纪城市：人居专家论坛（The Habitat Professionals Forum at Urban 21）从城市居民的生活质量角度提出了可持续城市的概念。他们认为，可持续城市是指改善城市生活质量，包括生态、文化、政治、机制、社会和经济等方面，而不给后代遗留负担的城市发展模式。

由世界观察研究所（World Watch Institute）出版的《2007世界报告：我们城市的未来》（State of the World 2007：Our Urban Future）中认为，一个走向可持续性的城市要改善其公共健康和福利，降低其对环境的影响，不断提高原料的循环利用，并且更有效地使用能源。该报告认为，可持续城市是具有保持和改善城市生态系统服务能力，能够为其居民提供可持续福利的城市。这里的生态系统服务是指作为社会-经济-自然复合生态系统的城市为人们的生存与发展所提供的各种条件和过程；福利是指相对比较广义的概念，包括社会、

经济、环境等方面的内容。可持续城市要求城市为人们提供可持续福利，即福利总量和人均福利不随时间的推移而减少。

学者们试图根据不同的尺度区分所有已定义的可持续发展概念。"深层生态学"确保在资源使用中产生的废物对环境的影响不超过地球的消化能力。对这种生态中心主义观点，康斯托克等持怀疑态度；布伦南也反对这种过分强调经济和量化标准的定义，而倡导多元化角度的定义。英国国家可持续发展战略也提供了相对务实的轻生态的观点，认为大多数社会努力实现经济发展和更高的生活水准，以保护和提高现在和后代的环境。

5.2.2　环境容量与城市可持续性

可持续发展思想的提出源于人类对环境问题的逐步认识与热切关注，其产生背景是人类赖以生存和发展的环境与资源遭到越来越严重的破坏，人类已不同程度地尝到环境破坏的苦果。可持续发展包含了社会、经济、环境等诸多要素，是一个综合、复杂的大系统。城市可持续发展的内涵很广，表现在自然生态环境、经济与生产力及社会文明诸方面综合可持续发展。然而，可持续发展最早被关注的问题仍然是环境问题。从环境问题入手，改善社会、经济、环境系统的运行机制及状态，使社会经济在发展过程中，充分考虑环境的承载力。在满足经济发展需要的同时，又要保证生态环境良性循环的需要；在满足当代人现实需求的同时，又要保证后代人的潜在需求。因而，讨论城市的可持续性首先要从自然生态环境可持续发展方面探讨城市环境容量的问题（蒲向军，2001）。

环境问题的实质在于人类经济活动索取资源的速度超过了资源本身及其替代品的再生速度，向环境排放废弃物的数量超过了环境的自净能力。因此，我们必须深刻认识两个简单而重要的事实：①环境容量是有限的；②自然资源的补偿、再生、增殖需要时间，一旦超过极限，要想恢复就很困难，有时甚至不可逆转。因此，我们可以以人类向环境系统排放的污染物或废弃物是否超过了环境系统的承载能力作为实现环境可持续发展的评判标准之一。

城市是一个由多种要素组成的社会物质实体。城市环境是指城市所在区域内的一个由自然环境和人工环境有机结合的、多种要素相互联系、相互制约的综合体。对城市环境问题的研究主要应包括以下几个方面：一方面，对城市环境质量作出正确的评价；另一方面，对城市环境污染源的调查和防治。通过城市环境质量评价及城市环境治理，我们可以认识人类各项行为对环境的影响程度以及人们在环境恶化以后采取的对策。此外，还有对城市环境容量的研究及确定。通过城市环境容量的研究，我们可以弄清人们进行各项活动时在城市环境中所能得到的"自由活动程度"，或者说是城市环境对人们各项活动的容许限度的大小。实践证明，对于城市环境容量问题的正确认识会在城市规划建设中产生重要的作用（蒲向军，2001）。

（1）城市环境容量的概念与组成

蒲向军将城市环境容量定义为城市自然环境或环境要素（如水体、空气、土壤和生物等）在自然生态的结构和正常功能不受损害、居民生存环境质量不下降的前提下，对污染物的容许承受量或负荷量，其大小与环境空间的大小、各环境要素的特性和净化能力、污染物的理化性质等有关。沈清基认为城市环境容量是指"城市所在地域的环境在一定的时间、空间范围内，在一定的经济水平和安全卫生要求下，在满足城市生产、生活等各种活动正常进行的前提下，通过城市自然、现状、经济技术、历史文化等条件的共同作用，对城市建设发展的规模以及人们在城市中各项活动的状况提出的容许限度"。简单地说就是环境对城市规模及人的活动提出的限度。

环境容量由静态容量和动态容量组成。静态容量指在一定环境质量的目标下，一个城市内各环境要素所能容纳某种污染物的静态最大量（最大负荷量），由环境标准值和环境背景值决定；动态容量是在考虑输入量、输出量和自净量等条件下，城市内环境各要素在一定时间段内对某种污染物所能容纳的最大负荷量（蒲向军，2001）。根据含义，环境容量可分为两类：环境容量Ⅰ指环境的自净能力在该容量限度之内，排放到环境中的污染物，通过物质的自然循环一般不会引起对人群健康或自然生态的危害。环境容量Ⅱ指不损害居民健康的环境容量。它既包括环境的自然净化能力，又包括环境保护设施对污染物的处理能力。因此，自然净化能力和人工设施处理能力越大，环境容量也就越大。

（2）城市环境容量的制约条件

第一，自然条件是城市环境容量中最基本的因素。它包括地质、地形、水文、气候、矿藏、动植物等条件的状况及其特征。由于现代科学技术的高度发展，人们改造自然的能力越来越强，容易使人们轻视自然条件在城市环境容量中的地位和作用，但其基本作用仍然不可忽视。第二，组成城市的各项物质要素的现有构成状况对城市发展建设及人们的活动都有一定的容许限度。这方面条件包括工业、仓库、生活居住、公共建筑、城市基础设施、郊区供应等，综合起来又形成城市用地容量。在城市现状条件中，城市基础设施，即能源、交通运输、通信、给水排水等方面建设是社会物质生产以及其他社会活动的基础。基础设施的容量对整个城市环境容量具有重要的制约作用。第三，城市拥有的经济技术实力对城市发展规模也提出容许限度。和前几项相比，经济技术条件更具有灵活性和可调性。因为一个城市所拥有的经济技术条件越雄厚，则它所拥有的改造城市环境的能力也越大，从而人们在城市中从事各项活动的"自由程度"也越大。最后，历史和文化是有生命的、延续的，城市作为人类文化的载体使其得以源远流长。历史形成的各种条件、环境与文化达到的程度都会对城市环境容量产生影响，历史文化条件对城市环境容量的约束也随之增强。

（3）城市环境容量的特点

城市环境容量具有有限性、可调性及稳定性等特点。首先，城市环境是一个不完全的生态系统，无法通过正常的生态循环来净化自身。同时，由于城市功能越来越复杂，使得城市环境系统在某种意义上变得越来越脆弱。人们在城市中的活动一旦超越某个界限，城市的结构形式和总体布局一旦与城市环境容量不相适应，就必然对城市生产和生活产生恶劣影响（蒲向军，2001）。第二，城市环境容量的可调性是指城市环境容量这个大系统具有一定的调节功能。即使某一因素超越了城市环境容量范围，也能在整体系统内获得缓解。但这种调

节能力也具有一定的限度，超过这个限度就必然会对整个系统产生有害影响。第三，在一定时期、一定科学技术水平下城市环境容量具有相对的稳定性。如把处于同样一定条件下的城市环境容量看成是一个数值，那么这些数值将是在一个有限的范围内上下波动，而不会产生很大的变化。

（4）确定城市环境容量的途径

正确地确定某个城市的环境容量，并用明确的形式加以反映是研究城市环境容量的主要任务，这是一项难度较大的工作。蒲向军提出了"可能度"与"合理度"两个概念（蒲向军，2001）。城市环境容量"可能度"是指城市环境对人们在城市中各种活动的范围和程度提供的各种可能性。以城市用地为例，如果我们以城市人口占用城市用地面积（$m^2/$人）的指标说明单位城市用地容纳城市人口的各种不同的可能性的话，各城市的数据是大不相同的。城市环境容量的"可能度"概念，反映城市环境容量所具有的"可调性"特点。既使人们在城市规划建设涉及城市环境容量时可得到一定程度的自由，但同时也易产生忽略环境质量，任意提高城市环境容量可能度的情况。探讨城市环境容量的可能度必须和探讨城市环境容量的合理度结合起来。在建设作为社会经济、文化中心的城市时，最终目的就是不断改善人民生活，提高人们的物质和文化生活水平。建设的衡量标准应当是经济效益、社会效益和环境效益的统一。

5.2.3 土地利用与城市可持续发展

在追求可持续发展的各种措施中，土地规划和城市设计被欧盟的许多国家赋予了综合性的角色。塞尔曼认为城市规划是修复城市可持续问题的重要角色。尽管目前对两者之间的相互作用没有一个清晰的认识，学者们认识到可持续城市发展和土地使用应当是一个问题的两个方面。

一个城市的形态和土地利用模式可以较大程度地影响其能源、原材料、水和空间的利用效率。城市活动的密度和位置，以及基础设施的提供，也会影响出行模式和汽油消耗，进而影响城市交通的排放水平。城市形态、结构和土地利用，从本质上在区域和全球尺度下影响城市环境和城市质量。因而，可持续发展的原则，已经成为当代地方规划和城市设计可持续性的衡量标准。另一方面，对建筑环境中不同因素和功能之间的复杂关系的理解对城市规划师的知识和决策是必不可少的。然而，环境和生活质量之间的两难选择所带来的伦理问题，可以在很多可持续原则中确认，包括代内公平、代际公平、基础设施配置、跨界责任等。而在建筑环境的规划中，环境和生活质量往往相互冲突。因此，研究人员经常强调的是地方决策水平的更高度的综合。第一，环境和生活质量的困境带来人们对多准则评价和新陈代谢理论的重视。多维度体现在可持续发展的城市在实现经济力量、社会因素和环境问题等多角度的均衡发展。新陈代谢的概念突出了对材料的需求，而此需求会引起资源消耗和环境污染。第二，可持续发展的实现和管理是困难的。学者们对复杂的、动态的人类活动与城市环境之间的相互作用和反馈效应缺乏了解。因此，可持续发展的原则和标准都必须纳入决策过程。城市的可持续发展战略是多维度且复杂的。真正的困难不是可持续发展自身的实现，而是由于其动态特性而产生的可持续的管理。

5.2.4 可持续城市发展相关的理论

可持续城市是发展模式的理论体系处于不断地探索、完善和总结过程之中。可持续城市理论研究萌芽于城市规划领域，"可持续城市规划"（Sustainable Urban Planning）概念成为城市规划领域热切讨论的方向，学者们开始对城市的空间形态的可持续性进行探索。1990 年代至今的可持续城市理论研究从城市系统尺度逐渐向社区尺度转变，研究视角广泛地涵盖了社会发展的各个方面，主要涉及城市的物理组成（包括城市形态、系统结构、功能及代谢）和较为抽象的环境、经济、社会、文化、政治制度、社会公平等（中国可持续城市发展报告，2010）。

可持续城市的理论基础涉及众多学科，包括系统科学、城市学、经济学、社会学、管理学、地学、资源科学、环境科学及相关高新技术科学等。以下列出了一些与可持续城市相关的基础理论和主要观点，包括城市多目标协同论、城市 PRED（人口（Population）、资源（Resources）、环境（Environment）、发展（Development））系统论、城市生态学理论、城市发展控制理论、城市形态理论，城市代谢理论等。

（1）城市多目标协同论

城市可持续发展是一个多目标、多层次的体系，是追求经济发展、社会进步、资源环境的持续支持以及培养持续发展能力协调发展的多目标模式。各目标之间相互影响并相互制约。

（2）城市 PRED 系统论

城市是由 PRED 构成的一个自然、社会和经济复杂巨系统，人口处于系统的中心地位，其可持续发展是一个宏观的概念。区域 PRED 系统的协调发展是可持续发展的前提条件，而可持续发展是区域 PRED 系统协调发展的最终目标。系统与环境相互作用是维持城市 PRED 系统耗散结构的外在条件；协同作用是城市 PRED 系统形成有序结构的内在动力，左右着系统相变的特征和规律，从而实现系统的自组织。

（3）城市生态学理论

城市是一个开放的、以人为中心的典型社会 - 经济 - 自然复合生态系统。遵循生态原理和规律是城市可持续发展的基础，通过动态及可持续的物流、能量流、信息流来维持城市的新陈代谢。生态学的基本理论如生态系统理论、生态位理论、最小因子理论和生态基区理论等构成城市生态可持续理论体系。

（4）城市发展控制理论

城市发展过程是一个动态的可控过程，其中人是控制这个过程的主体。信息在城市发展过程中是最活跃、最基本的要素，城市持续发展的调控必须借助于信息，借助不同形式、不同载体的城市发展信息运动去指挥各种城市发展活动。信息反馈是实现城市发展控制的基本方法，控制的目标是使城市发展向有序、稳定、平衡的可持续方向发展。

（5）城市形态理论

城市形态是指一个城市的全面实体组成，或实体环境以及各类活动的空间

结构和形成，是城市集聚地产生、成长、形式、结构、功能和发展的综合反映。城市形态取决于城市规模、城市用地地形等自然条件、城市用地功能组织和道路网结构等因素。关于城市形态的紧凑与分散影响到了城市系统的结构与功能，提倡紧凑的交通出行方式以及居住模式，提倡高密度能效是可持续城市建设的基本要求。

(6) 城市代谢理论

城市代谢是一个动态且综合复杂的过程，城市生态系统从外界输入物质与能量，经系统内部的技术、经济、社会过程将其转换为不同的服务、产品，为城市及其居民提供必要的支撑，转换后输出产品及废弃物同时也对城市系统产生影响。城市代谢关注的是进出城市系统的物质与能量的数量与质量及其对生态环境产生的影响，因此，物质与能量代谢研究已成为城市代谢的主要研究内容。城市代谢效率是指城市物质循环、能量流动和信息传递过程中提供社会服务量的效率。可持续城市的特征之一即为城市代谢的高效。

城市多目标协同论阐明了系统的复杂性及多目标协调的内涵，为制定可持续城市建设的具体目标及措施提供了明确的指导思想和原则，城市 PRED 系统论通过剖析城市 PRED 的协调机理，引导人们采用系统科学的方法制订可持续城市建设的综合方案。城市生态学理论运用生态学原理说明可持续城市建设既要符合经济发展的规律又要符合生态规律。城市发展控制论则解释了控制原理及方法，为可持续城市建设提供了有力的支撑技术和控制手段。城市形态理论的目标是理解结构形成过程与文化、社会经济及政治的作用力的关系，城市形态设计的同构关系，不仅表现在理论分析上，同时反映在设计实践中，所以系统的城市形态研究可用于加强和整合城市设计的理论基础。通过考察城市代谢效率及其产生的环境影响，分析城市系统的物质与能量代谢及其与城市发展的耦合过程与机制，不断提高城市代谢效率，是持续城市的内在要求。这些理论围绕共同的研究对象而相互联系、互相补充，为可持续城市理论体系的建立提供了很好的基础。

5.3 关于城市空间发展的其他重要研究

5.3.1 城市密度及其形成机制

经济的巨大成功带来了中国城市的大发展，随之而来的是日益严重的"城市病"，如交通拥挤、住房紧张、环境污染等，这些问题一定程度上与城市密度（如人口密度）密切相关。一些学者和决策者倡导通过降低城市密度来缓解或解决这些城市病。此外，随着社会经济的发展，生活水平的提高，市民对城市发展的要求也越来越高：高效率的交通系统，舒适的居住休闲环境，良好的生活服务设施，以及对个人隐私的保护等。满足这些要求意味着提高基础设施（道路等）、绿色空间、居住空间等土地利用类型在城市土地利用构成中的比重，降低城市密度；而城市密度增加则被认为是恶化城市问题的原因，是与高品质城市建设背道而驰的。于是，抑制城市密度的呼声也越来越高（丁成日，2004）。因此，迫切需要研究密度是如何在市场机制与政府共同作用下形成的，更需要掌握城市密度如何随着时间的推移，在市场机制的作用下发生调整。掌握城市密度形成及演化的机制是把城市规划得更好、建设得更好的诸多前提之一。只有这样，才能提出合理的城市发展对策，使城市规划和建设能更好地结合市场规律，充分发挥城市有限的资源（丁成日，宋彦，2005）。

（1）城市密度的决定机制：静态模型

假定城市的商务中心（CBD）坐落于一个均质平原的几何中心。所有的就业都会集中在它的 CBD，而城市居民住在 CBD 外围，需要通勤到 CBD。假定交通网络是均质分布的，城市居民从居住地到 CBD 的总交通费用就只决定于从住所到市中心的距离。进一步假定所有城市居民具有相同的收入、消费倾向和效用函数。城市居民的效用函数有两个要素：住房与住房以外的其他所有商品。城市居民通过选择最优的住房消费和住房以外的所有商品来最大化他们自己的满意度（效用函数的值）。最后，城市空间是均衡的。均衡的条件是城市居民无论住在哪里，他们的满意度都是一样的。换句话说，城市居民不可能通过改变居住地来提高效用函数的值（丁成日，宋彦，2005）。

在这些基本假设的基础上，城市经济理论模型偏微分运算推导出城市土地（房屋）价格的空间变化（图 5-4）。土地价格的空间递减规律说明靠近城市中心的居民比远离城市中心的居民花费较少的交通成本。为保证城市居民的满意度空间不变，靠近城市中心的居民比远离城市中心的居民支付高的土地价格（房屋）。也就是说，城市居民要在下面的两个选项中作出抉择：一是城市郊区较高的交通成本和较低的土地（房屋）价格；二是城市中心较低的交通成本和较高的土地（房屋）价格（米尔斯，1969；穆特，1967；Alonso，1964；丁成日，2004）。

通过引进住房（建筑）生产函数，城市经济理论推导出资本密度（资本密度与容积率，建筑密度和建筑高度密切相关）、土地地租（土地价格）和人口密度的空间递减规律（Brueckner，1987；丁成日，2004）。住房（建筑）生产函数的产出是以建筑面积来度量的。住房（建筑）生产函数有两个投入要素：一个是土地的投入，另一个是资本的投入。住房的生产函数表现出规模不变的特性，即对每

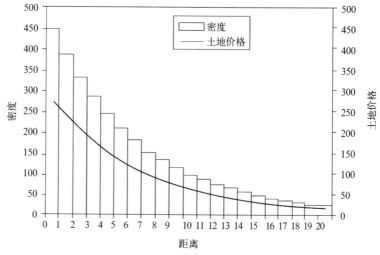

图 5-4　城市密度与土地价格关系
（图片来源：丁成日，宋彦，2005）

个要素投入（土地和资本）都增加 n 倍，生产函数的产出也就相应增加 n 倍。建筑空间的总产出是这两个要素投入的函数（建筑业的生产函数表达建筑空间的产出与要素投入之间的数量关系）。同样的建筑面积可由不同的土地与资本投入组合来实现。这使房地产商能够通过要素的相对价格来决定要素的投入量。要素投入的相互可替代性是保证市场经济效率的基本前提之一。在市场经济条件下，土地开发商根据土地与资本的相对价格，来选择最优的土地投入量和资本投入量，以求利润的最大化。在其他因子不变的假设下，当地价上升时，资本变得相对便宜，开发商为了获取最大利润，就会增加资本使用量，减少土地使用量，这样就提高了建筑密度和资本密度。当地价相对便宜时，资本变得相对昂贵。开发商为了获取最大利润，就会增加土地使用量，减少资本使用量，这样就降低了建筑密度和资本密度。城市中心由于地价较高，土地开发商用资本去替代土地投入，结果市中心建筑高度高和资本密度高；城市边缘由于地价较低，土地开发商用土地去替代资本投入，结果建筑密度和资本密度都小（图5-5）。

总之，在单一就业中心的城市，房屋价格、资本密度、土地价格和人口密度都随距离城市中心的距离而下降。这种空间递减反映了城市交通成本对城市空间结构的影响。需要指出的是，城市的资本密度（建筑密度）同时受城市房地产宏观市场的影响，而城市住房市场决定城市人口密度。

（2）城市密度的决定机制：动态模型

静态的城市空间结构分析相对简单，西方很多城市表现出与静态模型预测的结论大体相一致的空间构架。然而，当对城市空间形态进行微观分析时，城市空间结构的规律就不明显。原因：一是城市发展是一个动态过程。城市经过了几十年，甚至上百年的建设。每一个城市建筑都是在建时的市场状况与相应的法律法规的制约下建造的。一个建筑单体在建时符合当时的价格水准，但如果项目实施滞后，则开发商很可能建造不同的建筑单体（丁成日，宋彦，2005）。二是城市建筑结构的耐用周期较长。房子一旦盖好将存在几十年甚至上百年。由于成本因素，城市资本密度不会随着土地价格的上升而时时调整。就是说，城市资本密度会随着土地价格的变化而变化，但这种变化是有条件的。三是城市是一个历史的产物。很多城市的历史源远流长，它们不仅有现代建筑，同时还保留了无数历史建筑。这些历史性建筑不仅承担一些经济功能，同时也可能代表着历史、文化和传统的延续。保护这些建筑（如故宫）是义不容辞的。这些建筑的使用、改造等都不能以市场原则来运作，其非经济（历史、文化、传统等）价值远大于经济价值。另外，一块地的开发或再开发都是有条件的。一个区位的土地是否开发成城市土地决定于土地开发后的土地收益是否不小于土地开发前的土地收益加上土地开发成本。当土地开发后的土地收益大于或等于土地开发前的土地收益加上土地开发成

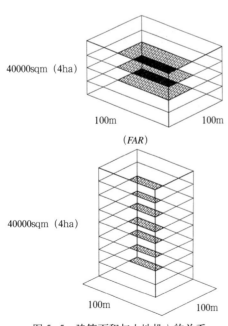

40000sqm（4ha）

100m 100m

（FAR）

40000sqm（4ha）

100m 100m

图5-5 建筑面积与土地投入的关系
（图片来源：丁成日，宋彦，2005）

本两项之和，那块土地就会被开发，开发的强度取决于开发时的土地价格（丁成日，2004）。同理，已开发的城市土地的再开发也是有条件的。当土地再开发后的土地收益大于或等于土地再开发前的土地收益加上土地再开发成本，土地将被再开发，再开发的强度取决于该区位的土地价格。

为简化分析，假设城市没有历史建筑需要保护，每一个城市建筑都可以遵循市场规律来进行改造或重建，进一步假设城市发展是分阶段发展的。就是说，在每一个阶段土地是同时开发的，开发的强度取决于区位的土地价格。如图5-6所示，第一阶段靠近城中心的地方因其地价高而开发强度大，即密度高；远离市中心因土地价格低而使其土地利用强度低，即密度低。随着城市化的发展以及城市居民收入的提高，城市土地地租将向右移动；这样，第二阶段的城市土地地租曲线在第一阶段的城市土地地租的右边。在第二阶段，城市持续地在第一阶段已发展的城区之外的地方发展。在此阶段中，靠近第一阶段发展的城市边界的区位，因其区值优势，地价上升地很快，土地开发的强度也高。对比之下，远离第一阶段发展的城市边界的区位，因无区位优势，地价上升就慢，土地开发的强度也就小。尽管市中心的地价变得更高，理论上建筑密度应该更高，但是由于已经建了房子，拆除并重建可能不经济，所以城市发展会从原来的城市边缘向外发展。当到了第三阶段，城市边缘地带的城市发展如第二阶段一样。即城市仍然向外扩张。不同的是，在第一阶段发展的地方，因土地价格上涨，一些区位的建筑将被拆除，再开发。开发后的土地利用强度与第三阶段的土地价格相一致。就是说，内城区一些地方的再开发的时机已经来到。结果，城市市中心的密度也随之增加。出于城市发展的时间性和土地与资本投入的可替代性，城市在某一时段的某一空间截面（资本密度）表现出相当复杂的模式（Brueckner，1981）。例如，中国香港建成区随着土地价格的上涨，而不断调整其土地利用密度或强度。在1920年代，

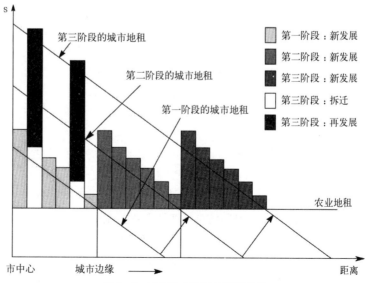

图5-6　城市动态发展与空间结构
（图片来源：丁成日，宋彦，2005）

中国香港的城市中心只有"旧汇丰银行"（Old HSBC）和市政府周边属于高密度区。到了1970年代，这两幢建筑依然存在，在其右边开发了新的高密度区。到了1990年代，在1920年代的城市中心地区进行了大规模地再发展，以中国银行为代表的一大批高层建筑相继出现。到了2001年，这一趋势变得更加明显。1920年代的城市中心的密度进一步加大，而1970年代建立起来的建筑也依然存在。可以看出，中国香港的城市密度一直处于变化之中，而每一次变化都伴随城市向更高层次发展。

（3）城市高度或密度控制下的城市密度

因为无法直接控制城市密度，限制建筑高度与建筑密度就成为有效的规划手段。在城市动态模型的基础上，引进限制城市建筑高度的约束条件。在没有城市限高时，城市的发展与城市动态模型没有区别；在城市建筑高度被限制时，城市的空间结构就变得大不一样。图5-7中的密度控制曲线可以理解为规划的最大建筑高度曲线。在第一阶段，建筑限高对城市发展没有影响。这是因为土地价格所要求的土地发展强度远小于建筑限高。然而，在第二阶段，靠近市中心的区域的土地不能充分地得到发展。这是因为，按市场机制和价格规律，这些地方因其较高的土地价格，理应高密度地发展；但因建筑限高，只能建设比土地价格低的建筑高度。由于这些地方的发展强度比市场要求的高度低，城市总的建筑面积供给不足，为满足建设面积的市场要求，城市必然外延式地扩张，发展本应在第三阶段发展的城市边缘地带，这必然增加城市的土地消费。同理，在第三阶段，城市边缘地带因建筑高度的限制，只能走低密度的发展道路，使土地资源、资本资源都不能充分地发挥出最大效应。在第三阶段，因高度的限制，市中心区的再开发也不能充分发展，土地利用强度大打折扣。高度限制降低了建筑面积的供给，迫使城市向外迁移，这必将大大地浪费土地资源（丁成日，宋彦，2005）（图5-7）。

通过以上分析可以看出，建筑高度控制对发展及城市资源利用效率等带来的负面影响包括提升土地和住房价格；促使土地提早发展；导致土地的低密度发展；促使已开发的城市土地在使周期结束前提前再发展；导致已开发的城市土地低密度地再发展，即土地市场与资本资源低效率地利用；增加城市土地的消费，造成土地和资本利用的浪费和低效率的"饼"摊得更大。除了以上直接的影响，建筑高度控制还将间接地增加城市人口密度。这是因为，控制城市密度将会减少住宅的供应量，而供应量的减少又会导致房价的升高；高房价自然使人均住房面积下降，这样有可能反过来增加城市密度。控制高度（或密度）的目的是减少密度，提高人居环境质量，减少交通压力。实际上，很可能的后果是，控制高度造成人口密度不降反升，环境质量更加恶化，交通日益拥堵，适得其反。最后，低密度的发展会降低资本投入，进而减少房地产价值。当房地产税为地方政府主要的财政收入时（如在美国，房地产税收占地方财政收入的70%），控制城市密度就会造成城市财政收入下降，进而使城市基础设施投入下降，导致城市竞争力下降。

支持城市密度或向度控制的人认为：第一，缓解交通拥挤可以减少政府在城市基础设施（包括交通）的压力；第二，改善居住环境；第三，有限的现有城市基础设施的承受能力，加上昂贵的城市基础设施投入，要求控制城市密度

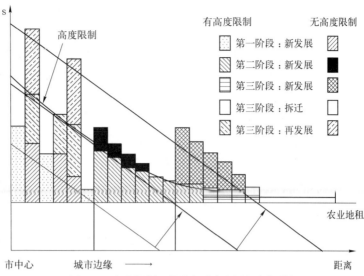

图 5-7　高度限制下的城市动态发展与空间结构
（图片来源：丁成日，宋彦，2005）

在一定的范围，以保证正常供水、供电、消防、治安等社会需求；最后，城市美化也许需要低的城市密度。然而，通过模型能够从理论上阐明不应该进行城市高度或密度控制。第一，控制容积率会减少住宅供应量，导致房价的提高。研究表明，放开对容积率的控制可以降低城市住房价格（丁成日，2002）。假设房地产生产函数不变，成本构成改变，如果将目前与容积率呈线性相关的基准地价转变为房地产生产函数的不变成本，容积率从 4 升到 10，房屋的单位平方米的价格在北京可以下降 40%；第二，高房价降低了住宅的可支付性，进而提高了密度，造成了与法规目标相左的结果；第三，限制密度加大了土地的消费（空间横向扩张）。一方面增加基础设施的投资需求，另一方面，降低基础设施承载率，政府负担加重；第四，应该提高基础设施能力来适应由于地价而产生的高密度需求，或者说，出于城市密度增加而出现的基础设施供应不足，应该从提高基础设施服务水平方向来解决问题，而不是转而控制城市密度；第五，应让房地产市场按其自身的规律运作，按市场规律，给房地产商应有的自由空间，使他们可以根据土地的价格与资本的价格关系，来决定最优的土地和资本投入，使土地与资本之间的替代关系充分体现出来，最终达到对土地资源与资本资源的最大化利用。在一些历史名城、风景区、存在地质灾害的地区、地层承载力有限的地区等，进行城市密度控制不但是合理的、还是必要的。但是对于一般的城市来说，为了城市经济的健康发展，为了城市竞争力的提高，城市密度控制是不经济的（丁成日，2004）。

5.3.2　城市空间重构与城市空间碎片化

我国的城市空间重构与转型，并不是指简单地由计划经济向市场经济形态的转变，而是指改革后政府主导的空间生产与新自由主义积累体制相结合的深层变化。基于转型背景下的中国城市空间重构与西方国家相比较表现出一些相

似的特征、机制与规律，比如城市蔓延、居住分异、破碎城市化等，但表现更多的则是中国复杂环境下城市空间再造所具有的独特性，比如政府主导的拆迁、农村居民入城的现代"圈地"、门禁社区的大量建设等。

中国城市空间重构是由于快速经济和城市化发展阶段决定的，中国地方政府奉行"经营城市"战略，甚至追求"国际城市"建设，将城市开发作为带动宏观经济发展的火车头，从这里可以理解地方政府热衷城市空间重构的源动力。在分税制改革和地方土地财政等政策制度的影响下，由地方政府与城市开发商结合而成的城市"增长联盟"促使城市的开发建设更加关注眼前利益，使得我国城市空间的重构轨迹呈现出越来越强的功利性，这在客观上导致了我国城市阶层分化与居住分异的进一步加剧。由于企业改革后，管理层及专业人士与普通职工的收入差距在不断加大，这些社会地位高的人具备了从市场上直接购买住房的经济能力，而贷款也促进了私人住房的购买。高收入阶层空置的住房可能会按社会阶层下滤，但城市贫民不得不在破败的单位住房、旧房或是城中村的非法建筑中挣扎，直到被拆迁（李思名，易峥，2007）。新的城市社会空间结构与分异的出现可以看成是转型背景下不可避免的结果。

（1）城市空间碎片化倾向

在北美、澳大利亚、英国和欧洲大陆，城市公共空间正在让位给那些消费水平让绝大多数人无法企及的半公共空间（格雷厄姆 Graham，1997）。1990年代开始，西方政府在城市建设中表现出把城市公共空间私有化作为资本进行进一步扩张的趋势，而这种趋势很有可能成为主流并对城市产生诸多不良影响（卡尔霍恩，Calhoun，1992）。在房价的"过滤"和社会经济差异的"分选"机制的作用下，整个城市中心城区的社会空间逐渐形成高贵化与贫困化并置的空间极化状况。城市更新及其所引发的城市社会空间效应之一则是使城市变得更加"分化"、"碎化"和"极化"（Fainstein，1994）。格雷厄姆和马文（Graham and Marvin，2001）提出"破碎城市化"（Splintering Urbanism）概念，揭示出在信息化时代，通信与移动技术革新以后，城市空间相对于以往呈现出一种破碎状态。地理学家艾伦·斯科特（Allen Scott）同样发出过相似的感慨，他将现代都市区空间生产描述成一个"马赛克拼贴"过程。科伊（Coy，2006）提出"破碎化城市"（The Fragmented city）的概念，描述一种正规城市与非正规城市的非整合状态，城市富裕居民自我隔离（Self-segregation）现象增加，城市转型被私人资本所控制（Coy，2006）。卡斯特尔（Castel，2006）提出，巨型城市是空间片断、功能碎片和社会区隔离的不连续群族。在拉美城市研究中，"碎片化"日渐成为争论的话题，其思考领域涉及政治、经济、空间分配和社会心理。魏然（2013）批评了"城市空间破碎和隔绝是城市空间型构必然产物"的认识。他指出空间分配是发展特殊时段由众多行为主体的选择和偏好共同决定的，并认为提出城市空间隔绝和"碎片化"问题应成为拉美国家政府公共政策干预的重要领域。转型期城市空间重构过程中，中国城市结构逐渐表现出类似于西方和拉美国家的社会空间碎片化特征。中国以门禁社区为表征的城市空间属地型碎片化倾向则具有其独特性。主要表现为：社会阶层分化以后，不同阶层的社会群体聚居在城市特定区位和社区内，彼此间社会空间通过门禁与围墙相互隔离，并伴随着城市宏观空间的破碎状态和公共空间的私有化侵占。

城市破碎化主要体现为以下4个方面：第一，空间结构破碎化，即土地利用功能与形式缺乏整合，特别是如居住、商业、娱乐等城市功能不断分离，造成城市空间小型化与相互隔离；第二，自然环境破碎化，城市蔓延造成农村土地自然资产的瓦解和衰退；第三，行政管理破碎化，特别是大都市地区的行政分隔，形成多个行政单元，各行政单元间难以进行发展政策与发展战略的整合；第四，社会空间破碎化，突出表现为富裕阶层对贫困阶层的剥夺和排斥，与社会隔离紧密联系。我国进入社会经济转型期之后，城市社会正在由过去那种高度统一集中、社会连带性极强的社会，转变为更多带有局部性、碎片化特征的社会，整个社会被切割为无数的片断，孙立平（2003）称之为"社会碎片化"。碎片化的社会关系逐渐通过碎片化的城市空间展现出来，并开始引起我国学者的关注，例如魏立华（2007）提出中国大城市郊区呈现出一种"非均衡破碎化"的状态（魏立华，闫小培，2006）。城市空间生产通过隔离、同化、再隔离的协同过程，城市的不同部分和住房的不同类型逐渐由不同社会经济状况的家庭和不同民族与种族背景的人们所表征，成为"一个碎片化同时又联合在一起的世界"（包亚明，2003）。

本书所探讨的城市碎片化主要是指城市空间结构破碎化，以及由其诱发并反作用于其自身的社会空间破碎化，即空间破碎与社会破碎两者之间存在辩证统一的关系。破碎的城市空间是"碎片化"社会的外在表象，城市中纵横交错的围墙与门禁代表的是社会隔离与排挤的加剧（Selugga，2008）。经济上的阶层分化使得城市的多样性被打碎，均质性的空间产生异质化，尤其体现于城市的空间分布上：即在城市空间分布上产生阶层集聚，在居住、出行、公共活动空间分布上产生社会隔离。从城市空间功能分布的角度来说，城市碎片化是指原来延续及和谐的城市空间被某部分阶层的经济利益及需求所打破，从而形成了按照阶层利益诉求进行功能布局的城市空间。而从精神层面来说，城市碎片化则表现为城市市民之间邻里关系的淡薄和阶层隔阂。

1）以私人门禁社区为表征的城市空间属地型碎片化

物管化、封闭化、私人化门禁社区的兴起是中国城市空间碎片化重构的最显著表征之一。门禁社区出现以前，传统城市空间街巷纵横，彼此相互贯通，路网密度和步行交通可达性较好。当门禁社区成为主流，城市路网被简化、被切割，城市空间成为私有属地，并设置不可逾越的硬质边界，外部居民只能被迫绕行，在客观上导致城市空间支离破碎。特别是城市郊区的门禁社区，社区规模较大而路网稀疏，不但造成空间"板块状"破碎，还导致步行交通极为不便，加剧了以私家车为主导的交通出行方式。

2）城市蔓延与城市郊区空间两极化破碎特征

郊区的破碎化反映的是郊区社会空间的破碎化（魏立华，闫小培，2006）。土地有偿使用制度、政府的倾向性投资、非正式移民聚居等力量的复合导致了郊区社会空间的多样性和破碎化。中国城市蔓延所导致的两种重要效应即是社会隔离与空间破碎。中国城市的郊区并不是均质而是高度分异的，这与美国的郊区存在着明显差异。以南京为例，20世纪末，南京城市建成区主要集中在

城墙以内及周边地区，其居住空间布局呈现出一定的规律性：城东集中了大量的新富裕阶层，城西以机关公务员和大学教师为主，城南是小商小贩的云集之处，城北居住着大量的国有企业职工，呈现出宏观片状分异状态。2000年以来，南京集中建设"一城三区"并推行跨江发展战略，城市建成区面积在短短10年时间内增加近400km^2。在城市快速滚雪球般扩张的过程中，新建城区不断包裹已有建成区，城市内部社会空间随之得以迅速重构，以往的居住空间结构逐渐被打破。南京在吸引大量社会精英人士的同时也吸引着数以万计的贫困外来人口，他们主要聚居于残留的城中村和广阔的郊区地带，形成城市边缘的城市村落。城市郊区以门禁社区为表现形式，富人邻里（如高档别墅区）和穷人邻里（如经济适用房）经常在地理上相邻，形成位于社会阶层两端的社会群体共处于郊区相似区位，却相互隔离居住的社会空间破碎化现象。

3）城市空间整体呈过渡型混合破碎状态

中国城市渐进式更新，诚如诺克斯（Knox，1995）所言，是城市政府倾其全力开展的"地块清除"（Site-cleaning）运动，并且进行"打包式的开发"（Packaged Development）。这种开发模式意味着，城市空间机理中混合着不同时期建设的不同断层，城市中既存在大量的摩天楼，同时也可以在其旁边或背后轻易地发现大量的破败街区和建筑。体现在城市居住空间上，城市更新后富人邻里和穷人邻里在内城和郊区均有分布，而排他性的高档门禁社区与破旧拥挤的外来人口聚居区经常共存于某些区域。与西方城市内城区与郊区不同阶层人群对立的典型特征不同，中国城市中心与郊区居住空间均表现出不同阶层间社区层面的混合状态。城市结构因此表现为城市尺度上极大的破碎化，以及微观社区尺度上的均质化（Wu，2005）。

4）城市私人空间扩张与城市公共空间萎缩

一方面，以门禁社区为代表的城市私人空间在现代社会不断扩张。门禁社区是指与更开阔城市环境相隔离的有界区域，其往往被描绘成充满恐惧和特权的地区（Low，2000；Marcuse，1997），也会被认为是人们对政府未能确保足够安全感的回应（Blandy，2003）。门禁社区经常被描述为"私人利益排挤公共空间"的产物（Pow，2007）。事实上，我国城市公共空间私有化现象已经并不鲜见，而门禁社区作为私人利益排挤公共空间的产物，它的蔓延加剧了城市空间私有化现象。健康的城市空间序列应该是遵循一定的"空间连续统"（Dimensional Continuum）：个人私密空间与公共开放空间分别是连续统的两极。

另一方面，城市公共空间不仅在逐渐萎缩，甚至还面临着实质私有化的危险。现代城市人们的日常生活轨迹，往往是从私密空间（住宅）出发，经由私人空间（私人汽车）穿越城市公共空间（街道），到达半私密空间（工作地）再返回的过程。人们潮汐般从一个"院子"到另一个"院子"，而公共空间在人们生活中的角色变得越来越微不足道。以往承载重要社会交往空间职能的居住区，由于各种有形无形的门禁与围墙的存在而退化为单一的居住职能。奥斯曼男爵称城市为"公共空间的组合"，然而，商品社会中的城市公共空间却往往被赤裸裸地漠视，面临着实质私有化的危险。南·艾琳批评现代城市中"公共领域越来越贫瘠"。相对应的是在公共空间的含义方面的衰退，因为人们渴望控制自己的空间，或者使之私有化。公共空间从一个曾经用于综合生产、消费和社会交流的场所，变成现在这样被分割的零星小块，比如街道的社会功能已经因为交通（特别是道路交通）在时间方面的优先权而受到压迫。

（2）城市属地型碎片化管治困境

1）放纵门禁社区的负面效应

城市属地型破碎化实质上是我们正在以富有活力的城市多样性为代价，换取仅有益于设计师、规划师、管理人员和研究人员的概念上的简化。对人类思维来说，树形是传递复杂思想的最容易的形式。然而，城市不是，也不能是树形结构，否则便违背了城市本应具有的多样化属性（Alexander，1966）。雅各布斯认为"多样性是大城市的天性"（Jacobs，1961），城市生活的基本特征应该是生活偏好、文化属性与价值观念的多样化。标准化生产的门禁社区是一种居住模式的福特制空间，虽然人们试图融合现代化带来的所有舒适与便利、令人向往的田园生活方式和跨越历史、空间或文化的"超时空"感觉，却难以营造出门禁社区的场所感和历史感。规划者一面积极倡导开放的、包容性公共领域的重要性，另一面却在实施过程中不断地为特定的社会阶层设计、建造私人门禁社区，这也成为城市政府和规划者的无奈。

2）空间属地型破碎化的威胁

公共空间是人们交往最有效的空间载体，是不同阶层相互结识的主要场所，可以被视为一种有益于社会流动的"社会资本"。属地型碎片城市化是将"半网络"城市空间结构拆解，简化为"树形"结构。这种简化在空间形态上貌似集约利用了土地，但是在功能用地上却是相当离散的。根据我国城市社会阶层分化现状与发展趋势，我国城市碎片化阶段将逐步从空间层面过渡到文化与精神层面，在传统的社会文化与观念被重置的空间秩序下，新的文化与观念将逐渐侵入与演替，原有社会关系将被拆散并同时形成具有属性特征的群体标识。在目前中国转型期贫富分区刚刚形成还未定型的情况下，社区中的各种力量、各种亚文化之间的互动是一个"互构"的过程，每种亚文化在与其他亚文化互动的过程中既影响了其他亚文化，也在互动中受到其他亚文化的影响（徐晓军，2007）。如果作为"城市安全阀"的公共空间持续减少，个人主义与私有化就会随之提高，人们的社会归属感与社群意识便会愈加淡薄，这显然不利于和谐社会的构建。因此，城市公共空间被私有化不仅是空间问题，更是社会问题。如果城市公共空间的功能衰竭了，意味着市民的公共交往活动也将休克，那样会导致不同阶层人群之间心理隔阂的加深、对立情绪的放大甚至社会冲突的出现。

（3）研究前景

城市的发展与政治、经济、社会的发展密切相关，城市的发展不仅是政治、经济、社会发展在空间上的投影，城市本身就是社会（卡斯特尔，2006），即所谓的"社会空间统一体"。在转型期地方政府企业化的背景下，国内由于可支配收入差异拉大引发了较为突出的阶层分化，从而出现了大量的城市公共空间重置现象。而其重置速度的不断加快，使得各社会阶层的空间分配更加受到经济利益的支配，从而加剧了城市碎片化的状况。因此从长远来说，这种受经济利益驱动的城市格局变动对社会各阶层来说均有着不同程度的消极作用。地

方政府对城市公共空间公共性的塑造方面不能局限在特定公共空间，而是应该从城市整体运作的角度来看待城市开放空间系统的形成，它不仅涉及系统自身的结构是否合理、机能是否健康，更涉及城市社会背景、经济制度、政治制度和文化传统等多个系统之间的关系。因此，在这样的时代背景下，应当具有一种社会责任感和矛盾敏感性，在社会化研究项目中解决实际社会问题，关注社会经济变革对城市社会空间重构的作用与反作用，以期实现城市社会与城市空间双向互动的良性可持续发展。

5.3.3　大城市都市区簇群式空间发展及结构模式

当今，大城市区域化发展是世界范围的普遍趋势。随着城市区域化及区域城市化态势的日益显现，一些大城市受到各种条件的影响，在都市区尺度上形成一种簇群状空间形态。从城市规划学、城市地理学维度分析，可称之为"大城市都市区簇群式空间"。大城市都市区簇群式空间是都市区空间的新类型。黄亚平、冯艳等用"簇群式"来解释当前都市区空间出现的这种新现象，并对其空间发展规律及结构模式加以探究，是在特定阶段中国大城市空间发展研究中的一种尝试，一种探索（冯艳，2014）。

（1）当今大城市区域化发展趋势

当今大城市区域化发展趋势下，西方大城市空间郊区化发展规模大，密度小，剖面平缓。都市区管治采用双层管理，区域协调。而中国大城市空间都市区化发展规模小，密度大，剖面陡峻。空间管治采用双层级叠合式治理模式。总的来说，大城市区域化空间发展类型包括区域松散型、舒展均衡型、节点集聚型、非均衡型等。近些年，中国城市区域化及区域城市化趋势明显，从根本上改变了城市的空间尺度，促使了都市区的形成，并在都市区尺度上形成了与传统地域空间不同的空间特征。中国当代一些大城市都市区多采用了这样一种多中心结构，以大城市主城区为核心，功能与空间上以与主城紧密联系的外围新城、组团为基本单元，通过一体化的交通网络连接，形成大城市地域空间结构的新形式。特别是一些大城市空间发展受到土地资源条件、自然环境条件、区域交通条件的影响，都市区空间借助强大的中心成长、依托交通走廊、形成外围"簇群式组群"的扩展形态。大城市都市区簇群式空间是城市区域化的新形式，体现了城市空间结构的集中与分散、理性主义的应用从片面到多元并存、线性到非线性哲学思维转变等思想发展趋势。

（2）空间发展过程特征分析

大城市都市区空间发展过程可以从阶段性、发展方式、主要职能空间发展方面总结其特征。首先，大城市都市区簇群式空间发展具有一定的阶段性，初期集中向心发展，发展期初步外扩形成，完善期相对分散式集聚。1990年代中期，城市规模较小，主要集中在中心城区；在1990年代中期至2000年间，在城市中心不断扩大的同时，外围已经显现出较大的开发趋势，为都市区的形成奠定基础；2000年至今，部分城市开始向整个区域范围扩张，外围地区出现了众多新生的组团，基本形成了簇群式的空间形态。其次，大城市都市区簇群式空间发展具有内聚式与扩散式发展特征。其空间以内聚式发展为主导，依托中心城区边缘－轴线生长。在发展的过程中大城市都市区空间存在着集聚与扩散并存的现象，但从宏观角度来看，空间的扩散是从属于集聚过程的，是以内聚型发展为主导的。其空间外围组团大规模开发，是一种紧贴原有城区的发展，是依托中心城区多轴线边缘生长的过程，而并不是因为外围强大生长点的吸引作用而呈现出的分散，这从另一方面也正说明中心城区强大的向心聚集作用。第三，簇群式大城市都市区职能空间的分化集聚。其空间在整体生长的同时，各类用地也在进行着空间调整。各种不同职能用地分化，选择适合自身发展的空间，造就了城市的空间组团集聚，形成了中心组团不断强大，外围组团快速发展的态势，各类用地对目标地点有一致的选择，最终形成了组团聚集的结果。外围各个组团与强大的中心一起形成了都市区簇群式空间发展态势。

（3）空间成长机理探讨

大城市都市区簇群式空间结构主要受到来自于基础层面和社会层面两个方面的主要作用。基础层面的秩序性、经济性、技术性和空间性因素分别产生控制力、限制力、引导力、约束力这四种力。空间性因素是充分必要条件，而秩序性、经济性和技术性因素的作用力由大到小产生作用，四种力作用于都市区空间，共同影响大城市都市区空间结构的形成。社会层面的主要能动者，上层政府、地方政府、市场资本和城市居民作用于并改变着秩序性、经济性、技术性和空间性等内生性限制因素。都市区空间发展过程，显示出了政府的强大作用。社会层面各因素通过与基础层面各因素的相互耦合，相互作用，形成"簇化力"。在簇化力的作用下完成了大城市都市区空间由无序上升到有序的空间演化过程，造就了大城市都市区簇群式空间的形成。在权力关系变迁下主要能动者关系的相互作用至关重要。在分权化的过程中各能动者之间的博弈、结盟、依赖关系，以"双城"、"均衡镶嵌"、"延续"等方式存在，体现了社会过程的空间属性特征。它作用于都市区空间，使原有较为均质的都市区空间被"簇化"，导致了簇群式空间的形成。在大城市都市区空间发展过程中，政府占有绝对的话语权，不仅在政治范畴，在经济以及社会范畴中也显示出地方政府强大的作用，中国政府实际上仍居于各种资源配置者的中心地位。同时这样一类城市经济水平相比较而言不高，城市发展动力不足，加之自然环境格局的限制，形成与其他城市不同的簇群式空间结构。

（4）空间结构要素特征

大城市都市区簇群式空间结构主要包括公共中心结构、道路网络结构、绿色生态开敞空间结构和用地组织结构等四个要素。其公共中心结构具有分布呈现层级性、布局呈现相对分散性以及次级中心呈现综合性的特征。其外围组团规模与中心城还相差较大，公共中心结构仍体现出强大的中心集聚，是多中心结构中发展不均衡的特殊类型。道路网络结构主要采用的是环形（方格网）放射状交通网络，采用快速路与轨道交通系统组合构成的"复合通道"交通走廊。通过快速路与轨道交通将城市中心区和外围联系起来，快速路主导产业空间发展，快速轨道主导人居空间发展。绿色生态开敞空间依托区域自然生态环境一体化建构，形成以楔形绿色生态开敞空间为主、以有限度环形生态绿带为辅的楔环放射模式。其用地向外扩展，呈组群－串珠式分布，同时表现出依托中心向外均衡拓展、空间形态舒展以及以工业集聚区发展为先导等特征。

（5）空间结构的理论模式

"大城市都市区簇群式空间结构"可以理解为在一定地域范围内，以大城市主城区或主城核心区为簇群核心，功能与空间上与主城紧密联系的外围新城、组团为基本簇群单元，通过一体化的复合交通网络连接，形成的一种大城市地域空间结构与形态的新形式。上升到哲学的高度，可以理解为特定时空范畴内复杂社会人类活动作用下特有的城市空间结构。其整体理论模式包括空间结构的类型、特性以及测度。首先，根据公共中心等级不同，划分为强核、层核两种类型。强核式公共中心分为城市中心与外围中心两个层次。层核式公共中心为城市中心、城市副中心、组团中心的多层次中心体系。大城市都市区簇群式空间结构的特性为非均衡多中心的公共中心结构、环形放射"复合通道"的道路网络结构、楔环结合绿楔主导的绿色生态开敞空间结构以及中心放射型组群式用地组织结构其空间结构的判识与测度从定性与定量两个方面进行：针对公共中心结构、道路网络结构、绿色生态开敞空间结构和用地组织结构特征提出定性衡量标准。以人口密度、生态密度、舒展度以及分形维数为指标提出定量标准。在应用过程中，需要将衡量标准与测度统一起来使用，才能在一定程度上对大城市都市区空间作出较为准确的判断。这种模式的空间结构在现状发展的过程中，可能会出现中心过大导致空间外拓动力不足、外围组团分散拓展出现蔓延态势、开发时序控制不力导致拥堵加剧、绿色生态开敞空间保护面临压力等问题。未来应对其空间合理有序发展提出相应的控制对策，继续发挥优势，并逐步消除不利因素。

（6）空间发展控制对策

针对大城市都市区簇群式空间发展的控制对策主要从城市空间发展路径的控制和城市空间组织的控制两个方面入手。城市空间发展路径的控制对策有几种，包括改变空间增长方式，实现空间结构的可持续；政府主动控制，实现空间结构的最佳集体选择。城市空间组织的控制对策包括完善公共中心体系，建立均衡网络化的多中心结构；优化道路交通网络结构，加强其与城市土地开发的协调发展；推动绿色生态开敞空间结构的建设，促进都市区空间的弹性成长；引导紧凑多中心组团式空间的形成，推动城市用地集约高效利用（冯艳，2014）。

■ 习 题

1. 系统科学与可持续发展在城市空间发展理论中有何关联和区别？
2. 城市空间发展与可持续发展的关联性？
3. 城市群蔓延与城市碎片化发展的背景？
4. 大城市都市区簇群式发展与城市空间发展的异同？

■ 参考文献

[1] Allen P M. Cities and Regions as Self-Organizing Systems：Models of Complexity [M]. England：Gordon and Breach Science Publishers. 1997.

[2] Alexander C. A City is not A Tree [J]. Design, 1966, (6)：46-55.

[3] Alonso W. Location and Land Use[M]. Cambridge, MA：Harvard University Press, 1964.

[4] Blandy S, Parsons D. Gated Communities in England：Rules and Rhetoric of Urban Planning [J]. Geographica Helvetica, 2003, 58（4）：314−324.

[5] Brueckner J. A Dynamic Model of Housing Production [J]. Journal of Urban Economics, 1981, 10（1）：1−14.

[6] Calhoun C J. Haberm as and the Public Sphere [M]. Cambridge, Mass：MIT Press, 1992.

[7] 包亚明. 现代性与空间的生产 [M]. 上海：上海教育出版社, 2003.

[8] 曹伟, 李晓伟. 城市空间发展自组织研究及案例分析[J]. 规划师, 2010,（8）：100−104.

[9] 柴彦威等. 生活时间调查研究回顾与展望[J]. 地理科学进展, 1999, 18（1）：68−75.

[10] Coy M. Gated Communities and Urban Fragmentation in Latin America：The Brazilian Experience [J]. Geo Journal, 2006, 66：121−132.

[11] 丁成日. 城市规划与空间结构：城市可持续发展战略[M]. 北京：中国建筑工业出版社, 2005.

[12] 丁成日. 中国城市人口密度高吗？[J]. 城市规划, 2004b, 199（8）, 43−48.

[13] 段进. 城市空间发展论（第2版）[M]. 南京：江苏科学技术出版社, 2006.

[14] Ellin N. Postmodern Urbanism [M]. New York：Princeton Architectural Press, 1999.

[15] Fainstein S S. The City Builders：Property, Politics, and Planning in London and New York [M]. Oxford：Oxford Blackwell Publishers, 1994.

[16] 冯健, 周一星. 中国城市内部空间结构研究进展与展望[J]. 地理科学进展, 2003, 22（3）：304−314.

[17] 冯艳, 黄亚平. 大城市都市区簇群式空间发展及结构模式[M]. 北京：中国建筑工业出版社, 2013.

[18] Grant J, Mittelsteadt L. Types of Gated Communities [J]. Environment and Planning B：Planning and Design, 2004, 31（11）：913−930.

[19] Graham S. & Aurigi. Virtual Cities, Social Polarisation and the Crisis in Urban Public Space [J]. Journal of Urban Technology, 1997, 4（1）：19−52.

[20] Graham S & Marvin S. Splintering Urbanism：Networked Infrastructures, Technological Motilities and the Urban−Condition [M]. London, Routledge, 2001.

[21] Harvey D. A Brief History of Neoliberalism [M]. New York：Oxford University Press, 2005.

[22] 胡咏嘉, 宋伟轩. 空间重构语境下的城市空间属地型碎片化倾向 [J]. 城市发展研究, 2011,（12）, 90−94.

[23] Jacobs J. The Death and Life of Great American Cities [M]. New York：Vintage, 1961.

[24] Knox P L. Urban Social Geography：An Introduction [M]. London：Longman Group Limited, 1995.

[25] Low S M. The Edge and the Center：Gated Communities and the Discourse of Urban Fear [J]. American Anthropologist, 2000, 103：45−58.

[26] 李思名，易峥．中国城市迁居与城市变迁——回顾与前瞻［C］// 吴缚龙，马润潮，张京祥．转型与重构中国城市发展多维透视［M］．南京：东南大学出版社，2007．

[27] 曼纽尔·卡斯特．网络社会的崛起［M］．夏铸九，王志弘等译．北京：社会科学文献出版社，2006．

[28] Marcuse P. The Enclave, the Citadel, and the Ghetto：What Has Changed in the Post－Fordist ［J］. US City Urban Affairs Review, 1997, (11), 33：228－264.

[29] Miao P. Deserted Streets in a Jammed Town：the Gated Community in Chinese Cities and Its Solution ［J］. Journal of Urban Design, 2003, 8 (1)：45－66.

[30] Mills E S. An Aggressive Model of Resource Allocation in a Metropolitan Area ［J］. American Economic Review, 1967, 57：197－210.

[31] Muth R F. Cities and Housing ［M］. Chicago：University of Chicago Press, 1969.

[32] Pow C P, Kong L. Marketing the Chinese Dream Home：Gated Communities and Representations of the Good Life in (Post－) Socialist Shanghai ［J］. Urban Geography, 2007, 28 (2)：129－159.

[33] 蒲向军，徐肇忠．城市可持续发展的环境容量指标及模型建立研究［J］．武汉大学学报(工学版)，2001：12－16.

[34] 唐恢一．城市学［M］．哈尔滨：哈尔滨工业大学出版社，2004．

[35] 唐子来．西方城市空间结构研究的理论和方法［J］．城市规划汇刊，1997，(6)：1－11．

[36] Selugga M. Conference of International Cooperation on Environment and Development ［D］, 2008.

[37] 宋彦，丁成日．交通政策与土地利用脱节的案例－析美国亚特兰大的 MARTA 公交系统［J］．城市发展研究，2005，(02)：54－59．

[38] 孙立平．断裂：20世纪90年代以来的中国社会 ［M］．北京：社会科学文献出版社，2003：1－19．

[39] 魏立华，闫小培．有关"社会主义转型国家"城市空间的研究述评"［J］．人文地理，2006 21 (4)：7－12．

[40] 魏立华，闫小培．大城市郊区化中社会空间的"非均衡破碎化"——以广州市为例 ［J］．城市规划，2006，(5) ．

[41] Wu F. Rediscovering the "Gate" under Market Transition：From Work-unit Compounds to Commodity Housing Enclaves ［J］. Housing Studies, 2005, 20 (2)：235－254.

[42] Wu F. Gated and Packaged Suburbia：Packaging and Branding Chinese Suburban Residential Development ［J］. Cities, 2010, 27：385－396.

[43] Wu F. China's Changing Urban Governance in the Transition towards a More Market-oriented Economy ［J］. Urban Studies, 2002, 39 (2)：1071－1093.

[44] 徐晓军．城市阶层隔离与社区性格 ［J］．社会主义研究，2007，1：98－100．

[45] 张勇强．城市空间发展自组织与城市规划［M］．南京：东南大学出版社，2006．

[46] 张京祥，吴缚龙．城市发展战略规划：透视激烈竞争环境中的地方政府管治 ［J］．人文地理，2004，19 (3)：1－5．

[47] 中国科学院城市环境研究所可持续城市研究组．中国可持续城市发展报告（2010）［R］．北京：科学出版社，2010．

6 城市形态与建筑类型学理论

由前几章可见，在不同的维度与尺度的设定下，对于城市空间的认识也有很大的差异并由此诞生了许多不同的理论流派。本章着重从微观角度来探讨城市空间的城市形态学与建筑类型学理论。

6.1 城市形态学

6.1.1 城市形态学的概念

城市形态学（Urban Morphology）是指用形态方法分析并研究城市的社会与物质等形态问题的一门科学。城市形态和城市具有相同的起源，但对于城市形态的系统研究却只有一百多年历史。

城市形态学萌芽于 19 世纪初期，随着城市研究的深入和学科之间的交叉，地理学和人文学科的学者首先将形态学引入城市的研究范畴。其目的在于将城市看作有机体来进行观察和研究，以便了解它的生长机制，逐步建立一套对城市发展进行分析的理论。19 世纪末期，城市组织结构开始成为严格研究的对象和领域，并且成为一种设计方法论的工具，到 1930 年代，这类研究到达了全盛时代，第二次世界大战后大规模的城市重建导致的现代城市组织不协调引

发了对城市形态学的重新重视，并在 1960 年代中期以来引起对城市组织结构作为协调手段的深刻讨论，这个讨论一直延续至今。

从地理上的研究阵地转移来看，城市形态学最早的研究阵地在中欧的德语国家，这些国家的学者的研究主要基于城镇平面图向其他方向发展，以徐律特（O.Schluter）、弗里茨（J.Fritz）、哈辛格（H.Hassinger）等为代表，此后经由旅英德裔城市形态学家康泽恩（M.R.G.Conzen，1907—2000）将城市形态学研究主阵地转移到英国，与意大利学派共同主导城市形态学的讨论。英国的研究重点是城市物质形态的历史和发展以及社会经济的成因，意大利学派则表现和探讨不同建构所带来的城市问题，并主张在城市形态学和建筑类型学之间建立联系；与此同时，美国的学者也对城市形态学表示了极大的兴趣，芝加哥学派从人类生态学角度考察城市形态受经济和社会因素的影响，索杰（E.W.Soja），拉波波特（A.Rapoport），凯文·林奇等学者都对城市形态学的发展作出了贡献。

总体来说，城市形态学是对城市外在物质形态或城市建成组织的研究，包括城市的形态（Urban Form）、物质肌理、街道和邻里结构空间等以及其塑造的各式人、自然、社会经济过程。城市形态学重视的是城市和城市中物质营建的过程及其相互关系。

不同学派的城市形态学家对"城市形态"这一术语的定义都有不同的理解角度和层次。根据 1980 年意大利地理学家法内尔（F.Farinell）对"城市形态"这一术语的释义，可以归纳出城市形态学具有的三个层次的涵义：

第一，城市形态学就是对城市实体所表现出来的具体空间物质形态的研究，可以定义为对城市空间物质形态的描述。

第二，城市形态学就是对城市形态形成过程方面的研究[1]，可以定义为根据城市的自然环境、历史、政治、经济、社会、科技、文化等因素，对城市空间形态成因的探究。

第三，城市形态学就是对城市物质形态和非物质形态的关联研究，主要包括城市各有形要素的空间布置方式、城市社会精神面貌和城市文化特色、社会分层现象和社区地理分布特征以及居民对城市环境外界部分的个人心理反应和对城市的认知。

此后，城市形态的概念开始广泛应用于建筑学、城市规划、城市设计以及城市地理学等相关学科之中。

6.1.2　城市形态学的三大学派

随着对城市形态学研究的深入，不同的学派应运而生。其中最具代表性的包括英国康泽恩学派（Conzen School）、意大利穆拉托里－卡尼加学派（Muratori—Caniggia School）和法国凡尔赛学派（Versailles School）三大学派。

（1）英国康泽恩学派

康泽恩于 1926 年至 1932 年间在柏林大学接受地理专业学习，并对徐律特

---

① 英国地理学家拉克姆（P.J.Larkham）的观点。

及其学生盖斯勒（W.Geisler）以及哈辛格等地理学者的思想产生兴趣。1933年康泽恩被迫移民英国后，曾在第二次世界大战期间完成城市规划的学习并从事规划工作。康泽恩发展了完整的历史地理方向的城市形态研究，这些研究成为康泽恩学派的核心。他的一些主要思想均来自于德国城镇平面图和历史传统，包括强调视觉表现（尤其是地图表现）的重要性以及坚持同时对地块和建筑物展开研究等。正是因为英国康泽恩学派对德国城市形态学研究的继承性，这一学派也被一些学者称为德国－英国学派。

康泽恩将城市形态学观点引入英国，开创了英国1960年代以前城市形态学蓬勃发展的全盛时期，并在中欧城市形态学传统形成过程中起到了核心作用。到1960、1970年代，英国的城市形态学出现短暂的衰落，但在康泽恩学派新的领军人物怀特汉（J.W.R.Whitehand）的领导下走向复兴。1974年，怀特汉在伯明翰大学地理学院成立城市形态研究小组（Urban Morphology Research Group，简称UMRG），并与利利（K.Lilley），拉克姆，克洛普（K.S.Kropf）等一起扩大UMRG的影响力，完成对康泽恩分析方法的解释和对其思想的扩展和衍生。自UMRG的成立开始，英国康泽恩学派已经发展成熟。该小组成立至今的40年里，逐步发展成为一个成熟的城市形态研究中心，促进了康泽恩学派城市形态学理论的传播和发展。

康泽恩最重要的工作是他在1960年发表的著作《对诺森伯兰郡阿尼克的城镇平面研究》（Alnwick，Northumberland：A Study in Town Plan Analysis），它开辟了一条思考和观察城镇景观的途径和方法，将表面上静止的城镇景观看作是已经演化、并将一直演化的事物，被国际上公认为康泽恩学派的起源。而在更早的对惠比特城镇景观的研究则与这部著作一起成为康泽恩思想的基础。

康泽恩学派的核心思想包括以下几点：

第一，导向空间发展的研究方法。在1958年关于惠特比的研究以及1960年关于阿尼克的研究中，康泽恩从研究地区最早期可靠的平面图开始，试图穿透到聚居区的起源，并引进术语"城镇景观"（Town-space）作为研究对象，突出城市空间的三维形态。康泽恩首先将城镇景观分为城镇平面（建筑物方块，包括街道、土地分划和街区平面、建筑组群平面）、建筑组构以及土地和建筑利用三方面，将"城镇景观"的分析分为三个要素：地面（表）、营建以及空间使用，其中对第一种要素即二维平面的研究是康泽恩后期最重视的部分。康泽恩依靠最早可信的城市图纸和地图，而在当代，英国城市形态研究者基于GIS系统，将空间和非空间数据结合在一起，将地质、地表、土壤、土质、用水运筹、地产划分等一并纳入他们的科学化城市形态研究的数据考量之中。康泽恩所提出的关于城市形态过程（Morphological Process）的概念，包括城市形态的适应、增加、衰退和转换等过程，刺激了那些以其工作为基础的学派的思想发展。

第二，租地权周期（Burgage Cycle）的概念。康泽恩所认识的租地权周期由用建筑物对租地权（Burgage）背后的土地所进行的渐进填充、建筑物清理活动的中止以及重新发展周期开始之前的一个城市闲置期等组成。租地权也称为土地保有权，来源于中世纪英格兰和苏格兰自治镇当中的自由民或公民向贵族

支付一定年租，或者提供一定服务后作为回报而获得的具有土地所有权的条带状地块，这种不动产可以自由买卖、转让或者遗赠。租地权的用地具有明显的前密后疏的空间形态，根据租地权拉张度大小分为深租地权和浅租地权两种类型。同类相邻的租地权地块并列在一起形成租地权系列，由此形成城市区块的整体形态结构。租地权周期是租地权研究中的重要内容，这个概念能够很好地解释那些具有古老核心区的城市形态发展过程，一些学者在此基础上尝试将租地权概念应用到 19 世纪新型工业城镇的研究中，对城市形态学研究产生了重要的影响。租地权周期的概念是康泽恩最重要的思想之一。

第三，边缘带 (Fringe-belt) 的概念。边缘带的概念包含了康泽恩一向强调的地产划分，这个概念是由康泽恩的导师路易斯 (H.Louis) 于 1936 年前后在柏林识别出来，并由康泽恩在对英国商业城市的研究中发展起来的。边缘带的形态特征是在连续、大面积植被的绿化土地中散置着公共机构，偶尔有"纪念性"和景观建筑以及零星的道路系统，车辆稀少，几乎没有住宅。边缘带概念与定置线和形态框架等概念联系在一起。这与形态在地面上建立的方式（特别是在乡村土地转换为城市用地的过程当中）有关，并且作为对后续变化的一种长期限制条件。对于康泽恩而言，对一个城市地区物质发展探究的高潮，就是将该地区划分成不同的形态区域，用来阐明一个城市地区的历史发展，从而驱动规划的需要。形态区域是一个与其周围区域在形式上有着独特特征的区域，大致分为三类，包括规划和平面类型区域、建筑类型区域和土地使用区域。另外，康泽恩还提出了形态塔、形态时期等重要概念。

（2）意大利穆拉托里－卡尼加学派

意大利穆拉托里－卡尼加学派由建筑师穆拉托里 (S.Muratori) 于 1950 年代早期创立于罗马大学，以 1950 年发表的题为《Vita e storia della citta》的论文为标志。早期主要由穆拉托里本人结合长期城市设计和建筑设计实践完成了一系列在意大利建筑界具有影响力的作品，初步形成自身独有的设计风格，并发表了一些有影响力的论文。1973 年穆拉托里逝世后，穆拉托里学派成员被迫离开罗马分散到各个大学任教，学派影响力下降。但是以穆拉托里的学生和助手卡尼加 (G.Caniggia)，玛费伊 (G.L.Maffei)，卡塔尔迪 (G.Cataldi) 和马雷托 (P.Maretto) 等为代表的一些追随者在各自的大学中成立了研究小组，继续传播、复兴和扩大穆拉托里思想。其中卡尼加在穆拉托里思想的基础上提出了一系列核心概念，形成了公认的卡尼加思想，因而成为学派第二代领袖，因此该学派被称为穆拉托里－卡尼加学派。1981 年学派成立了 CISPUT (Centro Internazionale per lo Studio dei Processi Urbani e Territoriali)，为建筑师和建筑历史学家构建了交流平台，极大地拓展了穆拉托里－卡尼加学派在意大利的影响。卡尼加于 1987 年逝世后，弗洛伦萨小组玛费伊成为学派新的继承人，与以 CISPUT 为核心的学派成员继续传播完善和发展穆拉托里－卡尼加学派思想，并得到国际的公认和尊敬。

穆拉托里 (1910—1973) 是意大利建筑师。1950 年代以后，穆拉托里联合威尼斯建筑大学研究院完成了关于建筑类型学和在城市中的区位两方面的研究。怀着城市是文化发展的物质沉淀的想法，他在建成对象的基础上检查城市的活动历史，将制图作为最重要的工具。他沿着两条路径着手这项工作：依靠文化历史地图，因为在上面分别填写了每一时期的典型特征；也依靠单门独户住宅的结构——历史重构。

这种工作的新颖之处在于以拒绝现代运动的思想为基础，本质上将会在建筑类型历史方法的系统化工作中发现。他的分析是以使用类型为基础。然而，对于开发项目而言，它又是一种工具，一种城市发展工程的特征，将由正确布局或分布的建筑类型来定义。

在穆拉托里看来，类型是历史分析城市组构的一种工具。这种方法具有两种重要结果。第一，类型是历史进化的结果，当投资新建筑的速度减缓的时候，最初类型的微小变化不断积累，导致一种主导类型让位给另外一种。第二，通过增加大量的建筑物来描述城市组构，这些建筑物可依照一种给定类型或依照同时代的变量来进行识别，同时这些变量允许这种类型本身适应诸如拐角地块、不规则地形或不规则地块等限制条件。

卡尼加继承了穆拉托里的传统，并将这种传统称为"发展类型学"，因为他将建筑类型作为城市形态的要素根源而加以特别关注。卡尼加对意大利学派类型学的主要贡献表现为以下6个方面：第一，检查和发展了穆拉托里的许多概念，例如类型、类型学、结构、肌理、系列、系列性等。第二，引进了"类型学过程"的概念来描述建筑物类型的形态学转换过程，建立了"发展类型学"方法，包括一般类型、特殊类型、主导类型、共时变量、历时转换和类型产出等概念，按照类型演化以及这些类型所产生的城市组构，提出了一种城镇形成历时模型。第三，发现规则地块的庭院底层，并在罗马平面图里将它认为是所有随后基本的、中世纪的和现代的建筑类型的发源地，重构起源类型及聚集模式，并进行考古学研究，发现远古时期存在的痕迹和布局，因为它们限定了所继承的本地建筑类型的形成，特别是中世纪的城市组构。第四，辨别出两种主要类型：一般类型或者住宅类型（最普遍类型）和特殊类型（完成集会、宗教或市政等多种功能）。第五，提出"中世纪化"理论，解释了"Taernization"和"Insulization"等两种表示庭院房屋组构的渐进填充过程，这两种过程决定了许多具有罗马起源的意大利小城镇的建筑肌理。第六，按照城镇历史的形成阶段进行解释的方法，与基本的类型学过程联系在一起。

值得指出的是，由穆拉托里发展出来的城市形态学与建筑类型方法为阿尔多·罗西（A.Rossi）等当代建筑师奠定了理论基础，他对现代城市的批判成为艾莫尼诺（C.Aymonino）和罗西早期研究的对象。罗西继承了穆拉托里的论点，反对单纯依据任务书和纲领进行设计，提倡根据材料、普遍功能和相关空间需要进行设计。

（3）法国凡尔赛学派

在康泽恩和穆拉托里已经为城市形态学的两个早期学派播下种子之后，第三个学派于1960年代末期在法国形成，建筑师沛纳海（P.Panerai）和卡斯泰（J.CasteX）与社会学家德波勒（J.C.Depaule）一起，在凡尔赛建筑学院（L'institut d'architecture de versailles）创立了城市形态学学派。意大利穆拉托里－卡尼加学派及其分支类型形态学流派的思想渊源、法国社会学家列斐伏尔（H.Lefebvre）的哲学和社会学影响以及法国的编年史学传统（城市规划

历史和地方志历史）共同构成了法国凡尔赛学派的理论基础。

1960 年代晚期，凡尔赛学派的核心人物主要是沛纳海和卡斯泰，随后德波勒成为凡尔赛学派的第三位学派领袖。他们三位学派领袖于 1970 年代至 20 世纪末期在城市形态研究方面完成了一系列重要成果。

除了这三位学派领袖外，有一批学者根据自己的学术观点、兴趣和特长选择了凡尔赛学派的思想和方法作为自己的发展方向，探究城市形态学历史，关注社会科学，探究设计人类及环境之间相互关系的议题，最终将这些思想与作为实践的设计理论联系起来。其中代表人物是马赛建筑学的博尼洛（J–L. Bonillo），格勒诺布尔建筑学院的休伊特（B.Huet），博诺姆（B.Bonhome）和泽维尔（Xavier.Malverti），南特的达伦（M.Darin）等。可以说，凡尔赛学派迄今为止都处于发展阶段，学派的力量日益壮大，影响力也不断扩张。同时，凡尔赛建筑学院成为 ISUF（International Seminar on Urban Form）的大本营，因此比其他两个学派更加容易扩大学术影响力。

凡尔赛学派继承了建筑类型学传统，认为现代主义建筑造成了与过去的城市之间不可愈合的裂痕，在 1970 年代早期，这种所谓的"类型形态学"研究也与城市空间的一些社会方面联系在一起，凡尔赛学派的建筑师把意大利先前研究的方法和见识与法国城市社会学家最近的研究成果结合在一起，将一种崭新水平的知识带入城市形态研究当中。他们认为应该从传统中重新发现建筑的根源，并将类型学研究应用于建筑设计中。

虽然凡尔赛学派起源于艾莫尼诺和罗西以及穆拉托里，但两个重要的一般特性将该学派与意大利建筑类型学方法区分开来：一个与城市形态和社会行为的辩证关系有关，另一个与现代非现代的辩证关系有关。与意大利方法截然不同，社会要素在这里通常放在第一位，特别是在德波勒指导完成的开罗研究工作中表现出的对物质空间的关注与对用途、设备、材料文化和住宅术语词源学的关注一样。

法国凡尔赛学派的主要贡献是在意大利的类型形态学思想基础上提出了一种更为标准化的方法研究城市形态。值得指出的是，学派中很多学者都对拉丁世界和阿拉伯世界独特的城市形态进行过深入研究，并与西班牙、阿拉伯世界和拉丁美洲的研究者建立了联系。

（4）ISUF

城市形态国际研讨组（International Seminar on Urban Form，ISUF）是一个城市形态学研究者和从业者共同组成的国际组织。1994 年夏天，在康泽恩学派、意大利学派和法国学派三大学派成员私人关系和国际范围内融合的双重需求下，来自包括建筑学、地理学、历史学和城市规划等不同学科的城市形态学者，正式成立了国际城市形态论坛（ISUF）。全球范围内的城市形态学研究者从多个角度共同探讨城市形态学一些关键性研究主题，促进城市形态学这一学科的发展。

ISUF 每年组织国际城市形态论坛，讨论城市形态相关的关键议题。2014 年在葡萄牙波尔图大学举办的第 21 届国际城市形态论坛讨论的议题是"城市形态学的共同未来"（Our Common Future of Urban Morphology）。此外，历届会议还讨论了城市形态与城市转型、景观与城市形态、全球化时代的城市形态等主题。ISUF 还出版了杂志《城市形态》(Urban Morphology) 并在其网站上开放阅读。同时,ISUF 为它的成员提供了一个相互交流的国际平台。ISUF 的成立,标志着城市形态学研究进入一个广泛交流和融合的新阶段。包括英国康泽恩学派、意大利穆拉托里－卡尼加学派和法国凡尔赛学派等城市形态学三大学派在内的 ISUF 谱系已经形成,城市形态学研究的整合大势所趋。

6.1.3 城市形态学的其他重要研究

除了上文所述的三大学派以及 ISUF 的影响之外,许多其他国家的研究者也对该领域具有贡献。

(1) 美国的城市形态学发展

美国城市形态学研究主要来自建筑历史学、城市历史学、考古学、地理学、景观建筑学、生态学、环境行为学等各学科,并在城市空间结构、环境行为、城市形态的一般理论标准、城市形态历史、空间形态的政治经济学、城市生态建设等多个方面作出了贡献。美国的城市形态学发展较为松散,没有一个完善的组织和规则,但是作为一个只有几百年城市发展史的国家,美国的城市形态学研究者具有其独到之处。

1) 从"邻里单位 (Neighborhood Unit)"到新城市主义 (New Urbanism)

伴随着 20 世纪汽车时代的来临、城市的郊区化以及人们对城市美化运动的批判,美国的邻里单元思想开始萌芽。邻里单元的思想主要是探索微观居住社区的社会、形态设计参数,最早是由德拉蒙德 (Drummond) 在 1912 年社区设计竞赛中提出的概念。他认为"邻里单元"是城市的社会和政治结构的一个单元,在整个城市中可以重复出现。但是德拉蒙德的思想过于抽象,最早形成系统的"邻里单元"理论的是佩里 (Clarence Arthur Perry)。

1929 年,佩里发表了《邻里单元:家庭生活社区的设计方案》(The Neighborhood Unit:A Scheme of Arrangement for the Family-life Community),呼吁将"邻里单元"作为城市规划的基本要素,并详细阐述了邻里单元理论。1929 年《纽约区域规划及其环境》(Regional Planning of New York and Lts Environs) 一书,更为系统地阐述了"邻里单元"社区规划设计思想。他认为,邻里单元是"一个组织家庭生活的社区的计划"。这个计划不仅包括住房、环境,还要包括相应的公共设施,例如至少一所小学、零售商店和娱乐设施。同时,他认为最重要的问题是街道的安全,因此他将汽车交通完全地安排在居住区之外 (图 6-1)。

佩里提出的邻里单元理论包括六大要点:

第一,规模:根据学校确定邻里的规模,其实际面积由人口密度决定;

第二,边界:以四周主要的交通干道形成边界,避免汽车从居住单元内穿越;

第三,开放空间:应提供充分的邻里公共空间,满足特定邻里的需要;

第四,公共设施:学校及其他机构的服务范围应当对应于邻里单元的界线,且应布置于邻里单元的中央位置;

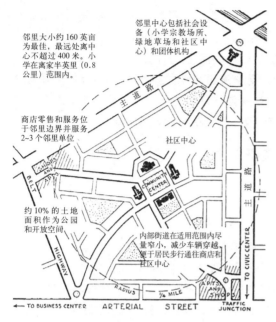

图 6-1 佩里的邻里单元模型
(图片来源：作者重绘)

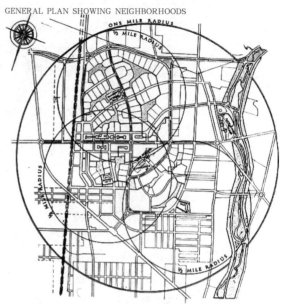

图 6-2 雷德鹏体系模型图
(图片来源：曹康，2010)

第五，商业设施：范围内的商业服务设施应集中布置在邻里单位的周边，最好是处于交通的交叉处或与相邻邻里单位的商业设施共同组成商业区；

第六，内部道路系统：邻里单位的街道网应设计为不与外部衔接的内部道路系统。

邻里单位理论的目的是要在汽车交通发达的条件下，创造一个适合于居民生活的、舒适安全的和设施完善的居住社区环境。佩里的思想很快得到了当时社会的认可，在 1929 年的雷德朋规划中得到了深刻的体现，并形成了一套被称为"雷德朋体系（Radburn Idea）"（图 6-2）的居住区规划思想。

邻里单位社区规划模式加速了美国传统城市空间形态的转型，传统步行城市空间尺度逐渐被汽车尺度代替，这种城市发展模式带来了美国无节制的"城市蔓延"问题，导致了人均服务设施成本增加、土地资源浪费、中心区衰退、环境污染、社会治安等一系列问题。

由于这些社会、经济、环境等方面的问题，自 1960 年代开始，美国掀起了一场轰轰烈烈的反规划运动，其中规划师、社会学家等从社会学、城市空间结构、城市空间形态的组织等多个方面表达了自己的观点，对美国城市形态学作出了重要的贡献。

1961 年简·雅各布斯（图 6-3）以特定场所的城市形态与城市生活之间的相互关系的观察资料为基础，出版了《美国大城市的死与生》（图 6-4）一书，高度认可那些充满生机的街道、人行道和小街区的价值，欣赏大城市的多样性，并分析城市空间的实际使用，以此对现代城市理论进行批评。这本书在规划行业至今仍有重要作用。亚历山大（C.Alexander）反对等计划的城市树形结构，于 1965

图 6-3 简·雅各布斯
(图片来源：http://www.
westjetmagazine.com/jane)

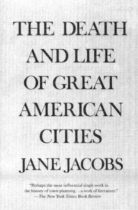

图6-4 《美国大城市的死与生》不同版本封面
（图片来源：网络）

年发表《城市并非树形》一文，在《俄勒冈实验》（1975年）一书中探讨了城市形态的自组织过程，并在《模式语言》（1977年）中进一步探讨了城市的组构模式。

这股批判的思潮一定程度上促进了1980~1990年代开始的美国新城市主义运动。新城市主义运动关注城市郊区蔓延问题，认为区域设计、城市设计、建筑设计、景观设计以及环境设计等物质设计对于社区的未来很重要；认为区域、邻里和建筑三者相互联系、互相依存。他们主张借鉴美国传统小城镇和社区设计模式，取代郊区蔓延的发展模式，塑造具有城镇生活氛围的紧凑社区。他们主张复兴大都市区中的城镇和城市中心区，保护自然环境和现存建筑遗产。他们主张尊重自然，回归自然，塑造将自然环境与人造社区结合成一个可持续整体的城市，主张限制城市边界，建设用地混合、社区多样的紧凑型城市。

卡尔索普（P.Calthorpe），杜安伊（A.Duany），普拉特-兹伊贝克（E.Plater-Zyberk）等成为美国新城市主义运动的核心。借助邻里单位的外衣，杜安伊与普拉特-兹伊贝克提出了"传统邻里开发（Traditional Neighborhood Development）"（简称TND）模式，卡尔索普提出了"公共交通导向的邻里开发模式"（Transit-Oriented Development，TOD）（图6-5），这两种社区开发模式从根本上对邻里单位的规划设计理念进行了变革，成为新城市主义社区开发的经典范式，并在实践中形成了控制城市蔓延的社区规划设计路径。虽然设计中侧重点不同，但是这两种模式下的居住社区均以步行距离为尺度衡量邻里的规模，并形成公共中心。

TND模式与佩里的邻里单元一样，认为社区的基本单元是邻里。TND模式（图6-6）的设计要素主要包括五点：

第一，优先考虑公共空间和公共建筑，将公共空间、绿地、广场作为邻里中心；

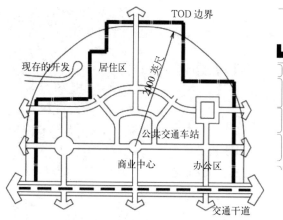

图 6-5 TOD 模式模型
(图片来源：作者重绘)

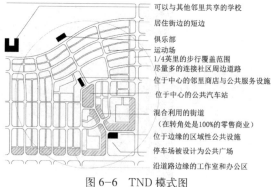

图 6-6 TND 模式图
(图片来源：作者重绘)

第二，设计较密的方格网状道路系统，街道不宜过宽，营造利于行人和自行车的交通环境；

第三，强调土地和基础设施利用效率，适度提高容积率；

第四，户型设计考虑住宅多样性和拓展性，以容纳更多低收入家庭；

第五，强调尊重地方传统。

TND 区别于邻里单位的思想主要表现在以下几个方面：

第一，小学不再位于邻里中心，而是位于邻里边缘；

第二，不是以小学的合理规模确定邻里的合理规模，而是强调步行尺度决定邻里规模，并认为最理想邻里半径是 400m，相当于 5min 步行距离；

第三，更多公共设施不是布置在邻里中心而是邻里边缘，作为区域性公共设施；

第四，强调建立步行及公交友好的交通模式，在繁忙的交通路口不再布置商店而是大容量停车场；

第五，沿快速干道一侧布置办公与商务建筑，提供就业机会。

TOD 模式（图 6-5）是以公共交通为中枢，综合发展的步行化城市模型，其中公共交通主要是地铁、轻轨等轨道交通及巴士干线。TOD 模式以公共交通为中心，以 400~800m 即 5~10min 步行路程为半径建立集商业、教育、居住、工作、文化为一体的城市社区。TOD 模式的设计要素包括以下几点：

第一，组织构建紧凑的公共交通运输系统；

第二，公交站点是邻里焦点，围绕在其周围的是各类商业、住宅、办公等公共建筑以及公园；

第三，街区道路交通网络步行友好，机动车相关土地利用远离公共交通密集的区域；

第四，土地混合利用，具有相对较高的建设密度；

第五，住宅类型多样化，容纳不同收入人群；

第六，保护生态环境和河岸带，营造高质量的公共空间；

第七，鼓励沿着现有邻里交通走廊沿线实施填充式开发或再开发。

2）凯文·林奇的"城市意象"

凯文·林奇（1918—1984）（图 6-7），美国杰出的城市规划专家，他在耶鲁大学师从一代建筑学宗师赖特（L.Wright），并在 MIT（麻省理工学院）建筑学院任教三十年，帮助建立城市规划系，把环境心理学引入城市分析和城市设计。林奇在 1990 年被美国规划协会授予"国家规划先驱奖"。林奇对现代城市形态研究作出的巨大贡献主要体现在两部不朽的著作《城市意象（The Image of the City）》（图 6-8）和《城市形态（Good City Form）》（图 6-9）中。

在 1960 年出版的《城市意象》中，林奇第一次把环境心理学引入城市设计，应用视觉和心理学方法来分析城市形态。林奇通过对波士顿、洛杉矶、泽西城三座城市进行基本分析，认为市民与城市之间的长期联系使市民的印象中含有各种记忆和含义，从而使这个城市区别于其他城市。他在《城市意象》中研究城市市民心目中的城市意象，分析美国城市的视觉品质，主要关注城市景观表面的清晰度或者"可读性"以及容易认知城市部分并形成一个凝聚形态的特征。林奇认为市民一般用 5 个要素：区域、地标、边界、节点、路径来组织他们认知中的城市意象：

第一，区域（District）：中等或较大的地段，这是一种二维的面状空间要素，人对其意识有一种进入"内部"的体验；

第二，地标（Landmark）：城市中的点状要素，可大可小，是人们体验外部空间的参照物，但不能进入，通常是明确而肯定的具体对象，如山丘、高大建筑物、构筑物等，有时树木、招牌乃至建筑物细部也可视为一种地标。

第三，边界（Edge）：指不作道路或非路的线性要素，"边"常由两面的分界线如河岸、铁路、围墙构成；

第四，节点（Node）：城市中的战略要点，如道路交叉口、方向变换处抑或城市结构的转折点、广场，也可大至城市中一个区域的中心和缩影，它使人有进入和离开的感觉；

第五，路径（Path）：观察者习惯或可能顺其移动的路线，如街道、小巷、

图 6-7 凯文·林奇
（图片来源：https：//en.wikipedia.org/wiki/Kevin_A._Lynch）

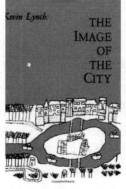

图 6-8 《城市意象》英文版封面
（图片来源：https：//mitpress.mit.edu/books/image-city）

图 6-9 《城市形态》英文版封面
（图片来源：https：//mitpress.mit.edu/books/good-city-form）

运输线。其他要素常常围绕路径布置。

他独创了"认知地图"（Cognitive Map）以进行社会调查，从视觉心理和场所之间的相互关系出发，分析城市意象的认知基础，认为一个可读的城市，它的区域、地标、边界、节点与路径等5种基本要素应该容易识别且组成一个完整的形态，认为城市形态主要表现在这5个要素之间的相互关系上，空间设计就是安排和组织城市各个要素，从而引起观察者更大的视觉兴奋。他还认为整体环境并非一个简单综合的意象，而是一组相互重叠、关联的意象，它们由于涉及范围尺度不同分为社区、城市、大都市区三个层面，根据视点、时间和季节的变化也会产生差异，观察者必须根据周围物质环境的改变而调整自己的意象。

而在1981年出版的《城市形态》中，林奇首先指出他理解的城市作为一个空间现象有三个理论分支致力于对它的研究，即决策理论、功能理论和一般理论：决策理论研究怎样制定复杂的城市发展决策，并在非城市规划领域中发展的比较成熟；功能理论更侧重于城市本身，解释城市形态产生的原因与这种形态如何运转；一般理论的作用非常重要，但是发展得比较薄弱，需要关注，它用于处理人的价值观与居住形态之间的一般性关系，林奇认为一般理论研究的问题"如何认定它是一个好的城市"才是我们真正关注的问题。同时他对城市形态的一般理论提出一些要求，强调人有目的的行为及伴随的想象与感受、聚落的形态和质量、城市形态的普遍价值标准和长期的重要特征、多元化的和相互冲突的利益关系、简单有弹性且可分、不同时期的现状质量和进度以及能够提出可能的新形态。在探讨价值标准时将之分为4组：具有强大作用的价值标准、有愿望性的价值标准、非常弱势的价值标准和隐性的价值标准，并指出有被忽略的价值标准，比如城市象征物的品质等。

然后概括出三种标准的城市形态，即宇宙模式、机器模式和有机体模式。

首先，林奇认为宇宙模式理论发展最完善的是中国和印度。在中国，北京是这个理论的最佳典范，并且被其他地方复制。中国的宇宙模式理论依托被林奇称为"占卜伪科学"的风水学，并受到宗教理念的深刻影响。在印度，宇宙模式体现在印度人对神、人、仪典以及城市平面之间关系的论述，最典型的形态是一个法轮，几个封闭圆环被分割成几个方块，中央方块就是神力的中心。每一个宇宙理论都有独特的特点，经过对神话的描绘来解释城市的由来，解释城市是如何运作的以及为何会出现错误等。但是这些理论也使用普遍的形态概念：轴线、围合、网格、中心和极地等，同时也具有稳定性和等级制。

其次，把由很多小的、自治的、无区别的局部构成的城市看成一个巨大的机器，当构成方式发生变化时机器会出现不同的功能和运动，并且这种变化是明确的、有预见性的，这样的观点被凯文·林奇认为是机器模式。他认为机器模式对于临时的、需快速建成的或有单纯和实用目的的聚居体是非常有用的，这也就是为什么许多殖民地呈现这样的模式。勒·柯布西耶的"光辉城市"思想和阿图若·苏瑞·美塔的线形城市形态都体现了机器模式的形态。但是机器形态常常是异地文化的产物，是隐蔽在社会统治形式背后的权力机器。

第三，把城市看作一个有机体这种思想起源于18、19世纪生物学的兴起，它广泛地受到生态思想影响,把人类文化并入生物社会学这个新领域进行探讨,这是目前最流行的观点。在有机体模式下,一个有机体是一个具有明确的界线和尺寸的自治个体。当其改变尺寸时,会重新组织形态,达到新的界限和开端。有机体由不同部分组成,局部相互间紧密连接,一起运作并相互影响。整个有机体是自我平衡的动态,可以自我调节和自我组织。有机体模式影响了英国新城规划和美国绿化带城镇规划。它最基本的价值标准在于社区、连贯性、健康、良好的功能组织、安全、"温暖"、"平衡"、不同局部的交互作用、有次序的循环、不断地发展、适宜的规模以及贴近"自然"宇宙。

同时,他对"标准理论"存在的可能性提出一些异议:实体空间形态在满足重要的人类价值观上并没有起到举足轻重的作用,而是与人们相互关系有关;在没有指定特定社区群体的特定环境下,物质环境本身对人类满足感的影响无法判定;物质环境形态或许在某种单一文化中有可以预料的作用,但是不能建立跨文化的理论;改变环境的前提应该是改变社会;物质空间形态在一个城市或区域范畴内没有意义,经济和社会因素取代了形态;利益总互相冲突,因此没有"公共利益"的存在;标准理论不能用于感觉上的形式;城市形态非常复杂而人的价值体系也是如此。

最后,他为好的城市形态提出了一系列的性能指标,诸如生命力、感觉、适宜性、可及性、管理控制、效率与公平等。各指标含义如下:

第一,生命力:一个聚落形态对于生命的机能、生态的要求和人类能力的支持程度,包括延续性、安全性、和谐性以及多样化;

第二,感觉:一个聚落在时间和空间上可以被居民感觉、辨识和建构的程度及居民的精神构造与其价值观和思想之间的联系程度;

第三,适宜性:一个聚落中空间、通道和设施的形态与居民习惯从事的活动和想要从事的活动的形式和质量协调程度;

第四,可及性:一个聚落居民接触其他的人、其他的活动、资源、服务、信息或其他地方的能力;

第五,管理控制:对空间和空间里的行为进行规范,一个好的聚落不仅对其使用者,而且对空间的控制能够达到"可靠"、"负责任"、"和谐";

第六,效率:一种维持平衡的标准,平衡不同价值观之间的利益关系;

第七,公平:平衡人与人之间的利益关系,根据原则把环境益处和代价分配到每一个人的方式。

事实上,林奇提出的这些性能指标在他自己看来也有很多是相互矛盾的,他认为在特定范围内各个指标是可以相互独立的,在某些程度上一种指标还要适应另一种性能。即便这样,他的性能指标体系仍是评价现有城市空间形态卓有成效的方法,丰富了城市空间形态理论。

3)元胞自动机(Cellular Automata)

元胞自动机简单地说是一种数学算法,也可以视为一种动力系统,常常被用来处理复杂系统的仿真和系统发展的预测。元胞自动机最早是由数学家兼物理学家乌拉姆(S. Ulam)于1940年代提出的,他的思想启发了冯·诺依曼(Von Neumann),使其在"曼哈顿工程"中开始探索自增殖系统的逻辑性质和演化特

征，进而发展了元胞自动机理论和方法，并导致了基因算法、人工生命以及神经网络等复杂性思想、理论和方法的创生。

元胞自动机能够描写具有局部相互作用的多体系所表现的行为及其时间演化，并且具有自组织现象和不可逆特征。城市是一个由多种体系共同组成的巨系统，其空间发展过程也同样有一定的自组织现象和强烈的不可逆特征，因此有学者将元胞自动机的思想应用到城市形态研究中，并取得了一定的成果。

1960年代，美国学者开始采用元胞自动机思想建立模型来模拟城市增长，预测城市用地类型增长点以及总结城市扩张规律。1980年代以来，美国圣巴巴拉加州大学地理系的考来利斯（H.Couclelis）阐述了元胞自动机在地理学中应用的理论框架，模拟城市扩散优势为将来的城市动态演化研究产生了深远的影响，奠定了元胞自动机在地理现象模拟中的理论框架。

此后，元胞自动机被引入到城市形态的研究中去，首先就是利用元胞自动机模型模拟城市增长、扩散和用地演化，并在此基础上发展了约束性元胞自动机模型，采用一些可调节的内部参数来体现细胞自身的随机性变化。其次，利用元胞自动机模型建立元胞之间的相互作用与规则，构造城市增长元胞自动机模型，用元胞表示城市中各种土地类型，结合城市的社会经济系统，并将其在模型中表现成一定的规则，在GIS中进行分析与计算。还有学者将元胞自动机与智能识别系统耦合起来，建立起学习型城市元胞自动机。另外，有学者以元胞自动机理论来描述和模拟具有分形特征的城市形态，基于发展过程来考虑非限制性约束，其中的代表人物是谢一春和巴蒂，他们设计的扩散受限凝聚研究城市的形成和扩散过程，是广义的元胞自动机模型。

（2）城市形态学历史、社会科学分支

城市形态学在历史学、社会学中的分支也是城市形态学研究的重要支流。

1）城市形态历史流派

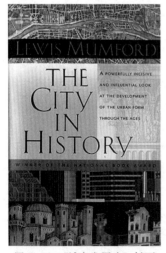

图6-10 《城市发展史》封面
（图片来源：http://www.amazon.com/The-City-History-Transformations-Prospects/dp/0156180）

城市形态历史流派的学者在研究城市形态的历史沿革、讨论城市形态形成与变化以及其原因的探讨等方面均作出了突出的贡献。其中涌现出了数个代表人物及其出版发表的经典著作。

刘易斯·芒福德（L.Mumford）的经典巨著《城市发展史：起源、演变与前景》(The City in History：Its Origins，Its Transformations and Its Prospects)（图6-10）是研究西方城市历史的重要专著，影响了历史、哲学、社会、文化等诸多领域，他将西方城市发展概括为原始城市、城邦、中心城市、巨型城市、专制城市和死城六个阶段，对这些阶段的城市进行分步解读，并在此基础上对城市未来发展进行展望。莫里斯（A.E.J.Morris）的《城市形态史：工业革命以前》(History of Urban Form：Before the Industrial Revolutions)是研究各个历史时期典型城市形态、城市形态区域分布以及演化过程的重要著作，它从人文科学视角出发，以独特视角研究城市的历史、现状与未来，是城市形态史的鸿篇巨著。

此外，部分学者就前工业时期的城市进行研究，提出一些大致符合前工业化城市普遍特征的模型；部分学者探究西方社会城市形态形成的原则，并对各个时期进行分类；部分学者研究新的技术条件下城市形态特征变化和发展前景。

2）城市形态社会流派

城市形态学在社会科学领域的分支主要从人文、政治、经济、社会等多个方面研究城市发展过程以及这些因素对城市发展的作用，并且关注城市建成环境和社会生产、再生产之间的关系。在这个分支中也有很多代表人物，其中部分人物如列斐伏尔，福柯等甚至影响了前文所述三大流派思想的诞生。

列斐伏尔强调日常生活和"时刻"的重要性，认为日常生活应该独立于经济、政治之外成为社会核心。而他对日常生活的陈腐与单调乏味的批判影响了他对空间形成过程的认识，还提出了诸如"表述空间"与"空间的表述"、"空间的生产"与"空间中的生产"等概念体系。他强调要塑造城市空间的社会关系、经济结构以及不同团体间的组织对抗，反对城市规划将城市空间看成是一种纯粹的科学对象。福柯则关注到了权力对空间的作用。他强调空间关系到权力的运作，认为建成环境，尤其是公共机构的场所和建筑物占据场所的方式受到权力的支配，即特定形态下建成组构中公共机构反映的政权制度。此外，他也强调要系统地描述和分析空间与场所的社会和自然之间的联系，通过研究它们在社会、文化和制度变化中的根源将其与正在变化的历史环境和自然环境联系起来；强调要在建成组构、公共机构的政权制度、所有者和占有者之间寻求同形模式。

其他部分学者从城市中不同人群的需求和价值观来研究城市建设，强调城市发展的公正问题；部分学者讨论城市生活福利设施与城市规划的关系，以及经济、社会、文化变迁与大都市形态转换之间的相互关系；部分强调了金融资本在城市发展过程中对城市形态起到的作用。

6.2 建筑类型学

6.2.1 建筑类型学的概念

类型学最初来源于生物界的分类，是人类认识世界和改造世界的一种手段，这种分类演化到社会领域被称为类型学。分类活动是一种在世间万象中建立秩序的活动。古罗马建筑师维特鲁威（Marcus Vitruvius Pollio）首次把类型学移植到建筑上，他在《建筑十书（Ten Books on Architecture）》中分析的三种神庙柱式就代表了模仿人物性格形态的三种类型。简单地说，建筑类型学（Typology）是建筑的类型学理论，是用来描述具有的相同形式结构以及相同特征的一组建筑对象的理论，包括对类型发生、发展、性质和特征的研究。它不在于具体的建筑设计的操作，而是一种认识和思考的方式。因而，建筑类型学为人们认识建筑提供了一个不同的视角。

建筑类型学真正以理论的形式进入建筑领域是在18世纪新古典主义时期。法国一些建筑家进入建筑历史研究领域，将古典建筑的平面及立面整理出一些基本类型，以试图解决任何碰到的景观、城市、个体等层次上的问题。19世纪，

巴黎美术学院常务理事昆西（Quatremere De Quincy）在其著作《建筑百科辞典》中第一次对"类型"提出了权威性的定义，即："类型"一词并不意味着对事物进行形象地抄袭和完美地模拟，而是意味着某一种因素的观念，这种观念本身即是形成"模型"的法则。"模型"是对事物原原本本的重复，而"类型"则是人们据此能够划出种种绝不能相似的作品的概念。

除了这个被领域内广泛认可的定义外，不少学者也就建筑类型学给出了自己的定义。意大利艺术历史与理论学家阿尔甘（G.C.Argan）认为，类型应该被理解成一个形式的内在结构，或一种包含无限形式变化和类型自身进一步结构调整可能性的原则。西班牙建筑师、建筑理论家和建筑教育家莫内欧（Rafael Moneo）在昆西和阿尔甘思想的基础上形成了自己的类型定义："类型是一个用来描述一群具有相同形式结构的事物的概念；作为一种形式结构，它同时也与现实保持着紧密的联系，与由社会行为所产生的对建造活动的广泛关注保持着紧密的联系。最终，类型的定义必将深植于现实和抽象几何学两者之间。"而罗西则认为"类型的概念是一种高于自身形式的逻辑原则"，"类型就是建筑的观念，它最接近于建筑的本质"。

类型学在建筑上研究的重点包括以下三方面内容：

第一，类型的选择。类型的选择是一种创作的过程和手段，选择时应该依据有特定文化背景的、人们头脑中共有的固定形象，其过程往往是生活方式与建筑形式相适应。

第二，类型的转换。转换是结构的基本属性和构成方法之一，类型的转换过程是类型结合具体场景还原为形式，是一个类推设计的过程。类型的转换是在深层结构支配下，多种形式的变换与组合。转换方式包括结构模式的拓扑变换、比例尺寸变换、空间要素变换以及实体要素变换等。

第三，类型与城市形态。可以说，类型的选择和处理的最终目的是要得到城市形态的连续。城市质量不仅体现在功能上和建筑美学中，还体现在各种尺度的城市形式和城市空间中。城市的最终形态是建筑和建筑群，而建筑和建筑群之间的关系则要由类型与形态的研究来联系。

6.2.2　建筑类型学理论建构与发展

虽然建筑类型学起源于18世纪的法国，由昆西和法国学院派大师迪朗（Jean-Nicolas-Louis Durand）在19世纪完整和全面地发展起来，但是类型学的观点在维特鲁威和阿尔伯蒂（L.B.Leon Battista Alberti）时代就已经出现了。18世纪法国建筑理论学家劳吉尔（A.Laugier）就遵循维特鲁威的观点，认为建筑起源于茅屋，并称其为"第一模式"。

到了19世纪末，第二次工业革命以后，机器开始得到大量生产，使得产品必须标准化和定型化。工业化使建筑的规律不再像此前建筑学所信奉的图构程序，而是将建筑作为工业产品之一，必须反映机器时代特征的经济性、现代感和纯净性。因此现代主义或者称其为理性主义的建筑师遗弃了早先的建筑类型学，对建筑进行解析后认为建筑的元素必须是标准和统一的。这样一来，他们就完全贬低形式及其携带的历史感情因素，形成了新的建筑范式。

但这种现代主义在 1960 年代末遭受到危机，对现代主义的批判改变了建筑在工业城市中被技术经济力量埋没的地位。由于类型与历史文化有着紧密的联系，对类型学的重视成为现代主义之后对建筑"意义"广泛追求的一部分。在此时期，结构主义为类型学复兴奠定了理论基础，新理性主义建筑师，如罗西和格拉西（Giorgio Grassi），主导了对建筑类型学的讨论，他们反对当时以功能主义和大规模消费所主导的主流现代主义倾向，呼吁建立一种根据熟悉的形式特性进行设计的理性主义方法。

根据维勒（A. Vidler）在其 1976 的文章《三种类型学》（Three Types of Typology）中的观点，根据建筑类型学理论的建构和发展可以将建筑类型学分成三种类型，第一种是原始类型学，第二种是范型类型学，第三种被称为"第三种类型学"，即为新理性主义类型学。

（1）原始类型学（Archetype Typology）

原始类型学是建筑类型学发展第一阶段即萌芽和初生阶段的产物。18 世纪中期的法国启蒙时代，建筑师在追寻建筑的起源时审视遮蔽物的出现，并将其作为人类最初定居的原始类型和标志。他们从自然中发现建筑的原则，出现了一种回归建筑自然起源的思潮。劳吉尔在《论建筑（Essaisur l′ Architecture）》中以原始人为例，描述了人类居所诞生的简单过程：暴雨、烈日和寒冷迫使他们寻求遮蔽，他们在洞穴中找到避难所，但潮湿、黑暗与气味让他们离开洞穴，寻找新的躲避方式。他们把四根结实的树干竖起放置于方形的四个角上，在其上放四根水平树枝，再在两边搭四根棍使它们在顶端相交，在顶上铺上树叶形成屋顶，在四柱之间放置填充物形成墙，于是便有了房子。原始人除了自然和本能外没有其他辅助，但是他们建造的茅屋却是至今出现的所有辉煌建筑的"原型"（图 6-11）。劳吉尔进而认为在建筑秩序中，仅有柱子、柱子上的梁和梁上的山墙是建筑构成的基础，他的茅屋模型实际上表明了有关人工构造的隐喻和范式性质的思想。

18 世纪末，法国建筑师迪朗对劳吉尔的构图程序进行了加深拓展，将历史上建筑的基本结构部件和几何组合排列在一起，归纳成建筑形式的元素，建立了方案类型的图示系统，说明了建筑类型组合的原理。

迪朗强调建筑时间中的实用性和经济价值，对古典建筑训练中过分强调美、比例和象征进行批判。他将平面、立面和剖面的形式系统化，有效地将建筑设计转化为选择性的模数化类型学，在这种类型学中，几何对称以及基本的和简单的几何形起主导地位。他利用图示将建筑设计表达为建筑基本要素的构成，在对古代和当代各种类型的建筑进行收集、整理和排列后，将建筑分解为基本和不可简化的要素，并用这些基本要素构成建筑。但是迪朗的类型学是有限的，因为他用"式样"取代了"类型"，使类型又成了模型。

图 6-11 茅屋"原型"
（图片来源：沈克宁，2006）

（2）范型类型学（Paradigm Typology）

范型类型学是工业化社会的发明物。工业化社会的一个重要特点是产品可以无限重复，并且合乎标注与规格。工业化社会还有一个特点，是注重效率但忽视历史情感等因素。

范型类型学的一个代表人物是勒·柯布西耶（Le Corbusier）（图6-12）。他在事业早期就表现出了对工业化的原型的可复制性的极大兴趣，并提出了著名的"形式服从功能"理论，认为一个人就是一个类型，即"A Man＝A Type"。他所代表的新的类型学已经认识到建筑规律不再是迪朗等原始类型学学者所信奉的图构系统，建筑是一个工业化过程的结果，对于其使用者同样应该具有效率。人是新建筑产生的根本原因。

勒·柯布西耶被公认为现代主义建筑大师，他的建筑被称为"现代建筑"，因其讲究功能而又有"功能主义"之称，其作品的重要特点是不论在何处都为一色的方盒子、平屋顶、白粉墙、横向长窗的"国际式"（图6-13），它们可以被重复建造在世界的任何地方，不会受到建筑场地环境的影响。后来的建筑评论家称其为现代主义对所谓"天才"建筑师自由表现的极度放任。

由于工业化，建筑类型被简单地视为成昆西所言的"模型"，并贬低建筑的形式特征以及这种形式携带的情感因素，排除了设计者自身意识的干预，更多地追求功能和效率。事实上这种类型学否认了过去所认为的类型概念，与迪朗的"模型"也存在很大的差异。在功能类型学下的建筑元素是标准和统一的，如居住设施有统一标准的门、窗、楼梯和房间高度，建筑成了大规模生产的产物。

（3）第三种类型学（the Third Typology）

按照维勒的观点，1960年代以后理性主义在意大利重新获得重视而成为新理性主义，并关注建筑和城市本身。这个时期产生的类型学就是"第三种类型学"，主要表现为新理性主义类型学。

新理性主义类型学强调形式和历史延续性。这种类型学不由独立要素建造，也不纯粹为使用目的、社会意识形态和技术特点的目的而形成。它完全独立且可以分解为零部件，并根据存在形式与产生方式中集成的意义、特定零部件及其相关界限和关联域的特征或零部件在新环境中重新构成时希望获得和所要表达的意义衍化而来的标准，将它们重新组装起来。新理性主义认为建筑的建造法则是要将过去存在的城市、建筑归纳为一些形式并且继承它们，然后寻

图6-12　勒·柯布西耶

（图片来源：http：//www.egon-eiermann-moebel.de/index.php/le-corbusier-15.html）

图6-13　萨伏耶别墅

（图片来源：http：//archikey.com/building/read/2763/Villa-Savoye/552/）

找一些现存的片断，并以此为基础进行逻辑推导，最后在新的城市文脉中组合这些片断。

著名建筑评论家弗兰姆普敦（K.Frampton）评价新理性主义时认为，它们首先强调现存的建筑类型在决定城市形态结构方面所起的作用；其次，新理性主义试图建立建筑的必要且合适的规则和标准。

新理性主义类型学的代表人物无疑是罗西，他在批判现代主义的僵化的同时，认为要营造一种培养和鼓励个人知觉和灵感的自由的建筑观。受到城市形态学中意大利流派的深刻影响，罗西把类型学概念扩大到风格和形式要素、城市的组织与结构要素、城市的历史与文化要素，甚至涉及人的生活方式，赋予类型学以人文的内涵。

6.2.3 当代类型学架构的两大分支

当代建筑类型学理论在世界范围内都有着广泛的支持者与追随者，在这个时代中涌现出一大批使用类型学进行设计的著名建筑师，诸如意大利的罗西（A.Rossi），芬兰的阿尔瓦·阿尔多（Alvar Aalto），瑞士的博塔（Mario Botta）等，他们的很多作品都在世界范围内引起反响。一般来说，只要在设计中涉及"原型（archetype）"概念或者说分析出"原型"特征的，都可以算做类型学研究范畴。

建筑类型学中的原型来源于心理学家荣格（Carl Gustav Jung）（图6—14）的"原型"理论。荣格认为那些在人类世世代代普遍心理的长期累积中沉淀下来的个人无意识深处有关集体的经验，是历史在"种族记忆"中的投影，也就是"原型"。这种历史现实对人们心智的影响会决定人们对环境的塑造，每个历史阶段的人们都会为这个"集体记忆"增加新的内容。但是，个体生命历程是短暂的，其物质环境形式（Form）则是相对持久稳定的，因此物质环境形式相对持久地影响对环境的塑造，从而保持了环境的相对稳定。汪丽君认为，对建筑原型的探索裂变为在历史记忆与地区的物质环境两个方面，并形成了当代西方建筑类型学架构的两大部分：从历史中寻找"原型"的新理性主义（Neo—rationalism）建筑类型学和从地区中寻找"原型"的新地域主义（Neo—regionalism）建筑类型学。许多建筑师在两大分支中都有着举足轻重的作用，其中博塔最具代表性。

（1）新理性主义建筑类型学

新理性主义是当代西方最有影响的美学思潮之一。罗西和格拉西对特拉尼（Giuseppe Terragni）等人对理性主义建筑作品的再评价引发了意大利1960年代的新理性主义运动。以罗西、格拉西、艾莫尼诺、斯科拉里（M.Scolari）、卡内拉（G.Canella）、塔夫里（M.Tafuri）、邦凡蒂（E.Bonfanti）、波莱塞洛（G.Polesello）、西莫兰尼

图6—14 荣格
（图片来源：http：//www.aaroncheak.com/
from—poetry—to—kulturphilosophie/）

（L.Semerani）、达蒂（N.Dardi）、格里高蒂（Gregotti）等意大利伦巴底和威尼斯地区建筑师和理论家为核心形成了一个被称为"坦丹萨（Tendenza）"的学派，并影响了世界范围的不少建筑师。

新理性主义发端于1966年罗西的著作《城市建筑》和1969年格拉西1969年的《建筑的逻辑结构》，继承了1920年代产生于意大利的理性主义，并在此基础上发展、引申出自己独特的理论体系。新理性主义强调利用接近自然的、传统的或有传统和自然感的材料，结合新的结构、构造技术来追求现代的"古典美"；同时他们也表现出对城市空间的极大关注，希望解决现代主义带来的城市问题，将历史和城市生活重新延续起来。他们从根本上改变了城市和建筑设计方法。

1）阿尔多·罗西的建筑类型学理论

意大利建筑师罗西（1931—1997）（图6-15）是建筑类型学理论发展的核心人物。他毕业于米兰工业大学建筑学院，师从罗杰斯和萨蒙娜，曾在包括米兰工业大学、瑞士联邦技术大学、威尼斯建筑学院、美国耶鲁大学在内的多所大学执教，并获得包括普利茨克建筑奖在内的多个奖项，对国际建筑界影响深远。在他的学术生涯早期曾关注并参与了当时的社会和政治行为，使得他开始关心文化的主题，为他晚些年的理论框架构建打下基础。他是一位多产的建筑师与建筑理论家，在理论著作和设计方面均有重要的贡献。

1966年，罗西出版了自己最重要的一部理论文献——《城市建筑学》（The Architecture of the City）（图6-16）。该书系统地体现了罗西的城市建筑理论，深刻地阐述了城市与建筑、城市与场所之间的关系，是罗西关于建筑本质的论述。此后罗西的一系列理论著作与设计实践都延续了这本书的基本观念。他参与了《帕杜瓦城》的写作，使城市形态学和类型学的概念得到进一步阐述，他完成的米兰加拉拉特西住宅是一次对城市建筑理论的实践。

罗西从批判功能类型学开始进行他的类型学阐述。罗西认为仅仅以一些政治的、社会的和经济的研究为基础来解释城市形态并不充分，并批判了功能主义（Functionalism）与有机主义（Organism）。按照他的观点，从更加广阔的意义上看，两者都起源于建筑的实证主义方法。形态与功能的对应，即便更新那些形态来适应新的需要，也并不能解释建筑形态长达数世纪的永久性。罗西的纯净与朴实与现代主义的形式纯净似乎相似，但在建筑的终极目的上与功能主义美学观和价值观大相径庭。区别于功能主义者认为功能是把形式结合起来形成城市和建筑的观点，罗西认为功能概念只在两种情况下存在合理意义，一是其作为函数在代数上使用，二是进行初级分类。他认为在建筑中功能和形式之间的关系不像因果线性关系那么简单，因此"形式追随功能"这个观念应该被颠覆。他用那些历史建筑作为例子，证明它们的意义远不是功能、技术或者材料，而是那些建筑的形式和文化内涵。那些现代建筑的功能在今天或许有意义，但在长远看来可能就没有意义了。也就是说，那些建筑的功能定性必须在其特定的历史条件下才有意义，功能不是形式的组织者，但是那些特定的"形式"则是有意义的。

罗西受到荣格"原型"理论的影响深远，他认为建筑类型与之相似，"类

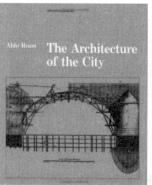

图 6-15　罗西
（图片来源：大师系列丛书编
辑部，2005）

图 6-16　《城市建筑学》英文版封面
（图片来源：http：//www.amazon.com/The-
Architecture-City-Oppositions-Books/dp/0262680432）

图 6-17　罗西博尼方丹博物馆设计
的手稿
（图片来源：大师系列丛书编辑部，2005）

型的概念就像一些复杂和持久的事物，是一种给予自身形式的逻辑原则。"人
类世世代代的发展形成了这种原则，因此建筑的形象和功能由生活在其中的人
们决定，也就是说，建筑是否与人潜意识相符决定了人对建筑和城市以及相关
环境的感受。人类的"集体记忆"是强大的，很多隐藏在"集体记忆"背后的
东西是亘古不变的。罗西把城市当作元素集合的场所和新形式产生的根本。城
市本身就是一个类，一个建筑类型层次的终端形式。城市构成了建筑存在的场
所，而建筑则构成了城市的片段。形式是可变的，生活是可变的，但生活赖于
发生的形式类型则亘古不变。按照罗西的解释，类型概念给予基本元素一种永
久而又稳定的特性，这些赋予它们一定的能力来调节需求变化。类型作为一个
恒量，能够应用在全部的城市事实当中。因而，可以认为建筑就是对类型的通
用概念的一种历史解释。

　　罗西的类型学理论建立在历史的内涵和抽象性上。罗西从不把建筑视为一
种无意识的"物"，而把它们看成是有自主生命的物体，有着独立的生长和发
展逻辑。建筑类型来源于历史中的建筑形式，从历史典型的建筑形式中抽取出
来的必然在本质上与历史相联系，是人类生存以及传统习俗的积淀。那些建筑
形式不是由建筑师们创造出来的，而是由它们自身的类型决定的，任何建筑类
型都是通过特定建筑形式来表现的，每一种建筑类型都可以导致多种建筑形式
的出现，而每一种建筑形式却只能被还原成一种建筑类型。设计建筑的过程甚
至也是一种独立自主的理性过程。罗西的设计方法是从传统建筑中抽取、演化
出建筑形式必备的抽象概念，并借助简单的几何形态表达古典建筑精华，它并
没有背离生活和时代，而是传统的延续。在罗西的很多设计手稿中，可以明显
地看到一些固定的形象，例如三角形、方形、柱廊等元素（图 6-17）。

　　罗西自己对他的理论体系有一个介绍："最后对于建筑，我仍有一种梦想，
这种梦想不是杂乱无章的汇集，而是富有内涵和多样化的美丽城市。我坚信未
来的城市是一些曾经破碎的片断重组的场所。事实上，这种重组并不是寻求一
种简单、统一的设计，而是来自其本身的生存的自由、形式的自由、城市的自
由。"罗西的建筑类型学阐述了形式与意义之间的辩证关系，这是一种源于理

图 6-18　昂格尔斯

（图片来源：http：//www.brunner-group.com/en/products/design/prof-dr-om-ungers.html）

性主义的客观逻辑，并最终将目标落在"人类永恒的关怀"上，成为他的建筑类型学的美学价值支点。

2）昂格尔斯（Oswald Mathias Ungers）的理性之美

奥斯瓦尔德·马休·昂格尔斯（图 6-18）出生于 1926 年的德国，1950 年毕业于德国卡尔斯鲁厄理工学院建筑系，成为一名建筑师。1963—1968 年在柏林理工学院任教，1969 年移居美国，先后在康奈尔大学、哈佛大学、加州大学洛杉矶分校和伯克利分校教授建筑学。1976 年，他回到德国，在科隆、柏林等地开设自己的建筑事务所。他对建筑理论有深入的研究，并将自己的建筑思想传递给下一代，影响了诸多青年建筑师；同时，他不断在建筑中实践自己新理性主义的观点，在建筑与城市"类型学"的探索中作出重要贡献。

昂格尔斯不断地对建筑学的本质内涵进行探索，他的设计主张摒弃装饰符号，把"类型"的概念与几何关系紧密结合起来，仅在例行的原则下，通过对简单几何形式的多重变化组合达到建筑形式多元化的目的，以基本组合要素的关系作为原型，进行衍生变化。昂格尔斯擅长在其设计过程中，对大量形态各异的类型进行形态研究，确立基本的几何形状，并对简单到无以复加的几何形状加以叠加、错位、组合，由此生产不同的形态并达到装饰性的效果。昂格尔斯的建筑立场是通过超现实主义的方法把建筑带入具有寓意的，形而上的境界。他在超现实主义画家契里科的作品中建立起自己的哲学观点，在他的作品中，常常可以看到连续的列柱、白色的几何形式，这些都是契里科绘画中常见的元素。昂格尔斯努力通过自己的建筑设计体现其超现实主义精神，成功实践了他本人的城市理论哲学，开拓了德国建筑的新途径。

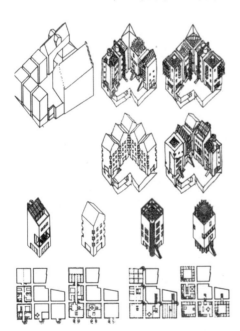

图 6-19　马尔堡城市住宅方案形成过程

（图片来源：汪丽君，舒平，2006）

昂格尔斯诸多实践中，1976 年马尔堡城市住宅方案是他早期设计中较为成功的作品。该住宅位于一个历史地段，与一栋历史悠久的建筑相邻。他通过对建筑可能性的思考以及对大量建筑类型的形态研究，确立了其设计的基本几何元素"L"形构型。在这个 L 形构型中，有 5 个基本立方体，它们围绕在原有的建筑周围，形成建筑的基础形态。随后，他设计了这些立方体的多种变化形式，形成"变体"，将它们纺织于原来的基础立方体网络中，形成多种不同的形态（图 6-19）。

在他的近期作品中，1995 年完成的美国华盛顿特区德国大使馆官邸是他从历史主义角度对现代建筑探索的代表作。整栋建筑的混凝土框架外覆盖了佛蒙特州产的石灰石，在内部空间的划分上，该建筑表现出了特殊功能的特点，接待厅与宴会厅等公共功能空间位于一层，私人餐厅与起居室、卧室、客房与卫生间位于二层。这座坐落于美国华盛顿特区的建筑，以朴素的外观和纪念性的九立柱，甚至特殊的建筑内部空间布局体现了德国文化，表现了严谨、内敛和冷漠的性格。

昂格尔斯的新理性主义观点形成于他的建筑实践当中，并延伸到了对城市的解读中。1977年，他出版了《辩证的城市》一书，是其城市设计领域的重要著作。在书中，他表达了他在城市设计中使用的分析与综合的理性方法。他认为现代主义忽视了城市的多样性，这种通过技术手段建造成的如同艺术品一样的城市"好比空港，人们没有可以驻留的场所"。他指出现代城市设计是"城市中的城市（City Within the City）"，要注重场所的互补（the City as Complementary Places），即城市是由互补和有意味的场所共同组成的整体系统，每一个互补的场所都必须具有自身的主题。另外，他还提出"层"的概念（the City as Layer），认为城市是由"层"组成的，这些层有交通系统、基础设施、公园、建筑、水域等。他的这套城市设计理论在今天仍然被广泛应用。

昂格尔斯探求的设计语言实际上是把建筑语言扩展到城市范围内。他的设计方法强调了历史及场所感的重要性，并在此基础上引入例行构图，通过"层"将城市系统加以解剖，提取分析要素，然后叠合，重归于整体。他在大量的城市设计实践中，表现了他的城市建筑哲学思想——在充分保持城市多样性、地域性和历史延续性的基础上引入秩序，以方格网模式控制形式的生成，使秩序成为城市环境的一部分。

3）克里尔兄弟的城市与建筑

克里尔兄弟——罗伯特·克里尔（Rob Krier）（图6-20）和里昂·克里尔（Leon Krier）（图6-21）是卢森堡重要的建筑师。哥哥R·克里尔于1938年出生于卢森堡的格雷文马赫。在其求学过程中，曾在意大利米兰、巴萨、佛罗伦萨、拉文纳、威尼斯和维琴察旅游，并着迷于意大利的历史城市与建筑，这使其决心成为一名建筑师。1959年他进入慕尼黑工大的建筑系学习，1965年毕业后加入昂格尔斯的事务所，1967年后加入福莱·奥托（Frei Otto）事务所。此后先后担任斯图加特大学、维也纳工业大学、瑞士格罗桑州立工业大学、美国纽黑文耶鲁大学的教授或客座教授，并与其他建筑师一同设立工作室。他先后发表出版了《城市空间》(Urban Typology)、《论建筑》(On Architecture)、《建筑元素》

图6-20 Rob Krier
（图片来源：http://eng.archinform.net/arch/1106.htm）

图6-21 Leon Krier
（图片来源：https://en.wikipedia.org/wiki/L%C3%A9on_Krier）

(Architectural Composition)等多部著作。弟弟L·克里尔于1946年出生于卢森堡，1968年，他放弃了在斯图加特大学的学位，到英国伦敦与詹姆斯·斯特林（James Stirling）合作工作了6年，后又陆续在普林斯顿大学、弗吉尼亚大学以及耶鲁大学出任建筑学教授和城市规划教授。他是一名出色的建筑师、规划师和建筑理论家，他与R·克里尔共同合作研究，并出版《理性建筑》、《建筑：选择还是宿命》（Architecture：Choice or Fate）等重要论著。

克里尔兄弟致力于寻找永恒不变的设计规则与信条，特别是有关于类型学的概念与城市实践；同时他们还注重保护历史文化。

在《城市空间》一书中，R·克里尔试图以类型学观点将欧洲城市的广场和街道归纳为几十种类型，以此作为持久不变的城市设计依据。他认为城市空间特别是古典城市空间，是由"广场原型"转化的各种形式与街道两种基本元素通过各种组合发展形成的。他首先分析了广场和街道这两种元素的结构，在垂直面和水平面上给两者进行了划分：在垂直面上着重研讨断面以及立面的形式，并罗列了24种断面形式以及类型立面形式；在水平面上提出圆形、方形、三角形三个基本广场的类型，并通过插入、分解、附加、贯穿、重合或变形等手段形成多样的转化后的形式。R·克里尔的代表作品"白色住宅"似乎为他验证了他的类型学理论。这个作品位于柏林的利特大街，这个历史街区在1945年几乎全部毁于战火，战后的重建使这里充满毫无意义的塔楼，失却了历史街区的内涵，R·克里尔试图把它建成一个重建计划中的原型，以恢复战前以底层街区为特征的传统城市框架。这是一个典型的理性主义介入的作品，跨立在一条道路上以树立起整个街区将要且必须跟随的范例。

与此同时，L·克里尔则提出"城市重建"策略，为欧洲城市的规划带来重大影响。他对于城市规划和建筑的态度具有非常极端的立场，希望能够全面恢复传统的城市面貌。他以类型学理论为基础分析城市形态是如何构成的，并把空间当作城市和建筑体系中的构成元素，认为城市形态是由构成元素和组织法则决定的。他的《理性建筑》表达了他用恢复城市空间精确形式的方法来反对城市分区造成的一片废墟的思想。L·克里尔是一个资产阶级文化的激进且坚决的批判者和彻底的历史主义者。他对工业社会和现代主义建筑进行批判，并说："现代主义残酷地毁灭了经过数百年岁月成熟起来的，各种建筑类型所具有特征的自主性，并将所有建筑类型一律化。"他认为现代运动仅仅促进了建筑工业生产，成为"最大利润追求对象"。现代建筑可识别性减小、千篇一律的现状让他对形式类型特别重视。他看到古典建筑在形式上同它的目的必然有类型上的默契，教堂看上去像教堂，剧院看上去像剧院的这种规律性的"可命名性"就是保留在人类记忆中的"原型"，有着持久的影响力。在现代城市中，他把个体建筑作为城市的元素来设计，充分重视城市的整体性和延续性，将城市作为设计的焦点和目的。

克里尔兄弟通过对城市建筑的理解，形成了一套体现其思想的设计方法，并在实践上运用这些方法。他们希望通过这套方法阐述城市意义和其他形式之间的关系，并由此论证城市形态的永恒性。他们的理论为当代欧美主流的都市设计学者提供了范型，即后来所谓的"新城市主义"。

4）其他新理性主义建筑师

除了上文介绍的建筑师外，还有很多在新理性主义类型学领域中有研究与实践的建筑师，他们也表现出了对建筑与城市中永恒性的兴趣。他们在理论上或者建筑实践上建立起自己的建筑哲学，极大地丰富了类型学研究。以下列举两个著名的建筑理论家：格拉西与艾莫尼诺。

格拉西与罗西一样，深受荣格原型理论和结构主义哲学的影响，并与罗西一同进行过类型学方面的深入研究。但区别于罗西的是他拒绝主观，反对经验主义，注重研究对形式起决定作用的客观因素。他也表现出了对历史记忆还原形式的极大兴趣，认同永恒的建筑遗产、多样性和构成精确语境的基本逻辑联系的记忆还原形式，比罗西的思想更严格的是他的建筑的集体性社会状况不再是简单地重新确认，而是有一种力量和集体信任感的结构，是一种以信仰为基础的形式。他认为简化选择，达到社会和集体认可的建筑才是可以接受的。格拉西的设计反映了他苛求的社会伦理体系，具有浓厚的无个性倾向和把主观消解在集体性中的倾向，他的建筑具有一种相对的客观性，形式高于意义，甚至不给意义留下空间。为了获得普遍而适切的有效形式表现，他甚至不避讳模仿，将模仿作为一种出发点开始设计。他的主要设计作品是 1969 年的意大利保罗实验室和 1976 年基耶缇学生公寓（Chieti Student Residences），而他的作品包含了明显的多重性和多种矛盾，与他对形式和社会认同的不懈追求不无关系。

艾莫尼诺是威尼斯学派的主要代表人物。威尼斯学派对现代主义运动的重新评价和对类型学与形构的理解作出了巨大贡献。他们探索城市形态学和建筑类型学关系，把建筑看作是人类居住历史中的经常现象，研究建筑与城市之间的关系。艾莫尼诺则是重要的思想和实践者。他认为类型学和形态学不仅是单纯形式上与常数和规范有关的东西，而且集中反映了生产方式、社会思想规范、文化模式等深层结构。在艾莫尼诺思想中，类型学是用以鉴定形式、区别和分类的，后期的艾莫尼诺甚至谴责从类型学分析中得到城市形态的思想，认为类型学是不能用于弄清城市变化过程的。

（2）新地域主义类型学

新地域主义是对现代主义的极端性进行反思的重要潮流之一，与新理性主义一样具有广泛的影响力。它来源于地方主义或乡土主义，是指建筑上吸收本地的、民族的或民俗的风格，使现代建筑体现出地方特定风格的流派，可以说是建筑中的一种方言或者说是民间风格。但新地域主义并不等同于对传统建筑的直接模仿或所谓的复古，而是一种根据现代标准进行功能组织和构造，吸收传统元素的现代建筑。新地域主义是在城市化与全球化发展剧烈的当代，对现代建筑的城市化理想的抵抗。当代城市受到全球化的影响，建筑上很难找到地域的符号，人们开始厌弃这样的生活，向往前工业社会那种富有地域文化的更舒适与个性的生活模式。新地域主义者与美国后现代主义对古典符号拼贴的方式不同，他们的建筑仍然保有当地城市的地方符号，是一种具有隐士情怀的建筑类型。

新地域主义建筑师认为，场所中的建筑能够表达特定文化与地域场所的精神，那么任何一种设计方法都是可以被接受的。他们的作品既可以朴素，也可以精致，大俗大雅之间相互交融，呈现出隐逸之风。由于对地域特性和文化精神的理解不同，新地域主义类型学可以大致上分为两种，一种是通常意义上采用地方符号、象征甚至方言的显性的地域主义，一种是被弗兰姆普敦称为"批判的地域主义"的隐形的地域主义，这种风格的建筑师，以贵族式的谦逊和谨慎的态度敏锐关注地方情景，使用现代工业材料。

显性的地域主义倾向于采用当地的建筑原型来进行建筑设计，他们以丰富的色彩和独具个性的直观形式来表达地域风貌和场所感，通过渲染民俗风情来表达反抗现代工业文明的浪漫情怀。德彼歇（A.Derbyshire）设计的伦敦黑林顿市政中心采用当地的民居和村落的形式，如延伸至近地面的坡屋顶和层层跌落的砖墙等细节，并且使用各种当地的建筑材料进行建造，非常好地契合了当地居民记忆中的建筑形式，具有明显的维多利亚时期的风格。而普雷多克（Antoine Predock）设计的怀俄明州美国遗产中心则依据建筑的场所——西部开阔原野、背靠高耸大山——以印第安人帐篷的封闭式山形为原型进行建筑设计，将建筑与周围自然环境完美融合在一起，表达了他对自然的感触和情感的流露。

隐性的地域主义通常以含蓄的手法表达场所精神，把地域精神融入现代材料与手法中，试图展现让现代工业文明与人类生活和谐共处的美好愿望。他们在地域原型的应用上偏向于深层类型，寻找文化深层结构。文化的深层结构指的是以人的精神世界为依托的各种文化现象，包括民族性格、道德观念、历史记忆以及心理图示等，它往往是一个民族或地区经历数代人积淀而形成的心理习惯。隐性的地域主义者也存在各自不同的观点,其中的代表人物是阿尔瓦·阿尔托（Alvar Aalto）和马里奥·博塔。

1）阿尔托的有机类型学

阿尔瓦·阿尔托（1898—1976）（图6-22）于1898年出生于芬兰库尔塔内，1916年进入赫尔辛基理工大学学习建筑，1923年他在于韦斯屈莱开设他的第一个建筑工作室，并使这座城市因他的建筑声名煊赫，1927年与建筑师艾瑞克·布莱格曼（Eric Bryggman）合作于图尔库开设工作室,并于1933年迁至赫尔辛基。他关注人性化与地域主义,不仅是一位杰出的建筑师,同时在区域规划、城市规划、室内装修、家具设计等多个领域有建树。

阿尔托是最早用乡土主义的设计方法反击现代主义美学的大师之一，他通过恢复北欧砖石传统、塑造不规则体量与色彩和材料质地的对比等方式突破了现代主义束缚，把北欧民族斯堪的纳维亚地区的热情、进取性格及浪漫主义精神展现得淋漓尽致，对世界新地域主义直接产生了巨大的影响。芬兰人为了纪念这位顶级的建筑大师，将赫尔辛基理工大学、赫尔辛基艺术设计大学、赫尔辛基经济学院三所芬兰著名大学合并而成的学校命名为阿尔托大学。

阿尔托既是现代建筑第一代著名大师，也是一位人情化理论的倡导者。他从民族与地域风格中提取建筑造型词汇，把现实主

图6-22 阿尔瓦·阿尔托
（图片来源：刘先觉，1998）

义与浪漫主义融为一体，创造了具有人文色彩的有机类型学，他强调有机形态和功能主义原则相结合的方式，并在作品中广泛采用自然材料，特别是木材、砖这些传统材料，表达了他在建筑与环境的关系、建筑形式与人的心理感受的关系中独到的见解。他的设计生涯大致可以分为三个阶段，在这三个阶段中都出现了重要的代表作品。他的第一阶段也被称为"第一白色时期"，这时他的作品基本上发展欧洲现代建筑并结合芬兰的地域特征，形成独特的芬兰建筑风格并开始使用当地特产的木材作为饰面。代表作品有帕米欧结核病疗养院。在他的第二阶段，也就是所谓"红色时期"，他利用地形和自然绿化，创作造型自由弯曲、变化多端的设计作品。这一时期他常利用自然材料和精细的人工构建相对比，代表作品有珊纳特赛罗市政厅。第三阶段，也就是"第二白色时期"，他以抽象的自由形体表达个人的风格特点，强调艺术效果。代表作品有伏克赛涅斯卡教堂。

在诸多作品中，珊纳特赛罗市政厅（图 6-23）是阿尔托对地域性表达的最为经典的案例。市政厅坐落在芬兰中南部的珊纳特赛罗，由佩扬内湖的三个岛屿组成，阿尔托曾在 1944 年到 1947 年间为这里进行过总体规划。1949 年阿尔托的珊纳特赛罗市政厅方案在市政厅建筑设计竞赛中获胜并开始建设。该建筑依据地势而建，主要由两个部分的建筑围绕一个高出周边一层的内院，在建筑的东南和西南分别设计了花岗岩台阶和不规则的覆草踏步联通内院和周边道路。在建筑外部和内部具有代表性的位置都使用了红色清水砖，是阿尔托红色时期的重要表达方式。他在设计中注重自然光的入射角度以及芬兰冬天的特征，并依此来设计开窗比例、墙体厚度、灯光等，在立面上的一些竖向凹槽则很好地体现了气候对设计的影响，在冬天这些凹槽可以有效阻止霜冻线的形成。内院设计亲切而安静，布置雕塑、水池、植物，营造出"家"的感觉，与芒福德"地域的真正形态是最接近于现实生活的近况，并在它的环境中最大程度上给人以家的感觉"这一概念不谋而合。

尽管阿尔托并没有以理论著述的形式表达过他的有机类型学设计思想，但从他重点作品的分析中可以看到类型学对他潜移默化的作用。他的设计中有两种鲜明的符号，一是支线和规则形的面，二是曲线和不规则的面，这两种符号很大程度上隐喻了大自然的景观，是对芬兰地区典型环境景观，海与森林的概括。他在作品中始终体现了"服从"的理念，他的设计中个体与整体是相互联系的，自然与建筑融为一体，就像椅子服从墙面，墙面服从屋顶，屋顶服从天空一样，在这里，设计是一种下意识（Subconscious）的存在，在此原则上产生了多种不同的表现风格，但它们的立场是一致的，那就是鲜明的个人和地区特征，也被称为阿尔托主义（Aaltoesque）。然而，阿尔托真正最大的贡献，在于他对民族化和人情化的现代建筑道路的探索。他没有简单创造一个非人格化、非人情味的人造环境，而是强调真正的人情味，无论室外还是室内，他都考虑到使用和视觉的舒适。他运用自然的材料，特别是木材和红砖，他认为这些材料的自然性和温情与人是一致的。他在建筑的外形处理上尽量与周围环境相协调，并利用攀缘植物、花池等与自然景色融合。他善用光线营造不同的氛围，并使之成为斯堪的纳维亚国家建筑的特色。

图 6-23 珊纳特赛罗市政厅
（图片来源：刘先觉，1998）

图 6-24 马里奥·博塔
（图片来源：阿莱桑德拉·科帕，2008）

总之，阿尔托的建筑有着斯堪的纳维亚地区独特的自然环境和文化传统性格，他的作品表达了对自然细腻的感受，有着丰富的隐喻和人性化的特点，他重视建筑作品的有机性及乡土根源，在建筑中表现传统的地方特色，又在现代建筑中寻求协调与融合，利用时代的科技，传承古典和地域传统的特征，使现代的建筑作品向着民族的意识和自然的天性回归。

2）马里奥·博塔的建筑类型学理论

马里奥·博塔（图 6-24）于 1943 年出生于瑞士，15 岁起在卢加诺的建筑公司当学徒，开始了建筑生涯。1969 年，他前往意大利威尼斯大学学习建筑，1970 年在卢加诺开设自己的事务所。此后，他在欧洲、亚洲、北美和拉丁美洲各地进行讲学，并屡次获得多项建筑奖项，成为在世界上具有强大影响力的明星建筑师。他既是一个新例行主义的实践者，同时，他也是一个典型的批判式地域主义者。

博塔的建筑生涯可以被大致分为两个阶段，第一阶段时他的作品集中在家乡周围，他利用轴线布局和对称来表现传统几何形建筑风格与古典建筑之间的紧密联系，代表作品是斯塔比奥圆形住宅。第二阶段他开始活跃在国际建筑舞台上，设计了许多城市大型公共建筑，并在这些设计中发展了他住宅作品设计的主题，他关注城市景观、地方建筑传统、过去与现状的文化等，代表作有美国旧金山现代艺术博物馆等。博塔一直在探讨着建筑作为一种人工环境的本质含义，因此他的作品既存在着现实的、浮华的甚至是忘我的成分，也存在着隐含的、纯真的符号与隐喻性的成分。他用他擅长的基本几何形体为基础，利用细节上的符号化表达他的建筑的意义；他用建筑作为一种人居环境的思想表达他对建筑和环境的理解。

他反对阿尔托的有机主义原则，认为建筑是对自然的反抗和控制，并称之为建筑环境的重要组成部分或构成元素。由于博塔新理性主义和新地域主义兼有的特性，在他的作品中往往可以看到理性原则、地方传统、社会心理和自然环境等的综合因素，他的作品努力保持着基本几何原型，又追求这些几何原型在环境中的平衡。

博塔善于运用光线，与其他建筑师相比他对光线的运用似乎更加深刻。他把光线看成空间组织的统帅构图要素，将光线的造型作用发挥到极致，在室外和室内的设计中均能找到例证，任何可能成立的地方都可以被采光。特别是在宗教建筑和博物馆建筑中，沿周边墙面泻下的光线为使用者提供了一

图 6-25　塔斯比奥圆形住宅
(图片来源：阿莱桑德拉·科帕，2008)

种神秘、沉静的空间感受。由于对光线的喜爱，他的建筑几乎成为石块下掩盖的玻璃房子，在这个房子中充满了虚空间，形成博塔强烈的个人特色（图6-25）。

博塔认为，每一个建筑作品都有自己独特的地域环境，建筑与其地域环境之间建立了一种相互依赖的关系。了解地域并对其进行诠释与解读成为建筑设计过程中的第一个环节。然而建筑与地域的关系应当是动态的、延续的，设计与建造都将对建筑与环境的平衡造成影响，并促使它们获得持续坚定的平衡。他拒绝那种极度富有乡土特色的建筑设计，但往往会为我们展现一个可以融入环境但又独立于环境的个体。他说："建筑必然与自然处于矛盾之中，在那些无穷的把建筑与自然融合在一起的奢望中，建筑与自然双方都会受到损坏"。对环境的价值，博塔认为不应该一味对其进行保护，而要对其进行提升。那些虚幻的、不可能被实现的保护只会让建筑与环境的平衡被打破，对人与环境的动态平衡进行深刻理解才能对让建筑成为环境的一个部分。

3）其他新地域主义建筑师

弗兰姆普敦曾将安藤忠雄与博塔同时归入批判的地域主义建筑师。安藤忠雄和博塔在历史观念、美学观点、形式构成等方面都有共同之处，对材料的选择——博塔倾向于砖和混凝土，而安藤忠雄则爱好清水混凝土——也十分类似。博塔曾经用"东洋武士"形容安藤，而用"欧洲的农夫"形容自己，可见两人作为建筑师在不同地域背景下形成的差异正是新地域主义建筑师的特点。安藤的建筑让柯布西耶的混凝土空间向密斯靠拢，又通过独特的设计手法来探索日本式的感性表现。他的代表作之一"住吉长屋"（图6-26）用混凝土、铁和玻璃这些现代的建筑材料和技术建成，却在箱型的几何形态背后，利用中庭使内部空间产生矛盾，体现人与自然之间建立的一种新型对话关系。日本传统建筑中的诸多因素，比如简单、明确、模数单位的使用、紧凑、多功能等都在安藤的建筑作品中得到发挥，以几何体创造空间，以"空间体验"引起人们的精神共鸣。他对光的运用充满日本传统美学特征，对水、风、绿等自然景观以人的意志抽象化、建筑化，从而与日本的传统美学对应。

图 6-26 安藤忠雄的住吉长屋
（图片来源：http://photo.zhulong.com/
proj/detail496.html）

图 6-27 查尔斯·柯里亚的圣雄甘地纪念馆
（图片来源：http://photo.zhulong.com/proj/
detail2593.html）

印度建筑师查尔斯·柯里亚（Charles Correa）也是典型的新地域主义建筑师。由于印度气候和风土的影响，建筑的地域烙印更为深刻。印度的酷暑湿热使"露天空间"成为最可能的形式。柯里亚认为从家中通过走廊来到中庭，就会感受到微妙光线的移动和周围充满变化的空气，这种充满诗意的气氛与知觉体验，就是从印度建筑中浸出的净化。他还受到印度宗教的影响，将宗教寺院建筑所具有的传统空间原型大量运用到自己的作品之中，也尝试将印度"曼荼罗"作为原型表现现代建筑（图 6-27）。

（3）其他建筑类型学

另外还有与区域文化的深层结构密切相关的广义的建筑类型学。这一派的建筑师一方面关注的是建筑与城市、建筑与公共领域的关系，另一方面注重将建筑的形式还原为基本元素，探讨建筑构成和形式的基本语法关系，寻找典型意象，在创作中遵循某种规范和类型。广义建筑类型学有两个主要的观念，一是"优化变异"，即对地域传统建筑的结构、空间关系和形态所构成包含一般原则、原理，通过变异的方法应用于新建筑创作。他们希望通过优化变异对地域传统建筑的典型形象、结构和空间模式以抽象和象征的手法进行变异，使其具有原型的"隐性表征性"。二是"隐性关联"，就是一种对地区传统文化再阐述，从全新角度与地域传统建筑在深层上暗合的过程。这种"深层"不是某些固定的外在格式、手法、形象，而是一种内在精神。"隐性关联"对于那些立足于本土文化的建筑师而言有着绝对重要的作用，他们通过对已知的传统文化进行再解读，透过表面形式去探索地区文化的内在精神实质，为这些文化赋予新的生命力。罗杰斯（Richard George Rogers）的法国波尔多高等法院、犹太裔建筑设计师丹尼尔·李伯斯金（Daniel Libeskind）的犹太博物馆等都体现了广义建筑类型学的相关思想。

习 题

1. 城市形态学的基本概念为何？
2. 请简述城市形态学的三大流派及其主要学术思想。

3.城市类型学的基本概念为何？

4.请简述城市类型学的来源与发展，并列举重要人物及其思想。

参考文献

[1] 陈飞，谷凯.西方建筑类型学和城市形态学：整合与应用[J].建筑师，2009，（2）：53–58，2.

[2] 段进，邱国潮.空间研究 5：国外城市形态学概论[M].南京：东南大学出版社，2009.

[3] 段进，邱国潮.国外城市大师系列丛书编辑部.阿尔多·罗西的作品与思想[C].北京：中国电力出版社，2005.

[4] 谷凯.城市形态的理论与方法——探索全面与理性的研究框架[J].城市规划，2001，25（12）：36–41.

[5] 杨子垒.感知与真实：城市意象与城市空间形态关系初步研究[D].重庆大学，2013.

[6] 阿莱桑德拉·科帕.马里奥·博塔.大连：大连理工大学出版社，2008

[7] 凯文·林奇.城市意象[M].北京：华夏出版社，2001.

[8] 凯文·林奇.城市形态[M].北京：华夏出版社，2003.

[9] 李强.从邻里单位到新城市主义社区——美国社区规划模式变迁探究[J].世界建筑，2006，（7）：92–94.

[10] 刘先觉.阿尔瓦·阿尔托.北京：中国建筑工业出版社，1998.

[11] 邱国潮.国外城市形态学研究——学派、发展与启示[D].东南大学，2009.

[12] 裘知.阿尔多·罗西的思想体系研究[D].哈尔滨工业大学，2007.

[13] 沈克宁.重温类型学[J].建筑师，2006，（12）：5–19.

[14] 沈克宁.建筑类型学与城市形态学[M].北京：中国建筑工业出版社，2010.

[15] 伍端.空间句法相关理论导读[J].世界建筑，2005，（11）：18–23.

[16] 吴放.拉菲尔·莫内欧的类型学思想浅析[J].建筑师，2004，（2）：54–61.

[17] 汪丽君.建筑类型学[M].天津：天津大学出版社，2005.

[18] 汪丽君，舒平.当代西方建筑类型学的架构解析[J].建筑学报，2005，（8）：18–21.

[19] 汪丽君，舒平.理性之美——德国建筑师昂格尔斯的建筑创作研究.建筑师，2006，（2）：58–61.

[20] 汪丽君.广义建筑类型学研究——对当代西方建筑形态的类型学思考与解析[D].天津大学，2012.

[21] 形态学研究的兴起与发展[J].城市规划学刊，2008，（5）：34–41.

[22] 张蕾.国外城市形态学研究及启示[J].人文地理，2010，（3）：90–95.

[23] 周颖.康泽恩城市形态学理论在中国的应用研究[D].华南理工大学，2013.

[24] 朱永春.建筑类型学本体论基础[J].新建筑，1992，（2）：32–34.

[25] 朱锫.类型学与阿尔多·罗西[J].建筑学报，1992，（5）：32–38.

第三篇

城市空间发展机制

机制，指有机体的构造、功能及其相互关系；或者机器的构造和工作原理。在社会学中的内涵可以表述为"在正视事物各个部分的存在的前提下，协调各个部分之间关系以更好地发挥作用的具体运行方式。"把机制的本义引申到城市空间发展领域，可以把"城市空间发展机制"从两方面理解。一是城市空间发展各个部分的存在（即城市空间结构）是机制存在的前提；二是以一定的运作方式把事物（即城市空间结构）的各个部分联系起来，使它们协调运行而发挥作用。

7 城市空间发展规律

本章内容包括城市空间发展的构成要素（第7.1节）、城市各要素的内在相互作用及其特征（第7.2节）及组织法则（包括经济原则也包括社会规范，城市空间结构以一套组织法则来连接城市形态和城市要素之间的相互作用，并将它们整合成一个城市系统）（第7.3节）。第7.4节为城市空间发展加入时间轴的显像结果，包含其发展阶段和动态特征。最后，第7.5节简述了城市群及城市体系发展特征与演变规律。

7.1　城市空间发展要素

7.1.1　城市经济空间发展要素

城市经济空间系统是由相互作用的经济系统和其载体构成（王琦，陈才，2008）。关于城市经济空间发展的研究主要有地理学、经济学与社会学三个视角，并且是从社会学向地理学、经济学延伸的。社会学观点认为，由于社会网络的信息流动引起了经济空间的结构变动，推动了城市经济空间的演化；城市地理学的观点认为，产业空间与地域空间的相互作用推动了城市经济空间的演化（Prout and Howit，2009）；经济学观点认为，城市地租的变化引起了城市经济空间的变化（Zhang et al，2009）；作为地理学与经济学的交叉学科的空间经济学观点认为，产业的集聚与产业集群的扩张是城市经济空间演化的根源（Fujita et al，2007）。早在韦伯的工业区位理论中，集聚因素就被列为重要的区位因子之一。但现代经济活动的空间集聚，无论其发生规模还是影响意义已远远超过早期一般性的地理集中概念，并成为影响现代区域空间结构形成的先导性因素（唐恢一，2004）。在空间结构、产业结构的转换中，城市聚集结构表现了城市产业之间优势地位的连续更迭过程，从而使城市结构不断成长、进化和整合。城市经济空间的维度主要考虑：经济活动的规模、密度（按多大数量）、空间分布（在哪里就业）、产业构成（工作内容是什么）以及土地价格等要素。

　　首先，与城市尺寸和规模相关的因素在经济增长中起着重要的作用。经济学家认为，城市市场规模（劳动力和消费市场）越大，交易成本越低，经济就越繁荣。这样做的结果是，工作和居住之间距离的不必要的增加导致交易成本上升，城市基础设施的长度增加，进而提高了城市基础设施的投资和运行成本，最终降低城市的经济竞争力。反之，随着经济活动规模与经济活动水平在空间上不断集中，随之带来更细的生产分工和更高的专业化程度，从而带来更高的劳动生产率和生产成本的大幅度降低；有利于减少关联产品间长距离的运输、转移和信息费用，从而降低运输的成本；有利于形成一个高效益运行的基础设施和公共服务网络，特别是现代社会经济发展所需的金融、保险、信息、咨询业的发达，从而形成巨大的外部经济效益；有利于形成一个发达的劳动力培训和供应市场，有利于劳动力的流动和专门技术人才的脱颖而出；集聚能产生巨大的现实市场和潜在市场，更有利于产品的更新和新技术的革新。

　　此外，研究发现人口密度与创新结果之间存在显著正相关关系。托德·M·盖布的研究表明，技术变化随着人口密度的增加而增加。以1990年—1995年间产生的创新为例，人口密度平均值每增加一个标准差会导致每万名工人增长近1.5个专利。一个城市内的就业密度翻番会提高6%的劳动生产率和4%的全要素生产率。研究虽然没有在城市规模和企业增长（Establishment Growth）之间发现联系，但是他发现10%城市规模的增长与企业平均0.207%的增长是相联系的。盖布还发现县和市域的人口规模都对职工工资（Establishment Wages）有一个正相关的影响（丁成日，2005）。

　　就业的空间分布体现在，就业可以安排在一个新的地点，使其就业密度高、就业地集中或者成群；也可以使就业地点在整个都市区展开。前一种情况中有明确的就业中心，就业中心的数目因城市而异。在美国东部地区，大部分城市有一个中央商务区（CBD），大部分城市就业都位于中央商务区（达到80%以上或更高的就业比例），这种模式称为单中心城市，纽约就是一个极好的代表；华盛顿都市也属于这一类。在美国西部地区，大部分城市除了一个显著的CBD外还有多个就业中心，CBD内的就业密度最高，其他就业中心对整个都市经济的发展也非常重要，该模式称为多中心城市，洛杉矶就是其中的一个例子。多中心的就业分布比单一中心的城市就业分布更为平面化（丁成日，宋彦，2005）。

关于就业空间分布与经济活动构成的关系，曾有大量的研究试图寻求在集聚经济动态外部性中明显显露的城市人口规模和密度的收益。动态外部性的例子有MARs的外部性理论、波特理论以及雅各布斯外部性理论。MARs外部性预测，产业在一个城市的集中会产生知识外溢，带来更大的经济增长。它还预测地方性垄断比地区竞争更有利于发展，因为地方性垄断将知识外溢效应集中在几个公司内，促使创新与经济增长的速度更快。类似的，波特理论也预测，产业在一个地区内的集中会带来更大的知识外溢与更高的经济增长。但是相对地方性垄断来讲，波特理论更支持地区竞争，认为竞争更能促进经济增长。波特强调一个产业内公司之间的竞争会孕育更大的创新和经济增长，因为公司必须创新来使自己的产品不同于竞争者的产品，否则它就会失败。雅各布斯外部性理论与MARs和波特理论相反，认为是地区内更高的产业多样性孕育了创新和经济增长。雅各布斯外部性理论同时强调，是地区竞争而不是垄断刺激了创新 (Glaeser et al, 1992)。

另一方面，城市土地价格是影响城市空间结构的重要因素，因为土地价格直接关系到城市各组成要素的空间区位分布及组合规律。尽管在现实情况下，由于地形、基础设施建设、产业结构调整和土地利用规划政策的干预，会使城市土地利用空间结构发生变形，但是区位地价级差是城市空间发展的基本动因之一。城市房地产价格上涨最快的地区一般都是交通便捷的地区，尤其是城市的新开发区，规划新开通的干道、高速公路出入口两侧土地，地价迅速上涨，表明交通条件的改善对城市土地价格的提高起着直接的促进作用。

案例：开发区对土地价格的影响

广州市天河区在 1980 年代还是郊区，分布着大量的农田和村庄。到了 1990 年代后，随着新区开发建设地价水平不断上涨，并通过传递扩散带动周边地区地价水平的提高，影响了城市地价的总体水平，进而造成城市空间结构的改变。

在城市经济空间发展的研究中，城市经济增长可以通过工业增长、公司增长、创新产品及创新专利、工人工资等指标进行衡量。比森 (Beeson, 1987) 用 48 个相连的州内制造业部门的总要素生产力进行了衡量。西塞万和霍尔 (Ciccone and Hall, 1996) 用州总产出和劳动力生产率衡量。比森还用了技术变化率指标和规模经济指标作为经济增长的要素 (Beeson, 1987)，前者即新技术进入市场并与商业实践结合的程度，后者即城区提供专门化服务与专门劳动力的容量。盖布 (Gabe, 2004) 的研究用的是企业工资与企业增长 (Establishment Wages and Establishment Growth) 指标。格莱泽 (Glaeser) 等的研究中用产业就业增长指标衡量经济增长。另外,费尔德曼和奥德斯 (Feldman and Audresch, 1999) 用各工业群体的创新数量进行衡量, 塞奇利和埃尔姆斯利 (Sedgley and Elmslie, 2004) 用州经济中每万人劳动力的平均专利数目进

行衡量（丁成日，宋彦，2005）。

7.1.2 城市社会空间发展要素

城市是由物质空间和社会空间组合而成的空间实体。城市的物质空间是指城市的土地利用空间，是城市规划和设计的主要对象。城市社会空间结构是城市社会分化在地域空间上的表现，这种社会分化是在工业化和现代化的大背景下产生的，包括人们社会地位、经济收入、生活方式、消费类型以及居住条件等方面的分化。它在城市地域空间上最直接的体现是居住区的地域分异，并直接形成了城市社会空间的分异与结构特征。因此，居住区地域分异的作用因素、空间过程和空间类型是分析城市社会空间的形成机制时的重要内容（艾大宾，2001）。

社会空间是由社会分化所形成的，社会学和地理学一般意义上的社会空间有明显的地域意义，其最小单位为家庭，较大的为邻里、社区，最大的为区域甚至国家，其中国家与社会的意义是等同的。考虑到城市本身的地域及社会分异特点，城市社会空间通常包括邻里、社区和社会区三个层次，而以社会区为主。

邻里是城市社会的基本单位，是相同社会特征的人群的汇集，它是以面对面的交往为基础形成的，个人交往的大部分内容在邻里内进行。

社区是指占据一定区域、彼此相互作用、不同社会特征的人类生活共同体。社区是一个相对独立的社会地域单位，是人们生活的基本空间。社区中有相对完备的生活服务设施，相应的社区生活制度和管理机构，特定的文化、生活方式以及社区成员对所属社区在情感上和心理上的认同感和归属感，社区成员之间有明显的相互依存关系。可以认为，社区是以日常生活联系为基础形成的。

同社区相比，社会区是一种范围更大的社会均质地域单位，是指占据一定地域，具有大致相同的生活标准、生活方式以及相同社会地位的同质人口的汇集。生活在不同社会区的人具有不同的社会经济特征、观念和行为。此三者形成一种层次结构，一个城市可能存在多个社会区，每个社会区由数个社区构成，每个社区又由数组邻里构成。城市社会空间结构正是由这些不同层次的社会地域单位所构建和体现出来的（许学强等，1996）。

（1）西方国家城市社会空间发展要素

北美城市社会空间的规律性表现在社会经济状况、家庭状况及种族状况三个因子及其空间作用模型方面。

第一是社会经济状况，这个因子主要涉及居民的职业、收入、受教育程度和居住条件；社会经济状况因子的空间作用模型呈扇面状，即不同社会经济地位的居民家庭在城市空间上呈扇形分布，并彼此相间隔。社会经济状况因子的形成条件有两个：一是城市社会本身要存在一个社会经济地位的差异；二是城市的住房质量和居住条件要有等级差异。当这两种差异同时存在时，通过城市各种社会阶层家庭间的居住竞争，使社会经济地位因子以居住地分异的形式体现于社会空间上。

第二是家庭状况，主要涉及居民的家庭人口规模、婚姻状况、性别构成和年龄构成；家庭状况因子的空间分异呈同心环结构，近市中心的地带主要是小

型家庭或单身人士，大型家庭在最外层，中型家庭则在中间地区。家庭状况因子的形成条件也有两个：一个是随着家庭结构的变动，居民家庭对住房的要求，特别是对住房面积和居室数量的要求也随之而变化；另一个条件是住房市场必须有丰富充足的房源满足居民家庭对住房要求的不断变化。当这两种条件同时存在时，居民家庭随家庭生命周期的更替而发生大量迁居，从而使家庭状况因子表现在社会空间上（Herbert and Thomas，1982）。

第三是种族状况（少数民族隔离），指不同少数民族的家庭在居住区位选择上有同族相聚和异族排斥的行为倾向。种族状况因子的空间模型则呈分散的群组分布（又称多核状），表现为不同的少数民族家庭往往集中居住在城市中几个地区，形成各自的聚居区。种族状况因子的形成条件也有两个：第一个条件是城市居民必须由多民族构成，且少数民族人口需占有相当比重；第二个条件是少数民族家庭在居住区位选择上有同族相聚和异族相斥的行为。如果这两个条件同时存在，那么在城市中必定会形成以各种民族为特色的社会区域。

将这三种社会空间类型叠合在一起，就形成了综合的现实城市社会空间，其表现出高度的差异性和异质性特征。但三个因子有一定的形成条件或者说是作用前提，如果一个城市不具备该因子的形成条件，那么该因子对该城市社会空间结构的形成则作用甚微（Ley，1983；Herbert and Thomas，1982）。西欧城市社会空间形成的主因子及其空间作用模型与北美基本一致，最大的不同之处在于由于西欧城市人口民族构成比较单一，故种族状况（少数民族隔离）因子作用不太明显（艾大宾，2001）。在欧洲城市，一方面城市居民社会经济地位等级鲜明和两极分化，家庭结构变化明显，另一方面住房市场房源充足，住房质量和居住条件等级差异悬殊。这些条件使得居民的社会经济地位和家庭状况成为城市社会空间结构形成中的主因子。

（2）我国城市社会空间发展要素

我国城市同西方国家城市相比，在政治经济制度、城市管理体制、种族和文化背景以及社会生产生活的组织方式上均存在很大的差异，这种差异决定了我国城市的社会空间结构及其形成机制有着自身的特点。尤其是从中华人民共和国成立后直至改革开放初期这一阶段，对西方国家城市社会空间形成起重要作用的几种主要因子在我国城市中并不成立（艾大宾，2001）。

第一，在这一时期，公有制经济下形成的统一分配制度又使得人们的收入差异不大。城市居民在职业、受教育程度、个人能力等方面客观存在的差异基本上不能体现为社会经济地位的差异，因而对居住地域分异作用较小。第二，从种族状况上看，我国人种单一，境外移民甚少。同时绝大多数少数民族聚居在乡村，受严格的户籍管理制度所限，很难向城市聚集，也很难在城市中形成民族聚居区。第三，人们对住房条件的需求主要通过单位建房和分房制度来满足，与人们的社会经济状况和房产市场关系不大。因而在改革开放前，单位建房和分房制度使单位成了决定人们居住条件和居住区位的主要因素。单位经济实力、地域空间的大小以及单位的住房政策决定了人们的居住条件。单位在建房过程中，往往本着方便生产和利于管理的原则选择职、住结合模式，使一个单位既是生产空间又是居住生活空间。这样，单位所在的区位就决定了人们的居住区位,单位布局的空间分异就大体上反映了不同职业人群居住的地域分异。同时,由于历史因素的延续性及城市规划的因素,在空间布局上有相似职能和性质的单位有相对集中分布于某一地域的"类聚"倾向(柴彦威,1996)。在单位建房和分房制度下,包含着若干同质单位的功能区的地域分异进一步强化了不同职业城市居民居住地域分异的规模和程度,且使居住地的空间分异格局与城市土地利用功能分区格局保持着相对一致性,如工业区往往形成工人居住区,行政区形成公务员居住区,文教区则形成知识分子居住区等(许学强等,1989)。

综上所述,从中华人民共和国成立后到改革开放初期,我国城市社会空间结构总体上受三种因素的制约:城市发展的历史因素和现时的城市功能布局规划形成了城市的功能布局分异,而单位建房分房的住房制度使这种分异体现为居住的地域分异,进而形成城市社会空间的分异。

7.2 城市空间发展的特征

7.2.1 城市经济空间发展特征

(1)产业带动

工业化和城市化是任何一个国家在经济发展中都必须经历的产业结构变动与空间结构变动的过程,二者密不可分,工业化必然带来城市化的发展,城市化反过来又会促进工业化的进步(郭俊华,等,2009)。城市作为工业化与城市化的空间载体,其演化方式决定了工业化与城市化的互动发展(Cai et al,2009)。无论是生态城市的建设,还是城市的可持续发展,工业化作为城市发展的重心,其水平与方式直接影响了城市的经济增长与生态环境保护(王琦,等,2013)。工业化与城市化的协同特性决定了城市经济空间演化的内在性质,并在理论层面上决定了城市经济空间演化的规模、方向和水平。在环境约束条件下,这些也直接决定了城市经济空间演化的规律(冯邦彦,尹来盛,2011)。城市发展中的工业化与城市化的程度、工业化与城市化的协同程度及其环境的约束性就构成了城市经济空间演化的子系统。因此,产业结构的优化带动了城市经济空间的变化;产业结构调整所引起的要素集聚与分离是城市空间结构形成的主要原因。经济活动的空间区位对经济发展具有重要作用(藤田昌久等,2008)。

(2)环境约束

18世纪之后的工业革命引发了社会经济领域和城市空间组织方式的巨大变革,西方国家进入城市化快速发展阶段。传统城市以庭院经济、作坊经济为中心的空间格局和建筑尺度被迅速瓦解,取而代之的是大片工业区、码头区和工人住宅区等相互交织的城市格局,城市走向大规模集中发展阶段。城市社会、经济结构的复杂化,城市环境的日益恶化引起了一批社会改良学者的关注(靳美娟,张志斌,2011)。1990年代以来,伴随着知识经济和网络时代的到来,城市发展开始步入一个崭新的时代。同时,具有巨大科技潜能的现代人在今天几乎不可能中止的科技发展中,也在有意识地调整着科学研究的速度和方向。

1990 年，简·戈特曼（J·Gottmann）修正了其早年研究中所忽视的社会、文化和生态观点（张京祥，1999）。1992 年威廉·E·里斯首次提出"生态脚印"的概念来反证人类必须有节制地使用"空间"资源。随着新技术手段的广泛应用，西方国家的研究重点开始从城市空间关系转向城市空间机制研究，从一国一地的研究转向跨国跨区域的研究，从实体研究转向组织结构研究，部分学者还提出了世界城市体系假说和对世界城市功能体系的描述（Kennedy et al，2007），其中史密斯和廷伯莱克认为，世界城市经济空间的扩张虽形成了大空间范围的现代化城市，在为城市产业结构调整提供空间的同时，也使城市内的土地、水、环境等自然资源承载力对城市经济空间演化构成了限制（Smith and Timberlake，1995）。因此城市经济空间演化必然受到其生态环境的约束（李东序，2008）。任何城市的空间变化都是在该城市的生态环境空间满足了生态自身功能正常发挥后，在一定时期内城市综合进步条件下，所能持续承载的满足城市经济活动的规模、速度和强度的阈值（张燕，徐建华，2009）。这个阈值就是城市经济空间演化的环境承载力的边界，它反映了协调的人地关系的可持续发展思想。

（3）结构有序

城市经济空间是产业结构与空间结构从分散到集中、从低级到高级的不断适应过程，具有结构适应性有序变化的整体性特征（王琦，2008；Wang and Guo，2011）。城市内产业结构与空间是一个相互联系、相互依赖的集合体。同时，城市经济空间结构是在多种约束下的有序变化，其结构的合理化存在着复杂的、非线性的相互作用（孙雁，等，2012）。并且，城市经济空间结构合理程度由产业结构与空间结构相互适应过程的整体水平决定，在相对时间内它表示一种静态结构，在较长时期内则表示一种动态的整体演化过程。我国一些城市在经济空间扩张中，以中心城市结构优化与功能为战略重点，以新型工业化进程业推动产业结构优化成为城市经济空间演化的动力，推动了城市空间结构与产结构相匹配的城市结构有序演进模式（匡文慧，等，2005；刘艳军，李诚固，2008；延善玉坦，等，2007）。

7.2.2 城市社会空间发展特征

我国城市社会空间结构在改革开放之前初步形成，并随着改革开放的不断深入，出现了一些新的趋势。然而，我国城市社会空间结构的基本格局在较短时期内仍难有根本性的变化，并将对以后的城市社会空间结构产生较大的影响。我国城市社会空间结构的基本特征是：

第一，以城市功能区布局为基础形成了城市社会空间分异的基本构架。如工业区形成工人居住区，行政区形成公务员居住区，科研文教区形成知识分子居住区，大型港口、枢纽车站附近形成交通业从业者居住区，部分城市的新开发区则形成了以移民为主的居住区。各种类型的居住区即是不同类型的社会区。生活在不同社会区中的人们具有不同的职业特征、生活方式、文化理念等。当然，城市中的各种功能区仅仅反映了其最主要的功能，并不是单一的功能，还包括其他一些次要的附属配套的功能，如工业区中仍然有行政机构、中小学、商业服务设施等。因此，一个社会区中的人口并不完全是同质的，如一个以工人为主的社会区中仍然可能有少部分知识分子、公务员等，但这种少量的异质人口却被占主流的同质人口所涵盖，难以体现出自身的特征。

第二，功能混合的旧城区或规模较小的城市形成一种混合的社会空间结构。在我国多数大城市中，均存在一些未经改造或改造不够的旧城区，功能混合是其最大的特点，商业、工业、行政、文教等各种功能混合在一起，不能体现出其主体功能。功能的混合往往产生居住的混合，各种职业和文化背景的人们混居在一起，使得社会空间分异不明显，因而形成一种混合的社会空间结构。此外，一些规模较小的城市由于不足以产生功能的地域分异，也形成一种混合社会空间结构。

第三，单位在我国城市社会空间结构中扮演着重要角色。单位作为我国城市独特的一种地域组织形式，其在城市社会空间结构的形成中占有重要地位。在一个相对完整的地域中，相邻的若干单位往往形成一个社区或社会区，而对某些人口规模较大又占据较大地域空间的单位而言，其本身就形成一个社区甚至社会区（如大型联合企业）。

7.3 城市空间发展机制

城市规划和技术进步是城市空间发展的导向机制和推动机制。首先，城市作为人类聚居与社会文化活动集聚的场所，城市规划是一种有目的的人为主动干预其空间结构增长的方式。城市规划体现城市的整体利益，是对城市社会经济发展的空间布局做出合理安排的一种法规调控手段或措施。其本质是基于当地自然和人文资源、对一定时期内人类追求财富和生活质量改善的过程进行空间部署的过程，因而对城市空间结构的扩展具有重要的导向功能（王开泳，肖玲，2005；王铮，等，2002）。另一方面，城市空间结构的发展演变是在技术进步的推动下进行的。其中，建筑技术创新推动了城市空间结构的垂直扩展，交通通信技术的发展和普及推动了城市空间结构的水平扩展。随着知识经济的到来，网上办公、网上购物将成为现实，人们面对面的接触可以大大地减少，有利于人们向郊区迁移，城市空间形态更加分散化（王开泳，肖玲，2005）。然而，城市空间结构的演化是一个多因素综合作用的过程，应借鉴不同学科的研究成果进行全面考虑，才能较准确地认识城市空间发展的动力机制。本节将从经济、社会以及制度等层面论述城市空间的发展机制。

7.3.1 城市经济空间发展机制

（1）城市经济与城市空间发展的联动机制

首先，城市经济发展是城市空间结构发展演变的根本动力。城市经济的发展为城市空间结构的演变提供财政支持和根本动力。现代经济金融市场可以将资金转换为投资并对城市基础设施和城市产业结构产生深刻影响，而多元化的投资主体对城市空间结构的发展产生深刻的影响。同时，城市基础设施条件的完善带来人口、产业和其他社会经济活动的集聚，进一步强化城市的功能分区

和空间布局（王开泳，肖玲，2005）。从另一方面来看，城市经济发展与城市空间结构演变具有一定的联动关系。城市经济增长是一个不稳定和涨落性的过程，其经济增长速度在不同时期会起伏变化。具体说来，经济增长过程中将出现经济运行中的复苏、扩张、收缩等现象。伴随着城市经济的周期波动，城市空间结构也并非逐步均衡的外向推进。不同的发展时期，城市空间结构的外向扩展与内部调整交替进行，表现出明显的周期性特征（郭鸿懋等，2002）。一般说来，伴随着城市经济的周期性波动，城市空间结构为分散—集中—再分散—再集中的螺旋式循环上升的运动。城市的发展过程也是城市物质要素和产业结构不断转化的过程。

（2）城市经济活动空间集聚的规模效益机制

城市发展的主要源动力是城市经济的空间集聚效应（Agglomeration）。世界城市发展经验表明，当大城市有更有效的劳动力市场时，大城市的劳动生产率比小城市高。相关研究成果证明，城市就业密度与城市规模的集聚效率确实存在。大且整合的劳动力市场和劳动力市场的规模递增性是大城市存在和发展的内在动力。一方面，城市空间集聚效应的主要内容之一是劳动力市场的规模和整合（Labor Pooling）。城市高就业密度不仅是现代城市发展的结果，同时也是促进城市发展的动力。另一方面，劳动力市场规模递增性指的是每增加一个劳动力所带来的边际效应是递增的。换句话说就是，整体大于部分之和。一个无效率的空间结构是因为它把劳动力市场和消费市场肢解和打碎成小的低效率市场（王开泳，肖玲，2005）。

> **专栏：劳动力市场的规模和整合机制**
>
> 具有规模和统一的劳动力市场，一方面有利于企业，另一方面有利于就业者。对企业来讲，有规模和统一的劳动力市场使企业很容易地雇用到企业扩张所需的劳动力，同时又可以在企业萧条时期廉价地解雇雇员。对雇员而言，他们在大的劳动力市场中（有很多同样的企业）比在只有独一无二的企业的城市更容易再次找到同样的工作。高的就业密度提高了人与人面对面的交往机会。而人与人面对面交往不仅是各种各样合作交流（经济、商业、科学技术、管理、文化等领域）的必要条件，而且是思想、文化、科学技术等方面发明创造和推广的必要条件。两个人随意的一个午餐聚会可能会带来意想不到的创新想法。高科技和第三产业的很多部门都需要人与人、面对面的交往。

（3）城市经济活动空间构成的经济效益机制

经济活动的空间分布和产业构成对经济和社会产生的效益和成本有显著的影响。有研究发现，人口与就业密集地集中在城市中心的单中心模式，产生的经济和社会效益要高于其带来的成本。这些效益一部分是因为单中心城市交通效率高，表现在机动车里程数减少、对于那些能够负担密集发展地区较高租金的人来说，公共交通的便利性及其到就业中心的可达性提高（Bertaud，2003）。此外，单中心模式产生地方化经济，即同样的产业在同一地理位置聚集时效益增加。单中心模式还有利于产生城市化经济，即产业选择位于城区时收益增加。

相关学者对经济活动空间分配和产业构成对经济增长的影响进行了研究，包括经济活动的空间分配，外部性的空间维度与递增的报酬和平均劳动生产率的关系，以及产业地方化与人口规模在农村企业增长与农村企业工资中发挥的作用等（Sedgley and Elmslie，2004；Ciceone and Hall，1996；Gabe，2004）。不仅城市人口规模和人口密度的集聚效益对经济增长率有积极的影响，同种工业经济活动在一个城市地区的集中同样有利于经济增长。例如，1970 年机器行业当地总就业中的份额每增加一个标准差，就会带来 17 年后机器就业 25% 的增长；工业区位商（一种衡量工业集中性的指标）每增加 10%、平均产生 0.25% 的企业增长。塞奇利（Sedgley）的研究发现，高科技工业的集中与每研究时间段的专利产出在统计上显著呈正相关，这也证明了同种工业集聚的重要性。

但同时也有研究发现认为，雅各布斯的外部性和城市地区经济活动的多样性同样促进了经济发展。例如，工业多样性使工业在 1987 年存在的可能性提高了。费尔德曼发现工业专门化与创新活动之间是显著负相关的，证明了那些专门到只有一种工业的城市具有较低的创新率。只有当工业是以科学为基础的时候，这种专门化才会产生较高的创新率。因此，经济活动的空间分配以及这些空间分配内的经济活动构成，都对经济增长起到了重要的作用。这些研究认为市中心城市产生的集聚性经济为工业增长创造了必要的条件。然而，工业多样性、集中性以及竞争等不同外部性之间，对经济增长的相对重要性尚不统一。

（4）经济活动空间发展的边际成本机制

门槛理论承认市场在城市发展中的地位和作用高，并不等于说市场是万能的。市场是可能失效的。市场失效在城市发展中的具体体现有以下几个方面：区位选择；城市土地利用之间的负面外部效应；城市功能分区；城市发展与城市基础设施的提供。市场不仅会降低资源的利用率，还可能给城市发展带来一系列社会经济环境等问题。因而，城市规划需要在市场失效的情况下介入，从而提高城市效率。

1）区位选择

企业在选择时的主要指标是企业的效益最大化，而效益最大化是由企业的边际成本与边际效益来决定的。假设消费者购买商品时所承担的交通成本不计入企业的成本构成中，企业的选址会选从以企业的角度来看是最优的、但从社会的角度来看不是最优的地方（丁成日，宋彦，2005）。因而，规划师的任务之一就是寻找能够同时达到个人最优和社会最优的区位，并考虑到规划干预的恰当范围。

2）城市土地利用之间的负面外部效应

一种土地利用类型对其他土地利用类型可能存在负面影响，尤其是如工业（污染）、飞机场（噪声）、垃圾处理场等邻避设施对住宅的负面影响，近年来是部分社会冲突的根源。实证研究发现垃圾处理场所、地下油气罐、加油站等

都会显著地降低周围房地产的价格（丁成日，宋彦，2005）。在美国，保护房地产价值既满足了房地产拥有者的利益，也是地方政府重要的税收来源。消除或弱化不同土地利用之间的负面外部效应的最常用规划手段是土地利用功能分区。土地利用功能分区将互不相容的土地利用类型在空间上分隔开，即住宅集中在一起，工业（特别是重工业和污染工业）集中在一起，它们之间用城市绿地分开。

3）城市用地功能分区与城市效率

城市规划通过规划手段如功能分区，来最小化土地利用的负面效应，以此来提高城市效率。然而，提高城市效率不仅需要考虑土地成本，还需考虑交通成本和能源消耗等。土地利用分区模式可以将土地利用的外部效应最小化，但会带来城市交通成本最大化。同时，社会分工和专门化、规模效益、聚集效益使高度混合模式的劳动生产率最低。而高度混合模式虽然可以有效提高城市效率，却在社会问题上带来较大挑战。

4）城市发展与城市基础设施的利用效率

城市空间结构对城市交通影响很大。假设在一个10平方千米的区域内，人口在同等密度下不均匀分布；再假设所有的就业机会都在这个地区的几何中心。通过计算机模拟20种不同的人口分布模式并模拟空间结构与交通成本之间的关系发现，人均平均交通成本如图7-1所示自左向右向下递增。这说明，人口密度随着距离的增加而减少，会具有最小的平均交通成本。也就是说，单一城市中心（一个CBD作为就业中心）要求圆锥形人口密度分布，以便降低平均交通成本。这样对政府来讲，人口空间递减的分布模式仅需要在最小的平均路网密度上作最小的交通投资就能满足城市交通需求。然而，通常是不协调的城市发展降低了基础设施的使用效率，增加了对城市基础设施（包括城市交通）的投资（丁成日，宋彦，2005）。

（5）城市规模与就业中心的最优化匹配

在经济学家的眼里，一个城市就是一个巨大的劳动力和消费者市场。随着城市发展，交易成本会被内部化，并不断降低。随着城市规模增大而逐渐降低的交易成本，又会吸引新的商业或个人来到城市，使得城市规模继续扩大，直到边际效益与边际成本相等。规模经济、交通技术、城市集聚、地区和产业部门间的专业化带来的日益增加的边际收益促使城市规模不断扩大，同时围绕城市问题而产生的边际成本又在阻止城市扩大。城市问题包括拥挤而高价的住房、城市基础设施供给的不足、环境污染、交通拥挤等问题。理论上，边际成本等于边际收益的平衡点是存在的，这一点也定义出了最优的城市规模。而现实中，这一平衡点却无法确定，原因很简单：边际成本和边际收益都太复杂了，现实中根本无法计算。尽管最优城市规模问题仍是个没有答案的问题，丁成日和宋彦（2005）提出，不同的城市规模适合不同的就业中心模式。根据就业分布特征，可以将城市分成单中心城市与多中心城市两大类。单中心城市有一个空间上就业高度集聚的地方，交通流的模式呈放射线状（图7-2（a））。多中心模式是一个大都市区有两个以上的就业密集区或商业中心，其交通模式有两类：一类是各个就业中心的规模都一样，城

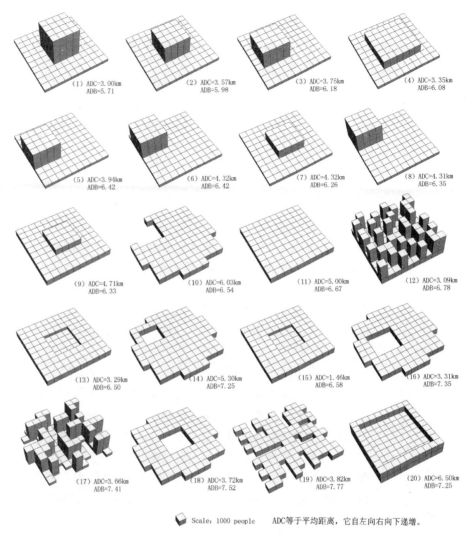

Scale: 1000 people   ADC等于平均距离, 它自左向右向下递增。

图 7-1   交通成本与人口－就业空间分布的关系
(图片来源: Bertaud, 2001)

市居民可到任何一个中心去上班, 交通流呈随机状 (图 7-2 (b)); 另一类是有一个比其他中心强的中心。这个中心比其他中心吸引更多的人来上班, 因为它提供的就业机会更多。这种模式产生的交通流是放射线状与随机状混合 (图 7-2 (c))。其支持者认为, 郊区化发展将吸引就业机会远离拥挤的城市中心, 使就业机会离劳动力居住的地方更近, 从而减少通行时间和通行里程。新的就业－住房比率转移了中心区的交通压力, 使其总量降低并且分散在更广的区域内。然而, 该研究的实证即表明就业的分散, 亦即多中心模式, 不仅没有通过多中心增加就业与住宅的平衡来减少城市交通需求, 反而造成城市居民有更长的交通通勤距离 (丁成日, 宋彦, 2005)。图 7-2 (b) 的模式还可以衍生为一种理想的城市形态: 网络化的城市村落 (Walkable Urban Villages)。该模式认为在每个就业点自给自足的社区可能更容易发展。在这样的大城市中, 交通旅程很短; 甚至理想化的状态是, 每个人都可以步行或

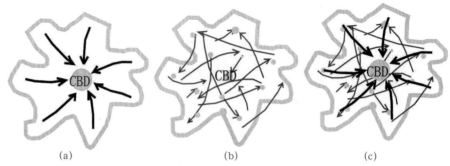

图 7-2　空间结构与交通流
(a) 单中心模式；(b) 多中心模式：随机流动型；(c) 单中心－多中心模式
(图片来源：Bertaud，2003)

者骑自行车去上班。然而这样的模式在实际中观察不到（丁成日，2005）。为了使城市的规模与就业中心达到最优化的匹配，博塔德通过对城市经济空间聚集效益与城市交通成本统筹考虑后的综合指标评估，建议 500 万以内的都市（经济定义，而非行政定义的 500 万城市人口）选择单中心城市形态，而超过 500 万的城市可以发展为多中心城市形态。

7.3.2　城市社会空间发展机制

城市空间结构是人类社会经济活动在空间上的投影。城市中人与人之间相互依赖与相互竞争是人类社区空间关系形成、发展和变化的决定因素，对城市空间结构的演化也有重要影响。因此，不同阶层的劳资关系、社群关系以及人们的归属感等社会关系是导致社会过程的基本原因和影响城市空间结构的内在催化机制（王开泳，肖玲，2005）。在城市经济结构重构的过程中，在各个地域形成特定的社会关系构成，是城市空间发展的一个重要机制。

（1）城市社会空间发展的内在规律

城市社会空间结构作为城市社会群体分化的空间表征，是一定社会经济条件下城市社会与空间相互作用的产物，伴随着城市形成、发展的始终，并随着社会经济的变迁和城市社会空间结构不断演变。城市社会空间结构的历史演变具有自身的规律性，社会经济形态的变革是演变的宏观背景，城市社会结构的变迁构成演变的内在动因，居住空间分异格局的变化是演变的外在条件，渐进性和继承性是演变的基本特点（艾大宾，2013）。

1）社会经济形态的变革是城市社会空间发展的宏观背景

社会经济形态变革是由生产力发展引起的，主要指生产方式、经济结构以及相关的政治经济制度的变化。社会经济形态的变革必然影响城市空间结构的演变（杨上广，2006）。一定的社会经济形态决定了城市的主体功能，并形成了与之相适应的物质空间结构形态和社会结构类型。各社会阶层在居住空间布局及住房制度的影响下形成了一定的居住空间分异格局，并以此为基础形成了城市社会空间结构。随着社会经济形态的变革，城市主体功能的转型，城市物质空间结构及社会阶层结构也会发生相应的变化，进而引起城市社会空间结构的演变。

2）城市社会结构的变迁是城市社会空间发展的源动力

空间的形式与形成过程受到整体社会结构动态发展的深刻影响。可以说城市社会空间结构是城市社会结构的空间表征。后者是城市居民由社会分化所形成的各社会地位群体之间的结构关系。这些社会群体所体现出来的空间分异与组合格局即为城市社会空间结构。一定的社会政治经济条件会分化形成一定的社会阶层结构。在不同的历史时期，随着城市社会阶层结构及其空间外化条件的变化，城市社会空间结构也会发生相应的演变。

3）居住空间分异格局的变化是城市社会空间发展的外在表现

社会距离与空间距离具有一致性，城市社会阶层群体的分化隔离在城市地域空间上表现为居住空间分异，即同类社会阶层群体出现聚居倾向，不同社会阶层群体间则出现居住空间隔离。由于城市居住空间是城市物质空间与社会空间的结合体，居住空间分异构成了城市社会空间分异的物质基础，其分异格局则体现了城市社会空间的结构特征。在不同的社会经济发展时期，由于受到城市发展总体目标相关的居住空间布局和住房制度等政府政策变化的影响，城市居住空间分异格局具有不同的特点，并引起城市社会空间结构的演变。

4）渐进性和继承性是城市社会空间发展的基本特点

由于受社会制度、历史发展等因素的制约，城市社会空间结构的历史演变都是在一个渐进的过程中展开的。这表现为一定时期的城市社会空间结构总是会继承前一时期的某些特征，在结构特征上表现出一定的混合性。如近代广州、天津、上海等一些城市在形成租界区、工业区和新市区等社会区类型的同时，仍然存在传统的封建制的老城区；计划经济时期形成的单位制社区在转型期以阶层型社会空间分异为主体特征的城市社会空间结构中也仍然发挥着重要作用。

（2）我国城市社会空间结构的演变历程

城市社会空间结构本质上是城市社会群体分化的空间表征，体现了一定社会经济条件下的城市社会与空间的相互作用关系，随着社会经济的变迁，城市社会空间结构也在城市经济、政治及社会文化等多种因素的变动影响下不断地发展演变。受特定的社会经济变迁的影响，我国城市社会空间结构经历了传统社会、近代社会、计划经济时期和经济转型时期几个主要阶段，各个阶段城市社会空间的形成因素及结构特征有所不同。传统社会时期和计划经济时期处于非市场经济环境下，城市社会空间主要受政治和行政因素的影响，城市居民的社会身份在社会空间结构的形成中起主导作用。近代社会时期和社会经济转型时期处于市场经济环境下，城市社会空间主要受经济和市场因素的影响，城市居民的经济地位在社会空间结构的形成中发挥着主导作用（艾大宾，2013）。

（3）我国城市社会空间结构的演变趋势

随着改革开放的逐渐深入，我国城市社会经济生活的各个方面都在发生着巨大的变化，使得城市社会空间形成的外部作用条件发生了变化，从而使我国城市社会空间结构出现了一些新的趋势（艾大宾，2001）。这些趋势包括：

1）社会经济地位日渐成为城市社会空间分化的重要因素

经济体制改革和对外开放使人们之间的收入差距开始显现且逐渐拉大，从

而使原来以职业差别为主要特征的城市居民间出现了以收入差异为基础的社会经济地位的分化。住房制度的改革和房地产业的发展使这种社会经济地位分化体现在居住的地域分异上。较高社会阶层的人多选择居住区位、居住条件和居住环境较好的高级住宅区和别墅区，而较低社会阶层的人们则多选择旧住宅和新建的经济适用住房。表现在区位上，高收入者多居住在城市中心及周围地带的高级住宅区或城郊别墅区，较低收入者则大都居住在旧城区未经改造的旧住宅或城市边缘及近郊工业区周围的经济适用住宅中（李植斌，1997）。

2）家庭结构因素的影响日益得到体现

家庭结构是指居民家庭的人口规模、代宗数、婚姻状况、性别和年龄构成等。不同家庭结构的居民家庭在住宅需求的类型和区位选择上有明显差别。随着住房制度的改革和房地产业的发展，这种在原有条件下基本上得不到体现的差别日渐体现出来。例如，人口多的大家庭由于需要居室面积大的住房，多选择房价相对较低的城市边缘区，但随着我国家庭小型化趋势的出现，这种情况并不多见，实际上选择此区位的多为经济能力有限的较低收入者。中年有子女家庭由于考虑到子女就学和娱乐等因素，倾向于选择学校、游乐设施配套较完整的地段居住。老年家庭由于子女成家迁居，对住宅面积需求减小，出于生活方便和避免孤独的考虑，多选择闹市区附近居住。可以预见的是，随着家庭生命周期的更替而出现的家庭结构变化，会引起居民家庭对住宅类型和居住区位的调整，从而影响到城市社会空间结构。

3）民族聚居区和籍贯聚居区开始在城市中出现

我国农村经济体制改革产生的大量农业剩余劳动力急于找到就业门路，城市户籍管理制度的变化则为城乡人口流动提供了条件。而在大量农业人口涌入城市的同时，城市人口在不同城市间也有流动。这些来自不同民族和籍贯地的城市外来人口出于安全、互助和文化认同等原因，产生了同民族、同乡聚居的倾向。因而城市的城郊接合部地区逐渐形成了民族聚居区和籍贯聚居区，如北京的"浙江村"（温州人聚居区）、"新疆村"（维吾尔聚居区）等。

4）单位在城市社会空间结构中的重要地位逐渐让位于城市行政管理机构

随着我国住房制度向社会化、商品化方向的改革，单位职工的居住地域也逐渐分散化，不再局限于单位所在的地域范围内，从而使单位在城市社会生活管理中的作用有所下降，并逐渐让位于城市行政管理机构（街道办事处、居民委员会等），最终将形成一个以街道－居委会行政体系为基本构架的城市社会空间结构。

7.3.3 制度主导下的城市空间发展机制

1990年代以来，西方国家关于城市空间结构的研究出现了明显的制度转向，即更加关注制度力在深刻影响城市空间发展中的作用，而不再是简单地强调主观的规划控制和市场因素的作用（Yeh，1999）。例如，新马克思主义学派认为，城市空间结构的关键要素是隐藏在表面世界后的深层社会经济结构，其研究重点在于资本主义生产方式对城市形态及发展的制约。新韦伯主义学派认为，对城市空间结构产生影响的是多元的社会制度，而非抽象的"超结构"，他们的研究更侧重于制度分析（Harvey，1978）。

中国自改革开放以来经历了巨大的体制变迁，在全球化、市场化与分权化过程的总体影响下，驱动城市空间扩张与发展的动力基础发生了深刻的变化——制度力成为深刻影响城市空间扩张与发展的关键因素。而由于体制传统的巨大差异及中国体制转型的渐进性，又使中国城市空间扩张与发展表现出复杂、远不同于西方国家的特征。因而要深刻理解、把握转型期中国城市空间发展的机制，必须从深刻的制度层面进行剖析。中国当前正处于高速城市化时期，必须加快推进地方政府企业化治理体系、土地制度、土地规制等相应的制度性变革，以期实现城市空间的集约增长、理性增长和结构优化。

（1）城市发展体制转型与空间发展

随着冷战体系的解体和经济全球化程度的加深，发达国家与发展中国家都在经历着巨大的经济、社会等体制转型（Oavis，1995；Yeh，1999）。近十余年来，西方有关城市发展体制转型的研究主要集中于城市发展政策和城市政体（Urban Regime），也就是说更加关注城市发展的制度安排、政策选择、调整机制等内容。1990年代以来，"制度演进主义"的影响日渐扩大，西方学者开始强调市场经济支持性制度的重要性及制度变革的长期性。以美国为代表的西方城市地理学界主要通过两个非常有影响的概念——"增长机器模型"（Growth Machine）和"城市政体模型"来分析城市政治、经济、社会等体制的结构性变化（张京祥，洪世键，2008）。中国是世界上最大、最重要的发展中国家，也是正经历着巨大体制转型的社会主义国家。总结中国改革开放的历程，虽然一些西方学者认为中国遵循着实用主义（Pragmatism）和渐进主义（Gradualism）的道路（朴寅星，1997；Yeh，1999），然而就中国自身环境而言，城市发展的制度环境已经发生了根本的变化，并对城市空间结构的演化产生了重大影响：

1）地方政府角色变化与城市空间结构的重组

地方政府角色的变化对中国城市空间的演化将产生深远影响，这主要表现为政府企业化倾向所带来的治理模式变化，以及对城市空间调控管理机制的变化，如规划手段和相关政策的变化、城市营销（City Promotion）的方式和相应的空间结果等。城市空间重组也是一个政治建构的过程，其中地理域层与行政建制域层之间的整合是问题的关键，如近年来广泛出现的行政区划壁垒、行政区划兼并等现象对城市空间发展产生了巨大影响。

2）经济结构变迁与城市空间结构的重组

从国内市场化不断深入的角度看，由于土地经济的影响，城市空间结构的演化呈现出越来越强的经济利益驱动性。而从全球化、国际资本转移的角度看，全球化通过资本、生产要素、信息的流动和国际劳动分工体系，正在深刻而有力地重塑着中国城市的空间形态，新空间类型（新产业空间、新生活空间）的出现，给中国城市空间结构重构带来了新的影响。

3）社会结构变迁与城市空间结构的重组

城市空间结构是在政府、市场、社会三者互相制约的综合作用下形成和演化的。城市政体理论（Urban Regime Theory）着重阐述了城市发展的三大动力来源之间的关系，以及这些关系对城市空间变化所起的影响。面对城市移民与

非正规经济的大量出现，如何维持经济发展、社会秩序与空间匹配之间的有效平衡，将是中国城市空间结构重构研究中无法回避的现实问题（张京祥，洪世键，2008）。

（2）城市政府企业化治理体系的影响

1980年代以来西方国家发生了深刻的公共治理变革，城市政府普遍推崇市场化（新自由主义），强调发挥市场机制在公共领域中的作用，导致了新公共管理理论与治理模式的产生，传统型城市管理模式（Urban Managerialism）正快速被"企业化城市"（Entrepreneurial City）治理模式所取代。政府放弃了以往长期采取的福利主义原则，而主张依赖市场机制促进经济增长，提高城市竞争力和吸引外来投资。换句话说，即是像经营企业一样来管理城市，并在促进城市增长的过程中与各种力量结成了多样化的合作伙伴关系，亦即"增长联盟"（Growth Coalition）或"增长机器"（Growth Machine）（张京祥和洪世键，2008）。

中国城市的发展及其空间结构的演变，在很大程度上是制度变迁而导致的结果。在中国既有的法规与政策体系中，城市空间资源是地方政府通过行政权力可以直接干预、有效组织的重要竞争元素，也是"政府企业化"的重要载体（孙学玉，2005）。因而中国城市空间的发展、演化也表现出政府强烈主导、逐利色彩浓厚的特点。行政力量依然是地方政府配置资源的最重要方式之一，"显现政绩"依然是决定政府行事规则的重要出发点。表现在城市空间的发展演化中，常常会出现地方政府违背客观经济规律和规划技术要求，而利用行政指令来直接控制、干预城市空间的正常发展和规律性演化（魏立华，闫小培，2006）。政府需要借助于市场的力量达到自己的经济与政治目的；而市场也期望通过介入公共部门的活动而获得超额的利润，于是政府与市场就结成各种联盟，共同达成"双赢"的目标，这就是"寻租"。城市政府与谁结盟、谁在联盟中起主导作用，不同答案必然会引起城市空间的不同变化。例如，在现行的"土地财政"体制下，土地出让金成为了地方政府预算外财政收入的主要来源，许多城市的土地出让金都占到了地方可支配收入的50%左右。因此在中国许多城市出现的大规模土地扩张、房地产开发热，事实上是由政府与逐利的开发企业共同推动的。

（3）辖区型制度及其壁垒效应的影响

在我国城市化转型期激烈竞争的环境下，出于自身利益最大化的考虑，地方政府行为常常演变成明显的本位主义和保护主义，作为地方行为空间载体的行政区划也就被赋予了特殊的含义，在资源的空间流动中扮演起各种"壁垒"的角色。地方政府之间在空间发展中以行政区划为壁垒形成的对抗性竞争，不仅造成了重复建设、产业结构趋同、环境状况恶化等问题，而且导致了城市空间无序蔓延、结构难以优化、规模盲目扩张、土地利用效率低下等严重后果，沿海的城镇密集地区更是如此（张京祥，洪世键，2008）。前几年一些地方以撤县（市）设区、扩大中心城市市区范围为代表的行政区划调整，成为影响这些城市空间扩展与演化的关键因素。通过行政区划调整，地方政府可以迅速而有效地达到控制城市与区域经济发展的资本、土地、劳动力、技术、信息等生产要素流向的目的，从而获得更丰富的发展资源、更多的发展机遇和更大的发展空间。例如，2002 年长三角各中心城市市区面积普遍扩展到 2001 年兼并前的 250%~650% 不等。然而，通过撤县（市）设区仅仅是将市县之间矛盾转化为都市区的"内部矛盾"，体制内生的问题并未得到根本解决。由于在行政区划调整过程中，许多"新区"、"老区"的权利和发展责任都得到了极大地扩大，因此实际上城市各个区之间的空间竞争被进一步加剧，在一些城市内甚至出现了多个开发区、CBD、大学城并存的怪局面。在这样的背景下，经历了行政区划兼并以后，许多中心城市的空间规模又一次快速扩张（图 7-3），而原先期望的空间结构优化却没有相应实现。

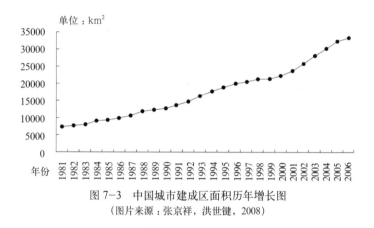

图 7-3　中国城市建成区面积历年增长图
(图片来源：张京祥，洪世键，2008)

（4）二元土地制度利益博弈的影响

1980 年代中期，我国城市土地有偿使用制度的确立使城市新增土地和转让土地走入批租制的轨道，土地出让收入也成为地方政府预算外财政的重要来源。土地使用制度由无偿向有偿的转型，为城市土地利用的社会经济效益注入了活力，对城市土地利用结构的调整和地域扩展产生了积极的影响。在这种制度下，市中心区和外围郊区的土地优势和潜力在一定程度上得到体现，表现在城市中心高地租、高地价的推力使大量城区工业企业通过用地置换而更换至外围地区，城市中心旧城区改造运动由此大规模开展。城市边缘地区低地价既成为引发中国大城市居住郊区化的直接原因，也成为 1990 年代后期中国城市新区开发、空间拓展和优化的初始动力之一（张京祥，洪世键，2008）。

但是土地使用制度在渐进式变革之路中，其深层次的问题也不断暴露。比如，由于土地市场机制未能全面完整地建立，城市土地产权制度在由行政化向市场化转轨的过程中形成双重"二元化"格局，导致了"双重土地市场的形成"（朱介鸣，1994）。总体而言，中国的土地使用制度改革是一次非均衡的改革。这种不均衡表现在两个方面：一方面允许符合条件的城市国有土地在土地使用权市场上进行流转，而将农村集体土地排除在土地市场之外，唯有在城市边缘地区（城乡接合部或城市近郊地区）存在两种所有制形式的土地在时空上相互混渗交错的现象，这使城市边缘区成为集体农用地转为建设用地的一个集中过渡地域和激烈转换地带，也是非法用地的重灾区（张慧芳，2004）。另一方面，

我国在推进土地有偿使用和市场化出让的同时，还保留了较大比重的土地行政划拨配置方式。比如 2002 年,全国城市建设用地中有 80% 属于行政划拨取得。而在有偿出让的土地中，大量又是以协议方式出让的。研究表明，2002 年全国以招标、拍卖、挂牌方式出让的土地只占有偿用地总面积的 15%，2003 年也只达到 33%。土地市场流通缺少透明和竞争的机制，造成土地使用往往呈粗放性、平面化，城市空间处于低效利用的状态，并为日后城市空间结构的调整优化埋下了更大的隐患。

总之，这场不均衡的渐进式土地使用制度改革，客观上形成了独特的双重"二元化"的土地市场结构，即"二元化"的城乡土地市场和"双轨制"的城市土地市场。这种双重"二元化"的土地制度不仅滋生了各发展主体"寻租"的现象,也直接催生了城市空间的无序扩张。双重"二元化"的土地市场结构，造成了土地开发特别是农用地转用（转变为城市建设用地）过程中存在着巨大的套利空间，而这一巨大的套利空间也成为包括地方政府在内的相关利益主体竞相追逐的对象。这一方面使以成片商业开发、开发区、大学城等建设为代表的"圈地式"城市土地开发模式遍地开花，另一方面也造成农村集体土地违法交易即土地"黑市"屡禁不止，在乡村地区许多"小产权房"、"以租代征"、"伪集体生产用地"等现象层出不穷。与此同时，以地方政府为主导的相关利益主体为了能够持续获取土地开发的利益，往往不断超越城市规划对城市空间扩展范围的限制。这样一来，在多方力量的共同作用下，城市空间的扩张迅速失控，屡屡突破规划边界，从而形成了以蔓延为特征的城市空间对外扩展模式。

（5）土地规制与空间发展

我国实行了世界上最为严厉的土地规制，但是土地规制体系十分僵化，它不仅强调数量管制，而且还强调用途管制、区位管制，并且还有年度建设用地供给计划的进一步约束。但是在实际操作过程中，土地利用总体规划的编制、实施与城市总体规划、城市近期建设规划是严重脱节的，完全在两个不同的系统内运行，所以经常造成城市规划建设区与基本农田保护区的矛盾、以及项目建设与建设用地供给指标的矛盾。而在既有的土地管理制度体系内，要通过"合法"的途径解决这些矛盾是十分困难和耗时的（张京祥，洪世键，2008）。于是在实际发展中为了规避这些矛盾，地方政府不得不化整为零，在不与基本农田相矛盾的区域内被迫分散、插花式地布局项目，造成城市规划的一些功能区难以整体形成，客观上导致了城市空间结构的破碎化。例如，在沿海的某市，由于规划的开发区与基本农田保护区存在着空间上的矛盾，一些新增工业项目不得不插花式地分布在规划开发区的周边地区，而不是在设施已经配套齐全的开发区内，不仅造成了公共投资的巨大浪费，而且加剧了城市空间的蔓延和结构的混乱。而一些基层政府由于缺少建设用地指标，不得不采取变相使用集体土地的违规方式来进行项目建设，进一步加剧了城市空间的无序蔓延。在此背景下，国家要求在全国 28 个市县开展"多规合一"试点工作，即是指将国民经济和社会发展规划、城乡规划、土地利用规划、生态环境保护规划等多个规划融合到一个区域上，实现一个市县一本规划、一张蓝图，解决现有各类规划自成体系、内容冲突、缺乏衔接等问题。"多规合一"着重解决在一级政府一级事权下各个部门之间规划的衔接，目前相关研究仍处在探索阶段。

(6) 特殊政策的干预

1) 新区开发：纵观城市空间结构的发展演变，一般以单中心城市的外向扩展为主，各种功能区近似圈层结构呈同心圆分布。进入 20 世纪以后，快速发展的工业化带动了城市的蓬勃发展，现有的城市空间结构越来越不能满足工业发展的需要，同时还带来交通拥挤、住房紧张、环境污染等城市问题，因此新区开发成为拓展城市发展空间的主要手段，也成为世界上城市发展的一种潮流。经济技术开发区、保税区、高新技术开发区等各种类型的新区开发不仅促进了城市经济的快速发展，也深刻影响着城市空间结构的演变：不仅改变了城市的空间形态和地域结构，也引起了城市功能区的重组，进而影响着城市的经济空间结构和居住空间结构。如在 1980 年代初进行的广州市天河新区的开发，不仅形成了城市新的空间发展轴线，也引起了广州市商业空间、办公空间和居住空间的变迁，成为广州市空间发展的重要动力（王开泳，肖玲，2005）。

2) 大型工程建设：大型工程的建设往往具有特殊的确定选址，不仅占据大量的空间，也产生巨大的经济效应和环境效应。当产生的这些效应超过附近城市的承载力时，往往需要城市搬迁，给工程的建设空间让位，因而改变原有的城市空间结构，甚至促进新的城市空间结构的形成。如三峡工程的建设，使位于其上游的秭归县全城搬迁，在附近地势较高的平坦地段另建新城。而新城的规划建设完全摆脱了故城的历史继承性，运用全新的城市规划理念进行建设布局（王开泳，肖玲，2005）。

3) 交通区位的袭夺：城市不但是地区经济政治和文化的中心，也是区域的交通枢纽中心。顺畅发达的交通系统是城市发展的生命线。世界上很多城市都是沿河流、铁路、公路布局，呈条带状发展，因此重要的交通干线和枢纽设施很大程度上决定着城市的空间发展形态。当兴建新的铁路、公路或航空港的时候，会改变目前的交通可达性。一旦有更加便利的交通区位在城市附近出现，城市的发展就会向着更有优势的区位靠拢，或者在新的交通区位上兴建一座新城市。新城市的发展速度和城市规模逐渐超越周边城市，甚至成为区域新的中心，从而改变着城市的空间发展模式和形态。我国的石家庄市、合肥市都是在这种背景下发展起来的（王开泳，肖玲，2005）。

4) 突发自然灾害：城市的发展总是以当地的自然资源和自然条件为依托，资源丰富度高的地区会推动城市的快速发展；反之亦然。自然条件客观存在且具有不可抗力，只能充分尊重自然，利用自然条件进行城市建设，而不能以牺牲自然环境为代价去适应城市的发展。一旦自然条件趋于恶劣，将对城市的发展形成障碍，甚至导致城市的衰退或毁灭，从而引起城市空间结构的重构或变迁。例如我国的唐山市，1976 年的大地震曾使整座城市毁于一旦。震后唐山市在老城废墟附近重新规划并兴建了一座现代化的新城，彻底改变了原来的空间布局形态（王开泳，肖玲，2005）。

5) 其他特殊政策：资源、交通、区位、人口等传统要素对城市发展的作用和影响是稳定的。在这些要素的共同作用下城市会循序渐进地发展和壮大，并渐次推进城市空间结构的发展演变。但有时新的特殊政策犹如给城市注入的

"兴奋剂"，会使城市突飞猛进地发展，迅速改变城市的空间形态，并在较短的时期内实现质的飞跃。比如，深圳市在改革开放30多年的时间里，由一个沿海小渔村迅速成长为千万人口的大城市，已成为城市发展史上一个奇迹。深圳的高速成长与它拥有的特殊政策密切相关，经济特区的优惠条件和毗邻中国香港的区位优势为深圳的发展壮大提供了不可比拟的优越环境条件，促使城市空间结构的内部不断调整并迅速外向扩展，日益形成一个高效运作的城市空间结构（王开泳，肖玲，2005）。

7.3.4 城市空间的自组织

城市空间具有一定的自律性。在城市演化过程中，城市系统的结构与能量在直接受到新物质、新能量和新信息的刺激下发生着变异，并进行转化。城市这种自发现象即是城市空间结构增长中的自组织现象（王开泳，肖玲，2005）。传统静态城市空间研究很难对空间结构的演变做出合理的解释。而耗散结构理论、协同论等自组织理论的提出，能够为城市空间发展问题研究提供更好的理论支持（谭遂等，2002）。

（1）自组织与他组织的作用

1）城市空间的自组织与他组织

自组织是指在没有特定外部干预下由于系统内部相互作用而自行从无序到有序、从低序到高序的演化过程；他组织则是指那些在特定外部作用干预下获得有序结构的过程。特定外部干预指对系统的设计、组织和控制（段进，2006）。自组织与他组织最重要的区分点在于自组织的个体行动可以自由选择，而他组织是对系统内部每一个要素进行设计、组织和控制。从这个意义上讲，所有的城市都是自组织的。虽然人在城市系统发展的过程中按照自己的意愿规划城市的物质形态，左右城市的经济运行，对城市的社会结构加以调整，为城市未来的发展做好规划。但是从系统学的角度来看，人是作为城市系统的子系统而存在的，人对城市系统发展的宏观干预应该理解为城市系统的一种内部涨落，而这种内部涨落在一定条件下可能得以放大，从而导致整个城市结构的改变；而在另一些条件下，这种内部涨落则被系统内部的相互作用抵消、平息或转化。因此，整体而言，城市并不是规划和设计出来的。人为的规划不会完全消除自发的组织，作为城市的一部分，人仅仅是参与了城市的发展。但另一方面，就城市空间而言，人对城市系统进行细分，在城市的人口、物资、信息、文化等诸子系统中，城市空间系统既是各种系统活动的载体，也是各种系统活动的综合作用力的结果。此时，作为宏观干预的城市规划，可以被视为是一种城市空间体系之外的他组织力，那么城市空间的形成和发展就是城市空间自组织与他组织共同作用的结果。

作为城市空间发展的自组织作用具有以下特性：第一，作用力的随机性。它是一种自下而上的自主方式。在微观层次上空间的构建、拆迁和置换是没有规律的，呈现出一种随机无序的状态，但在宏观层次上，却显示出作用力的整体有序。第二，目标的不确定性。城市空间系统通过自组织机制形成空间有序地集聚与扩散、蔓延与跳越、演替与分离等。能感觉到一种"隐藏"的规律，但却很难把握目标与结果之间的确定关系。第三，作用的持久性。只要城市空间系统满足耗散结构条件，自组织机制就会一直运行。第四，作用机制的进化性。空间发展的自组织机制是一种进化机制，其进化性体现在不断涌现新的、更适于发展的城市空间系统上。

而城市空间发展的他组织干预也几乎伴随着城市一起产生，人们总希望按照自己的意愿来组织、安排城市空间的发展，人为地建构城市环境。人的这种主动的、有意识的宏观干预形成了明显不同于自组织的特性：第一，作用力的特定性。它是一种自上而下的控制方式。城市规划通过规划与管理的控制和引导对城市空间的发展进行人为控制，以期达到既定的规划目标和空间效果，其运作方式是以特定的力进行有序的控制。第二，目标的明确性。城市规划作为一种人为的空间控制，规划和实施始终按照既定的内容、形式、时序和规模进行建设和管理，表现出极强的目标性，基本上呈现一种目标－结果的线性关系。第三，作用的期限性。城市规划一般都有规划期限，分为近期、远期及远景，其作用力具有阶段性和时效性特征。第四，作用机制逐步改进。随着认识水平的不断提高，城市规划方法本身也处于演变与发展过程之中。这两种作用相辅相成，形成同向复合的合力是推动城市空间向良性发展的保证。

2）自组织演化的发生机制：竞争与协同作用

自组织演化的动力从形态上分析来源于区位差的非平衡系统，而竞争性和协同性是推动空间自组织演化的根本动力（段进，2006）。空间系统的自组织性源于空间发展的竞争性。它们存在于空间发展的三个不同层次之中。其一，在区域系统中，城市对优势空间进行竞争，开创生长点并进行空间"割据"，形成空间的集聚效应或协同效应。其次，众多的城市或地区进行空间领域的竞争中，形成腹地、市场和影响区，逐步产生空间的扩散。第三，已形成的空间结构因系统的进化和发展，又促使新的竞争发生，导致空间的功能、性质甚至体系发生演替和更新。人类社会在生物学层面遵循着生态学的竞争发展原则，因而同心圆模式、扇形模式和多核心模式等都具有生态学的秩序。然而对城市而言，城市空间的发展不仅是一种生态过程，还有经济过程和文化过程。通过社会文化抑制竞争，强调协同，避免不必要的竞争过程，这是人类区别于任何其他生物聚落的关键。城市空间系统从混沌到有序自发地形成和维持，城市空间的自组织聚散与演替，城市系统内部的涨落到空间系统的自组织进化，通过竞争与协同的原理，这些城镇空间在各种不同的尺度上和不同类型中的自组织演化过程得到了合理的解释。

3）城市空间系统与城市空间结构

城市是个多目标、多层次、多功能的动态复杂系统。讨论城市空间发展的自组织演化，我们还应该对城市空间的系统及其结构特征进行整体性了解。城市空间系统与城市空间结构是两个容易混淆的概念。城市空间系统强调的是区域和城市内部各空间要素之间的动态作用关系，如空间系统的社会关系、空间系统的经济关系，而城市空间结构则强调的是城市空间要素之间形成的相对稳定的形态结构关系。两者通过城市功能相互作用，即当结构满足于系统的必要功能时，系统在相对稳定结构中处于一种均衡而有序的状态；而当结构不能满

足于系统的功能要求时，系统中就会涌现改变结构的力量，结构走向无序，直至新的有序结构的形成（段进，2006）。

但事实上，与动态的城市空间系统比较，空间结构处于一种相对稳定的态势。所谓"相对稳定"体现了结构对系统有很大的包容性和适应性。在空间系统演化中，空间结构面对来自系统内外的发展变化会表现出三种状态：其一，对发展变化表现出很强的限制力；其二，在弹性范围内，对各种变异予以接受与包容；其三，进行结构转换，顺应发展的需求。城市空间结构的转换并不是轻而易举的，因而城市空间结构在大多数情况下还是相对稳定的。亚历山大在《城市并非树形》中，提出了城市是"半网络结构"而非"树形结构"，并认为，由于规划建造城市是按树形结构规划设计的，因而缺少半网络结构的自然生长城市中所具有的活力和人性（图7-4）。然而事实上，除昌迪加尔、巴西利亚等极端的特例外并不存在纯粹的"树形结构"空间系统。退一步来说，虽然许多现代城市的图形逻辑结构是树形的，但社会系统、经济系统等的空间活动并不完全与空间图形结构重合，这种活动的复杂性就形成了交织和重叠，经自组织调节，达到一种新的空间有序系统。

段进（2006）将城市空间系统归纳为三种网络，即生态网络、经济网络和社会网络。生态网络由自然网络、交通网络、资源网络等构成，它们是城市空间系统的物理要素。它以通过生态位的形成作用于城市空间，尤其是交通网络在城市空间的发展中起着十分重要的作用。经济网络包括服务网络、市场网络、生产网络、劳动力流动、资本流动等。中心地理论、区位理论、人口转移理论、增长极理论、规模分布理论等经济规律作用于空间的研究，都涉及经济网络运行规律的探索。它们是形成城市空间自组织结构系统的基本要素，也有人称之为功能网络。社会网络的涉及面较广，包含了人类活动的许多主要方面，它着重强调社会中的群体属性。宗教、习俗、血缘、阶层、种族、组织、政治、文化等都形成各种层面的社会网络（图7-5）。它们相互叠合、交织构成了整体性的有序。无论是在行为范围还是认识范围，群体的属性都是构成自组织系统的重要方面。如社群的择居方式形成了城市居住空间地域分化的自组织系统；集体行为规范的转变带来空间结构的演替；种族、阶层、文化的不同产生空间的分离等。

（2）城市规划与自组织演化互动

城市空间的发展具有内在的机制，即自组织演化功能。这种自组织演化的发生机制和结构系统是我们正确对待城市规划设计和管理的理论依据（段进，2006）。城市在各种偶然与必然因素的共同作用下，从纷杂、混乱的无序走向有序的结果说明了自

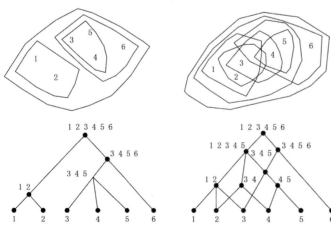

图7-4　树形结构与半网络结构图
（图片来源：亚历山大，1965）

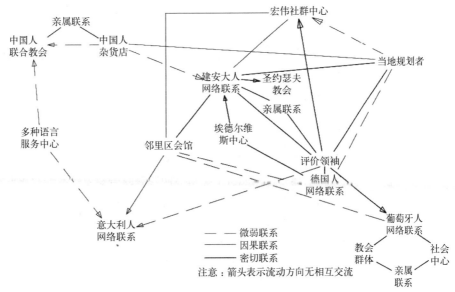

图 7-5　社会群体空间相互作用模式
（图片来源：D. 飞利浦斯，1979）

组织性是城市空间发展的重要特征与规律。但是即使城市的发展具有自组织性，城市规划仍然是必需的。城市规划作为人类干预和组织城市空间发展的直接外部手段，是对城市空间发展的"特定"干预。

首先，现代城市与传统自然城市相比规模大，关系复杂。在现代城市中纷繁复杂的各子系统间和各种不同使用者多元的目标间所产生的矛盾，决非传统社会可比，传统小城镇聚落的系统结构比现代的大都市、城市群要简单、明确和直接得多。多系统和层次之间的矛盾需要协调，城市规划促进产生协合力，可以避免许多不必要的竞争。二是现代城市中各种技术发展、文化进步和其他局部的建设都将带来对城市系统的影响，如区域性基础设施的变化，机场、港口、车站、大桥的建设，技术的更新；再如交通的形式改变，居住的方式变化等。我们已进入信息时代，这种发展和变化的节奏会进一步加快。大城市中交通拥挤、环境恶化、旧城更新问题以及日益受到重视的城市群体问题等给城市的自组织作用带来严峻的挑战，必须通过城市规划加速解决这些问题。第三，人作为城市活动的主体，通过干预来引导城市健康发展是城市自组织的一项重要组成部分。随着历史的发展，城市规划必须发挥更多和更有效的作用（段进，2006）。

另一方面，城市规划应正确对待城市空间发展的自身规律。规划对城市的发展只起干预作用，而且这种干预过强或过弱对城市空间结构系统的健康运行都是不利的。干预的作用分为两种类型：一是展望性干预（Ideological Type）；二是补救性干预（Remedial Type）。展望性干预属远景性或战略性干预，它应根据对城市空间发展相关的各系统的发展预测、空间发展规律和人们对未来的要求，提出发展目标，起到克服或减少未来发展过程中矛盾的作用。它体现了规划的预见性、引导性特征。补救性干预，是一种发现当前问题，

并促进问题解决的方法。通过这种干预能发挥城市规划促进城市空间完善自组织系统、综合协调和宏观控制的作用。因为，城市空间的自组织结构系统在发展的过程中同样受到种种的挑战，规划的正确干预有利于进行结构调整和系统进化。

从城市空间发展的历史演化来看，空间发展自组织更为根本，它作为空间发展内在的规律性机制，隐性而永久地作用于城市空间的发展和演化；而城市规划的他组织机制则是在城市空间演化到一定阶段上，为对付日益增大的空间复杂性而演化出来的，它通过相应阶段内城市土地使用及其变化的控制，显性地作用于城市空间发展。城市空间发展兼有自组织与他组织的特性，城市空间自组织的自然生长与发展与有意识的人为规划控制，这两者复合作用而形成城市空间的发展过程。但在当代社会，经济和文化的发展对城市空间发展的自组织系统提出了严峻的挑战（段进，2006），如大规模改造和开发所造成的涨落过度、价值取向同一性的瓦解、城市空间的混乱无序生长和竞争机制失衡等。面对这些挑战，城市规划即通过干预，促进城市自组织机能的提高，引导生态系统、社会系统和经济系统协同发展，并根据城市发展的规律进行展望性干预，避免不必要的损耗，使城市处于最佳发展状态，发挥最佳整体效益。同时，通过补救性干预使我们的生存空间不断优化。

7.4　城市空间发展的阶段

城市随时间发展而不断演化，城市空间结构也随着城市的发展、衰退而发生着巨大的变化。这些演化过程表现出明显的阶段性特征，通常可以通过人口分布及其变化表现出来（郑国，2010）。本节将根据李倢（2007）的研究，从城市邻里、单一职能城市、综合性城市三个空间方面进行论述。

7.4.1　城市发展与城市空间结构变化

（1）集中型城市化阶段

在城市化初期，人口向城市中心区聚集，主要表现为集中型城市化。而后随着人口向现有城市的进一步聚集，城市范围会不断扩大，主要表现为分散型城市化。这时，在产生城市空间向外膨胀的郊区化现象的同时，往往出现城市中心区居住密度降低等城市空心化现象。在调查研究中，城市中的夜间人口代表城市的居住功能，而日间人口则反映出城市的经济活动规模。在城市发展初期，城市夜间人口和日间人口密度分布通常如图7-6（a）所示，OA为办公、商业设施聚集地，AB为住宅用地，B以外地点为农业用地。这时，城市内日间与夜间人口密度差较小。随着城市的进一步发展，各种设施和住宅不断增加，低层住宅聚集区逐步被高层代替。这主要表现为城市内部立体化，其发展阶段可以用图7-6（b）来表示。在城市中心区，日间人口密度不断增加，而在城市中心区以外的城区部分，夜间人口密度显著增加。这一阶段的城市主要表现为城市边界没有突出变化的集中型城市化，且距离城市中心越近，人口密度增加越为显著。

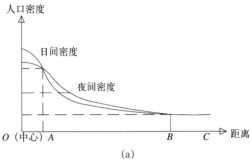

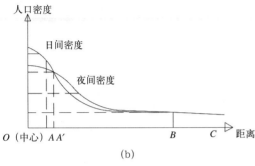

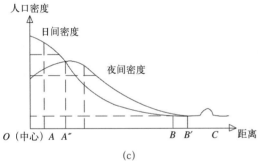

图 7-6 城市发展与城市空间结构变化
（图片来源：李健，2007）

（2）分散型城市化阶段

随着城市中心区办公机能的进一步聚集，中心区劳动需求不断增大，进一步吸引大量人口迁入，并引发城市周边非城市地区被城市逐步吸收，这一阶段的城市主要表现为城市空间向外扩展的分散型城市化。城市的分散型发展往往伴随着城市中心区常住人口迁出，即所谓的城市空心化现象。夜间人口密度显著下降，在至城市中心一定距离处形成夜间人口密度的高峰区。同时，在城市边界 C 处，往往会形成住宅开发区，夜间人口密度在 C 处出现小山般的突起。

7.4.2 邻里发展阶段研究

邻里是西方城市研究的热点，西方学者从种族构成、家庭结构、建筑状况、人口增减等角度将邻里划分为不同的发展阶段，具有代表性并得到广泛应用的研究成果主要有美国房屋所有者贷款公司（Home Owners.Loan Corp.）（John，2000）、胡佛和贝隆（Hoover and Veron，1959）、美国房地产研究公司（Real Estate Research Corporation）（1975）的划分方案（表7-1）。在经历 1960 年代严重的城市问题后，美国的城市研究者和相关政府部门更加重视邻里发展阶段理论在城市更新、房屋信贷、公共财政支出等方面的作用。邻里发展阶段论已经成为相关政策制定和城市研究中的一个基础理论（李健，2007）。

具有代表性的邻里发展阶段划分方案　　　　　　表 7-1

	美国房屋所有者贷款公司	胡佛和贝隆	美国房地产研究公司
第一阶段	新建成阶段	以独户住宅为主的阶段	健康发展阶段：以均质性的住房和中高收入群体为主，有保障和稳定的资金投入
第二阶段	正常使用阶段	以高密度公寓为主的阶段	开始下降阶段：住房老化，收入和教育水平下降，中等收入的少数民族广泛进入
第三阶段	老化阶段	少数民族大量进入阶段	明显下降阶段：更高的密度，显著的恶化，白种人进入减少，学校中少数民族比重增加，以租房为主体，保障和资金面临着问题
第四阶段	恶化阶段	人口总数下降阶段	加速下降阶段：空置率增加，低收入和少数民族的租者为主体，高失业率，缺少稳定的资金投入，公共服务下降，无主财产较多
第五阶段	贫民窟阶段	邻里更新阶段	废弃阶段：严重荒废，穷人和无所事事者为主体，高犯罪率和高失火率，房屋净收益为负

（资料来源：郑强，2010）

7.4.3 单一职能城市发展阶段研究

单一职能城市是指城市的基本职能仅有一项，在一定地域经济社会发展中仅仅承担某一方面的专业化分工。常见的单一职能城市主要有单一产业的加工业城市（如底特律市）、资源型城市（如大庆市）、纯粹的政治中心（如堪培拉市）等（李健，2007）。在单一职能城市中，资源型城市发展阶段最为典型。其相关研究目前较为成熟，并广泛应用于资源型城市规划建设实践中。资源型城市主要包括煤炭城市、石油城市、林业城市、冶金城市等，这类城市的发展阶段主要取决于资源开发量，而资源开发量又取决于资源储量和市场需求。依据资源储量和市场需求一般将资源型城市的生命周期划分为形成期、扩张期、繁荣期和衰退期四个阶段（刘力钢，罗元文，2006）。当资源型城市处于繁荣期时即应重点发展接续产业或替代产业，实现先导转型。若进入衰退期，资源型城市则不得不进行危机转型，否则城市将不可避免地会走向衰亡。城市依靠某一类职能的兴起而发展，也必将因这一职能的衰落而衰落。单一的基本职能是这类城市发展的根本原因和直接动力，决定了城市的生命周期和发展阶段（图7-7）。

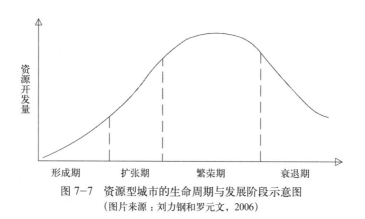

图7-7 资源型城市的生命周期与发展阶段示意图
（图片来源：刘力钢和罗元文，2006）

7.4.4 综合性城市发展阶段理论

（1）国外综合性城市发展阶段理论的相关探索

国内外学者从不同角度对综合性城市发展阶段进行了尝试研究。如诺顿（Norton，1979）从产业生命周期对城市发展阶段影响入手，根据人口变化、就业结构、市区和郊区社会经济差异等指标将美国最大的30个城市分为成熟阶段、多变阶段和青年阶段。他还和瑞斯（J.Rees）合作从产品生命周期的角度和宏观经济波动角度对城市发展阶段进行了尝试研究。伯利兹（E.Brezis）和克鲁格曼（P.Krugman）1997年从技术变迁角度分析了城市生命周期的嬗变。他们认为当发生重要的技术变革时，传统的发达城市由于存在路径依赖而对新技术反应迟钝，而那些新的城市会依靠廉价的土地和劳动力积极发展新技术；当新技术发展成熟时，这些新城市也就会取代原先的发达城市。系统动力学创始人福莱斯特（Forrester，1969）提出都市动力学模式，试图运用复杂性科学的研究方法来刻画城市的发展阶段。我国学者叶齐茂（1993）也应用这一思想提出了城市的系统进化与周期律。郑国和秦波（2009）提出借用波特（M.Porter）的国家发展阶段理论来刻画城市发展阶段，根据不同时期推动经济发展的关键因素将城市划分为要素推动、投资推动、创新推动、财富推动四个阶段，并据此对深圳的发展作了实证分析。叶裕民（2009）提出应根据城市主导产业的更替来划分城市发展阶段，认为城市伴随着一轮主导产业上升期、成熟期和衰退期而呈现出同样的发展轨迹，每一轮主导产业的兴起与更替都主导着城市的一个生命周期（李健，2007）。

（2）我国城市规划实践中常用的城市发展阶段理论

在实际工作中，我国学者更多的是利用以下两个方法来描述城市发展阶段：一是根据人类社会发展阶段确定城市发展阶段。贝尔根据核心产业演替将人类社会划分为农业社会、工业社会和后工业社会三种社会类型（Bell，1973）。在城市研究中也据此将城市分为农业社会的城市、工业社会的城市和后工业社会的城市三个生命周期类型，一个城市经历了一个生命周期后有可能进入下一个生命周期，在各个生命周期内城市也并非是匀速发展的，可分为不同的发展阶段，在有些阶段会以超常的速度快速发展，而有些时候发展非常缓慢甚至处于停滞和衰落状态。二是利用区域经济发展阶段刻画城市发展阶段。区域是城市发展的背景和基础。目前在我国城市规划实践中，学者和规划师更习惯于根据区域经济发展阶段刻画城市发展阶段，目前主要的区域发展阶段理论见表 7-2。

（3）都市发展阶段的理论模型：都市圈的成长和衰返

随着城市化进程的发展，都市圈范围及人口规模通常表现为不断增大。但都市圈并非会一直增长下去，在城市化较早的欧美国家已经出现了由城市的分散化而引起的传统中心城市衰退现象，甚至可以看到超越都市圈范围的人口及企业转移，进而导致都市圈总体人口减少等情况。目前研究中比较成熟的城市发展阶段理论是 1971 年由霍尔等人提出的四阶段模型，即从都市区内人口与产业迁移的角度将城市发展分为集中城市化、郊区化、逆城市化和再城市化四个阶段（Hall and Hay，1980）。欧洲地域学家克拉森（Klassen）

主要的区域经济发展阶段理论　　　　　　　　　　　　　　　　　表 7-2

提出者	提出时间	依据	区域发展阶段
胡佛（E.M.Hoover）和费希尔（J.Fisher）	1949 年	产业结构和制度背景	自给自足经济阶段、乡村工业崛起阶段、农业生产结构转换阶段、工业化阶段、服务业输出阶段
罗斯托（W.Rostow）	1960 年	主导产业、制造业结构和人类追求目标	传统社会阶段、"起飞"准备阶段、起飞阶段、成熟阶段、高额消费阶段
弗里德曼（J.Friedm an）	1967 年	空间结构、产业特征和制度背景	工业化过程以前资源配置时期、核心边缘区时期、工业化成熟时期、空间经济一体化时期
钱纳里（H.B.Chenery）	1986 年	人均 GDP	农业经济阶段、工业化阶段、发达经济阶段，其中工业化阶段又分为工业化初期、中期和后期

（资料来源：李健，2007）

和潘林科（Paelinck）提出了把都市圈的成长、衰返过程有机联系在一起的都市发展阶段理论。这个理论将都市圈分为中心城市和周边地区两部分，根据中心城市和周边地区人口（或就业）的相对变化把城市化过程分为若干阶段，并指出随着城市化进程，各都市圈将沿着发展阶段理论所示路径循环前进。都市圈发展阶段分类见表 7-3。

都市圈发展阶段分类   表 7-3

都市圈发展阶段分类		中心城市人口		周边地域人口		都市圈总人口
成长期	城市化	①绝对集中	增加	>	减少	→	增加
		②相对集中	增加	>	增加	→	增加
	郊区化	③相对分散	增加	<	增加	→	增加
		④绝对分散	减少	<	增加	→	增加
停滞期		⑤停　滞	减少	=	增加	→	停滞
衰退期	逆城市化	⑥绝对分散	减少	>	增加	→	减少
		⑦相对分散	减少	>	减少	→	减少
	再城市化	⑧相对集中	减少	<	减少	→	减少
		⑨绝对集中	增加	<	减少	→	减少

（资料来源：中村良平，田郑隆俊，1996）

首先，按照都市圈人口规模变动可大致分为成长期、停滞期和衰退期。在成长期，都市圈总人口呈增加趋势；在停滞期，总人口呈现微小波动，但基本保持现有水平；在衰退期，总人口呈现减少趋势。成长期又可分为城市化的第 1 阶段（集中型城市化）和第 2 阶段（郊区化）。集中型城市化的初期表现为周边地区向中心城市的人口移动，都市圈呈现绝对集中的状态（类型①）；之后，随着向都市圈迁入的人口增多，不仅中心城市人口增加，周边地区人口亦会转变为增长趋势，但中心城市的人口增长大于周边地区，都市圈呈现相对集中状况（类型②）。在第 2 阶段（郊区化阶段）的前半期，中心城市人口仍保持增长趋势，但低于周边地区人口增长，都市圈呈现相对分散状况（类型③）；在后半期，虽然向都市圈移动的人口仍在增长，但中心城市人口已开始呈现减少趋势，都市圈呈现绝对分散状态（类型④）。而后，中心城市和周边地区人口变化趋于平缓，且基本相互抵消，总人口数呈现微小波动，都市圈进入停滞期（类型⑤）。之后，随着分散化加强，人口开始向都市圈外转移，都市圈进入人口规模减小的衰退期。衰退期包括城市化的第 3 阶段（逆城市化）和第 4 阶段（再城市化）。在逆城市化的前半期，中心城市人口减少大于周边地区人口增加，都市圈呈现绝对分散状态（类型⑥）；后半期中心城市和周边地区的人口都呈减少趋势，且中心城市人口减少大于周边地区，都市圈呈相对分散状态（类型⑦）。第 4 阶段（再城市化）以都市圈再生为目标，通过政策调节等促使中心城市恢复活力。这一阶段可分为中心城市人口减少小于周边地区人口减少的相对集中型（类型⑧）和中心城市人口转变为增加的绝对集中型（类型⑨）。

如图 7-8 所示，中心城市、周边地区以及都市圈的人口变化周期图描绘

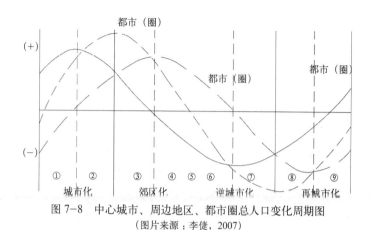

图 7-8 中心城市、周边地区、都市圈总人口变化周期图
(图片来源：李健，2007)

出都市圈人口通过城市化、郊区化、逆城市化和再城市化四个阶段，遵循一定
发展周期的变化规律。图中实线、虚线和点线分别代表中心城市、周边地区和
都市圈的人口变化，① ~ ⑨分别表示都市发展的各阶段。

　　城市发展阶段理论虽然可以系统掌握都市的成长、衰退过程，但在复杂的
实证分析中也存在若干问题。首先，都市发展阶段理论一般把都市圈分为中心
城市与周边地区，但在中心城市与周边地区的划分中往往存在主观性，对分析
结果产生一定影响。第二，随着城市化进程的发展，在郊区人口总体呈现增长
时，远离城市中心区的郊区外缘地往往可以观察到大量的人口迁出。所以在对
城市空间进行详细考察时，可考虑将郊区外缘地区人口变化纳入研究范围。另
外，都市发展阶段理论是根据中心城市和周边地区人口的相对变化，将都市圈
的空间结构变化分为四个阶段、九个类型。由于采用的是较大范围的汇总数据，
会在一定程度上抹消都市（圈）内部空间结构特征（李健，2007）。

7.5　城市群及城市体系发展特征与演变规律

　　城市群空间结构的演化机制是随着时间演进而变化的，尤其是对于中国这
样的有着漫长历史的国家。在农业经济、计划经济、转型经济及新经济的不同
历史发展阶段，城市群空间结构演进的机制是不断变迁的，在不同时期的演化
因素作用机制是不同的（汤放华，2010）。

7.5.1　城市群空间结构静态特征

　　城市群的空间结构（Urban Agglomerations Spatial Structure）作为城市群
结构的最基本形式，是城市群发展程度、阶段与过程在空间上的反映，可以理
解为经济结构、社会结构、等级规模结构等在空间地域上的投影，反映特定区
域内城市间相互关系和相互作用，体现城市群发展水平和度量城市群竞争力。
同时，城市群的形成发展过程是一个动态的变化过程，城市群内各类不同性
质的城市，其规模、结构、形态和空间布局也处于不断变化的过程中（曾鹏，
等，2011）。城市群之间的经济联系促使其空间结构呈现空间分布不均衡性、

空间增长指向性、空间拓展广域化、空间联系网络化的发展特征（吴建楠等，2013）。

（1）空间分布不均衡性

由于我国经济与社会结构发展存在着地域性差异，城市群作为社会经济高度集约化发展的产物，其空间分布也存在着极度不均衡性。我国学者通过大量实证研究发现中国城市群和城市群体系无论是地理空间还是经济空间都呈现出空间分布不均衡的特点，具体表现为"东密西疏、东强西弱、带际差异显著，东中西渐次过渡"的地带性梯度分布（方创琳，等，2002；苗长虹，王海江，2005；董青，2008）。

（2）空间增长指向性

城市群空间增长的指向性指城市群空间沿城镇发展轴拓展延伸。连接城市群内不同规模等级的城市"节点"的线状交通设施（干线铁路、干线航道、公路）及综合交通走廊所组成的城市发展轴，是城市群地域结构的骨架。城市用地结构的调整、开发区和工业园区的建设，往往会使城市群空间生长的轴线产生方向性转移，并带动城市群空间结构的转变。交通运输等线状基础设施对城市群的空间结构基本单元起着制约、引导作用，从而形成沿交通走廊等线状基础设施的城市组团或城市组群的城市空间结构。例如，长三角城市群是以上海、南京和杭州为中心的多中心城市群，城镇主要分布在沪宁、沪杭、杭甬三条交通发展轴线上，形成"之"字形的空间格局。珠三角城市群的空间增长同样具有明显的轴线性与空间指向性，人口、产业与城镇等空间要素集聚分布于城镇规模增长的轴线上，并且表现出以中国香港与广州为中心的空间指向性、道路指向和海洋指向（叶玉瑶，2006；董青，等，2008；曾鹏，等，2011）。

（3）空间拓展广域化

在一个优良的城市群空间，空间单元呈现一定的密度效应，即在蔓延向连绵转变的过程中，存在着密度临界值，即当密度超过某些阈值时，在整个区域中会形成大的空间集团，达到完全连绵的状态（董青，等，2008）。顾朝林提出中国城市发展的趋势表现为开敞性、模糊性和非嵌入式的过程，城市密集地区的多核心巨型城市区空间结构向低密度网络城市空间结构转变，最终导向"无边界"的格局（刘静玉，王发曾，2005）。当前我国发育程度较高的城市群如长三角和珠三角城市群，都出现了不同程度上的城市区域连绵化的趋势，跨区域的网络联系日趋紧密。世界城市密集地区普遍是由几个全球城市组成的全球城市区域，共同面对全球化的挑战以及参与全球城市和区域间的竞争。这些都体现了城市群发展的广域化趋势。

（4）空间联系网络化

城市群通过将群内各个层次的中心城市定位为增长极，以交通运输网络、商贸网络、信息网络、城镇网络等发达的网络化组织作为必需的支撑系统，可以实现城市网络系统的建立（倪鹏飞，2006）。城市群和城市组群通过网络系统发挥综合功能，通过网络系统的建立和完善有效降低城市群空间联系成本和交易成本，大大加强城市群内部的紧密联系。国外发达国家的城市群（如伦敦地区和大东京等）都具有良好的一体化建设的城际交通基础设施，并借此有力推动了城市群的发展，例如伦敦，形成了以轨道交通和高速公路并重的交通发展模式。我国城市群内基础设施建设应树立基础设施先行的理念，加快推进区域基础设施一体化。不仅要加快综合运输交通体系的建设，还要建设方便快捷安全的城际铁路，实现城际间基础设施的资源充分共享和交通效能的最大化（姚士谋等，2010）。

7.5.2 城市群空间结构演化机制分析

城市群空间结构的形成与发展经历了漫长的历史演化过程。自然条件、自然资源、生态环境作用、区位条件、历史、政治、军事、经济、社会文化和基础设施条件等要素综合影响着城市群的发展和演化，造就了城市群不同的发展阶段和特色，从而使区域的空间结构由无序空间不断发展到有序空间。

（1）体制机制

在城市群的发展过程中，引起城市空间形态和组织结构发生变化的动因，均是深层社会关系的变革和技术领域的重大创新。我国自1978年以来，区域经济结构变迁与区域经济发展的基本动力就是市场化取向的经济体制改革与对外开放。与此同时，我国的城市群也经历了"行政布局"、"计划指导"和"市场作用"三种经济体制下的形态演变（表7-4）。

（2）政策机制

在长期实行中央集权领导的中国，政策对城市群空间结构发展、演变的作用相当巨大，国家政策、法规愈发明显地促进了城市群空间结构的发展变化过程。政策的影响不仅体现在城市群空间结构发展变化的速度，还体现在城市群空间结构发展的方向（汤放华，2010）。这些政策包括区域发展政策、城市建设方针、土地政策、户籍及人口流动政策、投资政策和产业政策等。

1）区域发展政策。区域发展政策是国家从国家层面出发综合考虑国际环境而制定的区域发展政策。区域政策通过国家投资、产业布局规划、政策引导与调控以及基础设施建设等对城市群所在区域的空间发展发挥着至关重要的促进和阻遏作用。

2）城市建设方针。城市建设方针是指国家制定的有关影响城市发展的方针政策，国家或区域城市发展方针和城市化道路的选择通过诸多要素直接影响着城镇群体空间结构的发展演化的进度和程度。我国从1950年代后期开始的

不同经济体制下城市群空间分布特点　　　　　　　　　　表7-4

	行政布局体制下的城镇群体空间	计划指导体制下的城镇群体空间	市场纽带体制下城镇群体空间
形成时间	1970年代	1980年代中后期	1990年代中期以后
主要特点	空间布点均衡	空间地理邻近	城镇密集分布，大、中、小各类城市呈现一定等级结构
	计划调拨配置城市间资源	指令性计划、指导性计划和市场调节同时存在，以指导性调节为主	市场纽带作用加强，逐步发挥资源配置基础性作用
	城市间行政分割严重，相互封闭	中心大城市作用加强，城市间行政分割开始松动，呈有限开放态势	大城市综合功能增强，城市间开放度加大，初步出现区域一体化态势

（资料来源：刘荣增，2003）

一系列的城市建设方针着重为核心城市规模与首位度、中小城市数量与规模、城市群人口集聚、城市群产业集聚、基础设施建设等城市群空间结构的发展目标提供了政策支持。

3）土地政策。土地政策规定土地的获取、土地的开发等，左右着城市地域空间的扩张和农村地域空间的转型。我国通过家庭联产承包责任制、土地收购储备制度、耕地保护政策、宅基地政策等土地政策促进了城市规模与结构、城市群空间的紧凑程度，带来了区域土地利用形式的多种变化，进而影响了区域空间结构的演进。

4）户籍及人口流动政策。户籍与人口政策从控制人口数量到提高人口质量、从限制人口流动到鼓励人口流动、从取消城乡户籍到消除户口差异，影响着城市人口的集聚与规模扩大。从我国实践来看，城乡二元户籍政策束缚了农村劳动力的流动，制约了城市规模的扩展，户籍政策的松动，一方面推动了小城市和小城镇人口的聚集，另一方面也极大地释放了农村劳动力，使得经济发达区的非户籍城市人口大量增加，促进了城市群空间结构的发展。

5）投资政策。城镇群体的投资资本流入影响城市群空间结构，是影响城市群实际经济增长的决定因素之一。从投资的方向来看，城市群的投资主要包括：基本建设投资和非基本建设投资。非基本建设投资一般和技术进步结合在一起。而基本建设投资主要用于两个方向：新区开发、旧区改造；区域基础设施的建设和改造。这就意味着随着投资的进行，农业用地转变成城市用地，区域基础设施得到改善，城市化水平得到提高，从而使城市群的空间结构得到改变。因此，对城市群的投资一方面构成对资本产品的需求，形成当时区域的有效需求；另一方面，又会增加区域系统的新功能及基础设施的改善。

6）产业政策。产业政策对城市规模的扩大、城市功能的外溢以及城市内部的产业空间与城市外部新产业空间对新城镇的形成均起到了重要的作用。首先，生产要素的演变使城市群空间呈"大分散小集中"的趋势。第二，产业政策从不重视环境到国家重视环境建设再到实施两型社会建设，开始实施产业政策，限制高污染、高耗能的产业在城市中的发展，推进两型产业发展，从而使产业空间发生变化。第三，产业结构的演进、带动城市土地利用形态、结构与性质的变化，随着区域城市化地域空间的迅速扩散，产生许多新的产业空间。另外，产业政策对农村经济活动非农化也有很大影响。

（3）空间要素运动机制

空间要素的不断运动是导致空间结构演化与重组的根本原因。空间结构要素运动最终表现出要素的集聚与扩散态势，形成空间自组织结构。

1）集聚与扩散。集聚与扩散是区域空间运动的两种基本形式，是同一过程的两个方面。集聚是指要素和部分经济活动等在地理空间上的集中趋向与过程；扩散是指资源、要素和部分经济活动等在地理空间上的分散趋向与过程。根据物理学原理，各种事物在空间中都具有自己的势能，而且无时不在向周围环境输送和扩散自己的势能。在区域发展过程中，这种势能的扩散表现为：产品流、资金流、人流、技术流、信息流。这些"流"由中心点（区域）向周围流动，在距中心不同方位和距离的地点重新聚集，与当地原有的自然、社会经济要素相结合，形成新的集聚点。经济空间集聚到一定程度，就会出现集聚经济。此时由于外围地区也有了一定程度的发展，具备了一定的吸纳和发展能力，资本和劳动力等经济要素便开始由中心向外围扩散，在合适的区位重新集聚。由于各区位条件不同，条件或者要素组合较好的区位表现出高态势。集聚总是在高态势区位开始，并通过循环累积过程，集聚了资本、劳动力等经济因素，迅速导致经济极化，就促成了区域经济增长极或增长中心的形成。生产力要素在区域空间内依据效应最大化原则不停运动和组合，带来了永不停歇的区域空间结构的自然更新过程。对城市群空间结构产生集聚和扩散作用的驱动力主要包括经济活动模式的改变、产业结构升级、休闲经济的逐步发展、人口变化、需求和生活方式的多样化以及环境可持续发展等（表7-5）。

城市群空间集聚与扩散的驱动力 表7-5

驱动力	空间集聚和扩散
经济活动模式的改变、产业结构调整与升级、休闲经济逐步发展	1. 人口倾向于向提供更多就业、教育、商业机会的市区、县城及旅游景区周围的城镇集中； 2. 有机或高质量的农业产品形成了重要的农村地区市场的扩张的小生境，在这些地方导致人口的集中； 3. 随着农业生产率的提高及从业人员的大幅减少，非农就业岗位不足，导致年轻人和有一技之长的劳动力向外迁移； 4. 随着休闲经济的发展，在距客源地比较近的范围内，流动人口和就业机会增多
人口迁移	1. 随着乡村人口的减少，服务设施数量和等级也随之减少，服务设施在一小部分城市城镇中心更加集中； 2. 偏远山区人口逐渐外迁至人口集聚区。人口分布密度的降低，导致一些地区空间分布相对更加分散
需求和生活方式的多样化	农村的居住地类型逐步集中，需求多样化、消费方式多样化
环境可持续发展	1. 根据环境容量，人们主动或被动迁移出环境较差的地区，而前往环境承载力较高的地区； 2. 山地区受地形、资源限制，在空间上分散布局

（资料来源：汤放华，2010）

2）空间自组织。一方面，城市群空间结构是一个复杂的系统，具有分形特征和自组织特征。城市群空间结构的演化中存在着自组织过程的根本原因，是城镇之间及城镇与区域之间，由于人口流动、物质流动、能量流动和信息流动，因而存在着类似于自然界中的不同生态位势差。这种生态位势差不仅是由于具体地理区位环境的自然差异造成的，还包括各种社会经济因素在不同场所以不同方式表现出的集聚和扩散现象。另一方面，城市群是一个远离平衡态的开放系统，具有耗散结构的特征。在外界输入的物质、能量和信息流的影响下，系统内部自组织机制使其产生突发性的非平衡相变，从原来的定态转变为新的定态，形成时间、空间和功能上的新的有序结构（汤放华，2010）。

（4）新经济作用机制

信息技术的发展使得产业技术密集化、产业软化、新产业组织、城市功能分化和功能边界模糊化等新趋势出现。这些机制推动着区域空间结构的演进，主要体现在以下方面：首先，产业的高技术化，使部分城市区域成为知识生产

的集中地区，带来产业技术的密集化。这些地区的土地因素在产业中相对作用下降，技术对土地产生一定的替代。其次，产业软化使得某些服务性行业尤其是某些需要面对面交流的服务业，如金融业、会展业、信息咨询业、创意产业等服务性行业仍会集中在城市的中心地带。第三，信息化浪潮使人们更多地从空间的束缚中解脱出来，城市会出现更多的新产业组织，如用信息网络相互紧密联系的小企业，及分散在各地的企业空间组织。同时，工业与商业融合，城市生产与居住用地兼容，城市功能单元有机复合，带来城市功能边界的模糊化（汤放华，2010）。

(5) 产业的空间组织机制

产业的空间组织机制一方面体现在企业组织与区域空间结构演进。现代企业组织的发展，极大地改变了企业内部的组织结构，在空间上出现新的区位选择形态，进而实质性地影响区域城镇空间的变动。具体而言，在信息社会中，城市区域空间与公司核心管理功能呈紧密的正相关关系，而各类 R&D 活动的分布与其呈次相关状态，产品试制厂则为弱相关关系；对于大规模生产厂家，则往往与主要城市体系空间不一致。在资本逐利性的经济规律作用下，公司内部各个部门必然追求空间配置的合理性和有效性。公司总部趋于选择主要大都市区；具有创新能力的公司（开发新产品或新生产过程），其实际区位往往趋于大都市区和大科研集中区；由于通信技术和交通网络的发展，大规模制造厂使得复杂的制造技术资本化，减少了对熟练工人的需求，其实际区位往往趋向扩散至非大都市区和海外。

产业的空间组织机制同样体现在产业与区域空间结构的演进。这体现在产业结构的演进与更新以及产业技术进步三方面。产业结构的演进，将会带动城市土地利用形态、结构与性质的变化。例如在工业化初期，随着人口、工业向城市聚集，城市居住、商业、公共服务设施逐渐出现。而在工业化后期，由于中心市区产业结构的升级，中心市区原有传统工业企业、居住等行业逐渐被商业、服务业所取代，从而使土地利用的比例结构与空间结构也发生改变。产业结构的更新，是产业在城市地域空间内重新调整及职能专门化地域形态形成的过程。例如，随着中心市区"退二进三"战略的实施，工业、居住以及教育行政职能逐渐"边缘化"，在促进了产业的调整与升级的同时，也强化了产业的聚集效益。产业技术进步对城市体系变动有双重影响。一方面，现代化通信技术和交通网的发展使得在关键节点上对核心管理功能及知识密集型活动的集聚能力进一步巩固和强化；另一方面，由于计算机一体化制造减少了对工人的技术要求，大公司能相当自由地选择大规模制造厂的区位。

(6) 基础设施建设机制

从区域背景来看，基础设施的网络结构和建设水平决定了区域内城市空间联系的格局，基础设施的建设方向和重点则决定了区域竞争与发展的潜在优势、城市在区域经济社会发展时的扩展能力。交通设施是最重要的基础设施，通过交通基础设施的建设对城市空间联系进行重构和区域要素资源的重新配置，并通过这种资源重新配置的能力改变城市节点在网络中的地位，能够整合区域经济并重塑区域城市体系（表 7-6）。总的来说，基础设施格局决定区域空间格局；

交通设施的演进对区域空间结构的演进作用　　　　　　　　　　　表 7-6

发展阶段	交通设施特征	空间结构演进
启动期	近代交通方式出现，利用水运或铁路形成交通枢纽	"点"开发阶段，在交通区位有利的城市出现产业和人口的迅速集聚
雏形期	交通干线经技术改造而能力增强	"点"开发为主，经济中心形成，并向交通干线沿线区位开发转移
形成期	多种运输方式组成的运输通道形成，能力巨大，快速便捷	轴线全面开发期，沿线各地全面启动，形成一系列产业发达的城市带
延伸－连接期	交通网进一步发展，为产业远距离扩散和旁侧扩散创造了条件	轴线纵深开发和面上开发同时加速，带动更广泛的区域经济发展；经济差异逐步缩小，基本实现城市化
信息化作用下的发展	高速交通网络、信息网连接世界各地	交通经济带的轴线地带与所在区域实现一体化、高级化，工业生产向区外、国外扩散

（资料来源：汤放华，2010）

基础设施的分散使区域空间结构扁平化，区域出现大分散小集中的趋势；基础设施的现代化水平决定区域的竞争力，进而使区域空间结构扩展；基础设施的结构以及组合方式决定区域的联系范围（汤放华，2010）。

（7）生态环境约束机制

对城市群而言，在经济快速增长和城市化速度加快的同时，为了避免城市的无序蔓延和土地低效率利用（如"摊大饼"式扩散），城市之间应考虑穿插生态缓冲或生态隔离区，以确保城市增长在环境永续利用方面的前瞻性（汤放华，2010）。

7.5.3　空间结构格局的演化规律

区域空间结构格局的演化是由节点、通道、网络、域面、等级、流等要素的组合格局演化推动的。区域的空间结构要素及其组合格局的演变过程有 4 个不同的阶段：节点离散型格局、"点－轴"分布型格局、"点－轴－面"复合型格局、网络流动型格局（图 7-9）。

（1）节点离散型空间格局

处于低水平均衡发展阶段，社会经济结构中农业占绝对优势，区域为分散的空间结构格局，出于防卫的需要和受地理位置、自然资源优越条件的吸引，形成了一些自然集聚的中心节点。但这些中心节点比较独立，而且点的空间分布是不规则的，并遵守着均匀分布－随机分布－聚集分布的基本规律；通道以河流、驿道等自然通道为主，等级和流不明显；域面结构简单，网络没有形成，是典型的节点离散型空间结构格局。

（2）节点聚集型空间格局

处于农业经济向工业经济过渡阶段，生产技术的进步促使社会分工日益明显，水上交通进一步拓展，铁路和公路运输开始出现，城镇在自然资源、人口稠密或交通便利的地方集聚成中心城市，并沿地形、区域交通向四周扩散，表现为点－轴分布的空间格局。这种格局或表现为中心城市对周边地区强势吸引的大型节点的点轴分布，或表现为随空间距离的延伸而扩展蔓生的树枝形

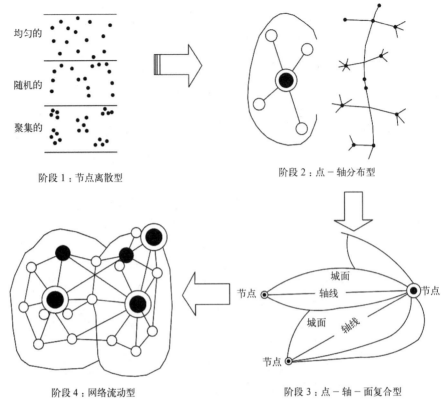

图 7-9　区域空间格局演化的 4 个阶段
(图片来源：汤放华，2010)

发展态势。其共同之处是各中心城市沿条件好、效益高、人口、经济、技术集中的方向发展轴线，并通过交通网深入到区域各个部分，出现了沿交通轴线生长的形态。其时，等级和流变得明显，域面和网络结构日益复杂，是典型的核心——边缘结构。

（3）"点－轴－面"复合型空间格局

随着工业化发展的日渐成熟，城镇沿交通轴线扩展到一定程度的时候，其边缘受到其他城镇的吸引，便会形成多个城镇之间的向心发展。在向心发展的过程中城镇间的吸引范围不断袭夺、融合，进而使群体间的整体性联系不断加强。区域经济的日益发展导致区域内小型节点快速成长，大、中型节点间的通道建设加快，流量扩大，空间上更加接近，等级体系趋于完善，域面及网络结构变得复杂，由"点－轴"格局演变为"点－轴－面"复合型的空间格局。由于规模经济效益的影响，扩散效应开始在某些中心占据优势地位，区域的中心－边缘结构逐渐转变成为多核心结构。与此同时，区域边缘的部分优势地区得到开发，形成区域性的大市场，使经济中心之间、中心城市与其外围地区之间的经济联系逐渐加强，形成了城市群或都市圈发展的经济基础。

（4）网络流动型空间格局

到后工业化阶段，由于知识经济和信息产业的出现，空间结构在扩散力和集聚力的双重引导下迅速融合与重组。一方面，出现了巨型国际化都市圈和大都市连绵区等高级区域节点；另一方面，城市化水平的提高推进了城乡交融的过程并促成城乡一体化。多等级、多类型的通道连接节点使城市的独立性减弱。在两个或多个城市之间由于引力加强及影响空间的临近，各城市间的经济化联系日益加强，产生了相互吸引与反馈作用。由此，城市之间的联系逐渐在传统地域分工的纵向等级化的基础上向水平对等结网的关联状态延伸，呈现出网络流动型空间结构格局，这是区域空间结构格局演化的高级阶段。这一阶段区域空间流动性强，区域网络结构复杂。区域城市体系在空间上出现了各种规模层次的经济中心，而集聚和扩散两种作用在不同层次上同时展开，在城市带、城市群之上又结成了各种要素流更为强大、畅通的大城市群或都市圈。

习　题

1. 城市空间结构的组成有哪些？
2. 城市空间发展的组织法则与系统论有何关联？
3. 城市群空间发展的特征与规律？

参考文献

[1] Davis D S et al.Urban Spaces in Contemporary China：The Potential for Autonomy and Community in Post-Mao China[M].Cambridge：Cambridge University Press，1995.

[2] F.L.Wu.Internal Structure of Chinese Cities in The Midst of Economic Reform[J].Urban Geography，1995，16（6）：17-31.

[3] Harvey.The Urban Process under Capita1ism[J].International Journal of Urban and Regional Research，1978，（2）：3-21.

[4] Wu.F，A.G.O.Yeh.Urban Spatial Structure in a Transitional Economy：The Case of Guangzhou，China[J].Journal of the American Planning Association，1999，65（4）：14-22.

[5] 艾大宾，王力 . 我国城市社会空间结构特征及其演变趋势 [J]. 人文地理，2001，16（2）：7-11.

[6] 艾大宾 . 我国城市社会空间结构的演变历程及内在动因 [J]. 城市问题，2013，（1）：69-73.

[7] 陈立人，王海斌 . 长江三角洲地区准都市连绵区刍议 [J]. 城市规划汇刊，1997，（3）：31-36.

[8] 丁成日 . 城市规划与空间结构：城市可持续发展战略 [M]. 北京：中国建筑工业出版社，2005.

[9] 董青，李玉江，刘海珍 . 中国城市群划分与空间分布研究 [J]. 城市发展研究，2008，15（6）：70-75.

[10] 董青，刘海珍，刘加珍等 . 基于空间相互作用的中国城市群体系空间结构研究 [J]. 经济地理，2010，（6）：926-932.

[11] 段进 . 城市空间发展论（第二版）[M]. 南京：江苏科学技术出版社，2006.

[12] 顾朝林，甄峰，张京祥 . 集聚与扩散——城市空间结构新论 [M]. 南京：东南大学出版社，2000.

[13] 郭鸿懋 . 加快城市化进程，推动城市区县经济的发展——以天津市为例的分析 [J]. 城市，2002，（01）：40–44.

[14] 李健 . 城市空间结构：理论、方法与实证 [M]. 北京 . 方志出版社，2007.

[15] 李植斌 . 我国城市住区社会经济空间结构的变化 [J]. 人文地理，1997，13（2）：18–22.

[16] 苗长虹，王海江 . 中国城市群发展态势分析 [J]. 城市发展研究，2005，12（4）：11–14.

[17] 倪鹏飞 . 中国城市竞争力报告 [M]. 社会科学文献出版社，2006.

[18] 彭震伟 . 区域研究与区域规划 [M]. 上海：同济大学出版社，1998.

[19] 朴寅星 . 西方城市理论的发展和主要课题 [J]. 城市问题，1997，（1）：11–14.

[20] 宋彦，丁成日 . 交通政策与土地利用脱节的案例——析美国亚特兰大的 MARTA 公交系统 [J]. 城市发展研究，2005，（2）：54–59.

[21] 孙学玉 . 企业型政府论 [M]. 北京：社会科学文献出版社，2005.

[22] 唐恢一 . 城市学 [M]. 哈尔滨：哈尔滨工业大学出版社，2004.

[23] 汤放华，陈修颖 . 城市群空间结构演化：机制、格局和模式 [M]. 北京：中国建筑工业出版社，2010：6–21.

[24] 吴建楠，程绍铂，姚士谋 . 中国城市群空间结构研究进展 [J]. 现代城市研究，2013，（12）：97–101.

[25] 魏立华，闫小培 . 有关"社会主义转型国家"城市空间的研究述评 [J]. 人文地理，2006，21（4）：7–12.

[26] 王婧，方创琳 . 中国城市群发育的新型驱动力研究 [J]. 地理研究，2011，3（2）：335–347.

[27] 王开泳，肖玲 . 城市空间结构演变的动力机制分析 [J]. 华南师范大学学报（自然科学版），2005，（1）：116–122.

[28] 王琦，沈滢，赵辉越等 . 基于 CNKI 文献分析的城市经济空间演化研究综述 [J]. 现代情报，2013，33（5）：173–177.

[29] 王铮 . 中国城市与区域管理研究进展与展望 [J]. 地理科学进展，2011，（12）：1527–1533.

[30] 王铮等 . 上海城市空间结构的复杂性分析 [J]. 地理科学进展，2001，20（4）：331–340.

[31] 许学强，周一星，宁越敏 . 城市地理学 [M]. 北京：高等教育出版社，1996：207–214.

[32] 薛东前，王传胜 . 城市群演化的空间过程及土地利用优化配置 [J]. 地理科学进展，2002，（2）：95–102.

[33] 阎小培，许学强 . 广州城市基本 – 非基本经济活动的变化分析——兼释城市发展的经济基础理论 [J]. 地理学报，1999，54（4）：299–308.

[34] 姚士谋，冯长春，王成新等 . 中国城镇化及其资源环境基础 [M]. 北京：科学出版社，2010.

[35] 叶玉瑶 . 城市群空间演化动力机制初探——以珠江三角洲城市群为例 [J]. 城市规划，2006（1）：61–66.

[36] 于洪俊，宁越敏 . 城市地理概论 [M]. 合肥：安徽科学技术出版社，1983.

[37] 虞蔚．城市社会空间的研究与规划[J]．城市规划，1986，10（6）：25-28.

[38] 刘静玉，王发曾．我国城市群经济整合的理论分析[J]．地理与地理信息科学，2005，14（5）：55-59.

[39] 张京祥．城镇群体空间组合[M]．南京：东南大学出版社，2000：33-37.

[40] 张京祥，洪世键．城市空间扩张及结构演化的制度因素分析[J]．规划师，2008，24（12）：40-43.

[41] 张勇强．城市空间发展自组织与城市规划[M]．南京：东南大学出版社，2006.

[42] 中国十大城市群空间结构特征比较研究[J]．经济地理，2011，31（4）：603-608.

[43] 朱英明．我国城市群地域结构特征及发展趋势研究[J]．城市规划汇刊，2001，（4）：55-57.

第四篇
城市空间发展研究的技术方法

本篇从计量、定量角度具体分析城市空间发展的研究方法和研究技术。1940年代系统论、控制论、信息论（三论）基本成型；1950年代传统学科如历史学、地理学领域爆发了计量革命，研究视角和研究方法经历了革命与大突破。计量方法也迅速普及到其他传统的定性研究学科，如城市研究和城市空间研究，它们基于三论的理论和方法论视角，利用了多种一般计量方法，不仅使空间研究的分析和结果更准确和可靠，同时也在理论上形成了对空间固有概念、法则、性质的更深刻的理解。但需要注意的是，定量方法仅仅是一种研究手段的更新，并不能完全取代传统的研究方法，也不能完全解释地理现象，它只有和定性分析方法相结合才能更好地发挥作用。

8 城市空间研究技术与方法

　　1950 年前后，一批著名学者聚集于美国华盛顿州立大学，研讨人文科学的定量问题，在随后的 10 年里掀起了地理学和经济学领域中的计量革命。计量革命带来了这样一种观念，传统的定性分析已不敷发展所需，可以被定量的才是科学的，否则会被边缘化、不予重视，计量化其实仍然是现代化原则中对科学与理性之重视的一方面反映，同时也是 20 世纪抽象数学扩展到应用领域的一种表现，自然科学通过这一方式进一步渗入到人文科学领域，经济学、历史学、人口学、教育学、考古学、语言学等研究领域都开始运用数学工具与计量方法，其中尤以经济学与数学的结合令人瞩目。计量化是靠如下几种学科的发展推动的：第一是数理统计学，其奠基人是英国数学家费希尔（R.A.Fosher，1890—1962），他在前人研究的基础上提出了许多重要的统计方法，并开辟了一系列统计学分支领域（李文林，2002：318）；第二是概率论；第三是计算机学科。

　　这一时期迅速发展起来的计算机技术是计量革命建立的物质基础。世界上第一台通用程序控制数字电子计算机 ENIAC（Electronic Numerical Integrator and Computer）于 1945 年底研制成功，是电子管计算机，可算电子计算机的开山鼻祖。迄今为止计算机的发展共经历了四代（四个阶段），第一代（1946年—1957年）是电子计算机，它的基本电子元件是电子管，内存储器采用水银延迟线，外存储器主要采用磁鼓、纸带、卡片、磁带等；第二代（1958年—1964年）是晶体管计算机，其基本电子元件是晶体管，内存储器大量使用磁性材料制成的磁芯存储器；第三代（1965年—1970年）是集成电路计算机，其基本电子元件是小规模集成电路和中规模集成电路，集成电路是在几平方毫米的基片上，集中了几十个或上百个电子元件组成的逻辑电路，运算速度提高到每秒几十万次基本运算；第四代（1971年至今）是大规模集成电路计算机，其基本元件是大规模集成电路，甚至超大规模集成电路，集成度很高的半导体存储器替代了磁芯存储器，运算速度可达每秒几百万次，甚至上亿次基本运算。其中第三代（第三阶段）是计算机发展的重要时期，其总的发展趋势是计算速度越来越快、算法语言与程序编译从无到有且越来越复杂，而体积、造价、重量等却越来越低、越来越小，一方面是由于技术进步，另一方面是数学在这几十年来的发展也起到了至关重要的作用。由于这四代计算机都是以数学家冯·诺依曼（John von Neumann，1903—1957）的设计思想为基础的，也被称为"冯·诺依曼机"，而正在研制中的第五代计算机则以智能化为特征（李文林，2002：330）。

8.1　统计分析思想和计量技术

8.1.1　描述统计技术

描述统计学是研究为了反映客观现象总体的数量特征，而需采用的数据采集方法、数据加工整理方法、数据综合分析方法，计算各项指标反映数据的构成和分布等方法，以及用一定形式的表式和图形把结果显示出来的方法等。由此可见，描述统计学的方法是一切统计活动所运用的基本方法（黄良文，2008：15）。

描述统计包括各种数据处理，这些数据的处理是用来总括或描述数据的重要特征的，不必深入一层地去试图推论数据本身以外的任何事情。因此，描述统计的主要作用是对现象进行调查或观察，然后将所得到的大量数据加以整理、缩减、制成统计图表，并就这些数据的分布特征（如集中趋势、离散趋势等）计算出一些概括性的数字（如平均数、标准差、相关系数等）。借助于这些概括性的数字，使人们从杂乱无章的资料中取得有意义的信息，便于对不同的总体进行比较，从而做出结论（徐国祥，2001：8）。

8.1.2　回归分析技术

回归分析法是研究两个或多个随机变量间关联性的方法，它不仅可以提供变量间相关关系的数学表达式，利用概率统计知识对此关系进行分析，以判别其有效性；还可以利用关系式，由一个或多个变量值预测和控制另一个变量的取值，进一步得知这种预测和控制达到了何种程度，并进行相关因素的分析（向速林，2005）。最基本的回归分析方法有基于最小二乘法原理的一元线性回归、

一元曲线回归、多元线性回归和逐步回归。随着统计学的不断完善，回归分析理论也在不断发展，出现了很多新兴的回归方法，如加权回归、岭回归、主成分回归、自回归、包络回归、模糊回归、灰色回归等（张菁，马民涛，王江萍，2008）。

利用回归分析法导出的因变量与自变量之间的数学关系式称为回归方程式或回归模型，它是测定、验证一个或几个自变量（原因变量）对一个因变量（结果变量）影响力大小和方向的数学方程式。一般认为，回归模型的基本概念是英国生物学家高尔顿（F.Galton）在 1889 年出版的《自然遗传》（Natural Heritance）一书中提出的。其后该分析方法逐步发展完善，在生物学、社会学、经济学、医学等领域内得到广泛应用（金玉国，2008）。

回归分析与相关分析的区别在于，相关分析研究的是现象之间是否相关、相关的方向和密切程度，一般不区别自变量或因变量。而回归分析则要分析现象之间相关的具体形式，确定其因果关系，并用数学模型来表现其具体关系。在实际问题中，理论回归函数是未知的，通过观测数据 (x_1, y_1)，(x_2, y_2)，…，(x_n, y_n)，构造回归模型 $y=a+bx+\varepsilon$，一般采用最小二乘法估计求回归系数的最好无偏估计。y 通常称为因变量，x 称为自变量，$\hat{y}=\hat{a}+\hat{b}x$ 称为 y 对 x 的回归方程。回归分析中对自变量和因变量的要求比较宽松，自变量可以是随机变量，也可以是非随机变量。这并不影响使用这一方法，但应考虑变量的选取问题（石瑞平，2009）。如果因变量是单一自变量的一次函数关系，该方程就为一元线性回归模型。如果因变量是诸多自变量的一次函数关系，该方程就为多元线性回归模型（袁宇，2002）。

（1）一元线性回归模型

对于具有线性关系的两个变量，可以借助于线性模型来刻画它们的关系：

$$y=a+bx+\varepsilon$$

其中 a，b 是未知常数，称为回归系数。ε 称为误差项的随机变量，它反映了除 x 和 y 之间的线性关系之外的随机因素对 y 的影响，是不能由 x 和 y 之间的线性关系所解释的变异性。

可有三种回归分析方法估计出参数 a，b 的值。

1）最小二乘法（杨桂元，唐小我，2002）：对回归函数的系数估计，最常用的方法是最小二乘法，最小二乘法的准则是确定 a，b 的值，使误差平方和达到最小，即：

$$Q_1=\sum_{i=1}^{n}\varepsilon_i^2=\sum_{i=1}^{n}(y_i-a-bx_i)^2=\min$$

2）最小一乘法：最小一乘法的准则是确定 a，b 的值，使误差的绝对值之和最小，即

$$Q_2=\sum_{i=1}^{n}|\varepsilon_i|=\sum_{i=1}^{n}|y_i-a-bx_i|=\min$$

3）全最小一乘法（冯守平，2004）：全最小一乘法准则是确定 a，b 的值，

使所给 n 个样本点 (x_1, y_1)，(x_2, y_2)，$\cdots$，(x_n, y_n) 到直线 $y=a+bx$ 的距离和最小，即：

$$Q_3 = \begin{cases} \sum_{i=1}^{n} |x_i - c|, & (x=c) \\ \sum_{i=1}^{n} \dfrac{|y_i - a - bx_i|}{\sqrt{1+b^2}}, & (y=a+bx) \end{cases} = \min$$

虽然最小二乘法是迄今为止最常用的方法，但最小二乘法的稳健性较差，即当个别点变化较大时，最优直线变化较大，用最小一乘法估计回归系数，由于它降低了异常值对回归系数的敏感性影响，稳健性较强，但由于误差绝对值之和 Q_2 的表达式中含有绝对值，是不可微的，所以不能用解析的方法直接计算参数 a，b 的值，这给参数的估计带来一定的困难，全最小一乘法在一元线性回归模型参数估计时有其独特的几何意义：平面上有限个样本点 (x_1, y_1)，(x_2, y_2)，$\cdots$，(x_n, y_n) 到直线 $y=a+bx$ 的距离和最小。它与最小一乘法一样，稳健性较强，但不能用解析方法计算出参数 a，b 的值（冯守平等，2008）。

根据回归方程，可根据自变量 x 的取值来估计或预测因变量 y 的取值。但估计或预测的精度取决于回归直线对观测数据的拟合程度。我们把回归直线与各观测点的接近程度称为回归直线对数据的拟合优度。为说明直线的拟合优度，需要计算判定系数（贾俊平，2011：142）。

对于某一观察值 y_i，其离差大小可以通过观察值 y_i 与全部观察值的均值之差 $y_i - \bar{y}$ 表示出来，$y_i - \bar{y}$ 又可进一步分解为 $\hat{y}_i - \bar{y}$ 和 $y_i - \hat{y}_i$ 两部分，即

$$y_i - \bar{y} = (\hat{y}_i - \bar{y}) + (y_i - \hat{y}_i)；总离差 = 回归离差 + 残差$$

可以证明，总离差平方和（SST）同样可以分解为回归离差平方（SSR）和及残差平方和（SSE）两部分，即

$$\sum (y_i - \bar{y})^2 = \sum (\hat{y}_i - \bar{y})^2 + \sum (y_i - \hat{y}_i)^2$$

从图 8-1 中可以直观地看到，回归直线拟合的好坏取决于 SSR 及 SSE 的大小，或者说取决于回归离差平方和（SSR）在总离差平方和（SST）中的比例的大小。SSR/SST 越大，直线拟合的程度越好，统计上将这一比例定义为判定系数，记为 R^2。R^2 的取值范围是 [0,1]。R^2 越接近 1，表明回归离差平方和占总离差平方和的比例越大，回归直线离各观测点越近，用 x 解释 y 值离差的那部分越多，回归直线的拟合程度就越好。反之，R^2 越接近于零，回归直线的拟合程度就越差。

估计标准误差。实际值与估计值之间存在误差，是因为在研究社会经济现象的变动时，不可能把影响现象变动的

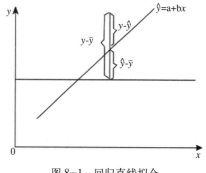

图 8-1 回归直线拟合
（图片来源：张举刚，2003）

各种因素都考虑到。因此，需对估计值的代表性进行评价，通常采用计算估计标准误差的方法。估计标准误差是指实际值 y 与估计值 $\hat{y}$ 的平均离差。其定义如下：

$$S_y = \sqrt{\frac{(y_i - \hat{y_1})^2}{n-2}} = \sqrt{\frac{SSE}{n-2}}$$

建立回归方程后，要对其显著性进行检验。回归方程显著性检验一般包括两个方面的内容：一是回归方程的显著性检验；二是回归系数的检验。

1）回归方程的显著性检验——F 检验。线性关系的检验是检验自变量 x 与因变量 y 之间的线性关系是否显著，变量之间的关系能否用线性模型来表示。进行线性关系检验的具体做法如下：

A. 提出原假设。H_0：线性关系不显著。

B. 计算检验统计量 F。$F = \dfrac{SSR/1}{SSE/(n-2)}$，可以证明，在原假设成立的情况下，$F$ 统计量服从自由度为 1 和 $n-2$ 的 F 分布，即 $F \sim F$（1，$n-2$）。

C. 确定显著性水平 α，并根据两个自由度查 F 分布表，得到相应的临界值 F_α。

D. 得出检验结果。若 $F > F_\alpha$，则拒绝 H_0，说明变量之间的线性关系显著；若 $F < F_\alpha$，则接受原假设 H_0，说明变量之间的线性关系不显著。

2）回归系数的检验——t 检验。回归系数的显著性检验就是要检验自变量对因变量的影响程度是否显著的问题。若总体回归系数为 0，则总体回归线就是一条水平线，说明两个变量之间没有线性关系，即自变量的变化对因变量没有影响。进行回归系数显著性检验的具体做法如下：

A. 建立原假设。假设样本从一个没有线性关系的总体中选出，即：

$$H_0 : \beta = 0 \; ; \; H_1 : \beta \neq 0$$

B. 计算检验统计量 t 值：$t = \dfrac{\hat{\beta}}{s_{\hat{\beta}}}$

式中 $s_{\hat{\beta}}$ 是回归系数 β 的标准差，可由下式计算得出：

$$s_{\hat{\beta}} = \sqrt{S_y^2 \sum (x - \overline{x})^2}$$

S_y 即估计标准误差，t 统计量服从自由度为 $n-2$ 的 t 分布，即 $t \sim t$（$n-2$）。

C. 确定显著性水平 α，并根据自由度 $n-2$ 查 t 分布表，得到相应的临界值 $t_{\alpha/2}$。

D. 得出检验结果。若 $|t| > t_{\alpha/2}$，拒绝 H_0，自变量 x 对因变量 y 的影响是显著的。若 $|t| \leq t_{\alpha/2}$，则接受 H_0，表明自变量 x 对因变量 y 的影响是不显著的，两者之间不存在线性关系。

应该注意的是，在一元线性回归中，自变量的个数只有一个，F 检验和 t 检验是等价的。但在多元回归分析中，这两种检验的意义是不同的。F 检验是检验整个回归方程的显著性，而 t 检验则是检验回归方程中各个回归系数的显著性（张举刚，2003：264-269）。

（2）一元非线性回归模型

在实际应用中，不仅有线性的回归模型，也有非线性的回归模型存在。例如，在经济领域中有时呈"S型"的增长，与线性回归模型相比，非线性回归模型的计算较为复杂，下面列出几种常见的可变换为线性回归的类型（石瑞平，2009）：

1）双曲函数：$\frac{1}{y}=a+\frac{b}{x}$，令 $z=\frac{1}{y}$，$t=\frac{1}{x}$，得：$z=a+bt$；

2）幂函数：$y=ax^b$，令 $z=\ln y$，$t=\ln x$，$\alpha=\ln a$，得：$z=a+bt$；

3）指数函数：$y=ae^{bx}$，令 $z=\ln y$，$\alpha=\ln a$，得：$z=a+bx$；

4）对数函数：$y=a+b\ln x$，令 $t=\ln x$，得：$y=a+bt$；

5）S型曲线：$y=\frac{1}{a+be^{-x}}$，令 $z=\frac{1}{y}$，$t=e^{-x}$，得：$z=a+bx$；

6）$y=a+be^{cx}$（c 已知），令 $t=e^{cx}$，得：$z=a+bx$；

7）$y=ab^x$，令 $z=\ln y$，$\alpha=\ln a$，$\beta=\ln b$，得：$z=\alpha+\beta x$；

8）$y=ae^{bx^2}$，令 $z=\ln y$，$\alpha=\ln a$，$t=x^2$，得：$z=a+bt$。

（3）多元线性回归模型

多元线性回归的数学模型为：

$$y=b_0+b_1x_1\cdots+b_mx_m+\varepsilon$$

式中　y——因变量；x——自变量；b_0，b_1，$\cdots$，b_m——待定参数；ε——随机变量，表示除 x 以外其他随机因素对 y 影响的总和。

在实际研究中，事先并不能断定因变量 y 与自变量 x_1，x_2，$\cdots$，x_m 之间确定的线性关系，在进行回归参数的估计前，用多元线性回归方程去拟合因变量与自变量之间的关系，只是根据一些定性分析所作的假设。因此，求出线性回归方程后，还需对方程进行显著性检验。一般采用两种统计方法检验，一种是回归方程显著性的 F 检验，另一种是回归系数显著性的 t 检验。

由多元线性回归分析的知识可知，并不是所有的自变量都对因变量 y 有显著的影响；多元回归分析也没有考虑因子之间的独立性，很有可能某些因子对于因变量 y 的影响是重复的；如果这些对因变量 y 影响重复或不显著的因子进入方程，就会影响方程的稳定性，并降低拟合精度。而运用逐步回归法能得到自变量对因变量均有显著影响的最优方程。逐步回归的主要思路是在全部自变量中按其对 y 的作用大小，由大到小逐个引入方程，而那些作用不显著的变量可能始终不被引入。另外，已被引入回归方程的变量在引入新变量后也可能失去重要性，而从方程中剔除。从回归方程中引入或者剔除一个变量都称为逐步回归的一步，每一步都要进行 F 检验，以保证在引入新变量前或剔除变量后的回归方程中只含有对 y 影响显著的变量，这一过程一直继续下去，直到回归方程中的变量都不能剔除而又无新变量可以引入时为止，这时逐步回归过程结束（李传哲等，2006）。

偏最小二乘回归分析是一种新型的多元统计数据分析方法，它集多元线性回归分析、典型相关分析和主成分分析的基本功能于一体，能在样本个数较少以及自变量存在严重多重相关性的条件下进行建模，且模型对实际的解释力更强。在主成分分析理论中，从自变量 x 和因变量 y 中提取的第 1 主成分 t_1 和 u_1 应尽可能多地携带原数据的变异信息，使所提取的成分方差最大，即有：

$$D(t_1) \to \max, \ D(u_1) \to \max$$

式中　$D(t_1)$、$D(u_1)$——t_1 和 u_1 的方差。

在典型相关分析中，为保证自变量与因变量之间的相关性，在典型成分 t_1 与 u_1 的提取过程中，应使典型成分之间的相关系数最大，即有：

$$r(t_1, u_1) \to \max$$

式中　$r(t_1, u_1)$——t_1 和 u_1 的相关系数（毛李帆等，2008）。

8.1.3 统计分组技术

统计分组是根据统计研究的任务目的要求，将总体按照一定的标志划分为若干性质不同的组的一种统计方法。统计分组的目的在于揭示现象之间存在的差别，要保持同一组内统计资料的同质性和各组之间统计资料的差异性。统计分组是一个相对的概念，对总体而言是"分"，即将总体区分为各个性质不同的若干组成部分；而对总体单位（个体）而言是"合"，即将性质相同的总体单位合为一组。统计分组可以发现其特点与规律、划分现象的类型、揭示现象的内部结构、分析现象之间的依存关系。

（1）统计分组方法

1）分组标志的选择

统计分组的关键问题是正确选择分组标志和划定组间界限。分组标志是指用来作为分组的标准和依据。在选择分组标志时应注意以下基本原则：根据研究目的选择分组标志；要选择能反映事物本质特征的标志作为分组标志；要结合现象所处的具体历史条件或经济条件来选择分组。

2）统计分组方法

A. 按品质标志分组

按品质标志分组是指选择反映事物属性差异的标志作为分组标志，并在品质标志的变动范围内划定各组间的界限，其概念较为明确，分组也相对稳定。如人口按性别分为男、女两组，这样的分组就很简单明了。品质标志本身就决定了组数和组的界限。但是有的分组标志的表现却比较复杂，存在着不同性质的过渡状态，使分组现象不易划分。为了避免认识不同可能造成的差错，保证统计分组的统一性和可比性，联合国及各国的统计部门，都规定统一的分类目录，作为划分组别的统一标准。

B. 按数量标志分组

按数量标志分组是选择反映事物数量差异的标志作为分组的标志，并在数量标志的变动范围内划定各组间界限的方法。如企业按销售额分组，人口按年龄进行分组等。由于按数量标志分组时，数量标志下的差异表现为许多不等的变量值，他们能准确反映事物在数量上的差异，却不能明确的反应事物在性质上的差别。因此，根据变量值的大小来划定性质不同的各组界限就很困难，即使用同一资料，也会有多种分组形式。

（2）统计分组体系

1）简单分组和平行分组体系

将总体按一个标志分组称为简单分组。如学生按"考分"分组。在实际工作中，简单分组很难满足多方面反映事物全貌的要求。而从不同角度，运用多个分组标志同时进行分组，就形成了一个分组体系，这是多角度认识事物所必需的。对同一总体采用两种或两种以上的分组标志分别进行的简单分组，就形成了平行分组体系。

2）复合分组和复合分组体系

对同一总体采用两种或两种以上的分组标志重叠起来进行分组，形成的分组体系称为复合分组体系。复合分组体系的特点是：有几次分组就能同时区分几个因素对差异的影响（张举刚，2003）。

8.2 决策方法

"决策"是人们经常使用的一个词，然而对它有不同的理解和定义。比较典型的说法是科学管理学的创始人赫·阿·西蒙（H.A.Simon）提出的"管理就是决策"一说。在实际工作中，常常也有人把决策理解为就是作决定（石杰等，2003）。有人认为决策是一门科学，因为它必须符合客观要求；有人认为决策是一门艺术，因为它与决策者的勇气、经验、才能等相关。综合人们对决策的不同理解，可以从狭义与广义上对决策进行定义。所谓决策，狭义上是从若干可能的方案中，按某种最优、满意、合理的标准（准则）选择一个。广义上的决策相当于决策分析，是人们为了达到某个目标，从一些可能的方案（途径）中进行选择的分析过程，是对影响决策的诸因素做出逻辑判断权衡（欧阳洁，2003）。现代决策科学方法区别于经验决策的一个显著地方，在于决策科学是建立在规范化、定量化的决策方法之上的，数学工具在决策中起着重要作用。处理复杂的决策问题，人们往往首先利用数学模型对实际问题进行抽象和简化，然后再对实际问题进行系统分析（郭瑞鹏，2006）。

1950年代以来，随着科学技术（包括管理科学）的发展和对于决策理论和实践的不断探索，决策正在由经验决策向现代科学决策过渡。现代决策科学是一门新兴的、综合性学科，被广泛应用于各个领域，同时系统论、控制论、运筹学、系统分析、网络分析、仿真技术、计算机技术、社会学以及心理学等新学科、新技术的发展也为决策科学提供了定性、定量分析的工具。例如，复杂性科学把计算机专家系统与多目标决策结合起来，即研究具有自动决策支持功能的专家系统。这样计算机支持的协同工作研究逐渐发展起来，多目标动态决策、时序决策、信息不对称决策、不确定性决策和非线性决策等的研究也得到开展（郭瑞鹏，2006）。

按决策的影响范围和重要程度，分为战略决策和战术决策；按决策的主体，分为个人决策和集体决策；按决策问题是否重复，分为程序化决策和非程序化决策；按决策问题所处条件，分为确定型决策、风险型决策和不确定型决策；按决策的动态性，分为静态决策和动态决策；按目标决策所要达到的目标的数量，分为单目标决策和多目标决策；按决策问题的量化程度，分为定性决策和定量决策（陶长琪，2010：4-6）。

8.2.1 决策分析技术

决策分析简言之就是应用决策理论。它是对带有风险和不确定性的决策问题，提出一套概念和系统的求解方法，指导人们及社会在现有条件、偏好、目标和方案等情况下作出理性的选择。决策分析是一门与经济学、数学、心理学和组织行为学相关的综合性学科，是运筹学、管理科学和系统工程的重要分支，在一定程度上是一门服从数学规律的创造性管理技术（郭瑞鹏，2006）。

决策分析过程包含了人的主观要求和对客观环境、情势的认识及两者的统一、协调（欧阳洁，2003），是一个半结构或非结构化的过程。西蒙将其划分为资料收集、方案设计、方案评价和方案选择四个步骤。整个过程是通过这四个阶段相互交互、反馈和不断调整的过程，或者说是一个提出问题并进行分析、确定目标、拿出方案和评价、确定及实施方案的过程。可见，决策是对未来实践行为作出选择和决定的过程（石杰，等，2003）。

常用的决策方法有多目标规划法、多属性决策法、不确定规划方法、风险决策法等。

（1）多目标分析决策

1）层次分析法（AHP）

美国运筹学家萨蒂（T.L.Saaty）于 1970 年代提出的层次分析法（Analytic Hierarchy Process，AHP），也称决策分析法，是一种定性与定量相结合的决策分析方法。层次分析法将决策者对复杂问题的决策思维过程模型化、数量化，常用于多目标、多准则、多要素、多层次的非结构化的复杂决策问题，特别是战略决策问题的研究，具有十分广泛的实用性（陶长琪，2010：112）。

通过这种方法，可以将复杂问题分解为若干层次和若干因素，在各因素之间进行简单的比较和计算，可以得出不同方案重要性程度的权重，从而为决策方案的选择提供依据。运用层次分析法解决问题大体可以分为四个步骤（朱坚鹏，2005）。

A．建立问题的递阶层次结构

首先，把复杂问题分解为称之为元素的各组成部分，把这些元素按属性不同分成若干组，以形成不同层次。同时它又受上一层次元素的支配。这种从上至下的支配关系形成了一个递阶层次。处于最上面的层次通常只有一个元素，一般是分析问题的预定目标，或理想结果。中间的层次一般是准则、指标层。最低一层包括决策的方案。层次之间元素的支配关系不一定是完全的，即可以存在这样的元素，它并不支配下一层次的所有元素。一个典型的层次可以用图 8-2 表示出来。有时一个复杂问题仅仅用递阶层次形式表示是不够的，需要采用更复杂的结构形式，如循环层次结构、反馈层次结构等，这些结构是在递阶结构基础上的扩展形式。

B．构造两两比较判断矩阵

在建立递阶层次结构以后，上下层次之间元素的隶属关系就被确定。假定上一层次的元素 C_k 为准则，对下一层次的元素 A_1，A_2，$\cdots$，A_n 有支配关系，即在准则 C_k 之下按其相对重要性赋予 A_1，A_2，$\cdots$，A_n 相应的权重。直接得到

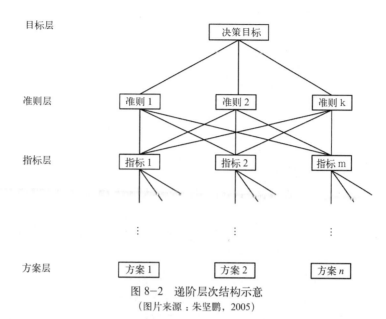

图 8-2 递阶层次结构示意
（图片来源：朱坚鹏，2005）

这些元素的权重并不容易，往往需要通过适当的方法来导出它们的权重，层次分析法所用的是两两比较的方法。

在这一步中，决策要反复回答问题：针对准则 C_k，两个元素 A_i 和 A_j 哪一个更重要些、重要多少，且需要对重要多少赋予一定数值。一般使用 1~9 的比例标度，它们比较见表 8-1。对于 n 个元素来说，得到两两比较判断矩阵：

$$A=\left(a_{ij}\right)_{n \times n}$$

标度的含义 表 8-1

1	表示两个元素相比，具有同样重要性
3	表示两个元素相比，一个元素比另一个元素稍微重要
5	表示两个元素相比，一个元素比另一个元素明显重要
7	表示两个元素相比，一个元素比另一个元素强烈重要
9	表示两个元素相比，一个元素比另一个元素极端重要

C. 由判断矩阵计算被比较元素相对权重

这一步要解决在准则 C_k 下，n 个元素 A_1，A_2，$\cdots$，A_n 排序权重的计算问题，并进行一致性检验。对于 A_1，A_2，$\cdots$，A_n 通过两两比较得到判断矩阵 A，解特征根问题。计算判断矩阵的一致性。

D. 计算各层元素的组合权重

为了得到递阶层次结构中每一层次中所有元素相对于总目标的相对权重，需要把第三步的计算结果进行适当的组合，并进行总的判断一致性检验，这一步骤是由上而下逐层进行的。最终计算结果得出最低层次元素，即决策方案优先顺序的相对权重和整个递阶层次模型的判断一致性检验。

2）网络分析法（ANP）

网络分析法（Analytic Network Process，ANP）是在层次分析法基础上发

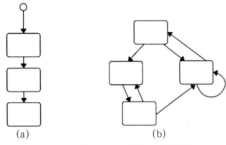

图 8-3　递阶层次与网络结构的差异
(a) 递阶层次结构；(b) 网络结构
（图片来源：陈志宗，2006）

展起来的，前者取代后者的递阶层次结构，而使用更一般化的网络结构 (Saaty，1996)。在递阶层次结构中，每个元素假定是相互独立的，然后，在许多情况下，元素间存在着相互依存关系 (陈志宗，2006)。与层次分析法一样，网络分析法也使用成对比较法，用 1~9 的标度测定元素之间的优先顺序（或相对重要性），但其不强制像层次分析法那样严格的递阶层次结构 (图 8-3 (a))，而是将问题构建成一个网络系统 (图 8-3 (b))。

从一般角度来看，网络分析法由两个阶段组成，第一阶段是构建问题的网络结构，第二阶段是计算元素的优先顺序。为了构建问题的网络结构，应考虑元素之间的所有联系。当一组项 Y 的元素取决于另一组项 X 时，使用由 X 指向 Y 的箭头 ($X \rightarrow Y$) 表示这种关系，称为 X 支配（或影响）Y。所有元素之间的这些关系可使用成对比较的方法来评估。元素之间的影响作用，可以用超矩阵 (Super Matrix) 来表示，它是由元素之间的优先顺序矢量给出的。当一个网络结构，除综合目标之外仅由两个层次构成时，也即准则和评价因子两个群类时，由 Saaty 和 Takizawa (1986) 提出的矩阵相乘的方法可以用来处理系统元素的依存性 (陈志宗，2006)。

3) 数据包络分析法 (DEA)

数据包络分析方法 (Data Envelopment Analysis，DEA) 于 1978 年由著名的运筹学家查恩斯 (A.Charnes)、库珀 (W.W.Cooper) 和罗兹 (E.Rhodes) 首先提出，用于评价相同部门间的相对有效性（因此被称为 DEA 有效）。他们的第一个模型用他们的名字命名为 C^2R 模型。该模型是从生产函数的角度，研究具有多个输入和多个输出的"生产部门"同时"规模有效"与"技术有效"的十分理想且卓有成效的方法。1985 年，查恩斯、库珀、格拉尼 (B.Golany)、赛福德 (L.Seiford) 和斯图茨 (J.Stutz) 给出另一个模型（称为 C^2GS^2），这一模型用来研究生产部门间的"技术有效性"。1987 年，查恩斯、库珀、魏权龄和黄志明又得到了称为锥比率的数据包络模型——C^2WH 模型。这一模型可以用来处理具有过多的输入及输出的情况，而且锥的选取可以体现决策者的偏好。灵活地应用这一模型，可以将 C^2R 模型中确定出的 DEA 有效决策单元进行分类或排队 (陶长琪，2010)。

最常用的 DEA 模型是 C^2R 模型。其基本原理是：假定有 m 个决策单元 DMU_i ($i=1$，2，…，m)，n 个评价指标，其中每个决策单元都有 p 种类型的输入和 q 种类型的输出，对应的输入向量为 $X_i = (x_{1i}, \cdots, x_{2i}, \cdots, x_{si}, \cdots, x_{pi})^{\top}$，输出向量为 $Y_i = (y_{1i}, \cdots, y_{2i}, \cdots, y_{si}, \cdots, y_{pi})^{\top}$，并且 $p+q=n$，$x_s>0$ ($s=1$，2，…，p)，$y_{ti}>0$ ($t=1$，2，…，p)。同时，引入输入权重向量 $V=(v_1, \cdots, v_2, \cdots, v_s, \cdots, v_p)^{\top}$，输出权重向量 $U=(u_1, \cdots, u_2, \cdots, u_s, \cdots, u_p)^{\top}$。现对第 i 个决策单元进行效率评价，以第 i_0 个决策单元的效率指数 h_{i_0} 为目标，以所有决策单元（包含第 i_0 个决策单元）的效率指数为约束，构成最优化模型。原始的 C^2R 模型是一个分式规划，使用查恩斯－库珀变化后 (Charnes and Cooper，

1962），可得到如下线性规划模型（王先甲，张熠，2011）：

$$\max h_{i0}=\sum_{t=1}^{q} u_i y_{ti0}$$

$$\text{s.t.} \sum_{s=1}^{p} v_s x_{si} - \sum_{t=1}^{q} u_i y_{ti} \geqslant 0 \ , i=1,2,\cdots,m$$

$$\sum_{s=1}^{p} v_s x_{si0}=1$$

$$V=(v_1, v_2, \cdots, v_s, \cdots, v_p)^{\top} \geqslant 0$$

$$U=(u_1, u_2, \cdots, u_s, \cdots, u_p)^{\top} \geqslant 0$$

（2）多属性决策

多属性决策是伴随着多目标决策（MODM，Multi-Objective Decision Making）（Hwang and Masud，1979）的发展而逐步独立出来的。现在，多属性决策和多目标决策已经成为多准则决策（MCDM，Multi-Criteria Decision Making）(Zeleny，1982)，这兴起于 1950 年代的多学科交叉研究领域的两个分支。我国在多属性决策领域的研究起步于 1980 年代，虽然起步比较晚，但近年来发展非常迅速，提出了很多具有良好性质的决策方法如二项系数加权法、优序法、对比系数法、密切值法、效用函数法、灰色关联法、集对分析法、双基点优序法、主客观综合法和组合决策方法等（陈常青，2006）。

多属性决策的实质是，利用已有的决策信息通过一定方式对一组有限备选方案进行价值计算并排序、择优。因此，多属性决策理论共包含两个部分的内容，一是对属性权重和方案单属性价值的获取；一是由属性权重和方案单属性价值集结出方案的总价值。其中，属性指的是备选方案固有的特征、品质和性能，用于表征方案的价值水平。属性可以是方案的实际特性，也可以是决策者认定的特性（魏世孝，周献中，1998；Keeny and Raiffa，1976）。属性权重指的是反映属性相对重要性的信息（Hwang and Yoon，1981），是对属性在决策中地位差异的描述。单属性价值指的是采用某种度量手段或由决策者主观给出的方案在某个属性上达到的水平。方案总价值是指基于某种集结方法对单属性价值和属性权重进行集结得出的用于对方案进行排序和择优的方案价值。

1）多属性组合决策

多属性组合决策是近年来发展起来的一类新的综合评价（决策）方法，针对多属性决策问题，对评价对象的属性（指标）进行多方法（含主、客赋权）组合赋权，选用有代表性的几种评价决策方法进行综合评估，对其单一方法的结果采用适当的方法进行组合，得出组合结果，按组合结果进行方案优劣的排序。组合决策的内容主要有三方面：第一，权重的组合；第二，方法的组合；第三，单一评价方法评价结果的组合。

属性权重信息的获取，是多属性决策方法的一个重要内容。多属性决策理论拥有如下 4 个类别的权重确定方法（刘成明，2009）：

A．客观权重确定方法。客观权重确定方法指的是利用客观信息即方案的单属性价值来进行赋权的一种方法，主要包含熵权法、离差最大化方法、线性规划法、多目标优化法、主成分分析法、基于方案满意度法、基于方案贴近度法、两阶段法等。

B．主观权重确定方法。主观权重确定方法指的是由决策者根据自己的知识、经验而直接给出偏好信息的方法。这类方法涵盖了 Delphi 法、Fuzzy 子集法和 AHP 方法等。

C．主客观集成权重确定方法。由于主观权重确定法的客观性较差，而客观权重确定法所确定的权重又缺少对决策者主观意图的引入，因此出现了主客观集成权重确定方法。它们主要有方差最大化赋权法、离差平方和最大化赋权法、最佳协调赋权法、组合目标规划法、组合最小二乘法和基于熵的线性组合赋权法等。

D．交互式权重确定方法。上述三种权重确定方法对于权重的确定都是一次性完成的。然而，权重的确定有时是多次循环、不断调整修正的过程，是决策者与辅助决策的专家不断进行相互协调而最终达成一致的过程。这既能充分利用已知的客观信息，又能最大限度地考虑决策者的要求，充分发挥其主观能动性。王宗军（1996）提出了一种能够对归一化后决策者认为不合理的属性权重进行个别调整来确定权重的交互式权重确定方法，徐泽水（2002）则基于多目标决策领域中的交互式思想提出了一种基于方案达成度和综合度的交互式赋权法。

2）灰色关联法

灰色系统理论把部分信息已知而部分信息未知的系统称为灰色系统，并把一般系统论、信息论和控制论的观点和方法应用到社会、经济等抽象系统，结合数学方法，发展了一套解决信息不完全问题的理论与方法。而灰色关联分析是灰色系统理论的重要组成部分，是挖掘数据内部规律的有效方法。灰色关联是指事物之间不确定性关联，或者系统因子与主行为之间的不确定性关联。灰色关联分析基于灰色关联度，以行为因子序列（数据序列）的几何接近度，分析并确定因子之间的影响程度。分析的基本思想是对数据序列几何关系和曲线几何形状的相似程度进行比较分析，以曲线间相似程度大小作为关联程度的衡量尺度。曲线越接近，相应序列之间的关联度越大，反之则越小（孙晓东，2006）。

灰色关联决策就是利用灰色关联度对各方案的标准化效果评价向量进行度量后，给出方案的优劣排序，找出最优方案。通常可用以下三种关联决策方法：

A．最大关联度方法

取与理想最优方案效果评价向量灰色关联度最大的效果评价向量为最优效果评价向量，对应的方案为最优方案。这种决策方法对应于决策者对决策环境持乐观态度，是风险喜好者。事实上，经典灰色关联决策属于这类决策方法。由最常用的灰色绝对关联度的定义可知，灰色绝对关联度只看重了子因素序列与母因素序列的相似程度，而忽视了两者之间的绝对误差（即平移不改变灰色绝对关联度的值）。

B. 最小关联度方法

取与临界最优方案效果评价向量灰关联度最小的效果评价向量为最优效果评价向量，对应的方案为最优方案。这种决策方法对应于决策者对决策环境持保守态度，是风险厌恶者。

C. 综合关联度方法

取与理想最优方案效果评价向量灰关联度最大，并且与临界最优方案效果评价向量灰关联度最小的效果评价向量为最优效果评价向量，对应的方案为最优方案。这种决策方法同时考虑了最大关联度方法和最小关联度方法的优势。可以根据决策问题的具体情况和决策者的偏好选择不同的综合关联函数（罗党，刘思峰，2005）。

3）集对分析法

集对分析理论是赵克勤于1989年提出的一门新的处理不确定性问题的系统理论方法（赵克勤，2000），其核心思想是把确定、不确定视作一个确定不确定系统，在这个系统中将确定性分为"同一"与"对立"两个方面，将不确定性称为"差异"，从同、异、反三方面分析事物及其系统。同、异、反三者相互联系、相互影响、相互制约，又在一定条件下相互转化（赵克勤，宣爱理，1996）。通过引入联系度及其数学表达统一描述各种不确定性，从而将不确定性的辩证认识转化为数学运算（孟宪萌，胡和平，2009）。

确定准确的联系度是决策结果可信的关键，集对分析法有别于隶属度法，它是一种"宽域式"的函数结构，能充分提高信息的利用率，保证综合结果的可信性。基于集对分析的基本思路，在用于水环境评价时，将待评价水体的指标与评价标准视为1个集对。假定有N个评价指标和不同的评价等级，则联系度一般形式为：

$$\mu=\frac{S}{N}+\frac{F_1}{N}i_1+\frac{F_2}{N}i_2+\cdots+\frac{F_m}{N}i_m+\frac{F_1}{N}j_1+\frac{F_2}{N}j_2+\cdots+\frac{F_n}{N}j_n$$

上式可简写为：$\mu=a+b_1i_1+b_2i_2+\cdots+b_mi_m+c_1j_1+c_2j_2+\cdots+c_nj_n$

式中 i_1，i_2，$\cdots$，i_m为差异度系数；j_1，j_2，$\cdots$，j_n为对立度系数；a、b、c的取值可以定性确定评价值所在的等级范围（童英伟，刘志斌，常欢，2008）。

i和j有双重含义（赵克勤，2000）：第一个含义是i和j分别作为差异度和对立度的系数。规定：i在区间$[-1, 1]$视不同情况不确定取值；j在一般情况下规定其取值-1，以表示P/N是与同一度S/N相反的东西；第二个含义是不计较i和j的取值情况，此时仅起标记的作用，即表示F/N是差异度，P/N是对立度，并以这两个标记与同一度相区别。在实际分析中，i和j上述双重含义常常同时起作用，从而使分析或计算过程能方便地进行。当不需要对研究对象做更精细或不去计较不确定系数i取什么值时，可以把i作为差异度的标记处理；当要充分考虑差异度对同一度和对立度的影响时，则把i作为差异度的系数处理，这时要着重讨论i的取值以及由此产生的效应（张薇薇，2007）。

（3）风险决策分析

风险型决策是指决策者根据不同自然状态可能发生的概率所进行的决策。

由于决策者所掌握的信息是不完备的，只能估计出不同决策方案所面临的至少两个自然状态的概率，不论决策者采取何种行动方案都会遇到至少两个不同自然状态所引起的不同结果，都要冒一定的风险（张广玉，2005）。

1）决策树方法

决策树法是指根据期望损益值最大原理，以决策树为工具进行风险型决策的一种方法。决策过程和结果可以通过决策树表示出来，它通常适用于备选方案或自然状态不多的单级或多级决策，具有直观明了的特点，特别是在多级决策中具有广泛的应用。决策树是由决策结点、方案枝、状态结点和概率枝四个要素组成的树形图。它以决策结点为出发点，引出若干方案枝，每个方案枝的末端是一个状态结点，由状态结点引发若干概率枝，每一概率枝代表一种自然状态。这样自左至右层层展开便得到形如树枝状的决策树。

决策树法的决策程序是：①绘制决策树。根据已知条件自左至右层层展开，并给决策结点和状态结点标上编号，将自然状态的概率标在概率枝上，条件损益值标在概率枝的末端。②计算各方案的期望损益值。标在该方案对应的状态结点的上方。③决策。根据期望损益值最大原理进行决策，并将最大的期望损益值标在决策结点的上方。④剪枝。将"//"标在舍弃不要的方案枝上，最后只留下一个方案枝，即为最终的决策方案（张广玉，2005）。

2）贝叶斯决策

贝叶斯决策模型是决策者在考虑成本或收益等经济指标时经常使用的方法，是在贝叶斯定理的基础上提出来的。以收益型问题为例，其基本思想是在已知不确定性状态变量 θ 的概率密度函数 $f(\theta)$ 的情况下，按照收益的期望值大小对决策方案排序，则最优方案为使期望收益最大的方案。由于贝叶斯定理可以通过抽样增加信息量使概率更加准确，概率准确则意味着决策风险的降低，所以贝叶斯定理保证了该决策模型的科学性。决策者可以利用调查得到的补充信息对历史信息进行修正，得到更准确可靠的概率。通过历史资料获得的概率称为先验概率；利用现实资料对先验概率进行修正后得到了更为准确的概率称为后验概率。利用后验概率计算各备选方案的期望值，比较选择期望值最大的那个方案为最终决策方案的决策方法，被称为贝叶斯决策法。

设自然状态 θ 有 k 种，表示为 θ_1，θ_2，$\cdots$，θ_k。$p(\theta_i)$ 表示自然状态发生的先验概率分布，用 x 表示现实信息，$p(x|\theta_i)$ 表示在状态 θ_i 条件下，现实信息为 x 的条件概率。通过调查得到现实信息 x，利用这些信息对自然状态 θ_i 发生的概率重新认识并加以修正，根据贝叶斯定理，修正后的概率为：

$$p(\theta_i|x)=\frac{p(x|\theta_i)\cdot p(\theta_i)}{\sum_{j=1}^{k}p(x|\theta_j)\cdot p(\theta_j)} \quad i=1,2,\cdots,k$$

一般来讲，这时对各种自然状态 $\theta_1,\theta_2,\cdots,\theta_k$ 发生的概率做出的估计 $p(\theta_i/x)$ 比先验概率分布更为准确，称 $p(\theta_i/x)$ 为 θ_i 发生的后验概率（张广玉，2005）。

（4）多阶段决策

多阶段决策是指按时间顺序排列起来，以得到按顺序的各种决策（策略），即在时间上有先后之别的多阶段决策方法，也称动态决策法或序贯决策。多阶段决策的每一个阶段都需作出决策，从而使整个过程达到最优。多阶段的选取不是任意决定的，它依照于当前面临的状态，不给以后的发展产生影响，从而影响整个过程的活动。当各个阶段的决策确定后，就组成了问题的决策序列或策略，称为决策集合（王玉民等，1996）。

1）序贯决策

在序贯决策问题中，各阶段采取的决策一般是与时间或空间有关的，决策既依照于当前的状态，而又立即引起状态的转移，一个决策序列是在状态的变化运动中产生出来的，对一些与时间无关的静态问题，只要人为的引进"时间"因素，也可以把它视为序贯决策问题。

序贯决策的程序如下（王玉民等，1996）：

A. 确定不同决策方案的状态概率分布和损益值分布。不同决策方案状态概率和损益值的确定，是通过市场调查获取的信息资料、决策者的经验及数理统计理论，加以综合确定的。

B. 计算不同决策方案的期望值。系统在 K 个方案下，从状态 i 转移到各状态（$i=1$，2，$\cdots$，N）实现一次转移后的总期望值 R_i^K 的计算公式为：

$$R_i^K = \sum P_{ij}^k r_{ij}^k$$

式中　R_i^K——状态 i，方案 K 实现一次转移后的总期望值；P_{ij}^k——方案 k，由状态 i 转为状态 J 的概率；r_{ij}^k——方案 k，由状态 i 转为状态 j 的损益值。

第 k 个方案总期望值计算公式：

$$V_i^k(n) = \sum P_{ij}^k [r_{ij}^k + V_i^0(n-1)] = R_i^k + \sum P_{ij}^k V_i^0(n-1)$$

式中　$V_i^k(n)$——方案 k，n 阶段转移总期望值；$V_i^0(n-1)$——$n-1$ 阶段转移最优方案值。各阶段转移期望利润总额矩阵计算公式为：

$$V_i(n) = R_i = P \times V_i(n-1)$$

式中　$V_i(n)$——n 阶段转移期望利润总额；$V_i(n-1)$——$n-1$ 阶段转移期望利润总额；P——转移概率矩阵；R_i——转移利润矩阵。

C. 选择最优方案。决策的目的是确定各阶段（期）转移的最佳方案（策略），以使在一定时期后，总收益为最佳。为叙述方便引入符号 $d_i^k(n)$，表示在 n 阶段，方案 k，处于状态 i 的策略符号。例如，$d_i^k(n) = d_2^2(3)$，则表示在第 3 阶段决策，处于状态 2 的决策方案为 2。若各阶段的决策策略 $d_i^k(n)$ 均为已知，按时间顺序排列起来，便得到按顺序的决策方案（或策略），记为：

$$\pi = \begin{bmatrix} d_1^2(1) & d_1^1(2) & d_1^2(3) \cdots \\ d_2^1(1) & d_2^2(2) & d_2^2(3) \cdots \end{bmatrix}$$

上述序贯决策方案为各阶段各方案中的最优方案。所谓最优方案是指在多阶段决策方案中，期望值最大为最优方案，其计算公式为：

$$V_i^0(n) = \max[R_i^k + \Sigma P_{ij}^k V_i^0(n-1)]$$

D. 决策方案的实施与反馈。决策方案确定后，决策过程并未结束。决策正确与否，以实施的结果来判断。决策方案付诸实施后，必须跟踪检查，发现偏离了目标，应及时反馈并进行控制，修改决策方案，确保实现原定的目标。

2) 马尔科夫决策

在经济管理现象中存在一种"无后效性"，即"系统在每一时刻的状态仅仅取决于前一时刻的状态,而与其过去的历史无关"。这种性质称为马尔科夫性。马尔科夫决策过程是指决策者周期地或连续地观察具有马尔科夫性的随机动态系统，序贯地做出决策。即根据每个时刻观察到的状态，从可用的行动集合中选用一个行动作出决策，系统下一步（未来）的状态是随机的，并且其状态转移概率具有马尔科夫性。决策者根据新观察到的状态，再作新的决策，依此反复地进行。马尔科夫决策过程又可看作随机对策的特殊情形，在这种随机对策中对策的一方是无意志的。马尔科夫决策过程还可作为马尔科夫型随机最优控制，其决策变量就是控制变量（王玉民，等，1996）。

（5）群体决策

近年来，以计算机为中介（Computer—Mediated，CM）的群体决策在组织中得到广泛运用，如利用 E—mail 电话会议、近程（如局域网会议）和远程电子视听会议（跨省或跨国的 Internet 会议）、电子商务平台等进行群体决策，于是出现了一种相对于传统的面对面（Face To Fact，FTF）群体决策的电子决策群体和全新的群体决策模式，因此 FTF 与 CM 群体决策的异同引起了研究者广泛的兴趣并作了大量的研究。

Baltes 等（2002）在总结 27 篇有关 FTF 和 CM 群体决策的论文时指出，近年来在该领域出现了最为流行的研究取向——群体决策的功能取向理论。该理论取向认为，群体决策的功能代表了群体成员满足成功决策要求的手段，具体指对问题情景的理解、对有效选择的理解、对备择方案的积极性质的判断、对备择方案的消极性质的判断。而成员能正确理解有效的选择就必须有充分的信息交换，这一观点与 Stasser 的信息取样模型不谋而合。该模型认为，群体成员充分的信息交换是正确决策的前提，而当讨论是无结构的，且所讨论的是判断任务时，群体讨论往往容易出现两种偏差：讨论朝着分享信息方向偏移，以及讨论朝着有利于群体讨论前偏好的方向偏移（Stasser and Tihxs，1985）。这里，分享信息是指群体成员都掌握的信息，与此相对立的非分享信息是指只由单个成员所掌握而其他成员不知道的信息。可见，在对 FTF 和 CM 群体决策效能作一比较时，信息是否被群体成员充分讨论是关键。

同样，为提高决策效能，研究者对决策方法也进行了许多探讨。Mason 针对在组织决策中传统的专家意见法（E）的缺陷,首次提出恶魔式辩护（Devil's Advocacy，DA）和辩证式查询（Dialectical Inquiry，DI）两种决策方法（Mason，1969）。在专家意见法中通常由组织外的专家对决策提出意见和建议，让组织按此实行。他们认为，这些计划好了的建议往往包含着一些隐藏的假设，此成为管理者利用专家意见的一个潜在障碍。所谓恶魔式辩护就是指对于一项任务提出一个解决方案之后，试着找出该方案的所有不足；而辩证式查询是指针对任务的一个可行性方案，接着提出另一个可行的相对立的方案，以引起争论。其基本思想是在群体决策中,这两种方法对于非结构的决策问题能够引起争论、产生认知冲突，而认知冲突有助于扩大决策成员问题空间的视野，从而可能提高决策质量（郑全全，2005）。

8.2.2　决策优化技术

在决策过程中，不仅有涉及决策目的、决策目标、决策约束、决策行为的单项行为序列，有完成多重决策目的序列，而且也要有优化决策过程选择最优解的行为序列。因此，人们在解决多重行为序列的决策问题时，一般用连续性变量来描述这种决策行为，形成数学规划模型，这也就是人们常说的优化过程，其方法是多种多样的。不过，现有的优化方法基本上大多是基于数学概念和思路，明显不适应于经济管理决策发展的需要。目前通过计算机科学的成果技术，借鉴和推广人工智能、专家系统和知识工程等学科理论、方法和手段来观察研究人类寻优、决策过程中的思维环节和方式。可以看出，优化过程和决策过程是具有同一特点——按优化目标选择符合约束条件的行为序列（石杰，等，2003）。

8.3　系统动力学模型

系统动力学（System Dynamics，SD）是麻省理工学院的福瑞斯特（Jay W.Forrester）教授于1956创立的一门研究系统动态复杂性的科学。它以反馈控制理论为基础，以计算机仿真技术为手段，主要用于研究复杂系统的结构、功能与动态行为之间的关系。传统的参数型系统分析方法常不得不假定系统的线性与可逆；同时在计算工具能力的限制下，为建立一定精度的数学模型往往必须舍弃许多系统因子，因此很难协调复杂程度与计算精度的矛盾。相反，系统动力学是一种构造型的分析方法，强调系统的结构、行为的产生机制、控制的表述和因果的制约，因而适合于处理复杂系统。系统动力学强调整体考虑系统，了解系统的组成及各部分的交互作用，并能对系统进行动态仿真实验，考察系统在不同参数或不同策略因素输入时的系统动态变化行为和趋势，使决策者可借由在各种情境下尝试采取不同措施并观察模拟结果，打破了从事社会科学实验必须付出高成本的条件限制（王其藩，1995）。系统动力学模型是一种因果机理性模型，它强调系统行为主要是由系统内部的机制决定的，擅长处理长期性和周期性的问题；在数据不足及某些参量难以量化时，以反馈环为基础依然可以做一些研究；擅长处理高阶次、非线性、时变的复杂问题。

1956年以来系统动力学被用于产业动态分析，1960年代转而用于城市动态分析。由于系统动力学在研究复杂的非线性系统方面具有无可比拟的优势，其系统结构及其动态行为的概念可应用于一切随时间变化的动态系统：工程系统、生物学、社会系统、心理学、生态学及一切在其生长和调节行动中表现出正、负反馈过程的系统，因而被广泛应用于社会、经济、管理、资源环境等诸多领域（张波，等，2010）。1970年，福氏曾提出用SD方法研究人类发展的平衡与预测的必要性和可能性，并完成《世界模型》第一稿。其学生米多士的著作《增长的极限》于1972年问世，轰动西方世界。其后许多国家如西德、日本、波兰等都有用SD方法预测国民经济发展的国家模型。1980年代引入我国后也已成功地应用于社会、金融、产业等许多领域的构模。

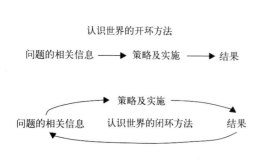

图 8-4　认识世界的开环、闭环方法
（图片来源：Forrester，1991）

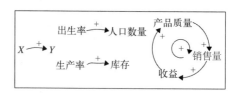

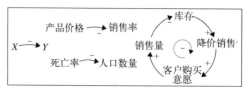

图 8-5　正负因果关系及反馈环示意图
（图片来源：Stennan，2001）

系统动力学强调以闭环的观点方法来认识和解决问题（图 8-4）。这也决定了它采用反馈环路式的建模方法，即通过分析行为模式背后的反馈环路结构，改变结构中相关变量的状态值，了解不同策略下的不同行为模式，来完成策略的优化（Wolstenholme，1990）。

系统动力学建模采用的反馈环路按业务流程顺序连接了系统策略、系统状态和系统信息，最后又再回到决策并对决策产生反作用的封闭环路。反馈环由各种不同的因果关系组成。因果关系有正负之分，前者表示 X 的变化使 Y 朝同一方向变化，如生产率对库存、出生率对人口数量；后者表示 X 的变化使 Y 朝相反方向变化，如产品价格对销售量（Stennan，2001）、死亡率对人口数量，故反馈环也有正负之分（图 8-5）（张力菠，等，2005）。

8.3.1　复杂系统的特性

复杂性科学是研究复杂开放巨系统的产生、发展、演化以及整体和部分关系的科学，它还没有成为一种一体化的统一理论，而是一个理论群。目前，学术界普遍认为复杂性科学建构于两大理论体系：组织系统范式和自组织理论（图 8-6）。复杂性科学的组织系统范式的基础是贝特朗菲的系统思想，而在系统思想基础上的信息论、控制论的诞生，实践了对系统思想的成功应用，使系统思想得到广泛传播，最终形成了现代科学技术中具有世界观意义的系统范式。自组织是复杂性的特性之一，在开放、复杂巨系统中，只有通过"组织"特别是自组织方式演化，体系才能发展出原来没有的特性、结构和功能，这意味着复杂性的增长（赵珂，2007）。

系统动力学主要研究对象是具有高阶次、非线性和多回路特点的复杂系

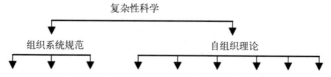

图 8-6　复杂性科学的构成
（图片来源：赵珂，2007）

统。它具有以下特征（于洋，2006；何刚，2009）：

（1）开放性特征。系统动力学的研究对象主要是开放系统，包括社会、经济、生态等复杂系统及其复合的各类复杂系统。在非平衡状态下运动、发展、进化是开放复杂系统的一个重要动态行为特征。系统动力学所研究的对象，诸如社会、经济、生态系统，都具有这一特性。

（2）自组织性特征。开放系统在不断与外界进行信息流、物流、能流的交换过程中，获得外部动力，同时，在系统内部的各组成部分相互耦合、作用、形成自然约束与相互协调，产生内部动力。在内外动力的共同作用下推动系统内各部分朝共同目标发展，这就是所谓的自组织。系统动力学所研究的对象，大部分具有自组织性质。

（3）非线性特征。当系统进入平衡态的非线性域阶段，系统与外界进行信息流、物流和能流的交换规模显著增大且变化迅猛。这时，系统吸取的物流与能流不仅足以补偿系统的耗散，而且还能促使系统结构的更新，并对外部环境产生更强烈的影响和严重的后果。人类历史已表明，工业化以后的各类社会经济系统，其行为大体上都有此特征。

（4）反直观性。在所有复杂系统中，都毫无例外地表现出反直观的特性。在人们的日常生活思维过程中，所遇到的大多数是关于一阶负反馈系统，人们了解事物的因果关系总是紧密地与时空相关。然而，在复杂系统中，这种简单的因果关系已不复存在，原因与结果的联系在时空上往往是分离的，因而比简单系统复杂得多（Hammer，1990；Forrester，1961）。在分析时也往往被诱入歧途，使人们把系统的某些症候与某一种在时空上贴近的原因联系在一起，但事实上它们并无因果关系。

（5）对变动参数的不敏感性。由于非线性的存在，使得即便是将复杂反馈系统模型的大多数参数加以变动，甚至使部分参数变动数倍，其模型模式也可能无多大变化。复杂系统的这一特性，使得即便是在缺乏严密的基础数据情况下，有关研究者与决策者也可以通过"会诊"而估计参数，使复杂系统的研究成为可能，从而克服了因资料不足给研究工作所带来的困难（Forrester，1968，Elmahdi et al，2007）。

（6）长短期效果的矛盾性。一般而言，由于非线性的作用，使得变更复杂系统内部结构与参数所引起的短期与长期的影响往往是彼此相反的。譬如，在国民经济问题研究中，当涉及投资时，往往就需要研究积累率问题，积累率是否适当，其影响甚大，持续的高积累率必然会导致国民经济短期的高速增长，但也会导致积累与消费比例的严重失调，从而影响消费，以至制约生产，最终使整个国民经济陷入困境（Forrester，1983）。系统动力学方法在处理复杂系统的这种长短期效果的矛盾方面，有着其他方法无法比拟的独到优点。

8.3.2 动态系统的结构

系统结构是指系统要素是如何关联的，这个要素可以是系统变量，也可以是反馈回路或子系统。

（1）动态系统的元素

动态系统模型是由积累、流速、流和信息四者有机结合而构成的，它描述了一个信息反馈系统，任何复杂动态系统的描述都必须由这4个基本元素构成。

1）积累

积累是指流动的物体在系统内部的堆积量，如容器中液体的深度、企业中的库存量、人口总数等，都可以表示为积累。在某个时间间隔内，积累变动量等于这个时间间隔与输入流速和输出流速差的积。如某物种总数是一种积累，它可以通过出生速度与死亡速度的差乘上某个时间间隔再加上物种原有的总数来求得。积累可以是可见物体网络中流的积累，也可以是信息网络中信息的积累。如人们的满意度等都可以是积累量，都可以给决策者提供状态信息。积累与实际系统的状态相对应，因此它是描述系统的核心，所谓系统的动态行为即是指系统中积累随时间变化的过程。如果我们不能正确的规定系统中的积累变量，那么，是不可能实现对该系统的正确仿真的。

2）流速

流速是系统活动本身的描述，是单位时间的流量。流速变量又称为决策函数。如果说积累是系统活动的结果表现出的状态，那么流速则是系统活动本身的描述。积累与流速从量纲上可以加以区别，但是不能认为有时间量纲变量的量就一定是流速。积累变量是流的堆积，它不仅具有现在状态的信息，而且还保留着过去状态的信息，而流速则仅表现为现在的信息。根据两者所表现出来的信息特点，可作如下假定：从某时刻起让流动着的系统突然停下来，假如某个变量有残留量，不能立即为0，那么这个变量是流的积累；如果立即为0，则为流速。

3）流

系统中有流在流动，同时系统的活动也可以根据流的状态来表示。系统动力学模型，就是通过控制流的状态来达到控制系统的一种模型。在系统动力学模型中，有4种独立的流：物流、订货流、资金流、信息流。

4）信息

信息是对客观事物某些属性的描述。

5）其他组成要素

除了上述4个组成因素外，系统动力学的构成还有：延迟，信息延迟是不可避免的，会给控制带来误差，引起系统失稳，甚至失控；噪声，指有用信息以外的东西，如何消除噪声，提高数据质量是系统问题研究的重点；失真，主观愿望以及组织机构都可能造成信息的失真。要重视并设法减弱失真（闫国栋，2007）。

系统动力学把世界上一切系统的运动假想成流体的运动，使用因果关系图和系统流图来表示系统的结构。因果关系图能清晰地表达系统内部的非线性因果关系。它以反馈回路为组成要素，反馈回路为一系列原因和结果的闭合路径，其多少是系统复杂程度的标志。两个系统变量从因果关系看可以是正关系、负关系、无关系或复杂关系。正关系是指一个量的增加会引起相关联的另一个量增加，反之则称为负关系，复杂关系指两个变量之间的因果关系时正时负。正负关系在因果关系图中分别用带"+"、"-"号的箭头表示。当这种关系从某一变量出发经过一个闭合回路的传递，最后导致该变量本身的增加时，这样的回路称为正反馈回路，反之则称为负反馈回路。系统流图是系统动力学建模的基础，由三类元素组成：流位变量、流率变量和信息。与因果关系图不同的是，系统流图中区分了流位、流率变量。流位是随时间而变化的积累量，是物质、能量与信息的储存环节（许光清，邹骥，2006）。

（2）动态系统的结构层次

要模拟系统的动态行为，须认识其结构的 4 个层次：

1）系统的封闭边界

边界的选择，应包括为产生所研究的行为方式所必需的相互作用因素。封闭边界的概念意味着所研究的系统行为不是从外面强加的，而是在边界内产生出来的。封闭边界并不意味规定系统的封闭边界，而是意味着系统不受外部事件的影响，但这些外部事件只被看作是影响系统的随机事件，它们本身并不给予系统以固有的发展和稳定的特征。为建立系统的计算机仿真模型，必须首先估计所研究的行为由哪些因素相互作用产生。为特定的研究而选择动态边界内的因素，排除其他一切与研究无关的可能因素于动态边界之外。

2）控制 - 反馈回路

控制 - 反馈回路结构简称反馈回路，是边界内的基本结构元素。系统的动态行为是在反馈回路内产生的，反馈回路是系统的基本建筑砌块。一个反馈回路由两种变量构成，即流率变量和水位变量，两者是必要的和充分的，最简单的反馈回路必须包含二者各一。一个复杂系统是多回路的，可能有三四个相互作用的反馈回路。它们之间的相互作用及其支配作用，从一个到另一个的转换给予复杂系统以许多特性。复杂动态系统同时还是非线性的（非加法的函数关系），生命和社会涉及的几乎全都是非线性过程。非线性联系允许一个反馈回路支配系统一段时间，然后可能导致这一支配转换到系统的其他部分，在那里的行为与原来的行为是如此的不同，以至二者看来毫无联系。多回路沿各种非线性函数的分布使复杂系统对于多数系统参数具有高度的不敏感性，同样的非线性行为使系统抵制改变其行为的努力。

3）水位（状态）变量（积量）

水位（状态）变量（积量）代表反馈回路内的积累、流率（控制）变量（率量）、反馈回路内的活动。一个反馈回路是一个结构，其中有一个决定点——流率方程——控制着一个流或一串行动。该行动积累（集成）而产生一项系统水位。关于水位的信息是流率控制的基础。水位变量是内向流和外向流积累或集成的结果，就好像一个有进出口的容器里的水位。流率导致水位变化（好像水流受阀门控制），水位向控制流量的流率方程提供信息输入，水位的变化仅仅依赖于流率，流率变量也仅仅依赖于水位的信息。没有流率能直接影响任何其他流率，也没有水位能直接影响任何其他水位。一个水位只有通过介入的流率才能影响另一水位。在系统结构的任何一条通路上，将遇到交替出现的水位和流率，决不会连续出现两个同类的变量。

4）目标（期望的状态）

这是作为流率变量的组成部分（负反馈自寻的系统的速率）。信息反馈可分为负反馈与正反馈。负反馈也称为寻求目标的反馈信息，它反映对目标的偏离，以便进行调整，缩小这种偏离。如鹰抓兔子，在俯冲过程中，鹰所获得的信息是负反馈；导弹寻的过程中的反馈信息是负反馈；批评是一种负反馈。在人类实践中，负反馈的作用是很大的。正反馈是加强系统行为的信息反馈。如鹰抓兔过程中，兔子吓呆了，鹰无需调整自己的飞行方向，而是促使它加强既定方向的俯冲。表扬、鼓励是对人的行为的一种正反馈信息。正反馈信息鼓励系统行为走得更远，促使行动的加强或状态的增长，距离基准点或基准水平愈来愈远，故也称为背离目标的反馈信息。

8.3.3　系统动力学应用

系统动力学方法属于结构法，用此法分析问题主要是研究系统的结构。在一般情况下，反映系统结构的 D 图和 F 图是不能一蹴而就的。形成成熟的模型结构是需要经过一段过程的。用 SD 法建立模型和仿真，就是把复杂的社会经济系统流体化，一般按如下步骤进行：

1）确定系统的边界；

2）用一组描述变量（包括常量）描写系统；

3）确定变量间的耦合关系，画出有正负号的向量图（D 图）；

4）将 D 图按规定转换成 F 图；

5）从 F 图写出系统模型方程式；

6）用模型进行仿真；

7）验证仿真模型；

8）仿真模型试验；

9）向用户推荐仿真模型和优选方案。

系统动力学主要应用可归纳以下三类：①预测研究。系统动力学方法主要依据系统内部诸因素之间形成的各种反馈环进行建模，同时搜集与系统行为有关的数据进行仿真，做出预测。它具有优于回归预测、线性规划等方法的特点，既可以进行时间上的动态分析，又可以进行系统内各因素之间的协调。②政策管理研究。使用系统动力学方法对系统未来的行为进行动态仿真，得到系统未来发展的趋势和方向，并对此提出相应的管理方法和措施，使管理决策更加科学和行之有效。③优化与控制。系统动力学从动态的角度出发，构建系统模型，展示和把握系统变化发展的规律，进而对系统进行优化和控制（陈国卫等，2012）。

（1）土地利用

系统动力学模型能够从宏观上反映土地系统的复杂行为，是进行土地系统情景模拟的良好工具。例如，可将元胞自动机模型应用于城市增长、扩散和土地利用演化的模拟研究中，它可以比较有效地反映土地利用微观格局演化的复杂性特征。其中的一个应用是土地利用情景变化动力学模型（Land Use Scenarios Dynamics model，LUSD），它的基本思路是在自下而上的元胞自动机模型和自上而下的系统动力学模型相结合的基础上，依据供求平衡原理，从宏观用地总量需求和微观土地供给相平衡的角度，开展土地利用模拟。该模型首先以系统动力学模型为基础，从社会经济系统中人口、经济、市场调节、土地政策以及技术进步5大因素驱动土地需求的角度，模拟未来不同发展情景下的土地总量需求。然后以元胞自动机模型为基础，结合GIS技术，从满足局部土地利用继承性、适宜性和邻域影响的角度完成不同土地需求情景下的土地空间分配，从而模拟出不同情景驱动下的土地利用空间情景格局（何春阳等，2005）。

（2）城市交通

城市发展与交通发展互动影响的系统具有动态性、复杂性、反馈性和长期性，受众多的动态的不确定因素的影响，很难对城市交通发展进行描述、仿真和预测。但可通过构建系统动力学模型来仿真模型中政策变量的改变对交通结构和道路交通负荷的影响（靳玫，2007）。刘爽（2009）在研究经济发展水平、交通发展政策、居民出行特征等因素对交通结构演变影响的基础上，建立了公共交通和个体交通结构演变的系统动力学模型，比较了不同政策情景下交通发展趋势和政策实施效果，并对城市交通结构优化的理想目标和政策体系进行了探讨。王继峰与陆化普（2008）在系统结构分析和因果反馈分析的基础上，建立了一个包括人口、经济发展、机动车保有量、环境影响、交通需求、交通供给、交通拥挤七个子系统在内的系统动力学模型，对大连市的城市交通系统进行了研究。

（3）城市生态

从动力学角度来看，城市生态系统是一个动态平衡状态的系统，也是一个与周围市郊及有关区域紧密联系的开放系统。它不仅涉及城市的自然生态系统如空气、水体、土地、绿地、动植物、能源等，也涉及城市的人工环境系统如经济系统、社会系统等，是一个以人的行为为主导、自然环境为依托、资源流动为命脉、社会体制为经络的社会－经济－自然的复合系统（王如松，2000）。城市生态系统内各个子系统的演化表现为一系列演化状态的集合，而城市生态系统的动力学过程就是这些状态的连续转移过程，是一个系统的复杂演化过程。要对城市生态系统进行建模，就需要综合考虑这一特殊生态系统的各个方面，并对它的各变量本身与变量之间相互作用的参数进行理论方面和操作层面的研究（郁亚娟等，2007）。

城市生态系统动力学演化模型可以归结为以下6个主要步骤（图8-7）（郁亚娟等，2007）：

①定义。确定系统的组成和边界，辨识、抽提、模拟城市生态系统的时间、空间特性，画出概念框图；

②模拟。系统内部各变量的数学和逻辑表达，系统与外部的关联关系表达，系统内部和外部过程的数学表达，系统参数的确定等；

③实现。模型的程序或软件实现，可以用程序语言如C++、Basic、Fortran、MATLAB等实现编程，也可以在VENSIM、STELLA等视窗软件界面下实现建模；

④验证。模型构建完成后，必须进行有效性验证和灵敏度分析，确保模型的合理性、可操作性和稳健性；

⑤分析。应用随机分布、Monte-Carlo 模拟、Kriging 插值、拉丁超立方抽样等方法，对模型参数进行估计、校正以及验证，分析模型不确定性产生的原因，提出解决方案；

⑥应用。用多元回归分析、神经网络、专家系统等方法进行模型状态预测，构建模型最优化的多属性、多判据、多目标函数，并用多目标模型或遗传算法、模拟退火算法等方法求解，将模型结果应用到实践工作中指导规划，为城市建设决策者提供辅助决策支持等。

（4）城市发展政策决策

1）基于城市动力学的城市问题研究

1969 年，Jay W.Forrester 提出城市动力学（系统动力学的雏形之一）以解决城市发展中存在的社会和经济协调发展问题。Forrester 开创性地提出将城市视为一个机构，分析城市低收入和失业人口，指出低成本住房占用的空间本可以用来创造更多的就业机会提供给失业者，而现实中的低成本住房建设反而成为更大的贫困的推动力。随后，Abdelmoneim Ali Ibrahim（1989）在其博士论文中较早地提出以系统动力学方法建立基于检测与监控城市化的系统动态框架模型，来分析和理解城市发展的内在关系问题。模型包括人口、就业、住房、服务和土地 5 个子系统，进行了 3 项政策仿真实验以测试城市化和缓解城市问题所带来的影响，同时评估了这些政策对案例城市发展的有效性。

2）基于供求关系反馈的城市住房发展建模

住房与房地产业发展在整个城市经济中占有重要地位，作为固定资产市场

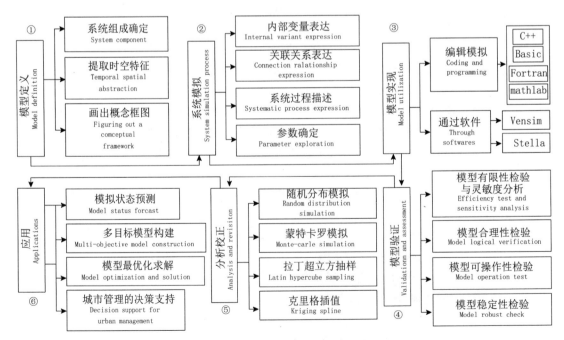

图 8-7　城市生态系统动力学演化模型的主要步骤
（图片来源：郁亚娟等，2007）

的重要构成部分，住房市场的微小变动都会对社会、经济和绝大多数家庭产生极大影响。以中国香港为例，例如，有学者建立了基于系统思考的中国香港住宅发展系统动力学模型，通过分析中国香港住宅产业的需求与发展趋势，合理假设政策参数的变动，预测住房未来需求量（Hu，2003）。或者结合国家对房地产销售与贷款政策及经济形势的关系建立住房供给子模型，开发房地产预警与预测系统动力学模型（Huang，2005）。

3）基于投入产出反馈的城市基础设施建设建模

基础设施同时具有社会基础结构、公益服务和物质生产等多种城市属性，不同类型基础设施具有不同的特点。例如 有学者建立了港口动态行为模型（DPPM）以持续升级和更新港口基础设施（Hin and Ho，2008）。也有人在对长江流域的基础设施和经济发展问题进行长期研究后，通过综合投入产出分析，建立了基础设施的系统动力学模型，克服了经济学家对基础设施研究缺少具体定量分析，和各专业领域工作者缺乏考虑各领域之间相互作用的综合性缺陷，对基础设施与基础产业进行了综合定量分析，提出了发展基础设施和基础产业、社会和环境及产业结构调整的综合建议（王其藩等，1999）。

（5）环境保护

盖亚（Gaia，1987）在《雏菊世界》中提出一个不稳定平衡世界假设，即虚构星球上存在黑白两种数量相等的雏菊，无外界扰动时这种平衡会一直保持下去；一个小的扰动，就会导致巨大灾难。黑雏菊数量增多会导致温度上升，从而会带来黑雏菊数量进一步增多；另一方面，如白雏菊数量增多也是同样，从而陷入恶性循环。在城市环境领域中，自然资源如同脆弱的雏菊世界，一旦轻易地破坏了环境反馈中某个自然平衡状态，整个城市环境难以再恢复到最初的平衡。安德鲁·福特（Ford，1999）在《模拟环境：环境系统的系统动力学模型导引》（Modeling the Environment：An Introduction to System Dynamics Models of Environmental Systems）一书中，以 Gaia 的雏菊世界假设为例，阐述了城市空气污染和气候变化的内在机制，通过建立系统动力学模型，探讨是否能采用谨慎的财政政策执行综合税制项目来改善城市环境质量。

有学者指出，计算机模型仿真和系统思考是实现民主的有力工具，这些技术和方法论为更为透明和公开的公众参与提供了基础，可以帮助社会决策。这也是系统动力学在人文和工程交叉领域的重大发展之一（Meadows，1985）。在环境管理领域，克里斯蒂娜·A.斯塔文（Krystyna·A.Stave）（Stave，2002）运用系统动力学为环境发展决策的社会参与，构建了一个结构性协议框架，即通过构建群体模型，当利益相关者参与政策制定中，就会通过一个更为透明、参与性质的教育性框架来引导利益相关者实施决策。

8.4 城市空间分析

8.4.1 空间网络分析

网络关系普遍存在于自然界和人类社会之中，如水系网络、绿化网络、

道路网络、通信网络、地下管网等。网络由一组边和结点按照一定的拓扑关系彼此连接而成，边与结点是网络的两类基本组成元素。边是具有一定长度和物流的网络元素，结点是两条或两条以上边的交汇处，它可以实现两条边之间物流的转换（傅晓婷，2010）。空间网络是复杂网络中一种特殊的网络，与一般网络相比，空间网络中的每个顶点都有自己的空间地理位置，而这种空间地理位置在顶点之间的相互作用中有重要意义（黎勇等，2010）。

网络分析是指对地理网络（如交通网络）、城市基础设施网络（如电力网络、给排水管网等）进行地理分析和模型化处理，其根本目标是研究、筹划一项网络工程如何安排，并使其运行效果最好（高骆秋，2010）。它是通过研究网络的状态以及模拟和分析资源在网络上的流动和分配情况，对网络结构及其资源等的优化问题进行研究的一种空间分析方法。网络分析的理论基础是图论和运筹学（张广亮，2012）。长久以来，网络分析一直被认为是矢量结构的"特权"，而栅格结构被认为是"难以建立链接关系的"。对空间数据结构化过程的新认识，特别是空间分析零初始化思想的一些具体实践，使得栅格数据结构进入网络分析成为可能，并在网络的动态分析中发挥特有的优势（李圣权，2004）。

根据网络要素的功能、作用和特性，结合应用的情况和需要，可以将构成地理网络的元素进一步分为以下几种：链、结点、站、中心、拐角或转向、资源、障碍、权值和网络标识等。地理网络中每一类元素都有相应的属性，如阻碍强度、资源需求量、容量、费用、损耗等，这些属性可能是单一的也可能是复合的；可能是静态的也可能是动态的；可能是定性的，也可能是计量的；可能是标量值也可能是函数表达（李圣权，2004）。网络模型是指现实世界中存在的各种网络系统（如交通物流网、通信网、暖气管网、给排水管网等）的抽象表示。空间实体的几何形态可以抽象为点、线和面等元素，构成网络模型的最基本元素是线性实体及这些实体的连接交汇点，前者称为网线或链，后者称为节点。一个基本的网络主要包括中心、链、节点和阻力（李小马，刘常富，2009）（表8-2）。

网络模型基本元素及特点 表8-2

元素名称	特点	举例
中心（Center）	指网络中具有从链上接收或发送溯源的节点所在地。其属性包括资源最大容量、最大服务半径等	如水库属于河网的中心，公园绿地属于路网的中心等
链（Link）	构成网络的骨架，连接两个节点的通道，是现实世界中各种线路的抽象；包括图像信息和属性信息，链的属性信息包括阻力大小和资源需求量	如公路煤气管街道、输电线水管、河流等构成的网络
节点（Node）	网络中任意两条线段或路径的交点，其状态属性包括阻力大小、资源需求量、拐点等	如表示交叉路口、中转站、河流汇介点等
阻力（Impedance）	从中心到链上的某一位置或通过一条链时所需要花费的时间成本或者费用成本等	如行进花费的时间、行进的速度等

（资料来源：张广亮，2012）

（1）网络图

面向网络的数据通常利用数学中"图"（Graph）的形式来模拟，因而可以用图论的一些理论成果来解决网络分析中的许多问题。网络图中的基本组成部分和属性有（肖永东，朱劲松，2010）：

1）结点（v_i）／结点集 V（G），其中，V（G）=$[v_1, v_2, \cdots, v_n]^{\mathrm{T}}$。

网络中的结点，比如：车站、道路交叉口、港口等，其状态属性包括阻力和需求等，并包括几种特殊类型：

A. 站点，在路径选择中资源增减的结点，如库房，车站等，其属性为资源需求；

B. 中心点，即接受和分配资源的位置，如商业中心，水库等，其属性有资源总量、阻力额度等；

C. 障碍点，网络中资源不能通过的结点；

D. 转角点，网络中分割结点处，资源可能转向，比如公路上不允许左拐，则构成转角点。

2）边（e）／边集 E（G）=$[e_1, e_2, \cdots, e_n]^{\mathrm{T}}$。

网络中的边，如街道、河流、水管等，其状态属性有需求和阻力。

3）图，图是一个非空的有限结点和有限边的集合，可表示为 G（V，E）。

4）网络，表示为 D=（V，E，W），其中 W 为网络的权函数，为其网线和结点的权值表示。

5）流，网络中任意弧的资源流量，可记为 f（a_{ij}）－f_{ij}。

点上连线既可以是看得见的线状分布，如河流、道路、供电、供水系统等；也可以是看不见的线状分布，如人际联系、通信网等。网络既可以是平面网络（两维空间），也可以是超平面网络（三维及以上空间）（葛震远，等，2000）。

（2）网络结构测度

网络结构的一般性测度标准通常有 3 个基本指标：①在网络中次级亚网图分割数目，即互不连接数目，通常以 p 表示；②在网络中的连接线数目，通常以 m 表示；③在网络中的连接点数目，通常以 n 表示。由此 3 个基本测度指标，可以派生出 5 个测度网络结构的特征指标（葛震远，等，2000）：

连接度 R——连接度是指网络中实际连线数与其最大可能连线数之比。其值变化范围 $\in$ [0，1]，若 R=0，意味着网络中仅存在孤立点；若 R=1，网络中连线达最大数。R 值越大，网络特性越好。用公式表示为 $R=m/3$（$n-p$）。

β 指数——β 指数也称线点率，是网络中每一接点的平均连线数目，即 $\beta=m/n$。β 指数是关于地理网络的复杂性程度的简单度量，其数值范围在 [0，3] 区间内（徐建华，1996，转引自，葛震远，等，2000）。β=0，表示无网络存在，β 值越大网络的复杂性增加。

环圈数 η——环圈数又称回路数。网络中的回路是一种闭合路径，其始点同时也为终点。如果连线连接两个亚网络，回路就可能存在。环圈数指能为流（含物质流、能量流、信息流等）提供选择性路线的回路数目。用公式表示为 $\eta=m-n+p$。

α 指数——α 指数是测度网络回路的指标，是网络中实际回路观察数与网

络内可能存在的回路最大数之间的比率。α 指数的变化范围介于 $[0，1]$ 区间，$\alpha=0$ 意味着网络内不存在回路；$\alpha=1$ 说明网络中已达到最大限度的回路数。用公式表示为 $\alpha=(m-n+p)／(2n-5p)$。

γ 指数——γ 指数是网络内连线的实际观察数与网络中最大可能环圈数之比。其数值变化范围为 $[0，1]$。$\gamma=0$ 表示网络内无连线，只有孤立点存在；$\gamma=1$ 表示网络内每一接点均构成回路。用公式表示为 $\gamma=2m/n(n-1)$。

（3）空间网络分析方法

网络分析是在线状模式的基础上进行的，线状要素间的连接形式非常重要，所以在多数情况下以矢量数据格式进行实现，在 GIS 的空间网络分析中，其主要目的在于选择最佳路径、选择最佳资源布局中心等（李圣权，2004）。

1）路径分析。人们常想在地理空间网络中指定的两个结点间是否存在路径，如果有则希望找出其中最符合要求的路线，如最短、景观最多等，这种路径问题对于交通、消防、观光、信息传输等有重要意义。从网络模型的角度看，最佳路径求解是在指定网络两个结点间寻找一条阻碍强度最小的路径，其产生基于网线和结点转角的阻碍强度。最佳路径分析的实现算法有多种，其中常用的有基于单源点的 Dijkstra 算法和多结点间使用的 Floyd 算法；另外，也用 Prim 算法和 Kruskal 进行路径的连通性分析（肖永东，朱劲松，2010）。

路径分析包含两大类：一是有确定轨迹的网络路径分析，另一种是无定轨迹的路径分析。前者是比较常见的类型，例如交通网络中的最短路径分析、次短路径分析、最优路径分析以及网络的最小生成树分析等，其特点是在空间中移动的对象只能沿着既定的路线移动。后者接近于表面分析，在空间中移动的对象有全部或者部分的自由度，没有明确的路径限制，无定路径的路径分析就是要在给定的自由度内寻找满足特定条件的路径。比如图论的 Hamilton 回路问题、通过沼泽地的路径选择等都属于无定路径的情况（李圣权，2004）。

2）连通分析。连通性是图论的一个重要概念，如果图 G 中某两个顶点 v_i 和 v_j 之间存在路径，则这两点在 G 中就叫作连通的；如果 G 中每对顶点之间都存在一条路径，则图 G 是连通的。连通分析用以判断某两个或者某些实体（或者要素）之间的是否存在通路，解决网络的可达性评价问题。主要是通过考查网络上要素之间的邻接关系来判断连通关系。

3）流分析。流是在网络中流动的资源。由于网络有着容量的限制，流在网络上流动时有时间、金钱等方面的花费，流分析用以寻找最大流的通路、解决最小费用问题、获取增流方案等。

4）缓冲区分析。网络缓冲区分析指的是基于网络路径距离的缓冲区分析，不同于一般意义缓冲区分析，它对于在网络路径上活动的现象研究有实用价值。

5）其他分析，如统计分析、剖面分析等，只是与网络相关的分析，有人也将它们归入网络分析之中。

（4）空间句法

20 世纪中叶，系统理论逐渐成为城市设计者解读城市空间网络内在逻辑规律的"新语言"，其中比较突出的理论是"空间句法"。"句法"实际上是语言学的一个基本概念，指构成一个语句的不同单词或词组间的内在排序规律，基于此规则对词语和词组进行排列，形成语句所要表达的内涵。在形态学研究中，"空间句法"代表构成空间整体的空间分割单元及单元联合体之间的联系、组合规律和法则。而空间句法以空间本体为研究基点，以数理与图论相结合的方式建立城市形态模型，量化分析以及定性描述城市空间网络的内部元素之间的一种关系法则——组构，并于分析中加入空间的社会属性——"人"在空间中的行为规律，形成独特的研究城市形式与功能的理论与方法（杨滔，2006）。

空间句法理论的创始人比尔·希利尔（Bill Hillier）同其研究伙伴于1970年代提出了组构——城市空间系统内部逻辑的语言法则，通过描述整体性的空间关系界定局部空间或空间元素的本质属性，表征的是一种需要分析研究的对象，亦是一个现象化的概念。基于组构概念，希利尔等人通过建立数学模型量化分析空间网络的同时，运用拓扑几何原理与计算机技术将量化分析过程编辑生成可以符号化的模型技术，直观地展现空间形态的瞬时性效果，进一步挖掘空间形式与功能之间的互动关系（Hillier and Hanso，1996）。

1）空间句法概念

空间句法的基本概念包括构型、自然运动规律、运动经济体规律、中心性规律以及意念社区（曾旭东，姜莉莉，2009）。

A．构型

构型（Configuration）指轮廓由其各部分或元素配置决定的外形。希列尔定义构型为"一组相互依赖的关系系统，且其中每一关系都决定于其他所有的关系"（Hillier，1996）。改变系统中的一个元素的构型就会改变很多其他元素，很可能是其他所有元素的构型属性，继而使整个系统的构型发生变化。从这个意义上说，构型与结构的概念是相通的。构型分析的首要任务就是将空间系统转化为节点及其相互连接组成的关系，即将空间系统划分为组成该空间系统的子空间。其中，每个节点代表空间系统的一个组成单元，这个过程就是空间分割（傅搏峰等，2009）。

构型的直观描述是关系图解（Justified Graph），是用节点与连线来描述结构关系的图解（图8-8）。关系图解为空间构型提供了有效的描述方法，同时也是对构型进行量化的重要途径。关系图解是一种拓扑结构图解，它不强调欧氏几何中的距离、形状等概念，而重在表达由节点间的连接关系组成的结构系统（张愚，王建国，2004）。

B．自然运动规律

空间句法所考察的活动模式不是通常城市交通规划模型中所模拟的步行活动，而是由城市格网构型决定的"自然运动"（Hillier et al，1993），它是空间构型分析与应用的最基本概念。"自然运动"是空间构型与运动之间的逻辑联系，是城市人群步行活动的一部分。它不一定是城市空间中活动形式的最大构成部分，但却是最普遍的活动形式，存在于城市格网空间的每个角落。运用这一概念，可明确实体改变通过其空间构型对运动结构的微妙影响，更好地预测人们在空间中看似复杂和随机的聚集状态。

C．运动经济体规律

运动经济体规律是自然运动的衍生概念，主要用于描述城市形态与城市使

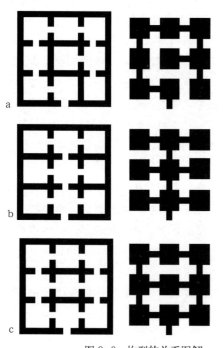

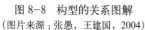

图8-8　构型的关系图解
（图片来源：张愚，王建国，2004）

用功能的联系。空间句法认为空间结构对社会的影响并不是一种机械的、决定论的影响，而是以人的活动为媒介来实现的一种富有弹性的影响力。因此，城市可看作空间构型作用下的"运动经济体"。运动经济体规律是从建筑学的实证研究出发，对传统经济地理学上"中心地理论"的修正和批判。运用这一原理可有效预测城市中土地的利用价值，合理安排空间功能（Raford and Ragland，2003）。

D. 中心性规律

中心性规律内含于运动经济体规律之中，强调中心性是一个以空间为主要引导的过程，城市空间构型在产生和维持城市中心的活跃性这个过程中起着关键作用（Raford and Ragland，2003）。

E. 意念社区

"意念社区"（Hillier，2001）的概念是基于空间构型对社会行为的影响提出的。空间构型通过对运动模式的影响，产生了某些空间的人员聚集，即共同在场。这种人员的共同在场是构成社区的最初要素，从心理学角度来看又是感知他人最基本的方式。这种共同在场和相互知晓的模式就是意念社区的首要组成部分。通过空间设计对运动和其他有关的空间使用产生影响，继而产生自然的共同在场的模式，就是意念社区（傅搏峰，等，2009）。

2）空间句法模型

空间句法模型的建立有5步（傅搏峰，等，2009）：

A. 确定研究区域

构建空间句法模型的第一步是收集和分析对象区域的空间资料，确定合理的研究区域——通常是涵盖研究对象区域在内的一块更大的区域。其主要原因是句法模型在分析使用时会产生"边界效应"，即当不清楚分析范围内外的行人活动模式或其他城市功能指标是如何相互影响的情况下，越临近区域边界，研究对象的空间指标就越不能反映人流活动模式或其他城市功能指标的真实状况。一般以对象区域为圆心，步行30分钟的距离为半径作为研究区域。研究区域边界宜选取对行人自由活动阻隔效应明显的限界，如河流、宽度较大的干道等。

B. 空间分割

研究区域确定之后，需要按照一定规则把大尺度空间划分成小尺度空间单元或单元联合体，即对区域进行空间分割。基于基本分割单元或模型的维度不同，空间分割的方法可以选择轴线法、凸多边形法和视区法三种。

C. 轴线图与连接图的转化

由上述步骤绘制得出的轴线地图需要进一步加以处理，处理方法与拓扑理论和图论类似。基本过程如下：轴线图中表示单元之间连接的视觉动线用节点表示，节点之间再用直线联系，表示相关关系。即原轴线图中的节点变成了连接图中的轴线，而轴线图中的轴线则转换成了连接图中的节点。连接图中两节点间的距离不再表示实际的物理距离，而是两相邻空间单元的拓扑距离。轴线图转化成为连接图后，即可计算句法变量。

D. 句法变量计算

句法变量指标主要包含以下几类，见表8-3，所有句法变量的计算都可以通过空间句法相关软件实现。

E. 集成度图形的输出

将分段集成度值域赋予不同颜色梯度在轴线图中表示，即可方便直观地把握研究区域的整体空间构型。

3）城市空间网络分析软件包

由美国麻省理工学院和新加坡技术和设计大学（SUTD）联合组建的城市形态实验室（City Form Lab）研发的一种基于GIS开发的开源软件——城市空间网络分析软件包（Urban Network Analysis Toolbox, UNA）为有效的描述空间形态并探寻其与空间现象之间的联系提供了强有力的工具。

与大多数基于空间句法的空间网络分析工具相比，UNA不仅可以将建筑物直接纳入网络分析中，而且可以为建筑附加不同性质的权重，如人口、就业岗位等，从而极大地扩展了网络分析的用途。由于直接与建筑物挂钩，这种工具为分析建筑的选址提供了便利。UNA可以用来分析五种空间网络特性，分别是影响范围、重力作用中间性、接近性和直线性。通过在ArcGis10平台上

空间句法量化指标的定义及计算方法表   表8-3

	中文名	计算式	内涵
Connectivity	连接度	$C_i=k$，k表示与节点i直接联系的节点个数	与一个空间单元直接相连的空间数目
Control Value	控制值	$Ctrl_i=\sum_{j=1}^{k}\dfrac{1}{C_j}$	一个空间对与之相交的空间的控制程度
Depth	总深度值	$\sum_{j=1}^{k}d_{ij}$，d_{ij}表示从节点i到节点j的最短路径（用步数表示）	某一结点距其他所有结点的最短步长
Relative Asymmetry	整体集成度	$RA_i=\dfrac{2(MD_i-1)}{n-2}$，$MD_i$表示相对深度值，$MD_i=\dfrac{\sum_{j=1}^{n}d_{ij}}{n-1}$，其中$n$为连接图中所有节点的个数	一个空间与其他所有空间的关系
Real Relative Asymmetry	局部集成度	$RRA_i=\dfrac{RA_i}{D_n}$，D_n为标准化参数，$D_n=2\left\{n\left(\log_2\left(\dfrac{(n+2)}{3}-1\right)+1\right)\right\}/[(n-1)(n-2)]$	一个空间与其他几步（即最短距离）之内的空间的关系

（资料来源：傅搏峰，吴娇蓉，陈小鸿，2009）

运行 UNA 插件，输入建筑形文件、网络文件、权重属性名、搜索半径等参数，GIS 将自动输出每个建筑的分析量值，并在图中以梯度色彩加以表征（陈晓东，2013）。

8.4.2　形态分析

如何在空间形态研究中引入量化的分析，使其更具科学性和说服力是近年来空间形态研究比较热门的领域，许多概念和量化指标也被提出。

（1）分形理论

曼德布罗特给出的分形的定义为，分形是局部与整体在某种意义下存在相似性的形状。这强调了分形的自相似性，但把某些分形排除在外。后来，英国数学家法尔科内（Falconer，1997）提出罗列分形集的性质，来给分形下定义。如果集合 F 具有下面所有的或大部分的性质，它就是分形：① F 具有精细的结构，即有任意小尺度的不规则的细节；② F 具有如此的不规则，以至于它的局部或整体都不能用微积分的或传统的几何语言来描述；③通常 F 具有某种自相似或自仿射性质，这可以是统计意义上的；④ F 的"分形维数"（用某种方式定义的）通常严格大于它的拓扑维数；⑤在许多情况下 F 具有非常简单的、可能是由迭代给出的定义；⑥通常 F 具有"自然"的外貌。自然界当中，闪电、树枝、花菜、海岸线和海螺纹的形态就具有分形特征（叶俊，陈秉钊，2001）。

维数是几何学基本而重要的概念，而分形维数是刻画分形的重要工具。分形集合嵌在欧氏空间之中，其维数体现着分形集占有空间的大小，反映着集合的复杂程度。欲判别两个分形是否一致，一般选择同一定义的分形维数，以此作为分形的一种度量标准。当然，两个具有相同维数的分形在几何形态上也可能完全不同，对此，通常先根据其"自然"的外貌形状加以区分。

分形理论产生后，学者们从看似没有规则的城市形态中分析其自然规律。巴蒂与朗利，以及富兰克豪泽等学者基于盒计数法和半径法，以大量的西方城市为例，探讨了城市平面形态诸如聚集、人口密度的分形维数，从而获得充分的经验证据。为探索城市聚集在不同规模下的标度行为，富兰克豪泽（2000）对许多城市案例进行了比较研究。这些城市表现为某些相似性：一个相当紧凑的中心，以及沿交通轴线伸展出树枝状的建成区。基于半径法，选取城市聚集中心为计数中心，画出维数 $D(R)$ 与 R 的标度曲线。这些曲线具有相似的形状，其主要特征如下：①在计数中心的附近，通常标度指数值 $D=1.8{\sim}1.9$，处于一个相当稳定的水平。该计数中心对应这些城市的历史中心；②离开计数中心的一定距离，存在一个标度指数下降的转换带，这表示空间组织发生变化，这一行为对应于这些城市的市中心的周边环带；③在集结中心的边界处，观察到一个标度指数保持相对稳定的扩展带，这表示一个很明确的分形行为。该标度指数围绕 $D=1.6$ 波动，这一地带对应于郊区；④当到达聚集的边界时，观察到另一个指数下降的地带。这些城市大至莫斯科、斯图加特，小至城镇，均表现出相似的标度行为。由此，若通过大量的经验分析可以将城市形态进行分类，建立起城市聚集的类型学（叶俊，陈秉钊，2001）。

1990 年代初，在艾南山、李后强等人倡导下，分形城市研究在我国逐渐兴起。陈彦光、刘继生在发展分形城市理论体系的同时，也据此研究了城市形态和结构。此外，还有学者利用几何测度关系测算了某些城镇边界的平均维数。

（2）自组织理论

通过研究自组织的模式特点可以深入了解系统的整体性质特点与子系统相互作用之间的关系。城市空间形态在其演变发展过程中表现出明显的自组织状态。

（3）图形特征值法

特征值法指选择一定的规则几何图形作为不规则的城市空间形态的参照系，计算两者之间的特征点、特征线段或面积并进行比较，得出不规则形态的参数，或在寻找不规则空间形态本身的特征数据，进行自身的比较以确定参数（赵作权，1997）。但是每一种特征值，往往只能说明不规则形态的一个侧面，很难概括丰富多变的城市空间形态。林炳耀（1998）指出，城市空间形态计量的主要指标有形状率（Form Ratio）、圆形率（Circularity Ratio）、紧凑度（Compactness Ratio）、椭圆率指数（Ellipticity Index）、放射状指数（Radial Shape Index）、伸延率（Elongation Ratio）、标准面积指数、城市布局分散习俗和城市布局紧凑度等。

1）形状率

1932 年，Horton 提出的形状指标，计算公式为：

$$形状率 = A / L^2$$

式中 A——区域面积；L——区域最长轴的长度。

这一指标的显著优点是计算较方便。根据这一指标进行计算，正方形区域的形状比是：

$$\frac{a^2}{(\sqrt{2}a)^2} = 1/2 \ （设\ a\ 为边长）$$

圆形区域的形状比是：

$$\frac{\pi a^2}{(2\pi a)^2} = \pi/4 \ （设\ a\ 为边长）$$

带状区域，其形状率则小于 $\pi/4$，带状特征越明显，其数值越小。这种指标的缺点在于：只考虑最长轴方向，所以还无法反映出区域不规则形状方面的许多特性；没有确立度量单位。一般认为，区域形状最紧凑的是圆形，而在本指标中，圆形的形状率却不是整数值（$\pi/4$），所以，在作比较时，会发生困难。但它仍不失为一种衡量区域形状的数量指标。显然，就城市而言，如果长轴很长，呈带状分布，其长轴两端的联系是不便捷的；而形状率在 $1/2 \sim \pi/4$ 之间的城市，内部联系就比较方便。

2）圆形率

1963 年，米勒提出圆形率这项指标（Haggett，1977），其计算公式为：

$$圆形率 = 4A / P^2$$

式中 A——面积；P——周长。

不难看出，当一个区域或城市呈圆形时（如霍华德田园城市的设想），圆形率为 $1/\pi$，当区域或城市呈正方形时（如我国《考工篇》中提出的城市设计），

其数值为 1/4。

具有带状特征的区域，其数值小于 1/4，离散程度越大的区域，其数值越小。

圆形率这一指标考虑了区域周长与面积的关系，综合了各种不规则形状的要素（通过周长加以综合），因此能比较确切地反映出区域和城市发展的紧凑和离散程度，特别有利于对比一个城市形状的历史发展过程，也适于找出不便于经济联系情况下的数值作为某种控制指标。其缺点在于：计算周长比较麻烦，没有确立单位度量指标，不便于对不同的形状作对比。

3）紧凑度

采用同名指标的有三位学者，其计算公式各不相同。

A.1961 年，理查森提出的公式如下（Richardson，1973）：

$$紧凑度 = 2\sqrt{\pi A}/P$$

式中　A——面积；P——周长。

这一公式是把圆形区域作为标准度量单位，其数值为 1，其他任何形状的区域，其紧凑度均小于 1。区域离散程度越大，即越不紧凑，其紧凑度越低。一般把圆形视为区域最紧凑的特征形状，所以理查森把它采用为标准度量形状。这一指标的优点在于不仅综合了不规则形状的多方面特征（通过周长），而且以整数 1 作为度量标准，所以便于不同区域或城市之间的比较，但仍需计算周长。

B.1964 年，科尔提出的公式如下（Cole，1960）：

$$紧凑度 = A/A'$$

式中　A——区域面积；A'——该区域最小外接圆面积。

这一指标是以最小外接圆面积作为标准去衡量城市或区域的形状特征。如果区域面积与最小外接圆完全重合，即为圆形区域，则认为属于最紧凑的形状，其紧凑度为 1。这一指标避免了计算城市周长，使手续简化，而仍保留以圆形区域为度量标准，所以仍然便于进行同一城市不同历史时期形状的对比以及不同城市形状的对比，是目前比较流行的指标。

C.1961 年吉布斯提出的计算公式如下（Gibbs，1961）：

$$紧凑度 = 1.273 A/L^2$$

式中　L——最长轴长度；A——区域面积。其所采用的系数 1.273，显然也是为了使圆形形状的紧凑度为 1。

这一指标确立了标准度量单位，但只考虑最长轴长度，所以难以反映出复杂城市形状，只宜于作较概略的城市形状对比，其优点之一是计算方便。

4）椭圆率指数

1966 年，斯托达特提出该项指标，其计算公式（Stoddart，1967）如下：

$$椭圆率指数 = L/2\{A/[\pi\ (L/2)\ ]\}$$

虽然名为椭圆率指数，其实质仍然是以圆形作为标准度量单位。因为若为椭圆形，必涉及短轴，但计算公式中并无短轴。当 $L=2r$ 时，其数值仍为 1（公式中 A 为面积，L 为最长轴长度），可见，轴长仍是以圆为标准的。其计算冗长，又未显示出其他方面的特性，所以一般也较少用。

5）放射状指数

有两种同名而不同公式的指标。

A.1964年，博伊斯（Boyce）和克拉克（Clark）提出放射状指数公式如下：

$$放射状指数 = \sum_{i=1}^{n}\left|\left(100d_i/\sum_{i}^{n}d_i\right)-(100/n)\right|$$

式中　d_i——城市中心到第 i 地段或小区中心的距离；n 为小区或地段数。

这一公式，先求出城市的中心到各地段或小区的总距离，然后再以各小区的中心的距离与之作比较，最终一一求和。这一指标显著的优点是考虑了城市中心与区内各部分之间的具体联系，它不是单纯从抽象的形状入手，而是综合了各小区的客观位置特征。如果这种距离是以经济距离测度（如考虑了线路因素），则更可以反映出区域或城市内部联系的特征。由于地段和小区是具体的，所以其反映区域内部的联系的真实性更强，在城市形状时空变化方面的可比性也更强。只是如果在小区或地段数很多的情况下，计算比较麻烦，宜采用电子计算机。

B.1967年，布莱尔（Blair）和布利斯（Bliss）提出下面的公式：

$$放射状指数 = A/\sqrt{2\pi\int I_i^2 \mathrm{d}xay}$$

式中　I_i^2——距离平方。

6）伸延率

1969年惠比提（Webbity）提出该项指标，计算公式为：

$$伸延率 = L/L'$$

式中　L——区域最长轴长度；L'——区域最短轴长度。

显然，这一指标适合于带状延伸城市的延伸程度的比较。若城市为圆形，其比值为1，若为正方形，其比值为 $\sqrt{2}$，带状延伸程度越大，即离散程度越大，其比值也越大。各种城市形状的伸延率均为大于或等于1。这一指标计算简便，应用也广。

7）标准面积指数

1970年，李（Lee）和萨利（Sallee）在研究苏丹的（Sudanese）村庄形状时，提出用集合运算法则来测度区域形状，其计算公式（Lee and Sallee，1970）为：

$$S = \frac{A \cap A_s}{A \cup A_s}$$

式中　S——标准面积指数；A——区域面积；A_s——区域面积相等的等边三角形面积（把等边三角形作为标准）。

计算时，把标准等边三角形重叠在区域范围上，求出区域范围与标准等边三角形的交与并的面积，以并为分母，以交为分子，求出比值 S，其比值 $0 < S < 1$。当 $S=1$ 时，表示区域与等边三角形重合，所以交、并相等。区域形状越破碎，则其并越大、交越小，所以比值越接近于零。这种方法把等边三角形视为标准形状，与真正的紧凑形状（通常认为是圆）有一些误差，在计算时需先换算出等边三角形，并计算它与区域的交与并。该项指标对不同城市形状的可比性还是比较强的。

8）城市布局分散习俗和城市布局紧凑度

傅文伟在探讨城市建成区问题时，提出了城市布局分散系数和城市布局紧凑度两项指标，计算各式为：

$$城市布局分散系数 = \frac{建成区范围面积}{建成区用地面积} (\geqslant 1)$$

$$城市布局紧凑度 = \frac{市区连片部分用地面积}{建成区用地面积} (\%)$$

这两项指标都采用自然度量，即量算其实际面积，具有具体性的优点，虽然不直接反映区域或城市的形状特征，但也可以间接地反映形状上的一些特点。其实质内容是与城市土地利用强度有关的。

（4）元胞自动机模型

元胞自动机模型的"自下而上"的研究方法、强大的复杂计算能力、固有的并行计算能力和时空动态特征，使得它在模拟空间复杂系统的时空演化方面具有可行性和可操作性。相应的元胞状态是土地利用类型划分（工业用地、居民用地、商业用地等）的状态，根据一定的转换规则和时间间隔的确定，就可以模拟城市空间形态的演变（尹长林，2008）。

（5）神经网络

神经网络模型是一种以生物体神经系统的工作原理为基础建立的网络模型。在城市形态模拟、规划预测中，神经网络有很好的应用前景。

（6）免疫系统

免疫系统（Artificial Immune System，AIS）丰富了信息技术和工程应用的理论，拓展了研究思路。利用 AIS 理论研究城市空间形态，可以分析清楚城市形态的时空分布、作用机理以及模拟城市空间形态的演变等一些基本的理论问题，形态的计量研究经历了由简单到复杂，由抽象到具体的过程。

8.4.3 空间演化绩效测度

在城市与区域空间的不同发展阶段，或者是在不同的城市与区域之间，可以通过若干测度指标加以定义和比较它们的结构绩效，并反映那些最为重要的空间特征。出于经验分析的目的，这些指标要能够易于从统计数据、土地利用规划和遥感解析图片中获得。本着简化分析的目的，伯塔德（Bertaud，2004）对空间结构演化绩效总结了三方面的因素：

1）建成区平均密度，这是从城市结构方面考察土地消费量的一个重要指标。人均用地量通常使用它的倒数指标——"人口密度"，即单位用地上承载的人口数量。密度的测度一般是以行政边界为单位，但这种方法并不是很好，因为一个行政区内可能包括大量的未建设用地或水面。一个比较精确的方法是用人口比上建成区面积，所谓建成区面积需要排除那些连续的，具有一定规模的开敞空间；

2）密度剖面的梯度，城市建成区内的密度剖面是显示人口在大都市地区内如何分布的一种简便方法。密度剖面提供了从城市中心点（CBD）到外围边缘的密度分布变化图，在单中心的城市结构中，密度剖面通常遵循一条负斜率的曲线；在多中心的空间结构中，密度剖面将是一条起伏的曲线，甚至不连续；

3）日常出行模式，基于人口统计数据的密度分布图是静态的，因为其并不反映这些人口的工作地点和 *OD* 流动。人口在空间区位之间的流动对空间结构的形成与发展至关重要，伯塔德将之简化表示为强联系和弱联系。

常用的空间演化绩效指标有（韦亚平，赵民，2006）：

（1）绩效密度 Dp（Density performance）

如果将城市建成区范围均分为网格分区（如 1 平方千米），则有计量式如下：

$$Dp=\sqrt{Dda}$$

$$da_i=a_i/A_i \quad i=1, 2, 3\cdots, n$$

式中 a——绿化开敞空间的面积；A——建成区面积。

这个指标反映连续建成区的绿化开敞空隙，Dp 的值愈小说明开敞绿地的分布具有更好的均好性。在建成区空间的人口密度非常大（紧凑）的情况下，整体的绿化开敞空间比例以及人均面积不一定要很高，但绩效密度指标应保持一定的值，以使这种密集紧凑具有适宜的空间环境。如果对开敞空间设定不同的基准值，则可以引申出若干不同的绩效密度，比如，分别计算 0.5hm²、1hm²、4hm² 等不同规模等级绿地的绩效密度。

（2）绩效舒展度 Sp（Spread performance）（图 8-10）

绩效密度并非越高越好。首先，需要对都市区的边界有所确定，出于统计数据上的要求，以行政区为单元划定都市区的边界是一个较为明智的方法，但这并不足以反映建成区形态上的环境问题。不妨假想一下，如果建成区是饼状的密实一块，那么与轴向伸展的结构相比孰优？显然，在同等的绩效密度下，如果判断是理性的，我们将认为轴向伸展结构的绩效要好，因为轴向伸展的结构与自然生态环境具有更多的接触界面。

绩效舒展度 Sp 这个指标反映了建成区空间形态本身的环境绩效。对于这个指标的计量描述如下：

$$Sp=\sigma(ri) \text{ 或记为} Sp=\sqrt{Dr} \text{ , } Dr=E(r-Er)^2$$

式中 r——建成区在不同方向上的延展距离。

在给定的绩效密度值情况下，绩效舒展度的值越大，则空间结构的环境绩效越好，这意味着建成区的整体结构较舒展。而且，轴向伸展也便于获得大运量公共交通的运营规模。如果对非建成区设定不同的基准值，则同样可以引申出不同的绩效舒展度指标，比如低于 50 人 /hm² 的居住人口密度称之为非建

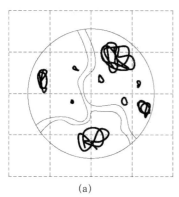

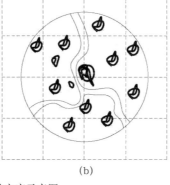

(a)　　　　　　　　　　(b)

图 8-9　绩效密度示意图

(a) 均好性低；(b) 均好性高

（图片来源：韦亚平，赵民，2006）

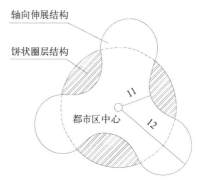

图 8-10　绩效舒展度示意图

（图片来源：韦亚平，赵民，2006）

成区；建设密度低于 100m²/hm² 的称之为非建成区。

（3）绩效人口梯度 Gp（Gradient performance）

对于这个指标描述如下：

$$Gp=1/\sigma(di)\ 或记为\ Gp=1/\sqrt{Dd}，Dd=E(d-Ed)^2$$

式中　d——密度剖面上每一单位距离的人口密度样本。

一般来说，在绩效密度与绩效舒展度给定的情况下，绩效人口梯度值越大，则空间结构的紧凑绩效越好，这意味着都市区内人口密度分布均衡，空间结构所产生的社会空间分异效应较小。当然，梯度绩效也可以通过建筑密度、容积率的数据来测度，进而可以引申出不同的绩效梯度指标。不过，距离单位的确定首先需要考虑统计单元的面积大小，如果基本统计单元的面积很大，那么设定小的距离单位就没有必要。

（4）绩效 OD 比

考虑交通流量在空间上分布的结构绩效，一个介于经济效率和社会公平之间的因素是就业的便利，也就是说适宜的空间结构应保证劳动力在都市区范围内具有充分的活动性，不管他们居住在哪个区位，都可以在一个适度的时间（比如 45min）内到达他们的工作场所。

这里，通过"适度出行时耗比例"表示第四个指标——"绩效 OD 比"（OD performance，ODp）。这个指标计量式如下：

$$ODp=\sum M_t/\sum T_t$$

式中　M_t——出行时耗在适度时耗以下的出行总量；T_t——出行时耗在适度时耗以上的出行总量。

一般来说，在前三项指标给定的情况下，绩效 OD 比值越大，则都市区空间的中观结构组织得越好，这意味着都市区内较多的人口可以在居住地点就近就业，产业空间和人居空间是相匹配的多中心结构。当然，通过绩效 OD 这种方法，可以引申出不同的中观空间组织的结构绩效指标。如，在某种时耗下总出行量中的公交出行比例；公交出行量中轨道交通的比例；通勤、购物休闲、城市内部的商务出行等不同出行目的的"绩效 OD"。

习　题

1. 简述决策分析的类型及常用的决策方法。
2. 系统动力学的主要特征有哪些。
3. 论述系统动力学在城市建设发展方面的主要应用。
4. 简述空间句法理论的主要内容。
5. 试述形态分析的主要理论。

参考文献

[1] Baltes B B，D ickens M W，Sheman M P.Computer-mediated communication

and group decision making a meta analysis[J].Organizational Behavior and Human Decision Processes, 2002,87（1）：156—179.

[2] Bertaud A.The spatial organization of cities：deliberate outcome or unforeseen consequence?[J].Infection & Immunity, 2004, 74（7）：4357—60.

[3] Charnes A, Cooper W W.Programming with linear fractional functional[J]. Naval Research Logistics Quarterly, 1962, 9：181—185.

[4] Cole J P.Study of major and minor civil division in political geography[A] // The 20th International Geographical Congress[C].Sheffield：University of Nottingham, 1964.

[5] Elmahdi A, Malano H, Etchells T.Using system dynamics to model water-reallocation[EB/OL].Environmentalist.http：//dx.doi.org/10.1007/s10669-2007-9010-2, 2007.

[6] Ford A.Modeling the environment：an introduction to system dynamics models of environmental systems[M].Island Press, 1999.

[7] Falconer K.Techniques in fractal geometry[M].Wiley, 1997.

[8] Falconer K J.Fractal geometry：mathematical foundations and applications[M]. Wiley, 2003.

[9] Forrester J W.Future development of the system dynamics paradigm[J]. A Keynote Speech at the 1983 International Conference of System Dynamics Society, Boston, 1983.

[10] Forrester J W.Industrial dynamics[M].Cambridge MA：Productivity Press, 1961.

[11] Forrester J W.Principles of systems[M].Cambridge MA：Productivity Press, 1968.

[12] Forrester J W.System dynamics and the lessons of 35 years[R].Sloan School of Management, MIT, 1991：1—35.

[13] Frankhauser P.GIS and the fractal formalisation of urban patterns：towards a new paradigm of spatial analysis[J].Spatial Models & Gis New Potential & New Models, 2000.

[14] Gaia J L.A new look at life on earth[M].New Oxford University Press, 1987.

[15] Gibbs J P.Urban research methods[M].Princeton：Van Nostrand Company, 1961.

[16] Hammer M.Reengineering work：don't automate, obliterate[J].Harvard Business Review, 1990, 4（7, 8）：104—109.

[17] Haggett P.Locational analysis in human geography[M].Edward Arnold Ltd, 1997.

[18] Hillier B.A theory of the city as object[C].Atlanta, Space Syntax Symposium, 2001：2.

[19] Hillier B.Space is machine[M].Cambridge：Cambridge University Press, 1996.

[20] Hillier B, Hanson J.The social logic of space[M].UK：Cambridge University Press, 1996.

[21] Hillier B, Penn A, Hanson J, et al.Natural movement：or, configuration and attraction in urban pedestrian movement[J].Environment and Planning B：Planning and Design, 1993, 20：29-66.

[22] Hin K, Ho D, Wai M W et al.Structural dynamics in the policy planning of large infrastructure investment under the competitive environment：context of port throughput and capacity[J].Journal of Urban Planning and Development (ASCE), 2008.

[23] Hu Y.Study of system dynamics for urban housing development in Hong Kong[D].Hong Kong：The Hong Kong Polytechnic University, 2003.

[24] Huang F, Wang F.A system for early- warning and forecasting of real estate development[J].Automation in Construction, 2005, 14 (3)：333-342.

[25] Hwang C L, Masud A.Multiple objective decision making methods and applications[M].New York：Springer Verlag, 1979.

[26] Hwang C L, Yoon K.Multiple attribute decision making：methods and applications[M].Berlin：Springer-Verlag, 1981.

[27] Ibrahim A A.A system dynamics approach to African urban problems：a case study from the Sudan[D].Kent State University, 1989.

[28] Keeny R L, Raiffa H.Decision with multiple objectives：preferences and value tradeoffs[M].New York：Wiley, 1976.

[29] Lee D R, Sallee G T.A method of measuring shape[J].The Geographical Reviews, 1970, 60：555-63.

[30] Mason R O.A dialectical approach to strategic planning.Management Science[J].1969, 15：403-414.

[31] Meadows D H, Robinson J M.The electronic oracle：computer models and social decisions[J].System Dynamics Review, 2002, 18 (2)：271-308.

[32] Raford N.Ragland D R.An innovative pedestrian volume modeling tool for pedestrian safety[R].Safe Transportation Research & Education Center, UC Berkeley, 2003.

[33] Richardson H W.The economics of urban size[M].Lexington, Mass：Saxon House, 1973.

[34] Saaty T L.Decision making with dependence and feedback：the analytic network process[M].Pittsburgh：RWS Publications, 1996.

[35] Saaty T L, M.Takizawa.Dependence and independence：from linear hierarchies to nonlinear networks[J].European Journal of Operational Research, 1986, 26：229-237.

[36] Stasser G, Tihxs W.Pooling of unshared information in group decision making[J].Journal of Personality and Social Psychology, 1985, 48 (6)：1467-1478.

[37] Stave K A.Using system dynamics to improve public participation in environmental decisions[J].System Dynamics Review, 2002, 18 (2)：139-167.

[38] Stennan J D.Business dynamics systems thinking and modeling for a complex

world[M].New York：McGraw—Hill，2001.

[39] Stoddart D R.Growth and structure of gteography[J].Transactions of the Institute of British Geographers，1967，41：1—19.

[40] Wolstenholme E F.System enquiry：a system dynamics approach[M].Chichester John—Wiley Press，1990.

[41] Zeleny M.Multiple criteria decision making[M].New York：McGraw—Hill，1982.

[42] 陈常青．多属性组合决策方法研究[D].湖南：中南大学，2006.

[43] 陈国卫，金家善，耿俊豹．系统动力学应用研究综述[J].控制工程，2012，(6)：921—928.

[44] 陈晓东．基于空间网络分析工具（UNA）的传统村落旅游商业选址预测方法初探——以西递村为例[J].建筑与文化，2013，(2)：106—107.

[45] 陈志宗．城市防灾减灾设施选址模型与战略决策方法研究[D].同济大学，2006.

[46] 冯守平．平面上有限个点到直线的距离和最小的问题[J].大学数学，2004，20（4）：79—82.

[47] 冯守平，石泽，邹瑾．一元线性回归模型中参数估计的几种方法比较[J].统计与决策，2008，24：152—153.

[48] 傅搏峰，吴娇蓉，陈小鸿．空间句法及其在城市交通研究领域的应用[J].国际城市规划，2009，(1)：79—83.

[49] 傅晓婷．城市地下管网空间分析与应急可视化处理[D].北京：北京邮电大学，2010.

[50] 高骆秋．基于空间可达性的山地城市公园绿地布局探讨[D].重庆：西南大学，2010.

[51] 葛震远，李小建，乔家君．乡村工业的空间网络分析——以河南虞城南庄村为例[J].河南大学学报（自然科学版），2000，(4)：61—65.

[52] 郭瑞鹏．应急物资动员决策的方法与模型研究[D].北京理工大学，2006.

[53] 何刚．煤矿安全影响因子的系统分析及其系统动力学仿真研究[D].安徽理工大学，2009.

[54] 何春阳，史培军，陈晋等．基于系统动力学模型和元胞自动机模型的土地利用情景模型研究[J].中国科学（D辑：地球科学），2005，5：464—473.

[55] 黄良文．统计学[M].北京：中国统计出版社，2008.

[56] 贾俊平．统计学基础[M].北京：中国人民大学出版社，2011.

[57] 金玉国．从回归分析到结构方程模型：线性因果关系的建模方法论[J].山东经济，2008，(2)：19—24.

[58] 靳玫．北京市交通结构演变的系统动力学模型研究[D].北京：北京交通大学，2007.

[59] 黎勇，胡延庆，张晶等．空间网络综述[J].复杂系统与复杂性科学，2010，(11)：145—164.

[60] 李传哲，于福亮，刘佳等．基于多元统计分析的水质综合评价[J].水资源与水工程学报，2006，(4)：36—40.

[61] 李圣权．GIS 的空间数据零初始化与栅格网络分析研究[D].武汉：武汉大学，2004.

[62] 李文林．数学史概论（第二版）.北京：高等教育出版社，2002.

[63] 李小马，刘常富．基于网络分析的沈阳城市公园可达性和服务[J].生态学报，2009，29（3）：1554—1562.

[64] 林炳耀．城市空间形态的计量方法及其评价[J].城市规划汇刊，1998，(3)：42—45，64.

[65] 刘成明 . 多属性行为决策方法研究 [D]. 长春：吉林大学，2009.

[66] 刘爽，基于系统动力学的大城市交通结构演变机理及实证研究 [D]. 北京：北京交通大学，2009.

[67] 罗党，刘思峰 . 灰色关联决策方法研究 [J]. 中国管理科学，2005，（1）：102−107.

[68] 毛李帆，江岳春，龙瑞华等 . 基于偏最小二乘回归分析的中长期电力负荷预测 [J]. 电网技术，2008，19：71−77.

[69] 孟宪萌，胡和平 . 基于熵权的集对分析模型在水质综合评价中的应用 [J]. 水利学报，2009，（3）：257−262.

[70] 欧阳洁 . 决策管理——理论、方法、技艺与应用 [M]. 广州：中山大学出版社，2003.

[71] 石杰，薛惠锋，史晓峰 . 基于知识的管理决策优化方法研究 [J]. 陕西工学院学报，2003，（3）：49−52，64.

[72] 石瑞平 . 基于一元回归分析模型的研究 [D]. 石家庄：河北科技大学，2009.

[73] 孙晓东 . 基于灰色关联分析的几种决策方法及其应用 [D]. 青岛：青岛大学，2006.

[74] 陶长琪 . 决策理论与方法 [M]. 北京：中国人民大学出版社，2010.

[75] 童英伟，刘志斌，常欢 . 集对分析法在河流水质评价中的应用 [J]. 安全与环境学报，2008，（6）：84−86.

[76] 王继峰，陆化普，彭唬 . 城市交通系统的 SD 模型及其应用 [J]. 交通运输系统工程与信息，2008，（3）：83−89.

[77] 王其藩 . 高级系统动力学 [M]. 北京：清华大学出版社，1995.

[78] 王其藩，徐波，吴冰等 .SD 模型在基础设施研究中的应用 [J]. 管理工程学报，1999，13（2）：31−35.

[79] 王如松 . 转型期城市生态学前沿研究进展 [J]. 生态学报，2000，20（5）：830−840.

[80] 王先甲，张熠 . 基于 AHP 和 DEA 的非均一化灰色关联方法 [J]. 系统工程理论与实践，2011，（7）：1222−1229.

[81] 王晓鸣，汪洋，李明等 . 城市发展政策决策的系统动力学研究综述 [J]. 科技进步与对策，2009，22：197−200.

[82] 王玉民，周立华，张荣 . 序贯决策方法的应用 [J]. 技术经济，1996，（11）：57−59.

[83] 王宗军 . 集成式多目标权系数赋值方法 [J]. 系统工程理论与实践，1996，16（8）：12−19.

[84] 魏世孝，周献中 . 多属性决策方法及其在 C3I 系统中的应用 [M]. 北京：国防工业出版社，1998.

[85] 韦亚平，赵民 . 都市区空间结构与绩效——多中心网络结构的解释与应用分析 [J]. 城市规划，2006，（4）：9−16.

[86] 向速林 . 地下水水质评价的多元线性回归分析模型研究 [J]. 新疆环境保护，2005，27（4）：21−23.

[87] 肖永东，朱劲松 . 基于 MAPGIS 的网络分析实现 [J]. 数字技术与应用，2010，（2）：5−6.

[88] 许光清，邹骥 . 系统动力学方法：原理、特点与最新进展 [J]. 哈尔滨工业大学学报（社会科学版），2006，（4）：72−77.

[89] 徐国祥 . 统计学 [M]. 上海：上海财经大学出版社，2001.

[90] 徐建华 . 现代地理学中的数学方法 [M]. 北京：高等教育出版社，1996：129−150.

[91] 徐泽水 . 基于方案达成度和综合度的交互式多属性决策法 [J]. 控制与决策，2002，（4）：

435-438.

[92] 闫国栋. 基于系统动力学的建设工程风险管理研究 [D]. 大连理工大学, 2007.

[93] 杨桂元, 唐小我. 预测模型中参数估计的最优方法 [J]. 系统工程理论与实践, 2002, (8): 85-88.

[94] 杨滔. 空间句法: 从图论的角度看中微观城市形态 [J]. 国外城市规划, 2006, (11): 48-52.

[95] 叶俊, 陈秉钊. 分形理论在城市研究中的应用 [J]. 城市规划汇刊, 2001, (4): 38-42, 80.

[96] 尹长林. 长沙市城市空间形态演变及动态模拟研究 [D]. 长沙: 中南大学, 2008.

[97] 郁亚娟, 郭怀成, 刘永等. 城市生态系统的动力学演化模型研究进展 [J]. 生态学报, 2007, (6): 2603-2614.

[98] 于洋. 基于系统动力学的物流产业发展对策研究 [D]. 武汉: 武汉理工大学, 2006.

[99] 袁宇. 多元回归分析法在突发性事故污染预测中的应用 [J]. 辽宁城乡环境科技, 2002, (3): 19-21.

[100] 曾旭东, 姜莉莉. 空间网络的轴线模型分析 [J]. 重庆大学学报, 2009, (8): 904-909.

[101] 张波, 虞朝晖, 孙强等. 系统动力学简介及其相关软件综述 [J]. 环境与可持续发展, 2010, (2): 1-4.

[102] 张广亮. 基于 GIS 网络分析的城市公园绿地可达性研究 [D]. 郑州: 河南农业大学, 2012.

[103] 张广玉. 论风险型决策与决策者的类型 [J]. 统计与决策, 2005, (8): 50-53.

[104] 张菁, 马民涛, 王江萍. 回归分析方法在环境领域中的应用评述 [J]. 环境科技, 2008, S2: 40-43.

[105] 张举刚. 统计学 [M]. 石家庄: 河北人民出版社, 2003.

[106] 张力菠, 韩玉启, 陈杰等. 供应链管理的系统动力学研究综述 [J]. 系统工程, 2005, (6): 8-15.

[107] 张薇薇. 基于集对分析和模糊层次分析法的城市系统评价方法 [D]. 合肥工业大学, 2007.

[108] 张愚, 王建国. 再论"空间句法" [J]. 建筑师, 2004, (3): 33-44.

[109] 张薇薇. 基于集对分析和模糊层次分析法的城市系统评价方法 [D]. 合肥: 合肥工业大学, 2007.

[110] 赵珂. 城乡空间规划的生态耦合理论与方法研究 [D]. 重庆: 重庆大学, 2007.

[111] 赵克勤. 集对分析及其初步应用 [M]. 杭州: 浙江科学技术出版社, 2000.

[112] 赵克勤, 宣爱理. 集对论—— 一种新的不确定性理论方法与应用 [J]. 系统工程, 1996, 14 (1): 18-23.

[113] 赵作权. 从复杂到简单: 系统几何对一般系统度量的尝试. 系统工程理论与实践, 1997, (8): 131-134.

[114] 郑全全, 郑波, 郑锡宁等. 多决策方法多交流方式的群体决策比较 [J]. 心理学报, 2005, (2): 246-252.

[115] 朱坚鹏. 基于 AHP 的住宅区公共服务设施评价体系研究 [D]. 杭州: 浙江大学, 2005.

第五篇

城市空间发展战略与规划

本篇分为三章。首先对城市空间发展的模式从 7 个方面进行了概述，然后从中观的城市空间设计与宏观的城市空间发展战略两个层面，对城市空间的发展引导进行详细解析。

9 城市空间发展模式

城市空间的发展模式可以从多个角度进行分析，本章拟从抽象模式、经济导向下、集约利用、交通导向下、生态导向下、信息化下以及城乡一体化下等几个视角来探索城市空间的发展模式。

9.1 城市空间发展抽象模式

城市空间的发展经常以城市空间的扩张为主要表现形式，城市空间扩展模式是基于城市空间扩展演变过程的类型总结。城市的空间扩展是多种因素综合作用的结果。一方面，受各种外部因素和内部条件的影响，城市与城市之间存在差异性；另一方面，同一城市在不同的发展时期，由于某种或某几种因素的作用强度在不断变化，也会呈现出不同的城市外部形态与空间扩展模式。

9.1.1 城市空间扩展的类型

一般认为城市空间扩展主要有紧凑扩展和松散蔓延扩展两种模式。英国经济学家斯通（Stone，1973）试图用数据综合分析两种发展模式的费用，最终结论是"不可能发现城市扩展的最佳平衡模式"。伯恩（Bourne）和霍尔（Hall）对两种模式的经济性进行了研究，伯恩认为对紧凑的城市空间发展模式的支持者愈来愈多，而霍尔（Hall，1997）认为不可能总结出一个可以被广泛接受的结论。

在此基础上，学者对城市空间扩展模式的研究进行细化，出现了三模式、四模式和五模式等多种提法。贝里等人（Berry et al，1977）通过大量案例研究，通过归纳扩展形态，得出城市空间扩展有轴向增长、同心圆式增长、扇形扩展及多核增长等多种模式的结论，并认为"圆形城市"是城市扩展的理想模式。福曼（Forman 等，1996）从景观生态学出发，概括出 5 种城市扩展模式：边缘式、廊道式、单核式、多核式和散布式。莱瑞等人（Leorey et al，1999）从景观生态学的视角提出了紧凑型、边缘或多节点型和廊道型三种空间扩展模式。卡马尼等人（Camagni et al，2002）提出了填充、外延、沿交通线扩展、蔓延和"星城"5种扩展模式。威尔逊等人（Wilson et al，2003）同样识别出 5 种类型，即填充式、扩展式、蔓延式、孤岛式和分支式。

1980 年代以来，国内许多学者提出了各具特色的城市空间扩展模式。例如杨荣南等（1997）提出中国城市扩展包括集中型同心圆扩张、沿主要对外交通轴线带状扩张、跳跃式组团扩张和低密度连续蔓延等 4 种模式：

(1) 集中型同心圆式扩展模式

集中型同心圆式密集向外扩展是我国大城市空间扩展的典型模式。这种模式发展的基本条件是，城市地处在平原地区，城市四周用地条件较好。它以已形成的主城区为核心向外分层扩展，整个城市的平面像树的年轮一样，每发展一次就向外扩大一圈，俗称"摊大饼式"的扩展。与其他模式相比，这种模式的推进速度比较缓慢，并主要受经济发展速度制约。在诸模式中，这种模式使城市紧凑度高，定型性好，且可能获得较高的集聚效益。但城市的空间扩展达到一定程度后，如再按此模式继续扩展下去，将会引起一系列城市问题，使城市空间扩展既不能阻止，也不能有效地加以控制。

(2) 沿主要对外交通轴线带状扩展模式

沿主要对外交通线呈带状扩展的模式，是由交通沿线具有潜在的高经济性所决定的，同时，城市两侧可能受地形地物的限制，城市发展过程中主要是沿着对外交通体系的主要轴线方向带状发展。另外，沿轴线扩展是解决城市新开发用地与中心城区交通联系的有效方式之一，例如，福建沿海城市沿福厦障公路（324 国道）这一沿海交通干道轴向外扩展的现象十分明显，"300 千米长街"已初现端倪。

(3) 跳跃式成组团扩展模式

跳跃式组团扩展是一种不连续的城市扩展方式。当城市发展规模扩大到一定程度时，连续式扩展方式常由于地理环境和其他因素而无法继续进行，城市用地便会在与中心城区相距一定距离的地点跳跃式地发展，形成卫星城镇等。这种扩展方式通常是在人为的规划指导下，有计划地成组、成团向城区外围分散，以减轻中心城区的压力。这种模式是我国一些大城市规划中为解决或避免"城市病"而采用的常用模式。

（4）低密度连续蔓延模式

低密度连续蔓延是一种无秩序、无计划的随机性空间扩展方式。这种扩展方式没有明确的城市用地发展方向和功能分区，城市用地扩展盲目，土地利用率低。形成这种局面的原因主要是城市土地市场不健全，城市空间的扩展不是受土地价值规律的调节控制，而更多的是政府行政划拨各类用地所致；同时，城市缺乏有效地规模管理控制。这种模式对小城市而言尚不足诱发多少问题，但对大中城市来说则容易产生一系列问题。

除此之外，王宏伟（2004）根据大量城市总体规划案例，借鉴发达国家城市增长与空间组织的理论，将中国城市空间扩展概括为多中心网络式、主-次中心组团式和单中心块聚式三种典型模式。李翅与吕斌（2007）提出城市空间扩展应基于区域整体视野，采用适度的规模与合理的城市形态，并提出了三种城市空间开发模式：控制型界内高密度开发模式、引导型界外混合开发模式和限制型绿带低强度开发模式。在对中国城市空间增长过程研究中，顾朝林与吴莉娅（2008）概括出中国城市发展具有从同心圆圈层式扩展形态走向分散组团形态、轴向发展形态乃至最后形成带状增长形态的发展规律。熊国平（2006）认为城市的扩展方式主要有渐进式和跳跃式，不同的扩展方式会形成不同的城市形态。渐进式扩展是城市形态沿伸展轴由内向外蔓延的扩展方式，表现为圈层式即摊大饼式。这类城市的向外扩展过程表现为同心圆扩展，具有明显的"年轮"现象。在单纯经济利益驱动下，城市本质上存在摊大饼倾向，城市由小到大，由内及外不断膨胀，一般形成团块状或促进星状向团块状转变。跳跃式扩展是指城市土地开发优先选择与城市有一定距离的有利地段集中建设的扩展方式，会引起城市形态的基本类型的改变，形成组团、组合或带状。跳跃式扩展又可分为两类，其一是轴向式发展，有明显的发展轴，一般而言由于交通干线两侧潜在的经济性会促进城市沿交通线发展，团块状向星状演变大多是沿交通干线发展；其二是飞地式发展，由于一些大型项目具有特殊的区位要求，在离城区一定距离的地方进行建设，形成"飞地"，然后建成"飞地"与母城间的快速联系通道，这些"飞地"在发展比较成熟时，各类基础设施与服务设施都比较完善，逐渐发展成为新的卫星城及新城。

当然，城市空间扩展方式是非常复杂的，用任何具体模式几乎都无法全面地概括，因为即使对同一个城市而言，在不同的时期，其扩展模式往往也不尽相同，常常是几种模式交替演变，图9-1所表现的正是多模式组合的城市空间扩展的基本方式。

9.1.2 城市空间扩展的阶段

（1）弗里德曼的经济增长扩展模式

弗莱西曼（Frishmann）对经济增长引起城市空间变化给予了特别关注，描述了在自组织作用下，城市由均衡状态的孤核心发展到不平衡状态的多核心的

图例：
■ 城市已形成的城区
∷ 低密度连续蔓延
／／ 轴向带状扩展
≡ 跳跃式不连续扩展
▨ 紧凑连续同心圆扩展

图9-1 多模式组合的城市空间扩张的基本方式
（图片来源：杨荣南，张雪莲，1997）

空间组织过程,其过程可分为四个阶段,所有城市都属于其中的某一阶段:第一阶段,原始城市阶段,没有等级差别。城市因规模较小,吸引力有限,基本上没有腹地(或边缘区)与之匹配,故表现为独立的极核,与外界的物质、能量、信息和人流的交换少,处于准静止平衡状态。第二阶段,一个孤立强大中心和大面积停滞发展的边缘区,边缘开始启动阶段。城市发展的乘数效应促进了城市的扩大,自身的空间范围已不能满足其发展,它一方面从边缘区吸收物质与能量,另一方面也把其物质与能量扩散到最紧密的边缘区,启动了边缘区的城市化进程,也加强了城市与边缘区联动作用。第三个阶段,单一的国家中心和强大的边缘副中心形成阶段。由于中心的强度不高,不能将边缘区都纳入到城

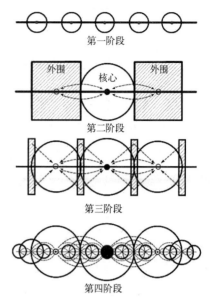

图 9-2 弗里德曼经济增长下的城市空间
扩展过程
(图片来源:雒占福,2009)

市化范围,而是在一定距离外形成副中心,这些中心是边缘区的增长极或卫星城。在此阶段,市区内部或市区与卫星城之间还存在一定的未填充区,故市区建筑密度和全市的建筑密度有较大的差异。第四阶段,相互依存的城市体系阶段。在城市伸展轴的地域全部城市化,并根据规模等级形成市场网络体系,中心城区的腹地包括了城市化的全部区域,各副中心相互衔接,其影响区相互交错,从而形成数量众多的巨大城市体系(雒占福,2009),如图 9-2 所示。

(2)埃里克森大城市三阶段扩展论

埃里克森(Rodney A.Erickson)对美国 14 个特大城市的人口、产业等向外扩散进行了研究,从土地利用空间与结构的演变提出了特大城市空间扩展的三个阶段:外溢-专业化阶段、分散-多样化阶段与填充-多核化阶段(图 9-3)。

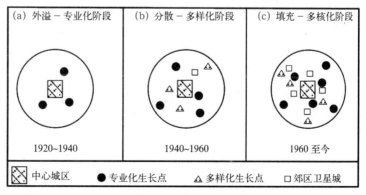

图 9-3 埃里克森的大城市三阶段扩展过程
(图片来源:雒占福,2009)

9.2 经济导向下的模式

主导经济及产业结构对城市空间模式和空间结构有着非常重要的影响。从纵向上看，不同的经济时代反映出不同的城市空间结构特征。

9.2.1 农业经济社会

农业经济的特征就直接决定了城市发展的空间结构具有相当的稳定性，而不是发生着翻天覆地的急剧调整和变化。这种农业经济社会的城市受外来的国际化和文化制度等影响因素较少，具有较强的地方性，这就表现出了东西方城市空间结构的显著差异。从中西方农业经济社会背景下的城市空间演进历程上，我们可以总结出如下几个特征：

一是，城市空间结构所体现出的皇权政治和宗法礼制相当明显。这个时期的城市空间结构受皇权政治以及宗法礼制等因素的影响深刻，因此教堂、广场和轴线为主的空间结构性特征成为了农业经济时期城市的主导因素。欧洲的威尼斯圣马可广场以及古罗马城最具有代表性，而在我国周代王城、唐朝的长安城和明朝时期的北京城也反映出了这种农业经济社会城市的空间结构特征。

二是，农业经济社会城市空间结构要素相对简单。由于农业经济社会生产力水平低下的客观原因，经济活动比较弱，因此城市表现不出太多的经济功能，而更多的是政治和军事等功能，因此这个时期城市空间结构的突出要素以街道、里坊、皇宫、城墙、教堂为主。

三是，农业经济社会城市空间结构具有明显的封闭性。这个时期的城市在地域范围上显示出明显以城墙环绕的界限，城市界限在地域上生硬而明确地将城市和乡村区别开来，这种界限的存在主要是保护城市不受外来侵袭，也使得城市空间拓展难以吞噬周边农用地和自然景观。

四是，农业经济社会城市空间结构具有稳定性。这个时期城市空间地域拓展和空间形态的改变极为缓慢，城市空间结构经过数十年或数百年都不会出现显著的变化，从西方城市发展历程上看，到了资本主义萌芽和文艺复兴时期，维特鲁、费拉锐特和斯卡莫齐的理想城市方案仍体现出这种空间结构的稳定性。

9.2.2 工业经济社会

在这个经济时代，规模化、机械化和工厂化生产方式替代了家庭式手工作坊，表现出了较高的生产力水平，大大提高了城市的经济功能，城市不但规模迅速扩大，而且数量也不断增多，带来了城市空间结构巨大的变化。在工业经济社会中，城市空间结构随着工业经济发展的不同时期而表现出变化重点，在工业经济的初期城市空间结构以集中式扩展为主，注重城市内部空间结构；而在工业经济后期则以分散式的扩展为主，表现出更多的城市外部空间结构特征；后工业社会或知识经济时期，城市空间结构从传统的圈层式走向网络化（图9—4）。

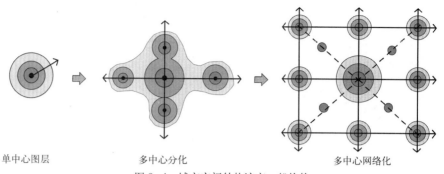

单中心图层　　　　　　多中心分化　　　　　　　　　多中心网络化

图 9-4　城市空间结构演变一般趋势

（图片来源：杨德进，2012）

（1）工业经济社会前期

早期工业经济主导时，城市空间结构集中式拓展特征为：①较为稳定和封闭的农业经济时代城市空间结构形态被破坏。城市空间由单一功能向多种功能的多样化转变，先进的机动化交通工具所要求的城市的道路系统和用地结构导致了城市的结构性变革，而工厂、铁路、仓库等新要素的主导地位也给城市空间结构带来了巨大的冲击。②高密度集中式单中心城市空间结构形成，而且正朝着"摊大饼"式的蔓延城市形态发展。在 19 世纪末至 20 世纪初，城市在不断扩展过程中也进行着地域功能的分化，表现为资本和技术密集型的金融机构、中介公司、保险公司、大型商业设施、企业办事处和娱乐服务设施向城市中心汇集，而城市居民和那些有污染的大型工厂逐步向郊区转移，从而逐步形成了功能相对单一的中心商务商业区和近郊工业和产业园区，从而也就形成了城市的单中心结构模式，这种城市的向心性及单中心结构也就自然地促使了"摊大饼"式城市空间形态的发展。

以中国为例，这一经济时期出现了以"开发区"为引领的城市功能性空间的增长。开发区作为当代中国城市经济与空间发展的重要形态（王慧，2006），是在一定的空间范围内进行全新的产业开发和各项建设的特殊区域（冯坚，2006）。开发区依托现有城市，采用成片开发成新区形式的建设，主要类型有经济技术开发区、高新技术开发区、保税区、国家级旅游度假区（王宏伟，2004）。自 1980 年代初兴建以来，开发区建设已由起步探索阶段进入较规范化的全面发展阶段，成为我国城市增长的重要形式。开发区所拥有的高比例税收返还、越级项目审批权、规划及土地管理权下放等特殊政策制度使其在短期内大规模进行土地开发，加快建设进度，高度集聚生产要素，一度大大刺激了城市空间的扩张并促使其迅速演化。特别在一些开发区发展成效显著的城市，传统的城市空间形态（团块状延伸形态、单中心圈层式形态等）几乎都发生了根本性的变化。开发区一般性区位选择如图 9-5 所示。

开发区作为新空间生长点促成原有城市空间的多点、多核心或多轴扩散，并逐渐从早期的"孤岛"、"飞地"走向后开发区时代的城市"新城"、"新区"，深刻地影响和改变着城市的经济与社会活动。除了促进城市空间增长与

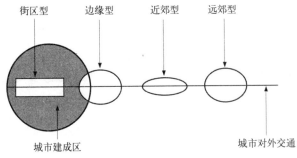

图 9-5 开发区一般性区位选择
（图片来源：王兴平，2005）

形态的重构之外，开发区还直接或间接地诱发了城市产业空间的重构以及城市社会空间的重构，并且随着开发区的进一步发展而更为显著。因此，有学者指出，开发区已经成为当代中国卓有成效而又极富特色的城市化模式之一（张弘，2001），对转型期间的中国城市的空间结构产生了深远的影响，是这一时期中国城市空间结构演化的重要动力和主要内容（郑国，2005）。但随着经济全球化的深入影响、加入 WTO 后与国际经济全面接轨、投资与产业管制大幅度放宽，以及资金、技术及劳动力等资源要素流动性的上升，开发区作为原有的"特殊政策空间"优势正趋于消失，其与外部的"对比反差"也日益淡化（王慧，2006）。开发区不仅面临着外部环境严峻的挑战还必须面对内生性产业发展动力不足、机制与制度创新滞后等一系列的矛盾。随着许多开发区自身"二次创业"的发展、演化与转型，开发区的运行机制将继续对中国城市空间结构发展产生新的影响作用（张京祥等，2007）。

（2）工业经济社会后期

在工业经济社会的后期，针对单中心引发的城市病，城市发展采取了与城市空间集中式扩展相对的分散式多中心结构扩展。主要表现为从功能混杂走向功能分区，强调就地职住就地平衡的次级中心结构；同时出现了内城开始衰退与城市外部空间重组的特征；另外还呈现出城市不断蔓延，边缘城市兴起等诸多结构特征。工业经济社会城市空间扩展过程如图 9-6 所示，伦敦城市扩展过程如图 9-7 所示。

（3）后工业社会或知识经济时期

进入后工业化社会，城市产业结构高级化以第三产业的发展为推动力，城市郊区化的特征发展起来，加之信息技术和交通技术的提高，小汽车、高

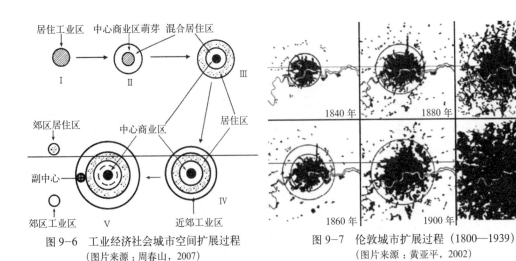

图 9-6 工业经济社会城市空间扩展过程
（图片来源：周春山，2007）

图 9-7 伦敦城市扩展过程（1800—1939）
（图片来源：黄亚平，2002）

速公路、快速轨道交通等设施大大加速了城市郊区化，城市空间结构也就从地域的单中心模式向多中心模式进行转化。全球化和信息化时代使整个社会步入知识经济时代，城市空间结构表现出新的集聚和分散相结合的网络化结构特征，出现了大都市城市内部空间结构重构和外部空间结构融合的趋势。伴随着知识经济的快速发展，在全球化、城市化以及市场经济机制的多种影响因素促使下，城市内部空间结构正发生着深刻而快速的变革，主要表现为功能融合取代功能分区、网络结构取代圈层结构、多功能社区取代传统社区等内容。同时城市外部空间表现出从圈层式的城市空间结构走向网络化的区域城镇空间结构、城乡空间更为紧密的协调发展、网络系统及综合交通成为地域开发的先导等诸多新趋势。

该时期比较典型的是新产业空间对城市空间产生的巨大影响。新产业空间内部结构性要素新特征包括土地混合使用、功能高度复合化、交通人本化和立体化、景观与环境的人文生态化、流动空间高效化和整体结构紧凑化；从新产业空间的外部来看，有着区位优越、多元融合、立体牵引和第一印象性的新特征（杨德进，2012）。一般而言，新产业空间有如下几类（张京祥等，2007）：

1）大学城

大学科技城一般是指1960年代以后，伴随着知识经济的到来而在某一地域内历史自然形成或政府规划政策导向而出现的以大学或高教校区为主体的空间集聚，最终演化为以高新技术产业、知识经济为典型特征的城市综合社区。这些大学城或科技城的出现主要是为了促进大学院校、科研机构与创新企业的空间联系，促进城市创新空间的产生与延展。1990年代以来，在我国高校体制改革和高校学生扩招的国家政策以及地方政府发展决策的推动与支持下，大学城（高教园区）、科技城等有强烈知识经济时代特征的空间构成要素在中国城市内集聚并迅速发展，形成以"大学科技园"为代表的城市新产业空间。

2）再生的中央商务区

1980年代全球范围以生产性服务业为代表的第三产业快速崛起而导致经济结构重构，促使西方城市原有的空间结构与产业布局发生深刻的转变。最为显著的效应之一则是生产性服务业的发展促进了城市办公职能的凸现，逐渐形成了现代意义上以商务服务为核心功能的中央商务区（CBD）。全球化环境下的CBD以金融、服务、商业以及公司总部为核心的生产性服务业在城市高度集聚，已经成为城市乃至全球经济空间至关重要的枢纽载体。CBD作为一个新的产业空间在中国产生与发展的时间非常短。中国城市几乎没有完整意义上的CBD自然演变过程，总体上强烈地呈现出国家政策与地方政府主导下城市空间结构的跃迁或调整过程，更多地体现为被动出现的突变状态或者说是强迫性的改造。

3）新商业空间

世界上最早的郊区购物中心于1922年在美国开业，这是汽车的普及在美国促成的适合于汽车出行的设计与革新，同时也与经济的发展有直接关系。战后由于汽车在西方普及，人们的出行与生活方式因此产生很多变化，催生了郊区大型购物中心的大量建设。这类综合商务中心通常会将购物与公共服务、办公、文化、居住等多项功能结合在一起，将大型购物中心的规划设计和营销方

式引向一个新的方向。

我国商业业态的发展自中华人民共和国成立以后一度受到国家发展政策的严重抑制,长期处于停滞不前的状态。自 1990 年代初,我国才开始逐步引入超级市场、大型综合超市、便利店、专卖店、大型购物中心等西方 19 世纪中叶萌生的新商业业态。西方发达国家经历一百多年发展的商业业态,在我国仅短短十几年几乎全部出现,其区位选择和空间布局必然对城市传统商业空间和城市整体空间结构产生猛烈的冲击。从新商业空间发生的动力机制来看,中国转型期间高速城市化与居住、产业的外溢或郊区化发展的同时并存是新商业空间发生与扩散的重要因子。而大城市快速公交与轨道交通共同组成的双快交通网络的架构,更加促进这一空间态势的发展。

9.2.3 知识经济社会

进入后工业化社会,城市产业结构高级化以第三产业的发展为推动力,城市郊区化的特征发展起来,加之信息技术和交通技术的提高,小汽车、高速公路、快速轨道交通等设施大大加速了城市郊区化,城市空间结构也就从地域的单中心模式进一步向多中心模式进行转化。在知识经济条件下,大都市新产业空间的出现以及城市的居住、生产、医疗、娱乐、健身、教育、购物和社交等诸多功能的发展,使得网络化的空间组织方式成为必然。

在信息社会中,城市的空间区位的影响因素将大为削弱。准确、快捷的信息网络取代了物质交通网络的主体地位。网络的"同时"效应,使城市不同地段的空间区位差异缩小,城市各种功能在信息互联网络的影响下,其空间位置不再受距离的约束,出现了空间分析中的网络主体。因而传统的圈层式城市空间结构模式受到巨大冲击,城市空间网络化结构模式成为主导。

总的来说,城市空间结构与产业结构的对应关系可归纳见表 9-1(杨德进,2012)。

城市空间结构与产业结构的对应关系 表 9-1

城市空间结构				产业结构
演化阶段	城市化	经济空间相互作用	经济时代	主导产业
低水平平衡阶段	只形成了若干孤立的小镇,规模小,功能单一	小区域范围内经济活动的封闭循环	前工业社会	以农业为主
核心－外围二元结构	少数优势区位发展成为增长极,初步形成了城镇等级体系	以向中心城市的集聚为主	工业化前期	以劳动密集型工业为主
			工业化中期	以资本密集型重工业、加工工业为主
核心－边缘区－外围三元结构	出现了城乡边缘区,形成了比较合理的城镇等级体系	以由中心城市向周边地区的扩展为主	工业化后期	以技术密集型加工业为主
经济空间一体化	城市群和城市连绵区出现,形成了完善的城市联系网络	实现了经济空间结构的均衡,空间相互作用持续、稳定、均匀	后工业化阶段	以高新技术(如微电子、激光、新型材料、遗传工程等)密集型产业为主

(资料来源:安虎森,郝寿义,1999:209-216,309,310)

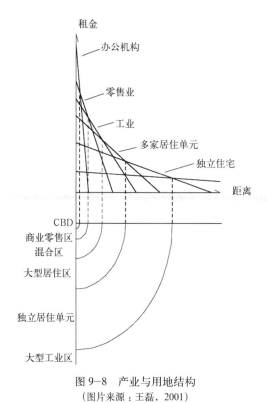

图 9-8　产业与用地结构
（图片来源：王磊，2001）

从横向上看，城市内部的空间布局也受到经济活动的影响。1960 年代 W·阿朗索提出的极差地租理论很好地诠释了这一点。该理论尤其适合分析工业经济社会城市空间特征。

根据 W·阿朗索的极差地租理论，城镇空间结构增长是市场竞争的结果。城镇土地级差收益的客观存在，必然吸引各类空间经济要素的向心集聚。按市场供求均衡的原理，城镇中心区段的地价就会上升，从而产生排异现象，将附加值低的产业依次向聚集体外围排斥，以控制城市积聚规模的自动平衡和保持积聚结构始终处于高效益的运行状态，从而使各类用地布局按产业的不同呈现出明显的区位特征（王磊，2001）。

具体来说，在由农业社会向工业社会过渡的过程中，城市的劳动人口大规模和高密度集聚起来，城市空间和用地规模也逐渐扩大，城市内部空间开始不断分化，进入工业化快速发展阶段，城市空间的进一步扩展的同时用地结构分化更为明显，以至于形成了不同的功能区域，这个时期商务区、商业区一般位于城市中心，在其外围是低收入居住区和工业区，而在城市边缘却是高级居住区和通勤区，这种就是圈层式空间模式的雏形；中心城区是具有向周围地域辐射和集聚能力的磁场中心，城市的空间形态由内而外圈层式发展。圈层式的城市空间发展模式是工业经济社会城市空间形态的主要特征，这种结构极为明显的特点是城市具有一个极为突出的中心，自中心向外围依次布局商业、办公、住宅、仓储等设施和用地，也就呈现出明显的同心圆式的结构（杨德进，2012），如图 9-8 所示。

9.3　集约利用模式

在倡导可持续发展理念的过程中，集约型的土地利用模式受到越来越多的关注。具体来讲，密集型城市的增长方式首先是在现有的城市空间范围内的空闲地段上进行开发；其次是在现有城市的边缘进行开发，与城市紧密相连。其正面的影响包括以下几个方面：①人口和建筑的高密度可确保基础设施利用的高效率；②防止对自然和农业地区的侵蚀和损害，避免生物和自然资源的减少；③高密度的混合使用使工作和家庭之间的交通出行减少，有效地减少了对环境的污染和对能源的消耗。在密集型城市的土地利用中，地块的开发需要有引导地提高建设强度和基础设施的利用程度，降低基础设施与管理的平均运行成本，降低住房建设的成本与市场价格。密集型城市表现出来的发展方向是周围人口向中心集聚，商业集中于城市中心，服务业集中在城市中心边缘。当然，密集型城市的土地利用也并非

开发强度越高越好。比如，由于城市开发强度过大，导致交通拥挤、空间环境质量下降、城市绿色开放空间不足、空气污染严重以及生态环境恶化等许多问题。面对密集型模式的局限性以及地区可持续发展能力的争论，人们开始提出用"混合利用"的概念来应对密集型城市所表现出来的负面影响，包括城市内部各种活动的综合，包括服务活动、工业活动以及休闲娱乐活动等（李翅，吕斌，2007）。

与土地集约利用有关的城市发展理念有新城市主义（New Urbanism）、精明增长（Smart Growth）、紧凑城市（Compact City）。这些理念产生于 1990 年代左右，虽然名称各异，但其基本思想相似，都主张限制城市任意扩张，提倡城市的紧凑化发展，实现城市发展方式向可持续发展的转变（蒋莉莉，2007）。

9.3.1　新城市主义

"新城市主义"是指借鉴传统的欧洲小城市空间布局的优秀传统，检讨 20 世纪美国城市化过程中郊区化发展中所存在的问题。希望塑造具有城镇生活氛围的、紧凑的社区，复兴城镇中心取代郊区蔓延的发展模式。1984 年安德鲁·杜安伊（Andres Duany）在佛罗里达州的锡赛德（Seaside）市、伊丽莎白·普莱特－齐贝克（Elizabeth Plater–Zyberk）于 1988 年在马里兰州的盖瑟斯堡市及彼得·卡尔索普(Peter Calthorpe)与同事在加州萨克拉门多市的西拉古纳(Laguna West）进行的小型居住社区建设，是新城市主义的早期实践。新城市主义者于 1993 年召开了"新城市主义大会"(The Congress for the New Urbanism，CNU)，成立了 CNU 组织。1996 年的第四次 CNU 大会通过了《新城市主义宪章》，提出了 27 条原则，从区域、都市区、城市，邻里、分区、交通走廊，街区、街道、建筑物三个层次对城市规划设计与开发的理念给予阐述。主要内容包括改革现有城市的混乱局面、把物质问题与经济和社会问题相联系、制定清晰明确的实践导则等。宪章的通过标志着新城市主义走向成熟，并掀起了轰轰烈烈的新城市主义运动。

新城市主义的思想来源有如下几个：第一，早期规划思想家如西谛、格迪斯、霍华德、昂温以及 1920 年代的德国城市规划师们的著述；第二，沃纳·海格曼（Werner Hegeman）和埃尔伯特·皮特（Elbert Peet）的著作及对城市场所进行的分类学，它们有助于提升市民尺度感和市民艺术感；第三，简·雅各布斯、史密森夫妇、戈登·卡伦（Gordon Cullen）、利昂·克里尔以及最近的罗伯特·文丘里和丹尼斯·司各特·布朗等人的著作中对于步行街区和街道上的生活的注重；第四，克里斯托弗·亚历山大及凯文·林奇等关于城市形式的研究；第五，现代主义，虽然这是新城市主义者极力否认的（Robbins and El-khoury，2004；格兰特，2009：45–48）。

新城市主义的城市建设原则包括：

（1）其核心是一个总体规划，包括制定一个城镇计划所需的所有必要信息。新城市主义者认定的典型美国城镇是：位于几何中心的城镇中心，其周围是相互联系的道路网。

（2）经济活动和工作场所都集中在城镇中心，学校、公园以及社区中心等市民空间和建筑则遍布在邻里小区当中。小区仿效了克拉伦斯·佩里的设计原则，规划从边缘到中心是 1/4 英里或 5 分钟的步行路程。

（3）街道的大小、宽度和长度在设计上要使临街的建筑用地和相互距离较为合理，并有利于一个区域性的道路网络能够形成。沿街应设人行道，街道的设计条款要有详细的建筑高度、停车道和街道景观方面的规定。

（4）住宅、商店、市政设施和工作场所应当紧密相连，广场和公园要遍布于各小区。市政建筑应该选建在区位突出的地点，这样就能成为节点、地标或是终端。

所有这些设计原则的目的都是要促进对街道和其他小区空间的积极的社会使用。新城市主义者相信，通过新城市主义的城市建设原则，能够重新融合居住、工作和上学、礼拜和娱乐，并终止小汽车的支配性状态。原则所创造出的场所感能够再次引发美国小城镇的传统精神，使城市社区重新振兴起来。新城市主义诞生后很快就在美国本土流行起来，得到了不少地产开发商的支持，但同时也遭到很多评论家的批评，主要是认为新城市主义者说多做少，试图用一套单一而独断的原则来简化复杂而多样的城市世界的所有方面，概括起来就是一套简单的陈述以及策略性的视觉与口头话语。新城市主义导致了 TND 和 TOD 两种土地开发模式的产生。

新城市主义发展理念的实现主要通过市场的运作。新城市主义联盟的创建人之一建筑师安德鲁·杜安伊也承认，只有在新城市主义有市场需求的情况下，他才会拥护新城市主义。新城市主义实践从规划设计到实施都十分注重与市场的结合，表现在两个方面。首先在理念上，面对多种城市问题，新城市主义只是为居民提供一种新型的工作和居住方式，居民有权力去选择究竟是否要在这样的社区中生活。这一点对于崇尚自由、反对政府通过严格的土地利用法规对其居住地进行控制的美国人是十分重要的。其次在规划设计中，新城市主义注重建筑的价值和销售。一方面使不同的收入阶层都能支付得起住房费用，另一方面从形体设计的角度使住房外表美观、舒适、实用。新城市主义实践一定要把传统步行邻里与当代的居住、商业、交通紧密融合，维持二者的平衡，从而有能力与原有的郊区开发模式竞争。事实上，新城市主义在市场上也获得了很大成功。调查显示，美国有 2/3 的人愿意购买采用新城市主义理念设计的住房 (Hirschhorn, Souza, 2001)。

新城市主义运动提出了两种模式，即"传统邻里发展模式"(Traditional Neighborhood Development, TND) 与"公交导向发展模式"(Transit-Oriented Development, TOD)。

（1）TND 模式

新城市主义者认为可持续的城市和社区应该是适宜行走、具有有效的公共交通和鼓励人们相互交往的紧凑形态和规模。"传统邻里区"(TND)有以下特征：半径约 400m（或 5 分钟的步行路程），街道间距是 70~100m，周围有绿带，邻里内有多类型的住房和居民，土地使用多样化，区内道路两旁都有人行道，每条街道都有各具特色的行道树，公建布局在人流集散地。总之，通过建设高密度的簇状社区，提高生活设施系统的活力，增强社区发展的可持续性。

（2）TOD 模式

TOD（Transit—Oriented Development）指"面向公共交通的土地开发"，是 1993 年美国建筑师彼得·卡索普在《下一代美国大都市地区——生态、社区和美国之梦》一书中提出的思想，最早可追溯到他早年从可持续发展角度提出的市镇模式——步行口袋模式（Pedestrian Pocket）。在《步行口袋》一书中，"步行口袋"指的是距离快速公交站点步行大约五分钟的路程，直径大约 800m 的具有混合功能的社区，其核心部分是公交站及零售点，各个社区之间通过快速轻轨联系（Calthorpe，1993）。卡尔索普的 TOD 模式是一种不同于美国郊区小汽车主导的用地单元：核心区是公交站与商务区，以大约 600m 为半径的功能混合区，具有居住、购物、商业、开敞空间等功能，出行方式可以选择步行、自行车或搭乘公交。TOD 模式强调混合土地用途，以公共交通优先为原则，以区域性交通站点为中心，以不规则的格网式道路为骨架，构建社区及居民的生活。为减少车流量和增加社区的可步行性，社区内街道设计狭小，沿街步行道平均宽度为 3m，平均车型速度为 7.5~10km/h，允许路边停车，小汽车在城市中的主导地位被公交取代。在适宜的半径范围内，建设中高密度住宅提高社区居住密度，使每英亩 1 个居住单元增加到 6 个，混合住宅及配套的商业和服务等多种功能设施，以此有效地达成复合功能的目的。

TOD 的基本设计原则：土地用途功能复合；建设高密度和多样化的住宅；步行、公共交通优先；创建适宜尺度的社区和街道空间；土地开发可持续发展（林涛，2006）。TOD 模式中的关键因素：①适宜步行的环境。一方面，通过步行系统强化各种公共空间的品质，提供人们交往的场所，营造社区生活的氛围；另一方面，将各种公共活动中心布局于公交站点的步行距离之内，有利于支持步行和公共交通的出行方式，减少小汽车的使用。虽然 TOD 模式注重步行和公交的出行方式，但并不排斥小汽车的使用，TOD 模式所倡导的是增加包括步行、自行车和公交等各种出行方式的选择机会，与小汽车的主导地位相平衡（戴晓晖，2000）。②复合功能。将商业、公园、公共设施等各种公共活动中心布局于适宜的步行距离之内，有利于促发步行活动，增强社区的活力与多样性。③具有可支付性。TOD 具有多重意义上的可支付性：TOD 采用高效率的土地使用模式，有助于保护开敞空间、减少空气污染，对于环境来说是可支付的；TOD 提供多种不同类型、价格和密度的住宅，对于各种不同阶层的家庭来说是可支付的；TOD 具有复合功能和适宜步行的特点，减少了对小汽车的依赖程度和相关开支，对于低收入家庭是可支付的；得益于劳动力从交通堵塞、高昂房价中解脱出来，对于商务机构是可支付的；TOD 使基础设施得到充分利用、公共领域使用方便舒适，对于公众纳税人是可支付的。

TOD 模式可分为两类：城镇 TOD（Urban TOD）和邻里 TOD（Neighborhood TOD）（唐大乾，2008）。这两类 TOD 都包括核心商务区、公共区、居住区、次级地区以及其他使用区，并且都能在三种不同类型的选址（即再发地段、填充开发地段和新增长地段）上进行操作。两种类型的区别是：城镇 TOD 处在公交系统的干线处，规模半径更大，主要开发的是高密度的商业区和住宅区；而邻里 TOD 处在公交系统的支线处，开发形式类似于 TND 模式（图 9-9）。从中

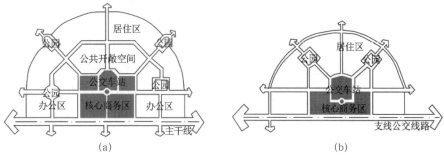

图 9-9 TOD 模式示意图
(a) 城镇 TOD；(b) 邻里 TOD
(图片来源：唐大乾，2008)

可以看出，邻里 TOD 是 TOD 新城的理论原型，而城镇 TOD 图示则是 TOD 新城的理想模式。

9.3.2 紧凑城市

"紧凑城市"概念的提出是在 1990 年代，是针对大城市边界的无限蔓延，用地效率低，中心城市衰败和多样性丧失，社区归属感减弱等状况提出。其中倡导紧凑城市的重要人物布雷赫尼（Breheny，1997）对紧凑城市的定义是：促进城市的重新发展，中心区的再次兴旺；保护农地，限制农村地区的大量开发；更高的城市密度；功能混合用地布局；优先发展公共交通，并在节点处集中进行城市开发（冯艳，黄亚平，2013）。

"紧凑城市"思想最初在荷兰产生是因为该国人多地少，人口密度高，"紧凑城市"对城市紧凑集中布局的强调非常符合该国国情。但"紧凑城市"并不限于对土地的节约，实际上属于一种集约化的城市发展方式，包括对能源、时间等的集约利用，以实现城市的可持续发展。因此，"紧凑城市"的实践后来扩展到北欧及欧洲其他国家，包括一些人口密度很低的国家，如瑞典、挪威、芬兰、瑞士、法国、德国、意大利等，均已开始"紧凑城市"实践（蒋莉莉，2007）。

实施"紧凑城市"战略主要国家的人口密度 表 9-2

国名	密度（人 /km²）	国名	密度（人 / km²）
荷兰	456	法国	109
意大利	194	奥地利	95
德国	229	瑞典	20
瑞士	173	芬兰	15
丹麦	120	挪威	11

（资料来源：蒋莉莉，2007）

紧凑城市发展中的土地利用理念是：高密度的土地利用；混合功能的土地利用；TOD 导向的土地利用；注重生态环境的土地利用；关注社会公平的土地

利用；倡导人性化的土地利用（吴正红等，2012）。

9.3.3　精明增长

近年来国外城市增长策略发生了深刻的转变，"直至近来才形成这样的舆论，即紧凑型城市形态最具可持续性"（Federico Oliva et al，2002）。例如在以发达的小汽车交通而闻名的美国，城市增长正在向"填充式开发／紧凑化发展的方向转变"，"紧凑发展的目标是要达到自然资源（包括土地）和基础设施（道路和公用设施）的有效利用"，更加注重对于"城市边缘区农田和其他开敞空间的保护"，注重提高社区生活质量和提高人们对于住宅的支付能力（Doyle，2002）。"精明增长"理念正是对这种思路系统的归纳总结（马强，徐循初，2004）。

"精明增长"的目标是通过规划紧凑型社区，充分发挥已有基础设施的效力，提供更多样化的交通和住房选择来努力控制城市蔓延①。"精明增长"强调必须在城市增长和保持生活质量之间建立联系，在新的发展和既有社区改善之间取得平衡，集中时间、精力和资源用于恢复城市中心和既有社区的活力，新增加的用地需求更加趋向于紧凑的已开发区域，"精明增长"是一项将交通和土地利用综合考虑的政策，促进更加多样化的交通出行选择，通过公共交通导向的土地开发模式将居住、商业及公共服务设施混合布置在一起，并将开敞空间和环境设施的保护置于同等重要的地位（Anderson，1998；Victoria Transport Policy Institute，2003）。总之，"精明增长"是一项与城市蔓延针锋相对的城市增长政策（表9-3）。

精明增长（Smart Growth）与城市蔓延（Urban Sprawl）的对比　　　　　　　　表9-3

	精明增长	城市蔓延
密度	密度更高，活动中心比较集聚	密度较低，中心分散
增长模式	填充式（Infill）或内聚式发展模式	城市边缘化，侵占绿色空间
土地使用的混合度	混合使用	单一的土地利用
尺度	建筑、街区和道路的尺度（适合人的尺度，注重细部）	大尺度的建筑、街区和宽阔的道路；缺少细部
公共设施（商店、学校、公园等）	地方性的、分散布置的、适合步行	区域性的、综合性的，需要机动车交通联系
交通	多模式的交通和土地利用模式，鼓励步行、自行车和公共交通	小汽车导向的交通和土地利用模式，缺乏步行、自行车及公共交通的环境和设施
连通性	高度连通的街道、人行道和步行道路，能够提供短捷的路线	分级道路系统，具有很多环线和尽端路，步行道路连通性差，对非机动交通有很多障碍
道路设计	采用交通安宁措施将道路设计为多种活动服务的场所	道路设计目的是提高机动交通的容量和速度
规划过程	由政府部门和相关利益团体共同协商和规划	政府部门和相关利益团体之间很少就规划进行协商和沟通
公共空间	重点是公共领域（如街景、步行环境、公园和公共服务设施）	重点是私人领域（如私人庭院、商场内部的步行设施、封闭的社区和私人俱乐部）

（资料来源：Galster et al，2001）

———————————

① 引自国外城市规划，2003（1）：32，"海外信息速递"专栏。

美国的"精明增长网络"(Smart Growth Network)组织出版的研究报告《趋向精明增长：100多个实施策略》(Getting to Smart Growth：100 More Policies for Implementation) 中提出了关于精明增长策略的十项原则(Smart Growth Network, 2003；Smart Growth Online, 2003)，其中主要包括土地混合使用、紧凑和多种选择的住房、适合步行的

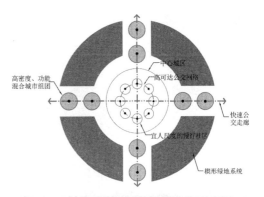

图9-10 面向低碳交通的理想城市空间模式
（图片来源：叶玉瑶等，2012）

社区、多模式的交通方式等要点。具体来说，这十项原则是①土地混合使用；②设计紧凑的住宅；③能满足各种收入水平人的符合质量标准的住宅；④适合步行的社区；⑤场所特色感；⑥保护开敞空间、农田、自然景观以及重要的环境区域；⑦发展与强化现有社区；⑧交通方式的多种选择；⑨城市增长的可预知性、公平性和成本收益；⑩社区参与决策（谷玥，2012）。

值得注意的是，在以上三种城市发展理念中，TOD模式都被视为一种重要的城市设计思潮。

9.3.4　低碳模式

无论从理论研究还是实践案例来看，紧凑的城市形态、有效的功能混合、宜人的地块尺度都是实现低碳交通的基本的城市空间结构特征，所有的这些特征还要与绿色交通体系有机结合。绿色交通体系与土地利用的整合可以在城市、社区两个层面加以实现。城市层面以轨道交通或快速公交系统为导向，形成快速公交导向下的组团式城市开发格局，同时强调站点周边密度控制以及组团内部的职住平衡。社区层面，一方面要积极构建非机动交通网络系统，支持徒步、自行车等非机动车出行方式；另一方面，要促进非机动交通网络与公交系统的结合，促进人们以"步行＋公交"的联合出行方式来替代小汽车出行。除此之外还要实现与绿色开敞空间体系的空间整合。最佳的空间整合模式是采用绿楔式绿地系统分割交通走廊，通过楔状绿地限制土地集中于公交走廊上进行开发，形成理想的面向低碳交通的城市空间结构模式（叶玉瑶等，2012）（图9-10）。

低碳交通引导下的另一种城市空间布局模式是公交便达模式（图9-11）。该模式指城市空间布局要适合公共交通大运量、高效率的运营特点，便于公共交通到达城市各个分区的中心，在城市大范围内实现公共交通快速通达的需求。公交便达模式的要素：大运量高效率的城市公共交通（包括地铁、快速公交等）以及常规公交，快速公交主要解决各个分区中心之间大量集中的客源需求，常规公交主要解决各个城市分区内部之间的交通需求，城市组团分区明确，组团之间有绿化隔离带，便于实现公共交通线路、线网和节点的联合优化（李保华，2013）。

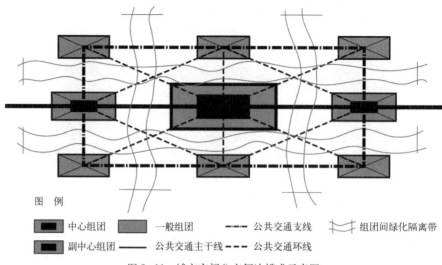

图　例

■ 中心组团　　■ 一般组团　　—·—· 公共交通支线　　╫╫ 组团间绿化隔离带

■ 副中心组团　　—— 公共交通主干线　　---- 公共交通环线

图 9-11　城市空间公交便达模式示意图

(图片来源：李保华，2013)

9.3.5　控制开发强度的模式

中国正处于高速城市化增长期，城市扩张的目的在很大的程度上是为了满足广大的农民由农村向城市流动，以及城市之间的人口梯级转移，为他们提供居住、工作、生活的基础设施与环境。为了达到土地集约利用，对于增长控制的模式也应有所不同，具体模式有以下三种（李翅，2006）：

（1）控制型界内高强度开发模式

这种模式的基本特征是单中心的城市形态结构，城市中心高度集聚，规划师对于城市总体发展的方向与范围一般会做出一个预期和判断，这种判断基于对城市社会、经济、文化发展的总体分析与理解，对城市的发展在一定区域内有一个相对集中的建设控制边界，控制边界紧靠建成区，城市新区发展主要在城市边缘地段。地块的开发需要有引导地提高建设强度，较高的工作和居住密度使得对建成区基础设施的利用程度大为提高，降低了城市基础设施与管理的平均运行成本。同时，降低了住房建设的成本与市场价格，增强了市民对于购房计划的信心，促进了城市化的进程。

这种模式适用于中小城市，由于人口规模不大，主要聚集在城市中心地区，表现出来的发展方向是周围人口向中心集聚，商业集中于城市中心，服务业集中在城市中心边缘（图 9-12）。

（2）引导型界外混合开发模式

随着城市的发展，现代许多大城市向郊区扩展，人口与就业向郊区转移，形成城郊次中心。城郊活动的增长部分是由于中心城市固定边界的扩展，大多数人口与就业的增长发生在中心边缘地区。在北京，首先以制造业向郊区扩散，生产工人与家庭向郊外集聚，现在大量的居住、信息产业、城郊购物产业也向郊区发展。

城郊次中心地带的形成主要是因为产业集聚所致，阿瑟·奥沙利文（Arthur

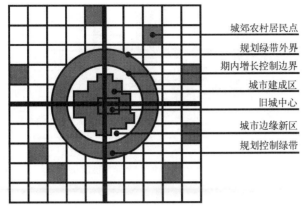

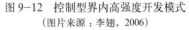

图 9-12　控制型界内高强度开发模式
（图片来源：李翅，2006）

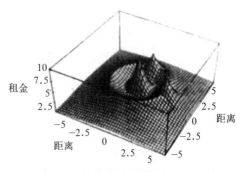

图 9-13　环形公路城市的土地投标租金
（图片来源：奥·沙利文，2008）

OSullivan）认为，许多迁往城郊的企业选址靠近其他企业，几个城郊区位的企业群落导致城郊次中心地带的发展。图 9-13 显示在一个有环形公路（距市中心 4km）和两个就业次中心地带的虚拟城市不同区位的地租。地租表面有三个高峰——最高的一个在市中心，另两个稍低的次中心地带，形成一个集中在外环公路的外形分水岭。

全世界人口超过 100 万的城市地区有 300 多个，依据其空间结构特点可分为两类：一类是以高度发达的城市为中心的大都市地区，如英国伦敦；一类是由多个城市共同组成的城市体系，如兰斯塔德。城市空间发展在继续扩散的同时开始在特定地点重新集聚。包括一些新型产业活动中心和交通枢纽节点，从而造就了一种多中心城市布局形态的新原型。根据彼得·霍尔（2000）的研究，"总体上看，所有大都市地区在形态上都趋于多中心，这是一个非常清晰的发展趋势。"对于城郊新城的开发，应避免单一的土地利用结构，新区不仅能提供居住，还应提供商业、工业等就业岗位，以及满足居民的服务设施，引导其向能提供多种就业的混合功能的新区发展（图 9-14）。

城市郊区发展与卫星城建设一般处于中心城市组团边界的外围，对于相对独立的新区开发，需要进行严格的限制，避免遍地开花，而采取相对集中成片的紧凑开发，有利于集中基础设施建设。从开发项目上提倡混合模式，不仅要提供居住生活条件，还应提供工作岗位和商业购物设施，减少由于新区与老城之间的密切交流而带来的频繁的交通出行。

（3）限制型绿带低强度开发模式

对于特大城市，由于人口过度密集，人们迫切需要寻找郊外的体育、文化、娱乐休闲场所。由于开发用地短缺，许多用地被用作房地产开发，公共文化设施用地相对较少，政府可以限制性地对一些大型居住区的周围绿带设立非正式的休闲娱乐设施，满足市民的生活需要。许多城市为防止过度蔓延，设置了城市发展边界，它与城郊组团和卫星城之间留有宽阔的绿带，这源于英国早期的绿带法案，旨在保护建成区的独特品质，防止城市中心组团过度庞大带来的对环境的影响，许多城市的绿带为阻止建成区的扩张起到了重要的作用，但绿带也常被改变土地

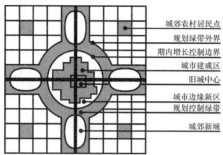

图 9-14 引导型界外混合开发模式
（图片来源：李翅，2006）

右侧标注：
城郊农村居民点
规划绿带外界
期内增长控制边界
城市建成区
旧城中心
城市边缘新区
规划控制绿带
城郊新城

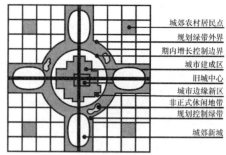

图 9-15 限制型绿地低强度开发模式
（图片来源：李翅，2006）

右侧标注：
城郊农村居民点
规划绿带外界
期内增长控制边界
城市建成区
旧城中心
城市边缘新区
非正式休闲地带
规划控制绿带
城郊新城

使用性质而成为开发用地，这就有损于城市的环境品质。为平衡土地资源紧张的矛盾，可以有限度地在绿带内进行有条件的开发，主要是城郊非正式休闲游憩场所、室外体育运动场所、生态文化旅游以及生态科技农业观光场所等低密度开发项目，旨在满足适度的娱乐与休闲运动和农业的需要（图 9-15）。

9.4 交通导向下的模式

不管是自组织还是有意识的规划控制，在城市空间发展过程中，城市沿主要交通方向（包括河流、铁路、公路等）呈轴向延展态势都是城市空间外向扩展的基本模式之一。在城市空间扩展过程中，城市就是这样不停地选择发展轴、沿轴外伸、然后填满、再选择新的发展轴、沿轴外伸、再填满，从而使城市规模逐步扩大。交通方式的变革显著地改变或改善了区域空间的可达性，为城市空间日益摆脱空间距离的束缚提供了可能性，促进了城市空间轴向发展模式的广泛应用（王建华，2009）。

9.4.1 城市形态与交通方式

美国地理学家亚当斯（J.S.Adams）按照交通方式的变革把美国城市形态的演变划分为四个阶段：①步行马车时代：此阶段的交通方式为步行和马车，由于受到交通条件的限制，城市空间半径和可达性均较小，呈集中紧凑的单核心形态。其主要特征是城市人口和产业的高度集聚，土地混合使用。②电车和火车时代：由于有轨电车和市郊火车使可达范围扩大，人们的出行距离增加，使得城市的空间主要沿着有轨电车和市郊火车线路主干道拓展，呈现轴线放射状形态。③小汽车时代：1920 年代小汽车大规模地发展，使得公路建设飞速发展，放射道路间可达性较差的区域不断得到填充，城市的空间呈现同心环状形态。④高速公路及环路时代：高速公路增加了远郊城市的交通可达性，城市的空间蔓延到几十甚至几百千米，出现了以中心城市为核心的大都市区（圈）、城市群和都市连绵区等，形成了以中心城市为核心、多中心、分散状的形态（Adams，2004；韩凤，2007）。在如今的互联网时代，城市的空间结构呈现出分散性和网状结构（图 9-16）。不同时代城市基本结构及其可达性见表 9-4。交通方式与城市空间结构的关系如图 9-17 所示。

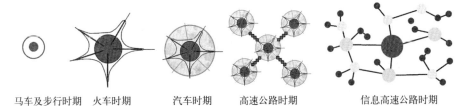

马车及步行时期　火车时期　　　汽车时期　　　高速公路时期　　　　信息高速公路时期

图 9-16　交通方式变革与城市空间拓展
（图片来源：沈丽珍，2010）

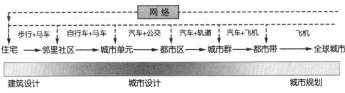

图 9-17　交通方式与城市空间结构的关系
（图片来源：沈丽珍，2010）

不同时代城市基本结构及其可达性　　　　　　　　　　　表 9-4

不同时代	可达性分布	城市基本结构
步行及马车时代	平均分布	圈层结构
通行轨道交通时代	沿铁路分布	星形辐射
汽车时代	沿公路蔓延	同心圆、环状重建
高速公路时代	平均分布	跳跃式居住核
互联网时代	各项平均	分散、多中心、网络状

（资料来源：沈丽珍，2010）

　　汤姆逊在 1970 年代根据对全世界 20 个大城市的调查，总结了 5 种交通与城市空间结构的关系模型：①完全汽车化模型：完全符合汽车通行的模式，城市成片状的大面积的铺开，城市没有集中的中心，只有多个次中心，是完全为汽车的行驶速度而建的城市。②弱中心战略模型：高速干道围绕中心区，分解了中心区的大部分的聚集功能，弱化了市中心。③低成本战略模型：城市中心与城市的次中心由公共交通优先通行的道路连接，降低联系成本。④强中心战略模型：在城市还没有大发展时期，就已构建了从市中心向外辐射，四通八达的铁路网，铁路网是以后城市发展的组成骨架。⑤限制汽车交通战略：市中心与各次中心以及各次中心之间全部由轨道交通高效率的连接，而作为汽车使用的公路，不允许直接联系城市中心与次中心，以及各次中心之间的连接（图 9-18）（李保华，2013）。

　　过秀成与吕慎（2001）也总结了不同的城市空间结构比较适宜的快速轨道交通网布局。

　　（1）轴向城市

　　轴向结构的城市通常有一个强大的市中心。市中心区往往是城市人口高度密集的地方，商业、金融业、娱乐业等第三产业高度发达，各种齐备而完善的

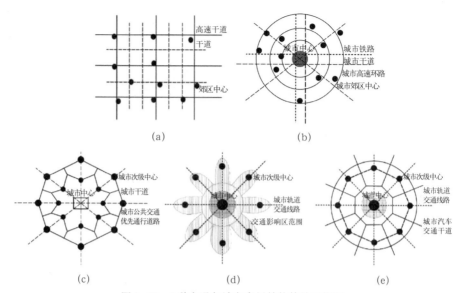

图 9-18 5 种交通与城市布局结构的关系模型
(a) 完全汽车化模型；(b) 弱中心战略模型；(c) 低成本战略模型；(d) 强中心战略模型；
(e) 限制汽车交通战略模型
(图片来源：李保华，2013)

功能设施为市郊居民提供了就业机会和娱乐场所，对城市居民和房地产开发商产生很大的吸引力，加上市中心区面积有限，地价高昂，房地产商往往对市中心区进行高强度的开发。在市郊，轴向结构的城市主要沿交通发展轴发展，城市交通发展轴主要有两类：一类是汽车快速路，一类是快速轨道交通。由于小汽车的个体交通性质，以汽车快速路作为城市发展轴的城市表现为沿轴线蛙跳式的低密度开发；而轨道交通作为一种具有规模效益的交通方式，引导城市沿轴线高密度开发，通过放射网状结构的轨道线网支持城市轴向发展结构，引导城市在市中心高密度线状开发，在市郊高密度的面状开发，形成一种形如掌状的轴向结构的城市（图 9-19）。

（2）团状城市

团状结构的城市一般有一个强大的市中心，围绕着市中心区范围内分散分布着城市的边缘集团（组团），离 CBD 更远的地方是城市的卫星城镇。城市快速轨道交通系统线网的空间结构分为两类：一类为放射＋环形结构的城市快速轨道交通系统；另一类为混合形结构的城市快速轨道交通系统。

1）放射＋环形结构快速轨道交通系统

与团状结构的城市布局特点相适应，放射＋环形结构的轨道线网是由在市中心区两两相交，为中心团块和边缘团块以及卫星城镇间提供便捷的放射网状线和内、外环线组成，图 9-20 为其理论图示。其中放射网状结构的轨道线网为团状结构的城市中心团块和边缘团块间提供了便捷的联系，加快了团状结构城市边缘集团和卫星城镇的发展，减轻中心团块在用地、就业和交通等各方面的压力，使城市土地利用的空间结构趋于合理化；其次分布在市中心区附近的轨道线网内环线，可截流到市中心区换乘的客流，这样可以大大减少市中心区的地面客流，从而缓解市中心区的交通拥挤状况，同时这种环线位于网络覆

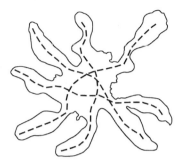

图 9-19 轴向结构的城市快速轨道网示意
(图片来源：过秀成，吕慎，2001)

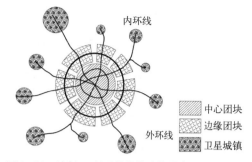

图 9-20 放射＋环形结构快速轨道交通网示意图
(图片来源：过秀成，吕慎，2001)

盖范围内，提高了网络和换乘站的密度，更加刺激了市中心区的高密度开发。最后，分布在城市边缘集（组）团的快速轨道外环线，使分区中心位于城市快速轨道环线的交叉点上，大大提高分区中心的可达性，客流密度高，加之这里远离 CBD，受 CBD 的影响小，迫切需要能够满足附近居民的需要的各种功能设施，从而引导和加快了城市副中心的形成。

2）混合结构快速轨道交通系统

与团状结构的城市布局相适应的混合型结构的快速轨道线网布局如图 9-21 所示，在中心团块内的线网密度较大，站间距较小，网状结构的传统城市地铁系统可以是棋盘式、也可以是棋盘＋环线结构等，但必须是开放式的，从而延伸到边缘集团的交通条件，加快边缘集团的开发，而利用放射结构的区域快速系统或市郊铁路联系各卫星城和中心团块，加快中心团块内人口疏散的进程，促进卫星城镇的发展，并且这种放射结构的区域快速铁路系统或市郊铁路通常并不进入市中心区，而往往交于地铁内环线，通过换乘枢纽站点与地铁间相互换乘，以减轻市中心地面交通的压力。

(3) 组团城市

组团式结构的城市，其放射状城市轨道线网应能方便各组团间的联系，特别是中心组团与其他组团的联系，通过放射状的轨道线在中心组团的城市中心区相交，形成网络，以提高市中心区线网的密度，并分散市中心集中的客流，在此基础上，重点解决中心组团的快速轨道线网的衔接，同时还应根据规划及

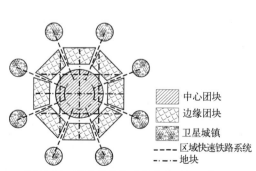

图 9-21 混合结构快速轨道交通网示意图
(图片来源：过秀成，吕慎，2001)

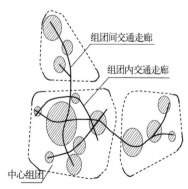

图 9-22 组团式结构城市快速轨道网示意图
(图片来源：过秀成，吕慎，2001)

其他组团的发展情况，规划为其他组团提供直接联系的快速轨道线网。

9.4.2 城市空间发展轴向模式

城市空间轴向发展模式是最传统的发展形式之一，也是防止城市蔓延发展的一种模式。最初期的轴向发展理念要数西班牙工程师马塔（Arturo Soria Y Mata）在 1882 年提出的"带形城市"模式。带形城市以轨道交通作为城市布局的骨干，城市的生活用地和生产用地则沿着交通干线平行布置，交通干线成为引导带形城市形成的主要因素（杨建军，徐峰，2013）。从 1950 年代开始一些大城市在疏解城市空间中提出了轴向扩展的走廊发展模式，如华盛顿和莫斯科的放射长廊方案、斯德哥尔摩和东京的新城规划等。最为典型的当属北欧城市哥本哈根于 1948 年编制的"指状规划"，形态上所表现的"手指"即沿规划选定的几条轴线建成的新型高速公共交通干线（郊区铁路），以此来提高通向中心城市交通的便捷性，轴线之间则保留着由森林、农田和开放休闲空间组成的绿化带。同时强调城市开发建设与公共交通系统的结合，刺激站点周边的商业发展（叶玉瑶等，2012）。1960 年代，由国际现代建筑师会议（CIAM）的"十人小组"（Team10）基于"人际结合"思想提出的簇群城市（Cluster City）理论蕴含了轴向发展思想。它虽然未像带形城市理论一样明确提及交通轴线，但"干茎（Stem）"的概念指的正是线型的中心，"干茎"既为居民提供联系的通道，也包括为居民服务的各种设施，与带形城市的做法异曲同工。簇群城市以线型中心为骨干而多触角地蔓延扩展。

"带形城市"与"簇群城市"都强调交通对城市发展的作用，但是直到 1980 年代以后公共交通才得到特别的关注（杨建军，徐峰，2013），至 1990 年代时催生了 TOD 模式或思想。TOD 作为一种城市开发理念不仅适用于城市局部地区的开发建设，还适用于城市整体空间的层面，以公共交通走廊为城市发展走廊的纽带，构筑城市轴向发展的城市形态。采用 TOD 交通发展策略的城市，公共交通在城市交通系统中处于主导地位，城市具有较高密度，且主要围绕着公交站点或沿着公交线路轴向发展。城市空间发展与公共交通发展相配合，中心城区主要由地铁提供服务；城市外围发展区域主要沿着轨道公共交通线路发展。城市形态较为紧凑，呈现出比较明显的轴向发展趋势。典型的城市案例包括日本东京、瑞典的斯德哥尔摩、丹麦的哥本哈根、美国的波特兰和巴西的库里蒂巴等（王建华，2009）。

顾朝林和陈振光（1994）认为，大都市区轴向扩展是指城市沿一定方向扩展形成比较窄的城市地区。不管是自发形成还是有意识地规划建设，大都市区的轴向扩展均依附于城市本体，向周围地区放射扩展。根据扩展轴的性质不同，具体分为如下三种类型：①工业走廊。在大都市外围地区，一些对交通线路依附性强的工厂、仓库沿公路、铁路和水道自由或按规划建设，连续地向外延伸，形成由许多工作岗位组成的"轴向走廊"。这类走廊是在城市核心区有着强烈的内聚力，城市工业迅速发展的情况下形成的，上下班人流具有明显节律性特征。②居住走廊。在大都市入城干道两侧就近布置生活居住区，形成具有相当规模的居住走廊。③综合走廊。在大都市外围，沿发展轴就近布局居住和就业岗位，形成沿轴向的综合发展走廊。

9.4.3 高铁新城

高铁新城的空间发展模式比较见表 9-5。

京广高速铁路高铁新城空间发展模式对比 表 9-5

项目	高铁新区	"类卫星城"高铁新城	"双城式"高铁新城
与主城区的位置关系	位于城市边缘区，距离城市较近	位于城市郊区，距离城市较远	位于城市边界周边，距离城市很近
功能定位	城市副中心或城市新区	交通枢纽型卫星城	独立新城
空间发展模式	点轴式星状	圈层轴式簇团状	延续中心城市空间结构，构成"双城式"空间布局
优势	弹性的空间；高密度网的道路结构；生态的宜居环境	以交通枢纽功能为重心；集约化的发展路线；生态的宜居环境	与旁边的中心城市保持大地肌理的一致性；空间发展结构有模数效应；双城空间相向扩展；生态的宜居环境
不足	受城市中心区制约；独立性差；易造成高铁新城与城市中心区同时拥堵现象，疏散性能较低	对中心城区的人流出行造成很大不便；功能的混杂性；建设初期交通成本较高、投资较大	前期基础设施投入较大对新城规模有严格的控制要求；未来发展易造成双城合并，重大基础设施割裂城市空间

（资料来源：袁博，2011）

9.5 生态导向下的模式

9.5.1 宜居城市

（1）宜居城市的定义

国外关于宜居城市的研究，与西方社会经济发展的历程以及与之相随的社会思想是紧密相连的。早期的宜居城市概念主要是针对工业化早期城市生活所面临的问题而进行思考的，因为工业化所带来的城市环境的混乱，人口增长带来的社会治安，居住环境的紧张等问题，所以居民自然而然地希望拥有一个干净、便利、安全的城市生活环境。例如，哈尔威格（D.Hahlweg）认为宜居城市最重要的是要保证每一个居住于其中的市民（而非仅仅是富人）都享有健康、宜居的生活，其次是保证每个宜居城市的市民出行的便利。沙尔扎诺（E.Salzano）以历史的观点思考宜居城市理论。他认为从历史上看，宜居城市处于连接过去和未来的枢纽的位置上。城市的历史遗迹是城市的"根"，应该被所有人尊重，应注重对城市历史文化的爱护。同时，他也着眼于未来，认为应该尊重那些尚未降临的人们，为此有责任去保护城市，善待城市环境和各种生态资源。蒂莫西（Timothy D.Berg）指出，市场经济的作用往往大于政府政策的调控力度，导致城市发展的受益人主要是高收入的市民，市民的收入差距不断拉大，城市的宜居性并没有得到提高。所以，政府建设宜居城市的设想一定要和经济部门的行为相协调，避免城市发展单独由市场控制。除了学者的思考和探讨外，许

多国际组织也很关注宜居城市建设。比如世界卫生组织（WHO）就在 1961 年对满足人类基本生活要求的条件进行了总结，认为"安全性、健康性、便利性、舒适性"是人类理想居住环境所要满足的四个基本条件。

在中国，不同学科背景的学者也提出了各种观点和理解，但总体上都认为宜居城市应该关注城市的自然生态环境建设、经济可持续发展、充分就业、生活方便舒适、居住有安全感与和谐人文环境等方面。任致远从生活方便舒适与和谐人文环境方面定义宜居城市，认为"居者有其屋"是中国"宜居城市"首先要满足的条件，同时将"易居、逸居、康居、安居"作为评定宜居城市的主要条件，即居住、生活、休憩、交通、管理、公共服务、文化等事关居民生活、工作各方面的条件是"宜居城市"概念所必须涵盖的内容。俞孔坚则从自然生态环境建设与人文环境方面提出宜居城市建设理念。他认为宜居城市需要具备良好的自然环境和人文环境两大条件。所谓自然条件包含新鲜、干净的空气和水，可以步行的、安全的空间以及可以提供给市民日常生活、休闲、健康所需的便利设施；在人文方面，宜居城市的内涵应该体现人性化、平民化、有人情味，并有自己的文化特色，让市民在文化和认知上具备自我认同和归属感（邓海骏，2011）。

（2）宜居城市的层次

在空间上可以将一个城市分为三个层次：基本单元的建筑单体、社区、城市，城市外部还有区域。综合宜居城市的软环境和硬环境，就得到宜居城市概念的空间解析图（高峰，2006）（图 9-23）。

（3）宜居城市的建设

宜居城市的建设模式主要有三种：政府主导型模式、市民自发型的建设模式、商业机构建设，然后向市场招募居民的模式。

创新型宜居城市的主要内容：①具备可持续发展能力的、分布合理、系统完善的自然生态城市环境。这是人类宜居最基本、最直观的条件。人不能离开大自然和生态环境而生活、生存，人与大自然共生共存的关系决定了生态环境

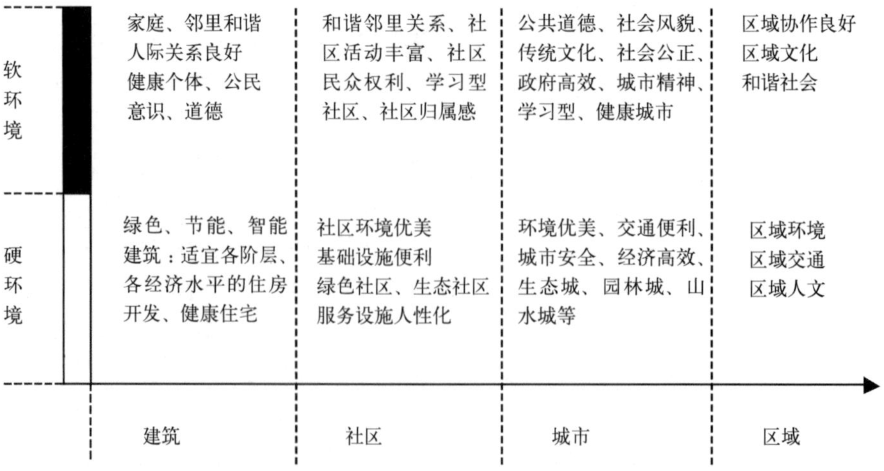

	建筑	社区	城市	区域
软环境	家庭、邻里和谐人际关系良好健康个体、公民意识、道德	和谐邻里关系、社区活动丰富、社区民众权利、学习型社区、社区归属感	公共道德、社会风貌、传统文化、社会公正、政府高效、城市精神、学习型、健康城市	区域协作良好区域文化和谐社会
硬环境	绿色、节能、智能建筑；适宜各阶层、各经济水平的住房开发、健康住宅	社区环境优美基础设施便利绿色社区、生态社区服务设施人性化	环境优美、交通便利、城市安全、经济高效、生态城、园林城、山水城等	区域环境区域交通区域人文

图 9-23　宜居城市概念空间解析图
（图片来源：高峰，2006）

质量的好坏,是考察城市宜居性的重要指标。②城市街道设计合理、方便、科学、便捷并具备一定的美感。城市街道是市民最常用最常见、也是最离不开的日常设施。街道设计是否科学、合理,是否符合人性化的要求,是否充分考虑居民的方便和便利,是否充分体现对市民的人文关怀也是评价一个城市是否具备宜居性的一个方面。街道的高使用率使得包含其中的科学性、合理性、便利性和人性化的成分越来越成为城市宜居性的重要指标。③设计精妙、科学、具备美感和永久欣赏价值的城市建筑也是城市宜居性的一个方面。城市建筑的合理性除了给人们提供宜人的居住和工作空间外,还可以为人们提供美的感受,让人享受到建筑艺术蕴藏的魅力。设计精妙、充满艺术性的城市建筑和人性化的城市道路和交通规划,不管是对工作了一天的市民还是外来的参观者来说,都是不可多得的让身心放松、享受城市给自身带来的满足感的最直接的途径。宜居城市的建筑应该具备该城市独特的风格,整个城市的建筑应该具备比较一致的风格和统一的规划,不会有粗制滥造的痕迹,让人有零乱的感觉。④具有便利、快捷、高效的城市公共交通系统。⑤具有可持续发展的经济结构和比较发达的经济环境。⑥拥有舒适便利、充满人性化设计的城市居住、生活环境。⑦具有独特魅力、浓郁的城市文化氛围。⑧和谐稳定的城市社会环境。和谐稳定的城市社会环境包括人与人之间和谐、人与自然环境之间和谐;社会稳定包括社会政治稳定和经济安全稳定。⑨健全的社会保障体系。⑩安全的城市环境。完善的教育、医疗卫生机构和服务体系 (邓海骏,2011)。

9.5.2 生态城市

"生态城市" (Ecocity 或 Ecopolis) 一词派生自生态系统 (Ecosystem),该理念出现于 1980 年代。最初是在城市中运用生态学原理,现已发展为包括城市自然生态观、城市经济生态观、城市社会生态观和复合生态观等的综合城市生态理论,并从生态学角度提出了解决城市弊病的一系列对策 (黄肇义、杨东援,2001)。

1981 年苏联亚尼科斯基 (Yanitsky) 首次正式提出生态城市概念,认为生态城市是一种"城市模式、技术与自然充分融合,物质、能量、信息高效利用,生态良性循环的理想栖境"。亚尼科斯基于 1987 年进一步提出"生态城市的设计与实施矩阵"理论。1984 年联合国 MAB 报告中也指出了生态城市规划的 5 项原则:生态保护战略、生态基础设施、居民的生活标准、文化历史的保护、将自然融入城市。1984 年雷吉斯特在伯克利生态城市建设的基础上,总结出"生态城市即生态健康的城市,是紧凑、充满活力、节能并与自然和谐共存的聚居地"。他还提出了生态城市建设的四项原则:以相对较小的规模建设高质量的城市;就近出行(城市设计中保证足够多的土地利用类型彼此邻近,从而实现基本生活的就近出行);小规模地集中化(城市、小城镇甚至村庄的物质环境上应更加集中,而同时又根据参与社区生活和政治的需求适当地分散);物种多样性有益于健康(根据该原则,应建立城市土地混合利用模式)。在此基础上,1987 年雷吉斯特提到创建生态城市的原理。1996 年雷吉斯特和他所领导的"城市生态"组织完善了生态城市建设思想,并提出新的建设生态城市的原

则。1990 年代中期，生态城市理论体系渐趋完善，发展成为"变革和解决社会和城市问题的多种理论的综合"。罗斯兰指出，生态城市理念至少包括了可持续发展、建立社区、绿色运动等多方面的内容，并提出其独特的生态城市概念矩阵（熊国平，2006）。

生态城市理论认为：城市发展存在生态极限，应当通过有效的生态城市规划促进城市良性发展，规划要从自然和社会两方面去创造一种能充分融合技术和自然的人类活动的最优环境；以较小的规模建设高质量的城市，紧凑发展，避免城市的无序蔓延；满足就近出行的原则，城市设计中保证足够多的土地利用类型彼此邻近，促使城市复合功能区的形成；城市、小城镇甚至村庄的物质环境应更加集中，同时又根据参与社区生活和政治的需求适当地分散；根据生态学中物种多样性有益于健康的原则，建立城市土地混合利用模式；建立以步行、自行车和公共交通为导向的交通体系，避免走汽车－高速公路－城市蔓延的发展道路；实现城市与自然环境的协调与配合，把握合理的规模和集聚度，重构循环利用的产业结构；利用自然条件，加强绿地系统建设，建立市区与郊区复合生态系统等。

生态城市空间结构形态的一般发展趋势是（周春山，2007）：

（1）城市将是社会－经济－自然复合生态系统的空间承载体

生态城市不但是自然生态上的协调，还是社会、经济、自然复合系统上的生态协调，尤其是以现代生态学理论与技术为基础，综合社会学、经济学理论，将"生态化"的思想贯穿到城市建设管理的各个层次，并体现于城市的空间结构形态之中，城市成为复合生态系统的承载体。

承载体首先表现为一种场所。城市空间是人类社会与自然环境的内部运动与相互协调的场所，活动的集中与分散便形成城市的结构，体现于外表就是城市形态。

其次，承载体还表现为一种参与。城市空间结构形态是城市生态系统的物质外壳。生态城市的空间结构具有自己的特征与模式，生态城市建设就是要力求空间结构与形态的"生态化"。城市复合生态系统的建设与完善必然要求新的、具有生态属性的、体现生态思想与生态效能的城市空间的建构与营造，即它应具有"生态文化"的内涵。

（2）空间的融合化、网络化、立体化与有机化

生态城市的空间具有融合化的趋势，即从过去功能空间相互隔绝的、内部同质而区域异质的特征，向各种功能空间相互融合，紧密关联，有机网络化方向转变（邓清华，2002）

1）自然空间与人工空间的融合。生态城市拥有众多广阔的自然空间，如绿地、河流、郊野、农场等。它们与城市的人工空间相互交织，融为一体。丰富的自然空间为人工空间提供优美而和谐的大背景，而人工空间也在自然空间的衬托下更富生气。自然空间不再是人工空间的障碍，而是城市中维系人地关系的物质载体，也是居民亲近自然的重要场所。同时人工空间更加尊重自然空间，更富有生态特色。它与自然空间共轭，共同实现大地的园林化。在微观层面上，生态城市注重绿色通道对散布于各个角落的大小绿地的联结作用，形成

绿色网络结构。在宏观层面上，城市将是"绿环"、"绿楔"、"绿带"、"绿心"等空间布局方式的综合。

2）各种功能空间的整合。城市生态化将引发城市空间结构的重组。首先，由于生态技术的进步，城市中将出现生态功能体。与工业社会相互隔离的城市功能区相对应，生态功能体以技术为基础，强调清洁生产，节约生产，循环利用。而且工业区布局将发生改变，以前一些在产业链上无直接联系的工业企业可能由于新出现的生态工业链而相互结合，集聚在一起进行生产，综合利用资源，统一处理废物。其次，迅猛发展的信息化浪潮有利于生态城市的建设，信息化家庭与信息化办公使得一些人在自己家中便可以进行生产，从而出现了居住与工作场所的叠合。严格功能分区的城市空间结构形态将逐步解体。

城市结构的网络化表现为城市地域单元的多通道、多途径贯穿与关联，点线面体的互融相通。其作用是提高城市各结构单元的沟通效率，提高整体的关联互动性。城市空间的立体化是指未来的生态城市将从"扁平式"向"立体化"发展，开拓人类新的、更大的生存生活空间，表现为基础设施和各类建筑向空中、向地下垂直发展。城市结构的有机化以网络化和立体化为基础，是网络化与立体化的深化，体现为各地域单元间高度融合、和谐共生及一体化的趋势。

城市生态化将以自然环境为基础，以人为本，以可持续发展为目标。生态城市的实现需要自然环境的保育，也需要将更多的自然环境要素引入都市。所以生态城市要更多地开辟生态斑块，拓展生态基质，建构生态功能体，营造城市生态廊道，使城市形成"斑块－基质－功能体－廊道"的绿色生态网络系统，营造网络化的城市单元结构，形成城市结构与自然环境相互包容的有机体。

技术进步是人类生存空间拓展的主要动力。生态城市的自然空间不仅局限于地表，而且不断向空中、地下发展。在早期的生态城市思想中，勒·柯布西耶的光辉城市就是以技术进步来解决城市问题的典范。生态城市的立体化趋势与光辉城市的思想类似，立体化也强调建设更高的城市建筑，在建筑物之中建立起多向度的空中交通干道。同时，立体化也重视地下空间的开发。未来大部分机动交通、对环境影响较大的功能活动可能迁至地下，而地面则更多的用于步行、休闲、生活等。

另外，有机的城市空间结构应有利于城市生产与消费系统的低能耗、低污染与高产出，能够促进城市经济系统的高效化。城市各相关功能结构的布局将尽可能地接近，但又注意防止相互的干扰。此外，生态城市的结构形态应有利于循环经济的发展。

3）有机的城市空间结构将有利于社会各阶层和谐相容，共同发展。人是城市的主体，生态城市必然要以人为本。人与人、阶层与阶层间有效沟通、相互理解、友爱互助是城市和谐的表现，也是生态城市的要求。

（3）城市内部将进行细致的改造与重组

城市空间结构形态总处于不断的演化变动之中。工业革命之后，迅速提高的生产力促进经济、社会的巨大变革，城市快速发展，大量人口向工业城市集中，随后欧美许多工业城市的公用设施出现不足，由此催生了一些城市改良思想，如霍华德的田园城市。一些改良思想被用于城市规划实践，对城市及结构

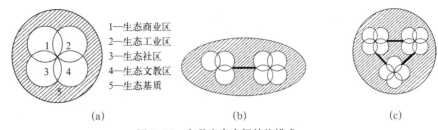

图 9-24　各种生态空间结构模式
(a) 单核心生态组团模式；(b) 双核心生态空间结构模式；(c) 多核心生态空间结构模式
(图片来源：邓清华，2002)

形态产生了较大的影响。

当今城市生态化发展的趋势，将使城市空间结构形态在更为精细的水平上进行改造与重组优化。主要体现在如下的几个方面：首先，生态学理论与技术支持定量化、可测度的研究与应用，克服了早期理念式生态城市理论的不足。城市土地利用性质的确定与地域的调整改造，将更为深入细致，更具科学性。而生态保育也更为精密。其次，社会学、经济学以及其他诸如信息技术等技术学科的深入发展，为城市复合生态系统的建设提供理论、物质与技术支撑，使生态城市建设的社会工程与自然工程向纵深发展，从而在更为细致的水平上调整城市的结构形态。最后，生物技术被预言为下一次科技革命的核心领域，它的快速发展与广泛应用，将极大地深化生态城市建设的内容。

总的来说，当城市发展到生态社会，生态城市的空间结构呈现均衡发展与分布的模式，城市由原来的单核心结构演化为多核心结构，再也没有异常明显的中心辐射城市，核心－边缘效应逐渐弱化，都市与边缘都融合进城市，城市和乡村呈现一体的状态，在经济、文化、社会各方面走向均衡，人工空间和自然空间再次融合。这种演变也是城市更高层次上的一种空间形态的回归（方满莲，2004）。

9.6　信息化下的模式

9.6.1　信息化对城市空间模式的影响

信息社会（Information Society，或 Information-based Society）是以信息的生产、处理与应用为基础的社会。也有将信息社会称为"后工业社会"。进入 1990 年代之后，信息技术高速发展，信息高速公路等信息基础设施快速建设，极大的推动信息社会的发展，互联网已经将整个世界更紧密地联系在一起，并深入的渗透到社会乃至个人的方方面面（周春山，2007）。

基于 Internet 技术的全球因特网以及各地局域网，史无前例地将世界各地实时地联系在一起，世界仿如处在一张大网的包围之中，社会网络化趋势明显，网络社会 (Network Society) 出现。网络既是信息生产、分配和使用的物质基础，也是人类新拓展的另一个空间——网络空间。由于这种空间的新时空特性，使社会中人与人、人与群体以及群体间的相互关系产生剧烈的变化。

信息化对城市空间结构形态有着非常明显的影响，主要体现在以下几个方面：

(1) 城市产业变化的影响

信息技术对城市产业的发展影响巨大。首先，在信息社会中信息与资本、劳动力一样是独立决定经济增长的生产要素；其次，通过信息网络中的外部性与边际递增效应、信息产业的乘数效应与规模效应、信息产业的范围经济性与联结性，信息化深刻地变革着时代的生产方式，极大地提高生产力，从而推动产业结构不断升级。信息化浪潮通过信息产业的牵引、产业的信息化以及企业信息化促进城市产业的演化发展，并影响城市空间结构形态。宏观上信息社会的城市产业变化可能存在如下两个方面：产业的技术密集化和产业结构的软化（杨学钰，2000）。

产业的技术密集化对城市空间结构与形态的影响可以体现在如下几个方面：首先，产业的高技术化，使土地因素在产业中相对作用下降，技术对土地产生一定的替代。因此，某些原先不能承受城市中心高地租而不得不搬出的产业，可能由于技术改造或是变革而再次进入市中心。某些生产技术日益标准化的产业，则会由于在市中心的高地租而退到城市的外围。其次，某些高技术产业，由于对环境质量具有较高的要求而搬向乡村地带。再次，产业技术密集化使产业对人才的依赖提高，人才资源稀缺性提高。为了吸引人才，留住人才，企业要尽量为人才创造良好的工作环境，所以会选择环境好的，或者生活便利的城市地带进行研发与生产。最后，知识的生产成为城市竞争力的决定性力量，而知识生产往往需要好的生活环境、好的交流平台，所以具备这种优越条件的城市区域将成为知识生产的集中地区。产业的技术密集化对城市空间结构的影响往往是间接的，它主要通过产业区位选址因子改变产业在城市地域的空间分布。

产业的软化对城市空间结构与形态的影响可以体现在如下几个方面：首先，信息化浪潮影响下的城市，信息的传递交换，知识的生产、传播及其使用都离不开教育，教育成为信息时代的基础部门，也是城市经济发展的根本动力。因此教育机构、信息中心、研发机构等知识性用地将会大大增加，而且将占据城市的优越地带。而服务业在城市用地结构中也占据重要比重。其次，在城市总体上走向分散的同时，某些服务性行业尤其是某些需要面对面交流的服务业仍会继续集中在城市的中心地带。

新产业组织形式的出现及其影响。新的灵活经营的生产组织及网络组织正逐步取代传统的标准化，大批量的福特制生产方式，柔性生产代替刚性生产。组织方式的变更决定了企业的发展更多地依赖于各种技术、信息，因此降低信息成本、风险成本的区位，成为企业新的集聚点。而且，高技术产业的空间集聚往往围绕着某些名牌大学或科研机构集中布局。并通过更新和提高老工业区的技术水平，促使新的城市复合产业和复合功能区的出现。

(2) 城市功能变更的影响

功能内部分散化、功能边界模糊化及其影响。首先，生产功能的分散化，打破大规模集聚的传统工业区模式，城市的生产活动与其他功能活动不再需要完全相互隔离。与此同时，都是人口从城市流向近郊区、远郊区，城市中成片

的居住功能区被分布在郊区、乡村地域的居住社区取代。其次，城市功能边界模糊化对城市空间结构形态的影响有如下几个方面：第一，生产与销售功能整合，工业与商业用地兼容发展，工业生产仍然在车间中进行，而产品的销售则可能更多的通过电子商务的方式进行，更多的交易在信息网络中产生。第二，居住与办公生活相融合，生产用地与居住用地出现兼容化。第三，城市功能继续分化，但是由于相互干扰、相互制约以及生产生活区位选择的约束条件出现新的变化，总体上呈现大兼容的趋势。因此，城市的功能单元将是复合而有机的。信息化浪潮使城市某些功能的实现形式出现虚拟化，将导致城市用地结构的变化。例如虚拟商业金融的出现，使城市 CBD 的功能受到削弱。虚拟社会化服务的大量出现，使原先以实体出现的各种医疗机构、教育机构、娱乐机构等的一大部分被信息网络代替，城市该类服务用地的比例将减少。虚拟交通使道路用地的比例结构趋向经济合理的稳定水平。功能运行的国际化改变区域的城市体系结构，改变城市与城市的相互关系。信息网络使城镇体系扁平化现象越来越明显，不同等级的城市可以通过发达的信息网络直接进行交流，而不需要逐级进行信息传递。国际化造就了世界性的城市，它们是世界城市群的信息核心，各区域的首位城市，成为世界城市体系信息网络的重要节点。信息资源的拥有量、动用程度、管理能力将是决定一个城市处于城市体系何种级别的重要因素。

(3) 城市社会变迁的影响

网络结构是一种促成自助、资源共享、平等对话、横向联系的，以每个个体为中心的社会结构。它有助于人们彼此交谈、分享思想、信息和资源。

总的来说，信息社会城市空间结构形态演变的总体趋势是：

1) 大分散小集中

信息化浪潮下的城市空间结构形态将从集聚走向分散，但分散之中又有集中，呈现大分散与小集中的局面。

技术进步既提高了生产率，也使空间出现"时空压缩"效应，人们对更好的、更接近自然的居住、工作环境的追求，是城市空间结构分散化的重要原因，分散的结果就是城市规模扩大，市中心区的聚集效应降低，城市边缘区与中心区的聚集效应差别缩小，城市密度梯度的变化曲线日趋平缓，城乡界限变得模糊。城市空间结构的分散将导致城市的区域整体化，即城市景观向区域的蔓延扩展。

网络化时代，信息的掌握与控制成为企业生存发展的关键因素，集聚效益、规模效益、区位效益不再居于主导要素地位。从目前世界范围内企业发展的比较来看，企业信息化程度越高，企业的小型化、轻型化、清洁化越明显，城市生产活动与其他城市活动表现出更多的共生关系，而非排斥与干扰关系。在信息网络的支持下，生产在地域上分散分布打破了大规模集中工业区的概念，使城市的生产活动与城市其他活动不需要再相互隔离。

城市居住空间由城区内成片居住区向分散在郊区、乡村的居住社区转型。进入知识经济时代，信息高速网络的"同时代"效应，使人们完全摆脱了交通障碍的束缚，只要有信息网络支持，人们理想的居住地并不是在拥挤的城市，而是在环境优美的郊区或者乡村。位于城市中成片的居住功能区将被分散在郊区和乡村的居住社区取代（王颖，1999）。

总之，城市空间结构首先是分散化的，但是分散之中，又具有相对集中的趋势。

2）从圈层走向网络

城市结构的网络化并不是简单的离散化，而是"形散而神不散"，因为信息时代的网络城市形态是以无形的 Internet 为支持，大量信息在网络上被创造、使用、传递，城市繁忙的生活被信息互联网以前所未有的紧密程度联系起来。而网络化只是从城市的总体结构来讲的，从城市的局部结构来看，城市仍然是组织化的，扩散的同时又相对集中，多功能社区成为网络化城市的基本空间载体（王颖，1999）。因此，城市用地会更多地呈现出兼容化的特点，如工业用地与商业用地的兼容，生产用地与居住用地的兼容。

3）新型集聚体出现

虽然城市用地出现兼容化的特点，但是由于城市外部效应、规模经济仍然存在，为了获取更高的集聚经济，不同阶层、不同收入水平与文化水平的城市居民可能会集聚在某个特定的地理空间，形成各种社区；功能性质类似或联系密切的经济活动，可能会根据它们的相互关系聚集成区。

另外，城市结构的网络化重构也将出现多功能新社区。网络化城市的多功能社区与传统社区不同，它除了居住功能外，它还可以是远程教育、远程医疗、远程娱乐、网上购物、居民自助辅助等功能机构的复合体。目前在世界发达地区的城市，位于郊区的社区不仅是传统的居住中心，而且还是商业中心、就业中心，具备了居住、就业、交通、游憩等功能，可以被看作多功能社区的端倪。

9.6.2 数字城市／智能城市

信息时代还催生了另外一个术语的产生——智能城市。智能城市或称为数字城市，是建立在信息技术高度发展上的新型城市布局。

"数字城市"（Digital City）的提出，源于"数字地球"，是指综合运用现代科学技术对城市的基础设施、地理、经济、社会和人文等信息进行动态监测、组织管理和应用服务的多功能、智能化的技术系统，具有智能化、数字化和网络化特征。随着城市的不断发展和信息化水平的日益提高，"数字城市"发展理念已广泛渗透到城市规划、城市建设、城市管理等领域，并越来越显现出强大的作用与优势。作为未来城市发展的一个重要支撑，简单地讲，"数字城市"可理解为信息化城市，即在城市运行过程中，通过数字、信息和网络等现代科学技术的广泛、综合应用，最大程度地将城市社会、经济、人口、交通、建筑、资源、环境等要素进行整合，建立公共信息平台，实现城市要素的数字化、网络化、智能化和可视化，并用以提供城市的决策支持（简逢敏，王剑，2011）。

数字城市的空间布局最大的特点即为空间的网络符合性（冒亚龙，何镜堂，2010）。

（1）城市空间复合化

数字技术开辟了虚拟的网络空间，引发城市虚拟与地理空间的交融与重构。数字网络空间依赖于地理空间但不能完全取代地理空间，而它也并非地理空间的简单模仿和镜像，"由电子数据集合构成的赛伯空间（Cyberspace）从来没有取代实体空间，但它能通过提供节省时间和成本的功能来支持真实空间"。地理空间与数字网络空间相互依赖与交织，正是这种"承载"和"依存"的相互交织构成了数字时代的复合化城市空间。数字虚拟空间将与现存的由砖石和钢筋混凝土建构起来的物理空间互补、竞争，共同构成新的城市空间，当然也将替代部分城市及建筑空间，并以智能方式扩展城市空间功能。

（2）空间扩散

基于数字技术的网络空间并非由点、线、面组成的三维笛卡尔空间，而是一种虚拟网络空间体系，网络空间为人们提供了一种新型的社会空间，是一个人们可以互相交流的新场所，它是与传统地理空间截然不同的虚拟场所。传统城市空间发展受制于互补性、可达性等因素，地理要素间的相互作用决定了城市空间的扩展方式，而数字技术所构建的虚拟网络空间将弥补地理空间的不足，全面提升其强度和广度。凭借着数字技术网络，各种知识和信息可以低廉、自由和高效地传递，形成双向、即时的交流，使得城市要素之间信息量趋于对称，弥补了物质空间的割据性，消减了距离对空间相互作用的制约，可达性大为提高。因此，科尔科（Kolko）认为远程数字通信使得距离消失，而不是城市消亡，并且还得出城市的规模与网络地址的密度呈正相关的结论（Kolko，2000）。数字技术主导的城市空间扩散的方式将发生根本性的转变，就近扩散、等级扩散、随即扩散的程度减弱，网络式、复合性和跳跃性扩散逐渐成为主体，扩散方式也更加多元化，表现为同心圆圈层式扩展、分散组团式扩展、轴向扩展、"飞地"型扩展并存，城市空间的各种相互作用和组合关系将更加复杂，体现出数字技术的网络复合性特征。

（3）空间形态

数字技术网络打破了空间距离的障碍，交通运输不再是经济和社会发展的首要问题，数字技术网络交通代替了部分实体交通功能，削弱了城市交通在集聚效益中的作用。"但是它不能替代创造进程中必须具有的人与人之间的相互信任、相互分享和密切交流。无论在哪里，新经济的中心内容是与工作场所精密地联系在一起的（Todd，2004）。"因此，城市将形成基于交通网络与数字技术网络两者结合的网络复合性空间，既反映出公路、河运、铁路、航空等多种运输方式组成的立体交通运输网络特点，也体现出数字技术主导的高速虚拟空间的网状、树形和开放特征。后工业化时代"多中心、组团式"的高速公路网格空间形态格局向数字技术时代的环形树状的网络复合性空间形态发展（图9-25）。

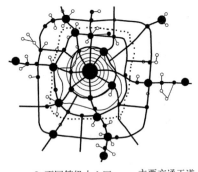

● 不同等级中心区　　— 主要交通干道
◎ 中心城区　　　　　○ 城市环线
　（圈层式扩散）　　　┊ 城郊界限

图9-25　数字技术使得的环形树状网络
城市空间结构
（图片来源：亚龙，何镜堂，2010）

近年来，由于物联网（Internet of things，也称

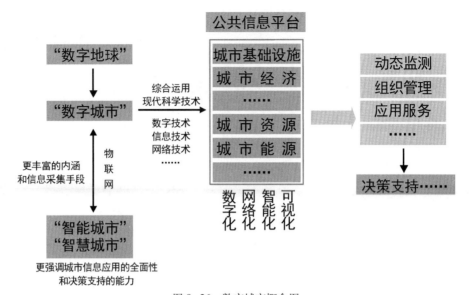

图 9-26　数字城市概念图
（图片来源：简逢敏，王剑，2011）

Machine to Machine Network）的出现，使数字城市具有更丰富的内涵和信息采集手段（图9-26）。

9.6.3　多中心网络空间模式

全球化和信息化时代的到来使整个社会步入了知识经济时代，这个新时代城市空间结构表现出的是新的集聚和分散相结合的网络化结构特征。一方面传统的区位因素制约下的空间距离问题已经不再是城市发展的约束性"门槛"，城市内人们的经济活动时空范围不断地扩大，伴随着信息网络技术，出现了与传统生产要素规模化集聚相悖的、空间不断扩散化的趋势，也就使得城市职能不断由中心向外围转移和扩散，而在城市内部也因为连锁商业等新商业服务业业态的出现，集居住、办公、商贸、文教、科研、保健、娱乐等功能复合化的新型社区建立，打破了传统的圈层式城市空间结构，而趋于网络化结构的空间特征。另一方面，城市不但是知识生产、传播和服务的空间载体，也是海量信息的复合体，因此靠个人或少数人的综合分析是很难做出科学合理决策的，多功能、多领域、高质量的分工协作又促使城市部分功能在中心城区实现重新集聚，以满足知识经济的空间需求；同时知识经济时代全球化背景使城市面临区域、全球范围内的不断调整，这就促使了在经济全球化、产业集群化和城市区域化条件下，都市圈、城市群、城市连绵带和世界城市体系这些区域和全球网络的相继形成，大都市城市内部空间结构重构和外部空间结构的融合趋势。伴随着知识经济的快速发展，在全球化、城市化以及市场经济机制的多种影响因素促使下，城市内部空间结构正发生着深刻而快速的变革，主要表现为功能融合取代功能分区、网络结构取代圈层结构、多功能社区取代传统社区等内容。城市外部空间结构正在与全球和区域融合，知识化、信息化、全球化、网络化和电子商务的兴起，城市外部空间表现出从圈层式的城市空间结构走向网络化

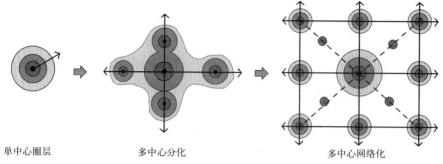

单中心圈层　　　　　　　　　多中心分化　　　　　　　　　多中心网络化

图 9-27　大都市空间结构的网络化趋势

(图片来源：谢菲，2013)

的区域城镇空间结构、城乡空间更为紧密的协调发展、网络系统及综合交通成为地域开发的先导等诸多新趋势（杨德进，2012）。

城市空间结构从传统的圈层式走向网络化是其发展的必然趋势，信息化和网络化的发展使得城市地域空间拓展上区位选择的余地不断扩大，城市空间结构的发展受地理形态的约束和限制明显减少，也就在地域范围内表现为分散化分布的趋势。信息网络使得流动空间变革，流通领域与生产领域的边界日益模糊，工业用地、商业用地与居住用地兼容性发展越来越明显；居住生活与办公生活的逐渐融合共生导致生产用地与居住用地使用兼容化；城市诸多功能的实现方式信息化和虚拟化导致城市空间结构从传统的圈层式走向网络化。

网络化大都市可以看作是一种新的城市空间发展模式。在空间组织上，网络化大都市摒弃传统的单中心聚焦的发展模式，倡导城市空间的多中心化发展，强调构建面向区域的开放的多中心区域城市空间格局。在功能整合上，网络化大都市强调分工与合作，促进区域城市网络的形成，从根本上将实体空间上的多中心区域城市变为真正意义的网络化大都市。在区域治理上，网络化大都市强调通过对话、协调与合作实现权利平衡和利益分配，通过网络化管治实现公平与效率并重的区域治理（李国平，孙铁山，2013）。

具体来讲，网络化大都市空间发展模式包括三方面的内容，即空间组织模式、空间整合模式和空间管治模式。空间组织模式的目标是通过空间发展规划构建网络化大都市的空间组织与架构，其核心内容是促进城市空间的多中心化发展，构建城市区域的多中心空间结构（图 9-27）。空间发展规划是建构网络化大都市空间组织模式的重要战略规划，它是一种战略性的发展规划，有别于注重土地利用和区划的传统的实体空间规划。阿尔布雷克特认为，能够促进多中心城市区域发展的规划应该是更为综合和全面的、空间发展导向的战略规划（Albrechts，2001）。这里所说的战略规划是指，综合考量城市空间发展和社会经济发展，以及体制与制度环境，甚至历史与文化背景，围绕特定的战略性议题，在对内外环境审慎分析的基础上，形成长期的发展远景，并确定相应的结构与框架控制和影响规划的施行。网络化大都市是一个多中心的空间实体，其建构不仅需要实体空间上的规划设计，更需要对不同区域主体之间利益进行协调，需要搭建区域主体间的关系网络，并促进相互之间的合作，在这方面传统的空间规划有其局限性，而战略规划则是一种更具战略眼光和全局意识，开放且允许不同利益相关者共同参与和以行动为导向的发展规划，因此更适宜作为网络化大都市空间发展的规划形式。

空间整合模式着眼于网络联系，这里所说的联系不仅是实体空间上的，更多的是指超越空间临近建立的职能、制度、社会、甚至文化认同上的联系。对于不同类型的城市网络，其空间整合的政策重点也有所不同。对于互补型城市网络，重点是促进城市中心之间的专业化分工。互补和分工是空间相互作用发展的基础（Uliman，1956）。网络化大都市是围绕多个职能中心，协调分工、和谐运作的城市性功能整体。其特点是城市的职能、设施以及生活或商业环境并非由单一中心城市提供，而是分散在区域内多个城市中心。这样，城市中心在职能上相互利用，形成网络的外部性。面对更大的区域市场，城市中心可以更加专业化的发展，居民和企业也会享有更加专业化和更具竞争力的城市职能、服务以及商业或生活环境。职能分工需要结合地方特色和本地的经济基础，但也可能是在历史偶然情况下发展起来的。城市中心之间的专业化分工的建立需要充分的市场竞争，从而体现各自的优势和特色，同时也需要相关政策的引导，比如通过产业政策、投资政策、基础设施建设等引导相关经济活动的集聚，避免区域内不合理的竞争和分散化发展。

而对于整合型城市网络，重点是促进城市中心之间的合作，提供城市中心之间交流的物质性与非物质性网络，包括跨地区的交通、通信基础设施，交流与合作的制度与政策平台，开放的市场环境等。多彻蒂等认为形成全面战略性的城市合作关系的重点是：第一，达成共识，建立信任。合作必须建立在寻求共同利益信念基础上，即需要对通过合作能够为合作各方带来共同利益达成共识。而且，合作各方应致力于发展彼此之间的关系，必须有能力与合作者建立信任。第二，明确利益分配。合作的成败取决于利益分配，合作关系必须能够保障各方利益得以实现，而并非通过牺牲一方利益来促进另一方的发展。第三，确立共同的竞争对手。在很多情况下，合作关系的建立在于合作各方意识到面临共同的竞争对手，因此建立合作关系，尤其是在相邻城市之间，是在城市与区域竞争中获胜的战略手段。第四，形成合力。合作最根本的目的在于提高竞争力。城市间的合作通过将各方资源、能力进行整合，从而使其能够在更高层次上与更大规模的市或区域进行竞争。单个城市难以完成的任务，比如吸引战略投资、引进高端部门或举办重大活动等，可以通过群体优势来实现（Docherty et al，2003）。

最后，空间管治模式从制度架构的角度建立地方主体分工与合作的制度平台。网络化大都市管治的特点是网络化的地方合作，即网络化管治模式。近年来，网络化管治模式在运作方式上有不少创新，包括政府联席会、区域同盟、区域规划、空间增长管治、税基分享等。但一些学者也指出，网络化管治模式并不具有特定的模式，在一定意义上，它是对传统的集中式和分散式管治模式的折衷和综合，因此，需要针对城市区域本身的特点和存在的问题，探寻适合自身的解决方式。这种解决方式可能是不同理论基础、不同运作形式的混合体。因

此，从本质上来讲，网络化大都市的管治模式是多元化的管治机制与模式（洪世键，2007）。针对中国不同都市区的空间布局模式的分析，可进一步将中国现有的多中心网络结构划分为四种模式（韦亚平，赵民，2006）。

（1）松散式的多中心结构

这种结构没有区域性的中心（CBD），不同的中心之间具有一定的产业功能联系，但这种联系并不紧密，每个中心的通勤流分布在自身的周边，在人口集聚规模方面不具有明显的层级结构。这种结构往往伴随着区域性的建设用地蔓延，并且，在经济发展与生活水平出现较大提高的情况下，将助长私人小汽车的使用（图9-28）。在中国，这种空间结构存在于那些专业化城镇密集区域中，类似于伯塔德的"城市乡村式"（Urban Village Version）多中心结构，但中国这些地区的建成区和人口规模要大得多。例如东莞、佛山（顺德、南海）、嘉兴等地区。

（2）郊区化式的多中心结构

这是一个类似于北美的"中心城区－郊区"模式，具有一个中心，白领居住在环境好的郊区或者中心城区外围的高品质居住区，并前往中心通勤，原中心城区的工业用地外迁至郊区形成若干个产业中心，蓝领在产业中心周围形成通勤流，中心城区的老工业外迁后留下若干的衰败居住区（高建筑密度的老居住区），形成难以拆迁改造的城市贫民窟。社会空间分异问题突出（图9-29）。这种结构兼容轨道交通（内城）与私人小汽车交通（外围），但一般公交难以提高服务水平，趋向于产生小汽车交通主导的郊区化低密度蔓延。根据国内对郊区化的相关研究，我国的一些特大城市在一定程度上已具有这种特征，但并不突出。

（3）极不均衡式的多中心结构

这种结构具有一个圈层式的中心城区，圈层的中间（不一定是中心位置）是CBD，圈层的外围分布着产业区与居住区，再外围则是若干个产业中心，大量的人口居住在中心城区的圈层内，外围的产业中心之间存在着若干产业功能上的联系，大量的通勤集中在中心城区外围与CBD之间，以及外围产业区与中心城区之间，并导致土地空间与交通基础设施方面的结构性低效。一方面，中心城区内的交通基础设施与公共绿地不敷使用；另一方面，外围产业区的交通基础设施与公共绿地因为缺少生活功能，利用率低下（图9-30）。这种结构也兼容公共交通与私人小汽车交通，但向心的交通压力巨大，难以保持公交的服务水平。随着经济发展，收入水平提高，这种空间结构将引发更多的小汽车使用。这是当前我国一些主要特大城市的结构特征。

（4）舒展式的紧凑多中心结构

这种结构中没有那种特别集中和高度综合的中心，而是存在若干个专业化的服务中心（SCBD）。其中，金融、商业中心布局在原有的中心城区，主要的外围产业区与老中心城之间形成城市带，并且，在其中培育起若干次级商业中心与生产性服务中心（为特定的产业区服务）。居住人口的空间分布相对均衡，不同的专业化服务中心之间尽管具有功能上的联系，但它们具有不同侧重的功能导向（图9-31）。这种结构的形成必须借助于轨道交通的供给引导，以及强

图 9-28 松散的多中心
（图片来源：韦亚平，赵民，
2006）

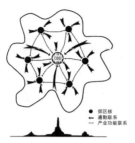
图 9-29 郊区化式的多中心结构
（图片来源：韦亚平，赵民，2006）

图 9-30 极不均衡式的多中心结构
（图片来源：韦亚平，赵民，2006）

图 9-31 舒展式的紧凑多中心结构
（图片来源：韦亚平，赵民，2006）

有力的土地利用控制。其所形成的人口密度可以很高，而且，人口密度分布的代表性剖面将具有较平缓的梯度，有利于大运量公交的运营以及控制私人小汽车的使用。这应成为我国特大城市及其周边地域"都市区化"发展的结构控制目标。

9.7 城乡一体化下的模式

西方传统的城市化理论是以城市为中心的，即假设城市具有集聚经济优势以及由集聚而产生的规模经济。在这种假设的基础上，由于集聚经济和比较利益的作用，城市单方面向农村辐射，并且城乡差别会在城市化推进过程中永远存在（周晓益，2008）。城市一体化的理念早在霍华德的田园城市模型中有所体现，而后又在沙里宁的有机疏散理论和芒福德的城乡统筹观中得到进一步发展。这些理论都是从城市化进程中的城乡对立问题分析入手，他们主张城乡应当是平等的，进一步发展为城乡这两极平等主体应当作为一个区域整体通盘考虑。

1950 年以来，许多发展中国家的工业化和城市化进程明显加快，中心城市的空间范围迅速扩张，城市边缘出现了规模庞大的城乡交接带。交通和通信基础设施的发展，不仅使过去独立发展的城市之间产生了联系，而且使沿城市间的交通通道形成了新的发展走廊，城乡之间的传统差别逐渐模糊。这些区域具有特殊的既非城市也非农村的空间形态，又同时表现出城乡两方面的特点。1985 年，地理学家麦吉（T.G.McGee）针对这种新型空间结构进行长期的调查研究后提出了"Desakota"概念 [①]。这个概念实际就是"城乡一体地区"（周一星，1993），是一种以区域为基础的城市化现象，不同于西方国家以城市为基础的城市化景观。麦吉的"城乡一体地区"是指位于核心城市间的走廊地带，由原来的人口密度较低的农业区转化而成的农业活动和非农业活动高度混合的地区。其主要特征是高强度、高频率的城乡之间的相互作用，混合的农业和非农业活动，淡化了城乡差别。麦基的 Desakota 模式的提出打破了城市与乡村在传

① 在印尼语中，Desa 指村庄，Kota 指城市。

265

统意义上相对封闭的空间的看法，从相互联系、相互作用的角度为城乡经济空间形态的演进研究提供了新的视角。这是对西方国家以大城市为主导的单一城市化模式的挑战，对城乡之间的相互作用和双向交流进行论述，为城市化研究提供了新思路。

在城乡统筹理论思想的指导下，国内外展开了大量的城乡一体化的规划实践（辛张倩，2013）。

9.7.1 国外城乡一体化实践模式

（1）英国模式

英国是世界上最早确立资本主义制度的国家之一，也是传统农村消失最早、城乡一体化实现最早的国家之一。该进程始于1760年代，与工业革命同步。英国城乡一体化的主要特点是：①以城带乡发展。通过小城镇基础设施建设，推动小城镇整体经济发展，缩小与大中城市的差距。②城市精密化。英国通过中小城市的改造和振兴，使大中小城市走向精密化、协调化，以此带动英国城乡一体化进程（安蕾等，2014）。

（2）法国的"新城"模式

巴黎新城是法国城乡一体化的典型，法国根据现实情况设定各个新城作为区域城乡经济发展的核心，使之与巴黎抗衡，促进法国的平衡发展。而新旧巴黎则通过高速铁路相结合，促进城乡发展相互联系。①从空间布局上，整个巴黎地区沿着塞纳河呈东南－西北轴线发展，打破原有单中心城市布局和聚焦式城市结构，改变长期环形辐射状发展的状况。在巴黎近郊建成了9个副级中心以缓解旧巴黎的压力；同时建设墨兰－赛纳尔，圣康旦－昂－伊夫林，塞尔日－彭图瓦兹，埃弗列等5个新城，容纳160万人口。通过建设新的高速公路和快速地下铁道等各项基础设施，把巴黎的新城与农村结合起来，进而形成城乡统一的整体。②在土地利用上，通过限制城市过分占用土地来保护农业的发展，避免城市过度膨胀。同时引入农业景观，使农田城市和周边地区形成绿化带和隔离带。③在新城建设上，通过发展新城第三产业、基础设施、房地产和旅游，使新城形成一定的经济吸引力，带动周围经济发展，从而起到培育新的城市网络、带动农村向城市化转变的目的（图9-32）。

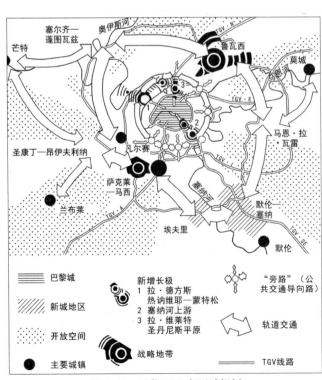

图9-32 巴黎1990年区域规划

（图片来源：Hall，2002，Fig.7.7b）

(3) 日本模式

1950 年代日本经济处于高速发展期，但因过度追求发展工业，城乡差距拉大，农村人口急剧流向城市，地域差异扩大。日本通过"政府主导的市场经济模式"实现城乡统筹，有以下四点：①制定和实施扶持农业和振兴农村的法规政策。有关农村就业水平、地区农村经济发展的法律法规有《大雪地区对策特别措施法》、《半岛振兴法》、《山区振兴法》及《离岛振兴法》和确保农村劳动力就业的法律《向农村地区引入工业促进法》、《新事业创新促进法》及《关于促进地方中心小都市地区建设及产业设施重新布局的法律》等。而社会保障方面的法律有《失业保险法》、《国民健康保险法》、《国民养老保险法》等。这些法律法规都完成得相当出色。②实施财政转移支付制度。③增加农业基础设施建设和农村社区公共事业建设的财政投入。政府通过对农村大量投资使农村城镇化水平不断提高来促进城乡一体化，如通过财政上的拨款和贷款加强对农村基础设施的投入，改善城市和农村的联系纽带，加快农村投资促进城乡的整体发展等。④大力发展农民组织，实行"农协 + 农户"的基本经营体制。

(4) 美国城市自由发展模式

美国是形成以城市为核心的城市带的城乡一体化模式：形成城市化－城郊农村的过渡。美国的发展始终是由从小城市到大城市的发展，由集中的发展向分散的发展，最终形成了以城市区为核心的发展带。1950 年代，交通基础设施的发展，通信事业的发展以及美国的各项鼓励郊区化的政策，使得城郊地区的发展进程逐步加快最后城镇的边缘区完成建立。

1）制定政府的合理政策。美国政府实施了公路建设的政策，提出更多的郊区优惠税收政策，公路网的完善促进美国城市边缘化的形成，同时吸引了更多企业进入边缘区来提供更多的就业岗位；例如纽约的郊区以市区两倍的速度发展。1930 年是美国曾经的经济大萧条，美国政府通过降低住宅的抵押贷款，促进建筑业的快速发展，不断促进建筑的开发，如在城区建筑住房，对美国的城郊化的发展起到加速的作用。

2）制定大都市区城乡规划。对都市区域的规划布局，在地方建立规划协会来负责制定大都市区的规划，在利用土地的同时促使经济发展。在设立规划协会的同时建立区域的城乡规划局，避免不同土地重复建设。在规划面上全面统筹城乡。以纽约为例，早在 1990 年代纽约地区的土地面积有 3.3 万 km²，包含 5 个市和 31 个县，所住人口则达到 2000 万人，占全美国的 1/10，生产总值超过了 5000 亿美元。高速公路的发展促进教育、文化、卫生机构以及消费设施快速发展，形成位于城市周边的许多个"边缘城市"。美国的大都市的城乡区域规划，促进城市和农村的自由发展，不断通过市场机制的运作，以自由的发展状态实现城乡融合最终达到城乡一体化发展。

3）推动农业企业化和现代化。美国农业生产高度发达，土地规模的发展促进了城市化的进程，各项农业的政策和技术工程如宽松的土地政策、灌溉工程的兴起、加快农业技术，都是为了满足城市化进程中对农产品的需求。在农业的发展过程中通过企业对农村农业发展的促进作用加速农业向现代化进程，一方面解决了剩余劳动力大量的就业问题，吸纳了大批乡村人口；另一方面促

进了城乡的融合。

（5）韩国"新村"模式

1960 年代，韩国迅速推进城市化与工业化，工农业发展严重失衡。为改变农业和农村的落后状况，促进城乡协调发展，韩国政府自 1970 年起推行了新村运动。新村运动的主要做法：①初期采用政府主导型的发展模式，由政府改善农民居住环境和生活质量、新村项目开发和工程建设、新村教育等公共基础设施，缩小城乡差距，调动农民建设新农村的积极性。②中期采取政府培育、社会跟进的模式，政府把工作重点转移到鼓励发展畜牧业、特色农业以及农协组织等的建设，逐步培育农业发展实体，为国民自我发展奠定基础。③后期逐步转入国民主导型发展模式，让农业科技推广、农村教育机构、农村经济研究等组织机构在新农村运动中发挥主导作用，政府只是通过制定规划、协调、服务，运用财政、服务等手段，为国民自我发展创造有利的环境。

9.7.2 国内城乡一体化典型模式

在我国城乡一体化已经形成一些特色模式。上海城乡一体化模式是以城乡为整体，调整城乡产业结构，产业规划，彻底打破城乡对立；北京实施以工促农的战略，通过城市的工业发展带动农村经济的发展，通过大城市和小郊区的发展，把乡镇企业发展作为重点，带动郊区整体经济、社会、文化发展，走"工农协作、城乡结合"的城乡发展一体化的道路；珠三角地区推进农业生产现代化、农村经济工业化、基础设施配套化，而发展道路则是以大中小城市与乡镇协同发展；苏、锡、常地区则是走出乡镇企业带动发展的城乡一体化的模式，抓住农村改革的发展机会的同时，通过不断推动农村工业化发展乡镇集体经济。

（1）上海城乡统筹规划系的城乡一体化模式

1970 年代末，上海借助乡镇企业的崛起和农业剩余劳动力的就地转移，在郊区内部自我优化，实现农民的职业转换，从而缩小了城乡之间的差距。1980 年代后，大批工业企业陆续向近郊迁移，使得市区人口密度下降、郊区人口密度上升，上海开始进入城市郊区化发展阶段。1984 年，开始进行城乡一体化发展的研究（安蕾，等，2014）。1986 年，上海市把城乡一体化作为经济和社会发展战略目标。该战略把上海的城乡作为一个整体，对城市与农村进行统筹整体的规划发展，提高城市与农村的各项劳动力的生产效率，不断优化城市与农村的生产要素，彻底打破城市与农村的分割对立的局面，使城市与农村享受同样的社会福利待遇，不断发展城乡各自的优势资源，促进上海的城乡一体化健康快速发展。

战略内容包括：①统筹城乡规划。城市与农村在公共服务设施、交通设施、生态环境、卫生教育等基础设施以及产业的发展方面进行整体规划，对上海城市和郊区农村整体规划逐步形成城乡发展一体化的城郊布局。在城乡产业规划方面，对乡镇区域性规划，对产业结构进行全面布局。行政体制上在乡镇方面撤县建区，进行村镇合并。②农产业的集中化经营。通过建立农村合作社，现代农业园区的建设推进农产业的集中化经营，进而不断推进农业的规模化生产。这些规模化的带动形式促进产供销一体化，在区域间进行流动，促进农业产业链的形成从而拉动农村产业化的经营。③工业园区的建立。上海在进行全市重点产业逐步向郊区转移，不断集中建立工业园区来提高郊区经济的发展状况并为郊区发展创造条件。

（2）北京城乡结合的横向与纵向结合发展模式

根据北京大城市与小郊区的发展情况，发展郊区的乡镇企业，城市的工业化发展带动农村，不断推动郊区经济文化事业的城镇建设，通过城乡经济社会发展走上了城乡结合的城乡发展一体化的模式。①工农共进相互促进。北京城乡一体化的发展的初期先是加强城市的工业对传统农业的带动；在第二阶段里，对北京市内的城市工业进行合理分工、不断进行统筹规划、工农互相支持、促进共同发展；第三阶段则是各城乡的区县根据各自的具体情况进行合理区域布局，实施农业的集体化和集约化的发展。②城乡结合协调发展。在统筹城乡工业发展方面，城市工业会把基础的产业生产转向农村的乡镇企业进行生产，同时通过把产品的材料供应、产品的销售和产品的生产机械进行转移，加快乡镇企业发展；而城市工业则不断开发出新的产品。城乡结合的企业给农村乡镇企业带来了城市工业中先进的科技技术、设备和管理策略，农村则为城乡结合的乡镇企业带来充足的剩余劳动力，不断加速城市和农村的融合。在各项优势资源配置上，促进优势资源向农村的转移，促进城乡经济的均衡发展。

（3）珠江三角洲"以城带乡"发展模式

珠江三角洲以城带乡的城乡发展一体化道路通过农业的产业化的经营，促进剩余农村劳动力的转移，同时通过农村的工业化进程来带动城市化，提高农业的生产率，不断提高农村经济状况，不断完善农村基础设施建设。①农业产业化发展。珠江三角洲地区农业发展特点是高产量高质量，并通过对外融资来促进乡镇企业、农村私营企业的发展，吸引农村地区大量剩余劳动力向不发达地区的转移，在农村快速发展的同时，城市的工业不断向农村转移，最终实现农业产业化的发展和工业化在农村的推进。②以中心带动外围发展空间发展。这种发展模式可以形成扩散效应来促进空间模式的发展，通过中心线辐射以及带动作用，促进城乡发展一体化。

（4）苏南地区的乡镇企业发展模式

苏南地区形成的城乡一体化发展模式的基础是解决三农问题；特点在于乡镇企业异军突起——该地区的乡村靠近大城市上海和南京，不断形成优越的小城镇以及具有地区产业特色的乡镇企业；重点则是乡镇企业的发展，形成支柱产业。苏南乡镇企业发展模式通过以工促农、建立优质的农业生产基地，促进农业的高效机械化，不断协调第一、第二和第三产业进行农村产业结构优化。在发展乡镇企业的过程中不断打破城乡二元结构，促进小城镇中乡镇企业的发展和城市化进程。①乡镇企业发展。乡镇企业以工促农的形式协调农业和工业的关系，通过农业体系的建立加快农业高速发展，协调城乡发展。②小城镇的发展。小城镇则位于城市和农村的边缘地带，是大中小市与农村的连接纽带。小城镇的发展可以推动乡镇企业的发展，小城镇的集聚作用，可以吸引较多乡镇企业和农村的工业到小城镇集中发展。通过吸引大量农村剩余劳动力，在人口流动方面减轻了中心城市的人口压力，促进城乡一体化发展的新格局。

总的来说，国内的城乡统筹实践体现出以下特点：①统一规划是龙头和基础；②制度创新是动力源；③"三个集中"是创新之路；④政府主导作用尤为重要；⑤经营城市是解决资金瓶颈的主渠道；⑥因地制宜、特色发展是重要原则（李一文，2010）。

■ 习　题

1. 城市空间扩展的类型有几种，各自的主要特点是什么？
2. 集约利用的 TOD 模式的主要原则是什么？

■ 参考文献

[1] Adams J S. Residential structure of modern western cities[A] // Hanson S. The Geography of Urban Transportation (3rd ed.) [C]. New York：The Guilford Press, 2004：25−51.

[2] Albrechts L. How to proceed from image and discourse to action：as applied to the Flemish Diamond[J]. Urban Studies, 2001 (4)：733−745.

[3] Anderson G. Executive summary of why smart growth：a primer by international city/Country management association[R]. Smart growth overview[EB/OL]. http：//www.smartgrowth.org/about/overview.asp, 1998.

[4] Berry B J L, Gillard Q. The changing shape of metropolitan America：commuting patterns, urban fields, and decentralization processes, 1960—1970[M]. Pensacola FL：Ballinger Publishing Company, 1977.

[5] Breheny M. Urban compaction：feasible and acceptable[J]. Cities, 1997, 14 (4)：209−217.

[6] Calthorpe P. The next American metropolis：ecology, community, and American dream[M] New York：Princeton Architectural Press, 1993：41−43.

[7] Camagni R, Gibelli M C, Rigamonti P. Urban mobility and urban form：the social and environmental costs of different patterns of urban expansion[J]. Ecological Economics, 2002, 40 (2)：199−216.

[8] Docherty I, Gulliver S, Drake P. Exploring the potential benefits of city collaboration[J]. Regional Studies, 2003, (4)：445−456.

[9] Forman R T T. 李秀珍, 肖笃宁译. 景观与区域生态学的一般原理 [J]. 生态学杂志, 1996, (3) 73−79.

[10] Gregg D, Doyle. 美国的密集化和中产阶级发展——"精明增长"纲领与旧城倡议者的结合 [J]. 国外城市规划, 2002, (3)：2−9.

[11] Hall P. The future of the metropolis and its form[J]. Regional Studies, 1997, 31 (3)：211−220.

[12] Hall P. Urban and regional planning (4th edition) [M]. London and New York：Routledge, 2002.

[13] Hirschhorn J S and Souza P. New community design to the rescue：fulfilling another American dream[M]. National Governors Association, Washington D. C., 2001.

[14] Kolko J. The death of cities? the death of distance? evidence from the geography of commercial internet usage. Vogeisang I, Compaine B. The Internet upheaval[M]. Cambridge：MIT Press, 2000：67－95.

[15] Leorey O M, Nariidac S. A framework for linking urban form and air quality[J]. Environmental Modeling & Software, 1999, 14 (6)：541－548.

[16] Federico Oliva, Marco Facchinetti, Valeria Fedeli. 关于城市蔓延和交通规划的政治与政策 [J]. 国外城市规划, 2002 (6)：13－24.

[17] Robbins E, El-khoury R. Shaping the city：studies in history, theory and urban design[M]. Routledge, 2004.

[18] Stone P A. The structure size and costs of urban settlements. Cambridge[M]. UK：Cambridge University Press, 1973.

[19] Todd S. Geography and the Internet：is the Internet a substitute or a complement for cities?[J]. Journal of Urban Economics, 2004, (4)：34－37.

[20] Uliman E. L. The role of transportation and the bases for interaction[A] // Thomas W. L. Man's role in changing the face of earth[C]. Chicago：The University of Chicago Press, 1956.

[21] Victoria transport policy institute. Smart growth：more efficient land use management[R]. http：//www.vtpi.org/tdm/tdm38.htm, 2003.

[22] Wilson H E, Hurd J D, Civco D L et al. Development of a geospatial model to quantify, describe and map urban growth[J]. Remote Sensing of Environment, 2003, 86 (3)：275－285.

[23] 安虎森，郝寿义. 区域经济学 [M]. 北京：经济科学出版社，1999.

[24] 安蕾，张沛，陈子昂. 国内外城乡一体化的实践模式及经验启示 [J]. 建筑与文化，2014，(8)：100－101.

[25] 阿瑟·奥沙利文. 城市经济学（第6版）[M]. 北京：北京大学出版社，2008.

[26] 戴晓晖. 新城市主义的区域发展模式：Peter Calthorpe 的《下一代美国大都市地区：生态、社区和美国之梦》读后感 [J]. 城市规划汇刊，2000，(5)：77－78.

[27] 邓海骏. 建设高品质宜居城市探究 [D]. 武汉：武汉大学博士学位论文，2011.

[28] 邓清华. 生态城市空间结构研究 [J]. 热带地理，2003，23 (3)：279－283.

[29] 邓清华. 生态城市空间结构研究——兼析广州未来空间结构优化 [D]. 广州：华南师范大学硕士学位论文，2002.

[30] 方满莲. 生态城市空间发展模式探析及岛城的理论初探 [D]. 广州：华南师范大学硕士学位论文，2004.

[31] 冯坚. 以明确合理的功能设置破解开发区用地无序之困 [J]. 现代经济探讨，2006，(1)：40－43.

[32] 冯艳，黄亚平. 大城市都市区簇群式空间发展及结构模式 [M]. 北京：中国建筑工业出版社，2013.

[33] 吉尔·格兰特. 叶齐茂，倪晓辉译. 良好社区规划——新城市主义的理论与实践 [M].

北京：中国建筑工业出版社，2009.

[34] 高峰．宜居城市理论与实践研究 [D]．兰州：兰州大学硕士学位论文，2006.

[35] 顾朝林，陈振光．中国大都市空间增长形态 [J]．城市规划，1994，18（6）：45-50.

[36] 顾朝林，吴莉娅．中国城市化问题研究综述 [J]．城市问题，2008，（12）：2-12.

[37] 谷玥．基于紧凑城市理念的新城空间布局模式与对策研究 [D]．哈尔滨：东北林业大学硕士学位论文，2012.

[38] 过秀成，吕慎．大城市快速轨道交通线网空间布局 [J]．城市发展研究，2001，（1）：58-61.

[39] 彼得·霍尔，陈闽齐．未来的大都市及其形态 [J]．国际城市规划，2000，（2）：23-27.

[40] 黄亚平．城市空间理论与空间分析 [M]．南京：东南大学出版社，2002.

[41] 黄肇义，杨东援．国内外生态城市理论研究综述 [J]．城市规划，2001，25（1）：59-66.

[42] 洪世键．大都市区管治：一个理论分析框架及其应用 [D]．北京：中国人民大学博士学位论，2007.

[43] 简逢敏，王剑．数字城市群若干问题的思考——以长三角城市群发展为例 [J]．上海城市规划，2011，（5）：95-102.

[44] 蒋莉莉．城市空间紧凑布局模式分析 [D]．南京：南京航空航天大学硕士学位论文，2007.

[45] 李保华．低碳交通引导下的城市空间布局模式及优化策略研究 [D]．西安：西安建筑科技大学博士学位论文，2013.

[46] 李翅，吕斌．城市土地集约利用的影响因素及用地模式探讨 [J]．中国国土资源经济，2007，8（7）：9.

[47] 李翅．土地集约利用的城市空间发展模式 [J]．城市规划学刊，2006，（1）：49-55.

[48] 李国平，孙铁山．网络化大都市：城市空间发展新模式 [J]．城市发展研究，2013，20（5）：83-89.

[49] 李一文．我国城乡一体化发展的实践模式及经验启示 [J]．甘肃理论学刊，2010，（5）：71-74.

[50] 林涛．新城市主义 TOD 模式社区应对郊区化的策略研究 [D]．武汉：华中科技大学硕士学位论文，2006.

[51] 雒占福．基于精明增长的城市空间扩展研究 [D]．西北师范大学博士学位论文，2009.

[52] 马强，徐循初．"精明增长"策略与我国的城市空间扩展 [J]．城市规划汇刊，2004，（3）：16-22.

[53] 冒亚龙，何镜堂．数字技术视野下的网络复合性城市空间 [J]．新建筑，2010，（3）：112-115.

[54] 沈丽珍．流动空间 [M]．南京：东南大学出版社，2010.

[55] 唐大乾．以公共交通为导向的 TOD 新城研究 [D]．天津：天津大学硕士学位论文，2008.

[56] 汤姆逊．城市布局与交通规划．北京：中国建筑工业出版社，1982.

[57] 王宏伟．中国城市增长的空间组织模式研究 [J]．城市发展研究，2004，11（1）：28-31.

[58] 王慧．开发区发展与西安城市经济社会空间极化分异 [J]．地理学报，2006，61（10）：1011-1024.

[59] 王建华．城市空间轴向发展的交通诱导因素分析 [J]．上海城市规划，2009，(3)：16-19．

[60] 王磊．城市产业结构调整与城市空间结构演化——以武汉市为例 [J]．城市规划汇刊，2001，(3)：55-58．

[61] 王兴平．中国城市新产业空间的发展 [M]．北京：科学出版社，2005．

[62] 王颖．信息网络革命影响下的城市：城市功能的变迁与城市结构的重构 [J]．城市规划，1999，23 (8)：24-27．

[63] 韦亚平，赵民．都市区空间结构与绩效——多中心网络结构的解释与应用分析 [J]．城市规划，2006，30 (4)：9-16．

[64] 吴正红，冯长春，杨子江．紧凑城市发展中的土地利用理念 [J]．城市问题，2012，(1)：9-14．

[65] 谢菲．中国城市化发展道路评析——以国外大城市"多中心空间模式"为基点 [J]．福州大学学报（哲学社会科学版），2013，(2)：77-81．

[66] 辛张倩．陕西城乡一体化的模式研究 [D]．西安：西北大学硕士学位论文，2013．

[67] 熊国平．当代中国城市形态演变 [M]．北京：中国建筑工业出版社，2006．

[68] 叶玉瑶，张虹鸥，许学强等．面向低碳交通的城市空间结构：理论、模式与案例 [M]．城市规划学刊，2012，(5)：37-43．

[69] 闫梅，黄金川．国内外城市空间扩展研究评析 [J]．地理科学进展，2013，32 (7)：1039-1050．

[70] 杨德进．大都市新产业空间发展及其城市空间结构响应 [D]．天津大学硕士学位论文，2012．

[71] 杨建军，徐峰．公交导向的城市空间轴向发展的模式——以杭州市为例 [J]．华中建筑，2014，32 (6)：99-103．

[72] 杨荣南，张雪莲．城市空间扩展的动力机制与模式研究 [J]．地域研究与开发，1997，16 (2)：1-4．

[73] 杨学钰．中国产业结构升级与信息化推动 [D]．北京：中国社会科学院研究生院博士学位论文，2000．

[74] 袁博．京广高速铁路沿线"高铁新城"空间发展模式及规划对策研究 [D]．武汉：华中科技大学硕士学位论文，2011．

[75] 张弘．开发区带动区域整体发展的城市化模式——以长江三角洲地区为例 [J]．城市规划汇刊，2001，(6)：65-69．

[76] 张京祥，罗震东，何建颐．体制转型与中国城市空间重构 [M]．南京：东南大学出版社，2007．

[77] 赵珂．城乡空间规划的生态耦合理论与方法研究——复杂性科学视域下的城乡空间生态规划 [M]．北京：中国建筑工业出版社，2014．

[78] 郑国，邱士可．转型期开发区发展与城市空间重构——以北京市为例 [J]．地域研究与开发，2005，24 (6)：39-42．

[79] 周春山．城市空间结构与形态 [M]．北京：科学出版社，2007．

[80] 周晓益．城乡一体化的"成都模式"研究 [D]．成都：西南交通大学硕士学位论文，2008．

[81] 周一星．"desakota"一词的由来和涵义 [J]．城市问题，1993，(5)：15．

10 城市空间的设计与调控

城市设计介于城市规划与建筑设计之间，考虑的是城市、建筑以及它们之间的空间的物质形态，注重公共领域的物质属性、注重建筑物之间空间的聚集与组织。它是城市建设专业领域中人对城市环境与物质形态进行感知与体验，并加之影响的反映。城市设计主要涉及城市中观与微观层面上的建筑环境建设，涵盖人们日常生活能感知到的城镇街区外部空间，建筑、道路、广场、建筑小品和绿地环境处理以及其创造出的艺术特色，乃至城镇的用地形态和空间结构。城市设计不仅关注建筑学和公共艺术层面上的城镇环境设计和艺术品质，也关注工程科学层面上的相关实施问题。此外，城市设计还处理城市形态与影响城市形态的社会力量之间的关系，以及公私开发之间的相互作用及其对城市形态的影响（威斯敏斯特大学城市设计硕士专业教程，Greed，2000：171）。

本章讲述城市空间的设计与调控手法。国内外在城市设计和调控上的发展程度不尽相同，但也已形成传统的、普遍意义上的城市设计的方式——将现代城市设计看成一项综合性的城市环境设计。这种城市设计方法将城市建设的重点转移到了对和平、人性和良好环境品质的关注上，以提高和改善城市空间环境为目标，通过城市规划学科与旁系学科的交融，协调技术发展、人类实际需求、人类生理适应能力三者的关系，尤其注重综合性与动态弹性，体现为一种城市建设的连续决策过程。它已经超越了漂亮的方案表现图，以图文并茂的方式进行阐述，其中又发展出了空间的控制导则。控制导则在国外已经有了较为成型的发展，但是在中国的发展仍处于起步阶段。区别于城市设计，控制导则提供的是对空间控制的一种原则，用文字辅以图片的形式表达。广义地看，控制导则是城市设计中的一个部分，它偏重实施，可以为特定层级空间下的子项目设计提供参考依据，同时，也是设计审查的重要依据。

在中国，城市设计在城市规划法律体系中并没有位置，其成果缺少了必要的指导性作用，常常沦为"图上画画，墙上挂挂"的摆设。然而，在城市建设由追求速度转变为追求品质的阶段，城市设计的重要性不断加强，特别是在旧城更新改造、历史街区保护等方面将展现出无与伦比的作用。

10.1 城市设计的起源与发展

10.1.1 城市设计概念的产生

城市设计（Urban Design）本身要比城市设计理论的产生早的多，甚至可以与城市文明的历史一样悠久。西方学者的"城市设计"到 20 世纪中期以后才进入专业领域，但是对城市设计问题的关注主要是从城市建设的实践领域起步的。传统地看，城市设计是建筑学领域的一个分支和专门化，到 20 世纪城市规划学科崛起后，又成为规划学领域的专门化。从发展阶段来看，城市设计大致可以分为三个阶段，分别以工业革命和第二次世界大战作为分界点，分属古代、近现代和现代。近现代和现代城市设计区别于古代的城市设计之处主要在于研究与工程的技术，而近现代与现代城市设计之间的区别则在于理想城市目标的差异。

在古代，大量被精致规划和设计的城市涌现在亚洲、非洲、欧洲和美洲，其中特别有代表性的就是古典的中国①、罗马和希腊②文化中的城市。在这个时期，城市设计和城市规划是一回事，并附属于建筑学。

近现代城市设计仍然是城市规划的一部分，但在这个阶段，城市规划渐渐脱离建筑成为专门性学科。工业革命后，近代西方城市空间环境和物质形态发生了深刻的变化，这时城市规划设计不再仅仅关注城市的增长，而是视城市发展为一个整体，人们开始重视公共健康与城市设计的关系。在这个阶段提出的一些理想城市方案③，深刻地影响了当时甚至下一阶段城市的规划设计。

到第二次世界大战后，发达国家经过城市重建和生产力恢复，又一次得到城市高速发展的机会。这一阶段中，人们已经认识到过度注重形态而忽视环

---

① 如"匠人营国，方九里，旁三门，国中九经九纬，经涂九轨，左祖右社，前朝后市，市朝一夫"的城市建设制，在此"礼制"思想影响下的代表城市有唐长安、北京紫禁城等。
② 最为有名和典型的就是希腊卫城。
③ 如 19 世纪奥斯曼的巴黎改建设计，美国的格网城市、"田园城市"理论及实践，柯布西耶的"现代城市"设想和赖特的"广亩城市"等。

境品质和文化内涵给城市带来的致命伤害，于是开始思考与政府决策机构结合的"引导式的控制管理"方式，将一部分重点从物质环境建设转向社会、人文等，最终导致了现代城市设计分离于普遍意义上的城市规划，成为专门化的存在。城市设计与城市规划在所处理的内容对象方面接近或者衔接得非常紧密，无法明确地被划分，因此在总体规划、分区规划、详细规划及专项规划中都包含了城市设计的内容。在这一时期，凯文·林奇于1960年出版了《城市意象》(Images of the City)，在这本著作中，他提出了"意象能力"(Imageability)的问题，阐述了视觉调查的概念及其关键要素（道路、边界、区域、节点、标志物等）和它们之间的相互关系，并运用这些要素作为分析城市景观的工具。视觉调查如今已经成为城市设计研究中不可或缺的组成部分 (Levy，2000：145-146)。林奇的观点显然和同时代的科学、技术设计（规划）观形成了鲜明的对比。这一时期城市设计方面的专著还包括戈登·卡伦 (Gordon Cullen)的《简洁的城市景观》(The Concise Townscape，1961)，保罗·施普赖雷根 (Paul Spreiregen) 的《城市设计：城镇与城市的建筑》(Urban Design：The Architecture of Towns and Cities,1965) 和埃德蒙·培根 (Edmund Bacon) 的《设计城市》(Design of Cities，1976) 等。但到1960、1970年代为止，城市设计一直停留在经验主义的层面上（张剑涛，2005），都是通过归纳已有的设计经验、城市物质环境的规律和特征、研究者的观察分析结果来指导城市设计 (Lang，1994：46，张剑涛，2005)。现代城市设计的内涵是尊重人的精神需求，注重人与社会的互动。随着学者对城市人文社会环境的探讨和对城市设计的实践经验不断累积，现代城市设计理论和方法也应运而生，并在设计对象范围、工作内容、设计方法和指导思想上不断发展，逐渐将目光投注于传统空间美学和视觉艺术之外的各种自然和人文要素上，以改善城市整体空间环境与景观为目的，促进城市环境建设的可持续发展。

10.1.2 中国城市设计的引入和发展

国内引入城市设计的概念，基本可以追溯到1923年董修甲介绍城市设计的文章，主要介绍了当时美国的城市设计方法。但是基本上城市设计得到较为广泛的应用，还是到了1980年代后期经济高速增长、开始大量建设新城的时代，《国外城市规划》、《世界建筑》等杂志上开始出现大量介绍国外城市设计的研究文章，并渐渐开始注意到中国国内城市设计研究与实践。城市设计首先与建筑结合，从建筑领域单一建筑概念走向了对包括建筑在内的城市环境的考虑，许多建筑师开始突破传统建筑学专业局限的视野，扩大到对环境的思考，并在自己的实践中开展了以建筑为基点、"自下而上"的城市设计工作。在规划领域，则开始探讨城市设计在法定规划体系中的地位，认为城市规划各个阶段和层次都应该包含城市设计的内容。

1990年代中期以后，国内出现了较为普遍和较大规模的城市设计实践和研究，海口、三亚等地成为中国城市设计实践的先锋，其后引发了对广场、步行街区、公园绿地、历史街区等开展的城市设计热潮，这也反映了中国这一阶段发展中对公共空间的重视。通过这个阶段，城市设计在城市人居环境建设、提升城市综合竞争力等方面的作用被突显，国内外的城市设计理论与实践经验不断交融，使中国城市设计得到长足发展。同时，在高校建筑和规划教育中也开始增加城市设计的内容，海口市和北海市相继成立我国最早的城市设计事务所，深圳市规划局成立城市设计处，中国建筑学会和中国城市规划学会也分别成立了城市设计专业委员会和城市设计学术委员会。

现阶段，国内城市规划的各个阶段都可能使用城市设计的手段，但是由于中国的《城乡规划法》仍然没有将城市设计写入相关条款，城市设计缺乏法定地位，缺乏了相应的指导性。综合来看，城市设计涉及的对象广泛，包括整个城市空间的形态布局和城市的特殊地段，如中心区、广场、公园等，涵盖了宏观、中观、微观三个尺度。不同尺度下城市设计的内容、深度都有差异。

相较于传统的城市规划，城市设计将更多的目光投放于对空间进行控制和设计引导，旨在实现更好、更人性的城市空间。近年来，城市建设的目标越来越向人性化和可持续发展靠近，同时，随着高速城市化时期终结的到来，中国城市建设的关注点将从新城建设转移到旧城更新上来，因此，在城市更新和历史街区改造上作出过卓越贡献的城市设计将得到前所未有的重视，城市设计的理论将得到本土化的丰富。

10.2　城市设计的主要内容与要领

城市设计的对象范围广泛，城市中包括的所有物质环境要素以及各个要素之间相互关联的空间环境都可以成为城市设计的对象。将各个层次的城市设计归纳以后，可以看到城市设计的主要内容包括构筑物、交通空间、开放空间及土地利用的空间布局、历史空间等几个方面。下文将从构筑物形态、外部公共空间、交通空间、土地利用的空间布局和历史空间的保护与改造五个方面展开。

10.2.1　构筑物形态

构筑物包括狭义的建筑物与广义的建筑物，建筑[①]是城市空间最重要的组成要素之一。城市中建筑物的体量、尺度、比例、空间、功能、造型、材料、用色等对城市空间环境具有极其重要的影响。通常，建筑只有组成一个有机的群体时才能对城市环境建设作出贡献。吉伯德曾指出，"完美的建筑物对于创造美的环境是非常重要的，建筑师必须认识到他设计的建筑形式对邻近的建筑形式的影响"。"我们必须强调，城市设计最基本的特征是将不同的物体联合，使之成为一个新的设计，设计者不仅必须考虑物体本身的设计，而且要考虑一个物体与其他物体之间的联系"。也即"整体大于局部"。

建筑的设计原则大致有以下几点：

第一，建筑设计及其相关空间环境的形成，不但在于成就自身的完整性，

---

① 这里指广义的建筑，包括狭义的建筑以及不具备、不包含或不提供人类居住功能的人工建筑物。

而且在于其是否能对所在地段产生积极的环境影响。

第二，注重建筑物形成与相邻建筑物之间的关系，基地的内外空间，交通流线、人流活动和城市景观等，均应与特定的地段环境文脉相协调。

第三，建筑设计应与周边环境或街景一起，共同形成整体的环境特色。

在保定市朝阳路 CBD 核心地块城市设计中，根据 CBD 的环境特色，创新地放弃标准平面的做法，放弃了以巨大中庭为主导的消极组合，完全打破常规，建筑室内每一个空间，每一处线条都处在丰富的变化之中，这些看似无序的组合形式成了无数独特的视点和视角，不断鼓舞、刺激着顾客们在商场内一次次进行前所未有的购物体验。丰富的变化刺激人群的聚集，使此核心地块成为 CBD 地段中活动的极极，从而对周边空间形成影响。对高空部分的住宅，注重光照等重要因素，同时看似不规则的形状形成了内在的空间一致性，提示了 CBD 地段特有的城市环境特色（图 10-1）。

图 10-1　CBD 建筑生成示意图及建筑俯视图
（图片来源：周俭，2010）

标志与标牌是现代城市构筑物中特殊且必不可少的组成部分。现代城市规模大，构成复杂，而现代城市生活又讲求高效率。在日常生活中城市的标志和标牌给人们以指向，是人们认知城市的符号。好的标志与标牌能够有助于形成有活力的城市环境，而不合理的、冗余的标志与标牌则会产生消极的影响，削弱城市的可读性、指向性。城市的标志与标牌主要包括道路指示牌、广告、宣传牌、牌匾和灯箱等（图10-2）。

　　由于文化习俗、规模和性质的差异，标志与标牌在不同城市中的设计要求不同，是形成城市个性的一个重要途径。如闪烁的霓虹灯与五光十色的标牌容易形成酒吧街、夜市等城市空间，在历史街区，则常常会沿用旧有的标志与标牌设置类型，如

图10-2　商业街区的霓虹灯与牌匾
（图片来源：作者自摄）

迎风招展的旌旗。一般来讲，在城市设计时，对标志和标牌设置的高度、位置和样式都应作统一的规定，使其具有连续和谐的景观效果。在设计标志和标牌时必须使其在尺度、特性上与其所处的项目与周边环境相协调。规定标志和标牌尺度、特性和位置时，仍需注意兼容性，即需保留其独特的可能性。这种独特能够使街道、建筑更具特色与活力。在实际项目中，标志与标牌的设计必须与建筑立面、灯光设计以及其他相关环境设计相协调。

10.2.2　外部公共空间

　　开放空间是城市设计最主要的研究对象之一。开放空间也称公共空间或开敞空间，是指城市中向全体市民开放使用的外部公共空间，主要包括街道、广场、公共绿地、河流以及建筑物之间的公共外部空间，它与城市中的建筑实体是相辅相成、阴阳互补的。大多数开放空间是为了满足某种功能而以空间体系存在，因此它具有连续性的特征。

　　开放空间被人们誉为城市生活的"起居室"或"客厅"，其形态上从个体转为系统，使用上趋向于步行化，内容上注重多样化和文化性。一般而言，开放空间具有4个方面的特质：①开放性，指不能将其用围墙或其他方式封闭起来；②可达性，指人们可以方便到达；③大众性，服务对象为社会公众，而非少数人；④功能性，不仅仅有观赏价值，要能提供休憩和日常使用功能。

　　开放空间的评价并不仅仅在于其细致完备的设计，有时未经修饰的开放空间更加具有特殊的场所意境和开拓人们城市生活体验的潜能。城市开放空间设计要点主要包括以下4点：

　　第一，边界明确，形成积极空间；

　　第二，注重重点空间的步行区化和设施建设；

第三，强调空间使用上和视觉上的联系；

第四，开放空间活动的多样化和人情味。

开放空间常常与绿化系统共同设计，图10-3即为威海青威高速公路草庙子段两侧地块城市设计中的绿化系统与开放空间。沿高速公路形成主景观轴，以总部经济区的核心开放空间为中心，结合自然水系整合规划，形成多个空间景观节点，构成点-线-面的开放空间系统。在这个系统中，明确了各个开放空间节点所在，并通过水系、步行道路等线性元素强化了空间使用和视觉上的联系。此外，也可以对特殊或重要的开放空间进行单独的设计，如青威高速公路草庙子段两侧地块对几个重要开放空间进行重点设计，根据不同的场地环境设计了不同的开放空间活动，以期形成人性化有活力的开放空间（图10-4）。

高质量的空间环境能吸引人们的使用，在这样的空间里，人人都是演员又是观众，丰富多彩的活动支持能使环境更活跃、更有生命力。目前，使用活动已成为评价城市环境质量的一个重要指标。许多城市为了活跃城市环境，经常设计出一些反映地方历史和文化特色的活动支持，如天安门广场上每日一次的升旗仪式（图10-5）；魁北克市街道上古色古香的观光

图10-3 威海青威高速公路草庙子段开
放空间系统

（图片来源：浙江大学建筑设计研究院有限公
司规划分院，2014）

图10-4 威海青威高速公路草庙子段开放
空间设计

（图片来源：浙江大学建筑设计研究院有限公司
规划分院，2014）

半人工驳岸　　　　人工驳岸

自然驳岸　　　　半人工驳岸

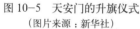

图 10-5　天安门的升旗仪式
（图片来源：新华社）

图 10-6　不同类型驳岸空间活动示意图
（图片来源：浙江大学建筑设计研究院有限公司规划分院，2014）

马车；人行道上精心布置的露天咖啡座和一些小街道上琳琅满目的艺术作品等。这些富有特色的活动对于加强城市的魅力起着积极的作用。不同类型的空间能够容纳不同类型的活动，如不同类型驳岸能承载不同的活动。在威海的案例中，对临水的驳岸进行了细化设计，分为半人工驳岸、人工驳岸、自然驳岸三种，并设计了两种半人工驳岸形式（图 10-6）。自然驳岸保留了原生环境的特点，地面以草坪、沙石为主，适合露营、野餐等活动；人工驳岸和半人工驳岸的活动形式则更多样，地面部分硬质铺装，同时会修建临时或永久性建（构）筑物来满足活动的需求，如咖啡厅、悬挑观景平台、滨水广场等。在设计时根据不同的功能选择不同类型的驳岸能够提供更好地开放空间环境。

城市家具的合理布置能够提升城市开放空间环境品质。城市家具就是指城市中各种户外环境设施，具体来说就是信息设施、卫生设施、照明安全设施、娱乐服务设施、交通设施及艺术景观设施等。人性的城市家具设置有助于塑造人性化、有活力的城市。如广场、商场旁围绕喷泉或树丛设置的座椅等，为人们提供了良好的停留休憩空间，舒适的座椅设计能为人民提供更好的空间环境感受。城市设计师对以下数字的掌握有助于确定公共空间尺寸和环境家具的布置。一般认为人们的社交距离在 100m 之内。具体划分如下：100m，可辨认人体的距离；70~100m，可辨认人的性别、年龄和动作；30m，可认出熟人，看清面部表情；20~25m，进入干扰距离（图 10-7）。心理学上把空间距离又划分为公共距离、社交距离、个人距离、亲切距离。公共距离通常指 3.75m 以上的距离，在这个距离内可以产生较为公共的活动，如围观热闹、上课、看球等；社交距离则在 1.3~3.75m 之间，在此范围内，人们主要进行朋友、同事、邻居间的普通交流活动；个人距离在 0.45~1.3m 之间，可以进行与家人、好朋友的交流活动，互动较社交距离则更为显著；亲切距离在 0.45m 以内，常常伴随肢体的交流，以恋爱、母婴活动等亲密的活动为主（图 10-8）。

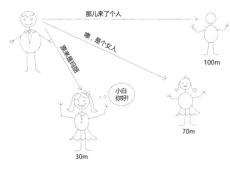

图10-7 空间的尺度感
（图片来源：作者自绘）

图10-8 心理学上的空间距离尺度
（图片来源：作者自绘）

10.2.3 交通空间

交通空间是城市空间环境的重要构成。当城市道路与城市公交运输换乘系统、步行系统、高架轻轨、地铁等的线路选择、站点安排、停车设置组织在一起时，就成为决定城市布局形态的重要控制因素之一，直接影响城市的形态和效率。一般来说，城市设计在停车空间、步行空间以及道路景观空间上的作用更为显著。

停车空间对城市空间环境质量有两个直接作用：一是对城市形体结构的视觉形态产生影响；二是影响城市中心商业区的发展。因此，提供足够的，同时又是最小视觉干扰的停车场地是城市设计成功的基本保证，通常可以采用以下4种途径：

在时间维度上建立一项"综合停车"规划。即在每天的不同时间里由不同单位和人交叉使用某一停车场，使之达到最大效率。最典型的例子就是城市综合体的停车场，白天更多地为办公楼提供服务，到了晚上则是为影剧院、餐厅、购物等提供服务。

集中式停车。一个大企业单位或几个单位合并形成停车场。通常在集中的几个单位中采用集中式停车。

采用城市边缘停车或城市某人流汇集区的外围的边缘停车方式。现在很多旅游区都采用了这种外围的边缘停车方式，将停车场安排在人流汇集的外围，保证人流集中区的景观与安全。

在城市核心区用限定停车数量、时间或增加收费等手段作为基本的控制手段。如西湖风景区内的公共停车场收费比其他城市公共停车场贵3~4倍。

步行是人们最基本的行为活动方式，步行空间是组织城市空间的重要元素。步行空间实际上是公共开放空间的一种，它既承载了交通的功能，又为使用者提供可逗留的空间。步行系统中最基本的就是街道空间，在汽车时代以前，街道是步行者的天堂，随着汽车在城市生活中的不断沁入，独立于车行道路的步行空间需求不断凸显出来，出现了多种步行空间形式，包括步行商业街、林荫道、空中和地下的步行街（道）等，形成完整的步行系统（图10-9）。

其中步行商业街是步行系统中最典型的内容，在城市中发挥了重要的作用。城市设置步行街主要有以下优点：

（1）社会效益。它提供了步行、休憩、社交聚会的场所，增进了人际交往和地域认同感。

（2）经济效益。它促进城市社区经济的繁荣。步行街提供了舒适的消费环境以及短暂停留的可能性，无形中促进了消费的增加，产生经济效益。

（3）环境效益。它减少空气和视觉的污染，减少交通噪声，并使建筑环境富于人情味。

（4）交通方面。有助于减少车辆，减轻汽车对人活动环境所产生的压力。

步行区的建设主要从两个方面考虑：一是规划，即对可达性和多样性的考虑。对可达性的考虑集中在交通问题的处理上，探索如何进行交通组织，获得更合理与单纯的人车关系，设置合理的交通容量避免交通的拥堵造成的不可进入，同时要保证在步行区进出便捷，多样性则着重要解决步行区内活动内容的问题，一般步行区包括的活动有购物、休闲、娱乐、办公、休闲等，要根据步行区所处环境合理设置活动内容，保证步行区的人流达到合理的容量，使步行区具有活力。二是设计，即环境设施的考虑，应适于功能、尺度美观、材料可行、坚固耐久、布局合理（图 10-10）。

图 10-9 威海青威高速公路草庙子段步行交通系统图①
（图片来源：浙江大学建筑设计研究院有限公司规划分院，2014）

图 10-10 成都太古里步行街区
（图片来源：作者自摄）

10.2.4 土地利用的空间布局

土地利用不仅是城市规划，也是城市设计的关键问题之一。土地利用功能布局开发强度设计、交通流线组织，都直接关系到城市的效率和环境质量。土地利用空间布局有三个步骤：根据基本目标和预先的分析研究，建立土地开发设计的特定目标；为所需要的土地利用建立特定标准，特别注意实施的可行性和使用的充分性；依据目标和标准确定土地利用格局。

与城市规划阶段对土地利用的空间布局略有不同，在城市设计阶段主要考虑 4 个方面：开发强度与人口密度、自然与生态环境、城市基础设施的建设、土地的综合使用。现阶段的开发强度与人口密度以及未来规划开发强度与人口密度必须在城市设计阶段被考虑。对已建成区用地类型的考虑尤其重要，城市设计不能再把已有物推倒重建，那些旧的开发项目何去何从是城市设计在土地利用上的一个要点。自然与生态环境的特点是城市设计师必须考虑的要素，自然的本体要素在城市空间中已经形成了一个基底，城市设计务必在此自然本底上进行土地利用的布局，避免城市问题。越来越多的证据表明，城市的基础设施建设会促进城市发展，不同用地类型对基础设施

---

① 在威海案例中，根据规划区内用地属性和功能分区进行步行系统的设计，通过步行系统串联总部经济带、配套产业带、生态与安居居住带，并在各个功能带中利用水系、道路等设计步行流线，对其中的广场、公园等进行细化。

冶铁
烧结

焦化
炼钢
轧钢
辅助

图 10-11 首钢历史保护结构图
(图片来源：北京华清安地建筑设计事务所有限公司，2008)

的依赖程度不同，会深刻影响城市土地利用的空间布局。土地综合利用是提高土地效率的重要手段，在城市设计阶段探索活动对于不同空间与时间上的需求可以赋予土地更多的可能性。此外，土地利用的空间布局还应从环境使用者的行为心理、空间感受、交通等方面分析，从定性和定量两个方面来确定各个类型用地的空间位置与规模等。

10.2.5 历史空间的保护与改造

城市环境是历史积淀的结果，是文化与艺术相互作用的结晶，应具有鲜明的历史延续性。《马丘比丘宪章》关于城市历史保护的论述是："非但必须要保存并维护好城市的历史遗迹和古迹，而且还要把一般的文化传统继承下来。"因此，城市设计中保护与改造是一项十分重要的工作。

城市历史的保护是以保护城市的地方文化、景观特色和保护城市演变的历史连续性为主要目的的。因此，除了保护历史建筑和历史名城外，还应保护不同时期的优秀建筑、历史街道、历史性特色景观和地方性风俗民情。

在首钢工业区改造启动区城市设计中，对特色最鲜明的石景山、晾水池及炼铁厂进行完整保护，突出工业风貌特征，同时充分挖掘工业建筑的价值，进行合理高效的再利用，根据各个建筑的特点植入新的功能，例如博览展示、创意空间等，成为工业主题公园。以石景山为发源地，规划一条工业遗址综合利用带，其中包含了首钢不同时期的遗存和主要的生产建构筑物和设施，对其进行集中保护，形成一条核心保护轴（图 10-11）。

10.3 城市设计的基本步骤与方法

10.3.1 场地调研

场地调研是城市设计前期工作中最重要的部分之一。场地调研过程中，设计者通过现场勘查、实地摄影、政府部门与社区走访、问卷调查、图纸分析、典型抽样等手段，对城市的社会经济、自然环境、城市建设、土地利用、文化遗产等历史与现状情况进行深入调查研究。

（1）调研内容
场地调研内容主要包括城市自然条件和历史文化背景、城市形态和空间结构、城市景观、土地利用和建筑、城市公共活动空间、城市道路交通体系、城市基础设施系统和其他相关资料八个部分。

城市自然条件和历史文化背景主要包括城市气象、水文、地理、环境资料，自然植被、代表性植物和适宜树种、花卉等，城市历史发展沿革，城市形态格局及其变迁，传统民俗、文化特色几个方面。一般来说，城市的气象、水文、地理和环境资料都可以在该城市的地方志中获得。例如对舟山市东极镇进行调研时，查阅了《舟山市志》了解东极镇的土壤、水质、气候、水文、地貌等基础资料。一般地方志可以在图书馆的地方文献部找到。对自然植被、代表性植物和适宜树种、花卉的调研也可以通过查阅地方志的方式获得。同时，也可以通过观察以及调研当地农林业部门获得。城市历史发展沿革主要包括城市的来源、行政区划范围的演变以及城市下辖行政单位的演变等。一般来说，城市历史发展沿革可以通过查阅地方志获得，也可以通过寻访当地老人了解。收集城市不同时期的地形图可以帮助分析城市形态格局及其变迁。传统民俗和文化特色是一个城市独特的符号，传统民俗和文化特色包括传统节日、活动、风俗习惯以及特色服装、工艺品、食物等。例如东极镇的渔民画就是东极镇的文化特色，在实地调研中就可以发现墙画、地砖等都有渔民画的元素（图 10-12、图 10-13）。可以通过查阅地方志、实地观察调研等方式获得，也可以向当地文化部门调研获得资料，如地方文化博物馆等。

城市形态和空间结构通常包括城市结构、发展轴线及重要节点，城市公共开放空间及公共设施布局，城市标志性建筑、建筑高度分区及城市天际轮廓线，规划地区建筑群组合方式和类型，市民对城市空间形态与空间结构的感知与印象。城市结构是对城市的一个总体概括，发展轴是城市下一阶段发展的方向，重要节点常常是城市标志性场所或者吸引人气的场所。通常城市总体规划会对城市结构下一个定义（图 10-14），城市的发展轴也可以由城市总体规划看出。城市的重要节点往往是城市广场、大型商业综合体、文体中心等场所，一些重要的路口也可能成为重要的节点。根据城市设计的基地范围大小来确定调研的节点。城市公共开放空间通常指城市公园绿地、广场等私密性低，可达性高的城市空间；公共设施主要包括商业、商务、文化、体育、医疗等设施。城市公共开发空间可以通过实地观察获得，公共设施布局可以通过实地观察获得，也

图 10-12 东极镇具有特色的渔民画店铺
（图片来源：作者自摄）

图 10-13 东极镇渔民画装饰的墙壁
（图片来源：作者自摄）

图 10-14 武义城市结构图[①]
（图片来源：浙江大学建筑设计研究院有限公司规划分院，2014）

---

① 图为武义县域中心城市的空间组织结构图，规划形成"一廊、双心、双脉、双环、四组团"的空间结构，形成武义县域发展方向。

可以向相关部门进行调研，如文化体育设施可以向文体局进行调研，医疗设施可以向卫生部门调研。城市标志性建筑指城市市民集体认同的具有代表性的城市建筑，承载了城市市民的集体记忆，可以通过访问市民获得。城市建筑高度分布可以通过实地观察调研获得。城市天际轮廓线可以通过对城市某一方向进行拍摄和照片拼接得到，也可以通过全景照片来展现。如温州中心城区整体城市设计中表现的温州滨江天际线就是由多张照片拼接而成的（图10-15）。建筑群组合方式和类型包括建筑群平面的组合方式与建筑空间类型。调研建筑群组合方式和类型可以通过现场观察与记录。市民对城市空间形态与空间结构的感知与印象一般通过对市民的访谈得到，可以依照凯文·林奇的《城市意象》中提供的方法，也可以用速写的方式记录市民的空间使用情况。

城市景观一般可以包括城市空间景象、景观带、景区、视廊和视域等，地方传统建筑风格、空间形式、建筑色彩及相关历史文化，规划地区建筑形态、体量、质量、风格、色彩等，现状绿地、水岸等开放空间，市民对城市景观的评价。城市空间景观主要关注的是城市空间景象，根据实地观察寻找城市景观网络的节点和景观带，并以此来分析城市的空间视廊，其中节点通常是重要的城市公园、景区等。城市景观还包括城市中的传统建筑。根据实地观察以及文献查阅，获得地方传统的建筑风貌与空间形式，并总结出城市的主要色彩色调。除了传统建筑风格外，对城市其他建筑体量、质量、风格、色彩也需要进行调研，主要通过实地观察的方法进行。一般可以对单一建筑进行速写或者以拍照的方式记录。现状绿地主要包括公园绿地、防护绿地等，可以通过实地观察获得，也可以寻访相关园林绿地部门获得。水岸的开放空间通常包括在绿地中，除了实地观察外，还可以通过当地的水文部门获得准确的水系信息。通过访谈可以得到市民对城市景观的评价，并将其作为城市设计的重要依据。

土地利用和建筑包括设计地块及邻近地块的使用功能与产权状况，建筑产权与居住人口和委托方对城市设计土地使用的要求。通过对国土部门的寻访可以获得设计地块及邻近地块的地籍信息与产权状况，并根据实地观察的方法区分各个地块的实际使用功能，作为下一步设计的基础。建筑产权情况和居住人口与城市设计密切相关，产权情况可以向建设部门获得，居住人口向统计部门获得。居住人口指常住人口，即设计涉及的人口。

城市公共活动空间的调研包括市民活动的类型、分布与城市功能布局的关系，重要公共活动空间类型、分布与城市空间结构和市民对公共活动空间的感受与评价。通过观察获得市民的活动类型，并通过不同时间对同一地点的观察来获得市民的活动习惯等。通过地图的使用来获得城市公共活动空间分布于功能布局的结构。对重要的公共活动，如休憩、购物等活动进行观察，获得重要的公共活动空

图10-15　温州市滨江天际线

（图片来源：郑正，2007）

间的类型分布，并通过地图来获得这些公共空间在城市中的空间布局以及与城市空间结构之间的关系。通过访谈活动了解市民对公共活动空间的感受与评价。

城市道路交通体系指城市综合交通框架，城市道路系统与断面形式，城市步行交通系统、社会机动车与非机动车停放和市民、旅游者对城市公共交通、步行系统的认可和评价。通过对当地交通部门的调研获得城市综合交通框架。城市道路系统指连接城市各个部分的所有道路组成的网络，除了调研城市道路系统外，还要调研城市主要的干道和支路的断面形式，并通过绘制或者拍照记录下来。城市步行交通系统是指城市中供步行使用的道路系统，包括城市道路的人行道部分以及公园、广场、绿地中仅供步行的道路。步行交通系统还包括过街天桥、地道等设施，通过实地调研记录。停车场包括地面停车和地下停车两类，通过实地调研在地图上标注出停车场的位置、类型以及停放容量等。通过访谈获得市民、旅游者对城市公共交通、步行系统的评价。

城市基础设施系统包括城市供电与电信系统，城市给水排水系统，城市管道燃气与供热系统以及城市防灾系统。城市供电与通信相关内容可以通过向当地电力和电信部门调研获得。调研内容包括电力线路走向、发电厂位置与发电量、电话线路走向以及电话门数等，可以在地图上进行标注表达。如辽宁丹东翡翠湾控规编制前调研了丹东供电设施现状，并绘制了图10-16。城市给水系统要调研的内容包括水厂位置以及供水容量、给水方式、供水管线走向等；城市排水系统要调研的内容包括排水方式、排水管线定位及走向、排水管管径、污水处理厂位置等。城市给水和排水系统可以在地图上标注表达。如丹东的供水设施和排水设施现状（图10-17、图10-18）。城市管道燃气要调研的内容包括燃气厂位置和供应容量、燃气管道定位和管径等；北方一般会有供热系统，要调研供热方式、供热管道定位等。城市管道燃气与供热系统可以在地图上通过标注表达，如丹东的燃气供热设施现状图（图10-19）。城市防灾系统主要包括城市防洪工程、城市防震、消防和防空工程等，可以通过寻访当地防灾部门获得资料，包括防灾工程定位等。

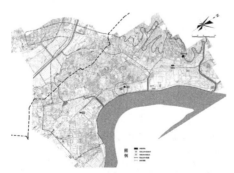 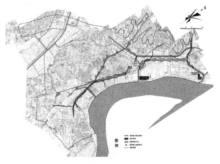

图10-16　丹东市翡翠湾供电设施现状图[①]　　图10-17　丹东市翡翠湾供水设施现状图[②]
（图片来源：浙江大学建筑设计研究院有限公司规　　（图片来源：浙江大学建筑设计研究院有限公司规
划分院，2011）　　　　　　　　　　划分院，2011）

① 图中表现了供电设施用地、现状220kV变电所位置、现状66kV变电所位置以及现状220kV线路定位。
② 图中表现了现状给水管定位及管径、供水用地、现状高位水池、现状给水加压泵站信息。

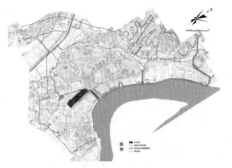 

图 10-18 丹东市翡翠湾排水设施现状图^①   图 10-19 丹东市翡翠湾燃气及供热设施现状图^②
(图片来源：浙江大学建筑设计研究院有限公司规   (图片来源：浙江大学建筑设计研究院有限公司规划
划分院，2011)   分院，2011)

其他相关资料指近期测绘的城市地形图、航空和遥感照片，城市人口现状、经济发展现状，上位规划等其他相关规划资料，相关政策以及国内外类似实践案例等。一般会根据城市设计深度和区域范围确定地形图的比例尺，一般有 1：25000，1：10000，1：5000，1：250 的比例尺供使用。地形图、航空和遥感照片可以通过当地测绘部门获得，遥感照片还可以通过 Google Earth 截取（图 10-20、图 10-21）。城市人口现状调研内容包括城市常住人口数、户籍人口总数、男女比例等，可以使用表格向相关部门进行调研，见表 10-1，表 10-2，表 10-3。

××常住人口统计表（20××年）   表 10-1

1	2	3	4	其中非农业人口	5	6
编号	居委员会名称	户数	户籍人口数		外来暂住半年以上	外出暂住半年以上
1						

××历年人口情况表（主要反映流动人口）   表 10-2

年份	户籍总人口	其中非农业人口	其中农业人口	外来暂住半年以上	外出暂住半年以上
2010					
2011					
2012					
2013					
2014					

××人口年龄构成表（20××年）   表 10-3

年龄	合计	男	女
18 岁以下			
18~35，35~60			
60 岁以上			

① 图中表现了现状排水管定位以及管径、现状污水节流管定位以及管径、排水用地信息。
② 图中表现了现状供燃气和供热用地、现状燃气管定位以及管径、加油站定位信息。

图 10-20　东极镇庙子湖岛航拍图	图 10-21　武义开发区卫星遥感影像图
（图片来源：浙江大学建筑设计研究院有限公司规划分院，2015）	（图片来源：浙江大学建筑设计研究院有限公司规划分院，2014）

　　经济发展现状可以通过对当地经济发展办公室进行调研，调研包括主要包括产业门类、企业名称、企业年产值等，这些信息也会部分反映在当地政府工作报告中。调研收集与设计地块有关的规划资料，包括总体规划和环境规划、道路交通规划等专项规划。在这些规划中提炼对设计地块有指导意义或有影响的信息。

　　总结以上内容，将需要向有关部门调研的内容按基础资料、自然状况、人口资源、居住工业仓库公共设施、道路交通、绿地、历史文化风景旅游、工程设施资料和近期建设分为 9 个大项，分别向不同部门进行调研（表 10-4）。

××规划（设计）基础资料调研表　　　　　　　　　　　　　　　　表 10-4

序号	项目		调研内容	负责单位
01	基础资料	文件	城市建设志、地方志、地名表	建委、文化局、档案馆
			人口普查资料	公安局
			城区工业普查资料	经委
			城区地质勘查报告	水利局、地质局
			基础设施勘查资料	建委
			1985—1995 年历年国民经济统计资料（全市、各乡镇）	统计局
			全市社会经济发展战略	发改部门、政研室
			县、区十二五规划和国民经济和社会发展长远规划	发改部门
			上一版城市总体规划及现有各乡镇总体规划文件（图纸及说明书）	规划局
		图纸	城市 1：5000~1：25000 地形图	测绘部门
			全市 1：50000~1：200000 地形图及地图	测绘部门
02	自然状况	自然条件	气象与气候：雨量、温度、湿度、风向、风玫瑰图	气象局
			工程地质及水文地质：地形、地貌、土壤性质、承载力、不适宜建设地区、地下水位等	水利局、地质局
			地震：地震烈度、最高震级等	地震办
		自然资源	矿产资源：境内主要矿产种类、储量、品位、开采条件、分布及目前开发利用情况	规划局、地质局
			土地资源：全市总面积，其中耕地、林地、水面、道路及城镇占地面积，土地利用特点	规划局、地质局
			旅游资源	旅游局

序号	项目		调研内容	负责单位
03	人口资源		农业人口、非农业人口	统计局
			生育率、死亡率、自然增长率及控制目标	计生委
			机械增长率，迁入迁出的量及去向、来源，机械增长原因	公安局
			人口年龄结构及性别比例	公安局
			人口文化程度	公安局
			劳动力结构，实际从事第一、第二、第三产业人数、待业人数	劳动局
			劳动力流动，外流劳力去向，流入劳力来源	劳动局
			外来暂住人口数（就业、非就业）	公安局
			流动人口数	公安局
04	居住 工业 仓储 公共设施	居住	居住用地分类，新建小区数量、规模（人数、用地面积）	房管局
			住宅总面积（按层数分类和按性质分类的统计数字，如高、多、低层的比例，公、私房的面积和比例）	房管局
			现状住宅建筑结构类型、质量	房管局
			居住组团（小区）的技术经济指标	规划局
			住宅区的绿化状况	园林局
		工业	各项工业用地分布状况	发改部门
			各项工业全年总产值，近远期发展设想（工业普查资料）	发改部门
			工业总就业职工数、行业人口	发改部门
			全市及各区工业发展计划	发改部门
		仓储	仓储用地分布状况	规划局、国土局
			仓储用地与道路关系	规划局、国土局
		行政办公	政府职能机构、团体、基层及企事业管理机构的位置、用地面积、建筑面积	机关事业管理局、房管局
		商业金融	大型百货商店名称、地址、零售额、占地面积	商业局
			大型专业批发零售市场名称、地址、主要经营商品、商品流通量、占地面积、商品主要流通方向	工商局
			小商品市场、农贸市场名称、地址、摊位数、占地面积	工商局
			银行、金融、保险机构地址、占地面积、建筑面积	人民银行
			旅馆、招待所位置、占地面积、床位数、一般住宅率、附属设施情况	三产办、发改部门
			第三产业各类名称、地址、占地面积、主要经营商品范围、商品主要流通量、摊位数	三产办、发改部门
			目前第三产业中存在的主要问题和今后的发展设想	三产办、发改部门
		文化娱乐设施	新闻出版、文化艺术团体、广播电视机构位置、占地面积、建筑面积	三产办、发改部门
			影剧院名称、地址、规模、占地面积、一般上座率	文化局
			博物馆、图书馆、俱乐部、青少年宫等名称、地址、占地面积、容量	文化局、团委
		体育设施	体育场馆、体育训练用地位置、观众席位、场地标准、项目、占地面积	体委
		医疗卫生机构	综合医院、专业医院、卫生院情况（名称、地址、职工人数、病床位、住院和门诊量、占地、建筑面积、发展设想）	卫生局
			防疫站、卫生站情况	卫生局
			私人诊所情况	卫生局
		科研教育机构	科研机构（名称、地址、科研人员数、占地面积、实验场地面积）	科委
			专科学校、职业学校（名称、地址、学制、在校学生人数、占地面积）	教委

续表

序号	项目		调研内容	负责单位
05	道路交通	道路	现状道路路网及路名图	建委、交通局
			现状道路一览表（长度、红线宽度、断面情况、道路性质）	建委、交通局
			现状及近期将建设改造的道路路段、交叉口	建委、交通局
			道路远期建设计划	建委、交通局
		交通	历年机动车拥有量、增长率、构成比	交通局、公安局
			交通部门对现有机动车情况的观点及长远发展计划	交通局、公安局
			历年自行车拥有量、增长率、长远发展计划	公安局
			城市主要道路、交叉口、过境公路的历年交通量观测统计资料	交通局、公安局
			公交情况	公交公司
		静态交通设施	停车场位置、规模、周转情况	建委
			加油站位置、占地、服务能力	石油公司
			出租汽车站位置、占地、停车位、停车面积	交通局
			车辆保养场位置、占地、服务能力及发展计划	交通局
			公交站场位置、占地、停车面积、停车数量、线路条数及发展计划	公交公司
			货运联运中心或专业运输单位（含国营、集体、私营）位置、占地、车辆数、停车面积、车运量、发展计划	交通局
		对外交通	城市出入口位置、方向、历年交通量统计资料	交通局
			过境公路位置、路名、路况、历年交通观测统计资料、发展计划	交通局
			公路路名、性质（国道、省道）、等级、起讫、里程、历年交通观测统计资料、发展计划	公路局
			长途汽车站、长途旅游车站站址、占地面积、停车位、发车方向、发展计划	交通局
			铁路站场等级、规模及客货通过量，铁路发展设想	铁路局
06	绿地		城市公共绿地总面积、人均公共绿地面积、绿地覆盖率及城市绿化建设发展设想	园林局
			各类城市绿地的位置、面积、特点	园林局
			城市公共绿地（综合公园、儿童公园、动物园、植物园、街道广场绿地、街头绿地）	园林局
			生产防护绿地（苗圃、果园、林场、防护林带）	林业局
			城市道路绿化状况	园林处
07	历史文化风景旅游		文物古迹、旅游景点的名称、位置、级别、特点、现状保护利用状况及开发利用前景	文化局、旅游局
			城市历史演变、建制沿革、城址兴废变迁	文化局
			城市现存地上地下文物古迹、历史街区、风景名胜、古树名木、革命纪念地、近代代表性建筑，以及有历史价值的水系、地貌遗迹等	文化局、民政局
			城市特有的传统文化、手工艺、传统产业及民族精华等	文化局、发改部门
08	工程设施资料	供水工程	城市水厂位置、数量、规模、运行情况、水源、水质	自来水公司
			城市主要供水管道布置图（表明走向、长度、管径、供水压力）	自来水公司
			城市用水量、历年用水增长情况、工业用水量、生活用水量、市政供水量和自备水源供水量	自来水公司
			城市供水中主要存在的问题	自来水公司
			周围大中型水库库容、年来水量、集水面积、水库位置、大坝高程、当前水库用途	水利局
			流经的主要河流平水年径流量、枯水年径流量、最小流量、集水面积、径流系数、水质数据	水利局
			城市范围地下水分布、单井出水量、含水层厚度、水质数据	水利局
			供水设施建设计划	自来水公司

序号	项目		调研内容	负责单位
08	工程设施资料	排水工程	城市主要排水管渠布置图（标明走向、长度、规格、标高）	规划局
			流经的主要河流历年平均高水位、防洪等级和高程要求	水利局
			现有污水处理厂数量、位置、用地、规模、处理深度	建委
			现有排水泵站位置、规模、排水设施建设计划	规划局
		供电	城市输入电源走向、回数、主变压器容量、数量	供电局
			城市主要变电站数量、位置、主变压器容量、数量	供电局
			城市配电变压器数量、总容量	供电局
			现状配电线路总长、敷设方式、电力设施位置及电力网路线图	供电局
			现状电厂数量、位置、机组种类、装机容量	供电局
			当前存在的供电问题、用电量、最大供电负荷、最大负荷利用小时、工、农、公建生活用电量	供电局
			电力发展规划	供电局
		电信	城市现有邮电局数量、位置	邮电局
			电话交换各类设备和容量、电话用户数量、移动电话数量、无线寻呼用户数量、传真用户数量、长途有线数量、中继传播方式（微波、载波、电缆 PCM）、与周围城市开通的电信路数与传输方式	邮电局
			已铺设电缆管道总长（管孔公里）、电信设施位置、线路走向图	邮电局
			城市电信中存在的问题、城市电信发展规划	邮电局
		燃气	城市燃气供应和利用的现状，历年用气增长情况。一些重点工业用气单位的用气情况	燃气公司
			城市现有气源种类、规模以及发展前景。现有用户的用气指标（分民用、工业用）	燃气公司
			现有燃气供应设施（包括气源、管网、调压站等）的分布、规模、主要技术经济指标和设备性能	燃气公司
			目前燃气供应中存在的主要问题及发展设想	燃气公司
		环境保护环境卫生	城市大气、水体、噪声监测数据	环保局
			城市环境质量概况（排污单位名称、排污数量、排污种类、位置）。城市环保机构概况，环境污染治理情况，环境污染治理计划	环保局
			城市环卫站数量、位置、人员、设备	环卫处
			城市环卫设施（垃圾转运站、公厕）数量、主要位置	环卫处
			现有垃圾处理场位置、面积，拟开辟垃圾处理场位置、面积	环卫处
			当前环卫工作存在的问题	环卫处
		环境保护	环卫发展计划	环卫处
			流经城市的主要河流的流域面积、河长、河道比降、河道断面规格、堤坝高程、最大流量、平均流量、最高水位、平均水位	水利局
		防洪	多年平均 24 小时降雨量 Cv 值、Cs 值	气象局
			城市主要排洪渠断面规格、排洪面积	水利局
			排涝泵站数量、位置、装机容量、排水流量	市政科
			《水利志》《河流流域规划报告》	水利局
			防洪工程建设计划	水利局

序号	项目		调研内容	负责单位
08	工程设施资料	防洪抗震消防	设防标准、重点保护目标、历史灾害记录	地震局
			疏散场地通道	消防队
			城市消防站数量、位置、人员、装备、用地面积	消防队
			消防设施（消火栓）数量、主要分布	消防队
			消防工作中存在的问题、消防机构发展计划	消防队
			人防标准、已有人防工程、规划人防工程	人防办
		人防	人防工程的平战结合	人防办
			重点建设项目、国民经济及社会发展五年计划	发改部门、建委
09	近期建设		重点建设项目、经济及社会发展五年计划	发改部门、建委、政府办公室、政研室等

（2）调研方法

城市设计中常用的场地调研方法主要有文献调查法、实地观察法、访谈法和问卷法，其中访谈法、观察法属于直接调查方法，文献法、问卷法属于间接调查方法。

1）文献调查法

城市设计相关的文献资料主要包括专业书刊、地方志、发展（统计）年鉴、相关上位规划、政府文件、地理信息资料以及涉及社会、经济、历史、文化等方面的其他文字资料和图纸资料。

文献调查法的基本步骤包括文献搜集、摘录信息、文献分析三个环节。文献搜集是文献调查法的基础。调查者应通过资料档案室、图书馆、书店及网络查询，向相关政府部门借阅或求助于同学、师友，查找相关文献资料。随着计算机技术的快速发展，网络信息技术平台及数字化图书馆已经成为城市设计人员进行文献资料搜集的重要途径。调查者利用国际互联网搜索平台（如 Google）、基于卫星遥感技术的全球地图信息系统软件（如 Google Earth）、网络文献信息数据库（如CNKI 期刊数据库和万方数据库）和数字化图书馆（如超星数字图书馆），进行分项查询、筛选、阅览、记录，从而获取有效信息并进行分析。

在城市设计的调研工作中，文献调研往往是城市设计的先导。比如，通过对上位规划、相关设计成果的解读，分析其优点和不足，有助于设计者明确设计的前提和背景，确定设计研究的课题、重点和目标，寻求解决问题的建议和改进策略，比如在威海青威高速公路草庙子段两侧地块城市设计案例中，通过对《山东半岛蓝色经济区发展规划》的解读，得出"蓝绿经济带来新机遇"，要提升工业新区的生产型服务业，是规划设计时重点关注的问题，对《威海工业新区控规》的解读，全面了解设计地块中公共设施和基础设施的布点，成为下一阶段设计的重要依据（图 10-22、图 10-23）；对历史文献的阅读有助于梳理和分析城市空间环境发展演变的基本脉络和主导方向，在提炼地区文化符号的时候，阅读历史文献和地方志等会有很大的帮助；通过对相关案例的整理，可以为设计者提供必要的经验和依据。如在首钢工业区改造启动区城市设计的方

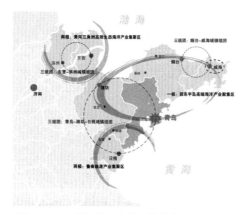

图 10-22　威海青威高速公路草庙子段两侧地
块城市设计上位规划之"山东半岛蓝色经济区
发展规划"结构图①

（图片来源：浙江大学建筑设计研究院有限公司规划
分院，2014）

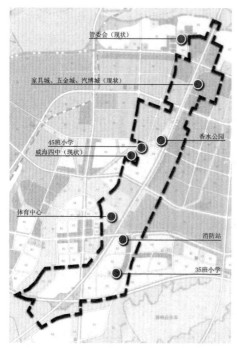

图 10-23　威海青威高速公路草庙子段两侧地
块城市设计上位规划之"威海工业新区控规方
案"解读②

（图片来源：浙江大学建筑设计研究院有限公司规划
分院，2014）

案中，设计者研究了工业区改造的一些成功案例，如北杜伊斯堡工业遗址公园、北京焦化厂工业遗产再利用和西雅图煤气工程改造，研究了北杜伊斯堡工业遗址公园在改造过程中如何利用原有建（构）筑物、矿渣堆等"废料"和原有植被塑造公园景观以及水循环利用的雨洪处理方式，研究了北京焦化厂对工业遗产的保护和再利用方式，研究了西雅图煤气工厂改造中生态设计的几种手法、文脉的体现手法、对材料和资源的再生利用等优秀经验，以这些案例的经验作为接下来进行设计的指导，并在方案中也体现出对历史文化的保护和对废弃物的利用等。

文献调查法受空间限制小，获取资料比较高效方便，但有时会存在滞后性和原真性缺失的问题。

2）实地观察法

在场地调研阶段，调查者往往需要亲身到设计现场进行实地观察。实地观察法要求观察者具有高度的责任心，认真细致的工作态度，精通各种辅助工具的操作，并能熟练运用各种观察记录技术。常用的观察记录技术主要有观察记录图表、观察卡片、调查图示和摄影摄像等。在实地调查之前，调查人员通常需要制作观察记录图（如地形图、地块分界图等）和各种记录表。实地观察过程中，往往在记录表中标记地块属性、建筑高度和性质、公共设施布点、道路情况、绿化水体分布等特征。进一步可利用绘图、速写等方法记录现场地形地貌、建筑与空间环境的形态关系、人群的活动状况等。此外，还经常使用相机、摄像机等工具进行拍照、摄像以记录现场真实情况。在实际工作中，多将针对特定要素的局部特写和反映总体情况的全景拍摄相结合，并按照时间顺序及行进路线进行记录。调研武义开发区时，规划师就采用了局部按路线和时间顺序拍摄，总体情况按全景拍摄相结合的方式进行观察记录（图 10-24、图 10-25），对规划区范围进行了全面的摸底。

---

① 对《山东半岛蓝色经济区发展规划》的分析，认为山东半岛蓝色经济区建设正式上升为国家战略。蓝（海洋经济）绿（低碳金融）经济为胶东城市群带来了新的发展机遇。对威海而言，工业向工业新区集中已经成为城市空间战略的重要部分，而提升工业新区的生产性服务业，则成为这一过程中的重要环节。这也是本次规划重点关注的内容之一。
② 对威海工业新区控规的解读，梳理与规划区有密切关联的设施，包括现状的工业新区管委会、威海四中和45班小学，成为下一步规划的依据。

图 10-24　武义全景拍摄图[1]
（图片来源：浙江大学建筑设计研究院有限公司规划分院，2014）

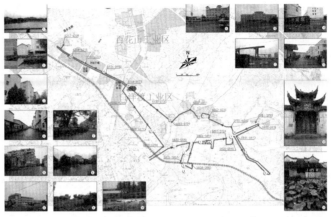

图 10-25　武义白洋渡片区调研记录[2]
（图片来源：浙江大学建筑设计研究院有限公司规划分院，2014）

实地观察法具有真实、直观的优点。但由于观察者主观感受的影响和工具手段的限制，观察结果往往存在一定误差，在调查中必须对这些问题予以重视。

3）访谈法

多数情况下，城市设计者应深入到被访者生活的环境中进行实地访问，访问的对象主要包括城市空间的使用者（当地的普通居民、外来人员等），也包括开发商、运营商等利益相关部门和政府管理者。

王建国在《城市设计》一书中将访谈法按内容不同分为标准化访谈和非标准化访谈，按操作方式不同分为直接访谈和间接访谈。其中标准化访谈也称为结构性访谈，可以看作面访式的问卷调查，往往按照统一设计的调查表或问卷表进行，非标准化访谈也称为非结构性访谈，访谈者按照一个粗略的提纲，在较为宽泛的范围内展开调查。标准化访谈回答率和回收率高，便于统计，而非标准化访谈具有较大的灵活性和弹性，其访谈结果往往比较分散，不利于定量分析，但是非标准化访谈可以根据被访者的回答有针对性地进行深入的访问，访问结果更容易精确。直接访谈是访问者与被访者面对面交流，间接访谈是借助电话、网络等工具进行的访问交流，直接访谈可以更贴近被访者，根据被访者的态度、表情和动作调整问题，间接访谈可以忽略地理上的隔离，更方便快捷进行访谈。

访谈调查法的步骤和注意事项大致包括：访谈准备、开始访谈、谈话与记

---

① 在调研中以全景图的方式记录城市风貌。

② 在调研中按照时间和路线将建筑及环境拍摄下来作为记录。这种记录方式可以直观地将沿途重要的节点以照片展示出来。

录、访谈结束四个步骤。

A.访谈准备。首先应根据调查目的科学选择访问对象，确保访问对象对于所提问题有能力并愿意提供合理的答案。其次应设计完善的访问提纲，明确问题、询问方式、顺序安排，并对可能出现的不利情况进行预测及相应对策准备。调查者应尽可能地了解被访者的性别、年龄、职业、文化程度、性格习惯等基本情况，还应适当地选择访谈的时间和地点。

B.开始访谈。在开始访谈时，调查者应当采用开门见山、求同接近、友好接近、隐蔽接近等谈话技巧，逐渐熟悉、接近被访者，增进双方的沟通了解，求得被访者的理解和支持。

C.谈话与记录。对调查对象进行提问时，访谈者应当熟练运用各种访谈技巧，应明确、具体地提出问题，做到礼貌待人、平等交谈、耐心倾听，并尽量杜绝对被访者的暗示和诱导。访谈过程中，要注意通过观察被访者的动作、姿态、表情获得其真实看法和态度。调查过程中，调查者应注意捕捉信息，及时记录谈话内容，可以采用速记、由专人记录、录音、录像等方式，而且应尽量记录原话。

D.结束访谈。调查者应当注意掌握好访谈时间，在访谈结束时应向被访者真诚致谢。

通过访谈法，设计者可以把握使用者对空间环境的满意程度，广泛收集公众意见。在城市设计中运用访谈法的典型案例当属凯文·林奇对波士顿中心区的意象性调查。凯文·林奇和助手采用市民随机抽样访谈和办公室访谈相结合的方式，要求调查对象徒手绘制城市地图，详细描述城市中的行进路线，列举最为生动的城市景观，从而获取人们对城市空间的总体认识，并与实地观察的结果进行比较，从而总结和验证其可意象性的理论（图10-26、图10-27）。

访谈法适用范围较广，调查者能够较好地控制调查过程，因而具有较高的成功率和可靠性，但所需时间、人力等成本较高。且由于是当面访谈，被访者对于某些敏感问题回答率低，对于答案的真实性具有一定的影响。

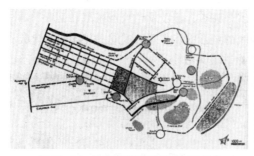 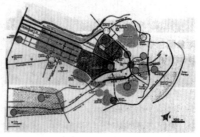

图10-26 从草图得出的波士顿意象[1]　　图10-27 从访谈得出的波士顿意象[2]
（图片来源：王建国，2009）　　　　　　（图片来源：王建国，2009）

[1] 凯文·林奇请波士顿市民绘制关于波士顿的草图，并通过归纳总结出了基于草图的波士顿意象。
[2] 凯文·林奇通过对波士顿市民的访谈和调研得出波士顿的意象。

296

4) 问卷法

问卷法的实施通常包括以下几个步骤：

A. 设计调查问卷。调查问卷一般由卷首语、指导语、问题、答案、编码、感谢语等部分组成。问卷设计必须紧密围绕调查目的展开。问题应简明易懂、准确客观，避免带有倾向性和诱导性。一般来说问卷的长度应限制在20分钟内完成，问题安排一般先易后难，先事实方面的问题，后观念、态度方面的问题；先封闭式问题，后开放式问题。应尽量注意不要直接提敏感性或威胁性问题，对于某些无法避免的敏感性问题，应采用适当方式降低问题的敏感性，消除被调查者的疑虑。

B. 选择调查对象。完成问卷设计之后，调查者应根据具体要求选取适当的调查对象，可以进行抽样选取，也可以将某个有限范围内的全部成员等当作调查问卷。

C. 分发问卷。问卷发放的方式应利于提高问卷的填答质量和回收率，必要时也可以采用赠送小礼品等方式来刺激调查对象的兴趣和积极性。在城市设计调查中，一般由调查者本人亲自到现场发放问卷，同时亲自进行解释和指导，有时在征得有关组织和部门的支持和配合下，也会委托特定的组织或个人发放问卷。

D. 回收问卷和审查整理。回收问卷时，调查者应注意提高问卷有效性和回收率。一般情况下，调查者应当当场检查问卷的填写质量，检查并及时纠正漏填和错误。问卷回收后应及时整理和收录。

E. 统计分析。在审核问卷和查漏补缺的基础上，调查者可以对调查获取的信息进行统计分析，并根据统计分析结果进一步开展理论研究。统计分析方法在接下来的章节中将具体介绍。

问卷调查法成本较为低廉，通常答案指向性较强，便于对结果进行定量分析和研究。调查对象往往匿名，利于对某些敏感问题的调查。但是调查者对调查对象的合作态度控制较弱，问卷回收数量、问题答复率和答复水平有时难以保证。

10.3.2 调研结果的分析与表达

(1) 传统分析方法

传统分析方法主要有图形 – 背景分析法、认知意向 – 心智地图分析法、标志性节点空间影响分析、空间注记分析法、序列 – 视景分析法。

1) 图形 – 背景分析法

图形 – 背景分析基于格式塔心理学中"图形与背景"的基本原理，从二维平面（地图）来分析公共空间及建筑实体的形式与分布，研究城市环境中的虚空间和实体之间的存在规律。从物质层面看，城市由建筑物实体和空间所构成，若将建筑物看作图形，空间则为背景。通过把建筑部分涂黑，空间部分留白，则成为图底关系图；反之，把空间部分涂黑，建筑部分留白，则成为图底关系反转图。图底关系图和图底关系反转图均为简化城市空间结构和秩序的二维平面抽象，以此为基础对城市空间结构进行的分析即为"图底

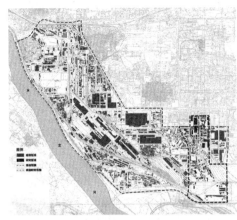

图10-28 首钢工业区建筑图底关系图①
(图片来源：北京华清安地建筑设计事务所有限公司，2008)

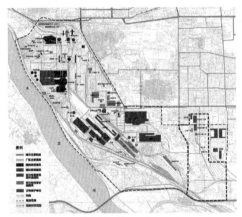

图10-29 首钢工业区图建筑保护分级图②
(图片来源：北京华清安地建筑设计事务所有限公司，2008)

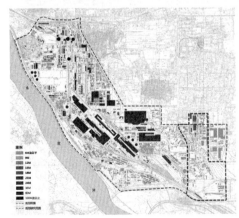

图10-30 首钢工业区建筑高度分析图③
(图片来源：北京华清安地建筑设计事务所有限公司，2008)

分析"。例如在首钢工业区改造启动区城市设计中，就利用图形－背景分析法表现设计地块和周边的肌理关系（图10-28）。

这种二维空间模式较多应用在传统街区的空间肌理分析之中，最早于1748年被诺利使用在对罗马城的空间分析中，诺利地图把墙、柱和其他实体涂成黑色，而把外部空间留白，使罗马市的建筑与外部空间的关系凸显出来。图形－背景分析鲜明地反映出城市的空间格局和特定肌理，是现代城市设计处理错综复杂城市空间的一种重要的方法。

当代的城市设计将图形－背景分析法应用进行了拓展，将原本黑色的建筑涂成不同层次的颜色，用来进一步表现城市空间以及建筑的状况。如首钢工业区改造启动区城市设计中，就利用图形－背景分析法，将建筑质量、建筑高度等信息叠加在建筑色块上，用以表现建筑的情况（图10-29~图10-32）。

2）认知意向－心智地图分析法

这是从认知心理学领域中吸取的城市空间分析技术，具体过程则还借鉴社会学调查方法，是城市景观和场所意象的有效驾驭途径。其具体做法是：通过询问或书面方式对居民的城市心理感受和印象进行调查，由设计者分析，并翻译成图的形式。或者更直接地鼓励他们本人画出有关城市空间结构的草图。这种认知草图就是所谓的心智地图（Mental Map）。

温州中心城区整体城市设计过程中即采用了这种认知意象－心智地图分析法，绘制了城市意象系统图，在图中标识出区域、地标、路径、节点等意象要素，表现出城市的整体结构，为城市设计框架打下基础（图10-33、图10-34）。

这样的地图可以识别出对于体验者来说是重要的和明显的空间特征和联系，从而为城市设计提供一个有价值的出发点。这一空间分析技术的基本特征是，它建立在外行和孩子对环境体验的基础上，

① 将建筑部分涂黑，开敞部分留白来表现首钢工业区建筑与空间的关系。
② 将图形－背景分析法进行拓展，用不同颜色表示建筑保护的不同等级，同时可以直观感受到被保留建筑的空间关系。
③ 用不同颜色表示建筑的不同高度，可以对空间中建筑的高度有一个直观的感受。

图 10-31 首钢工业区建筑质量分析图①

（图片来源：北京华清安地建筑设计事务所有限公司，2008）

图 10-32 首钢工业区建筑风貌分析图

（图片来源：北京华清安地建筑设计事务所有限公司，2008）

图 10-33 温州市中心区心智地图②

（图片来源：郑正，2007）

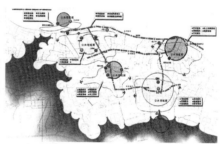

图 10-34 根据心智地图进行的城市设计市民活动安排③

（图片来源：郑正，2007）

而不是设计者，因而具有相当的原始性和直观性，是一种真实的感受意象。

从形式上看，心智地图可能比较粗糙，逻辑性较差，但经比较分析，甚至可让受试者们自己讨论，这样总能发现其中不少空间关系是类似的。但是，仅靠心智地图进行城市设计是不够的。同时，设计者若能调查到文化水准较高的相关专业的人员，则可使最后的分析综合工作大大简化，若城市规模较大，则可将分析调查范围缩小到分区甚至街区（Block）级范围。凯文·林奇在《城市意象》一书中最早系统地阐述和成功应用了这一分析方法，图 10-27 即他根据市民的心智地图分析后获得的城市意象图。作为一种城市景观和场所意象最有效的方法，认知意象－心智地图分析法广泛地应用于城市设计与环境美学教育中。

---

① 用不同颜色表示建筑特色等级。

② 模仿凯文·林奇对城市意象的分析方法绘制的温州市中心区心智地图，能够直观表现城市的地标、节点等。

③ 根据心智地图中表现的各种城市意象来进行城市设计和市民的活动安排，形成的实际是一种未来可能的心智地图。

3）标志性节点空间影响分析

在心智地图分析基础上，我们可进一步调查分析居民对城市某些标志性节点，如塔、教堂、庙宇等建筑物及其空间的主观感受。这些标志性节点在所在城市中一般都有相当的空间影响范围，并且在城镇景观、居民生活和交通组织方面具有一定的集聚功能。这一调查途径可视为心智地图技术的部分具体化，即由城市整体空间分析转移到局部空间分析。这一分析途径特别适宜于城市中具有历史和文化整合意义的空间地段，调查分析结果能够表明和揭示该地段与周围环境现存的视觉联系及其本身的场所意义，同时也客观反映出该地段在涵义表达和空间质量等方面的优缺点，从而为城市更新改造提供了依据。

在温州中心城区城市设计案例中，设计师采用了标志性节点空间影响分析法，选取了重要节点世纪广场，拍摄了多组世纪广场的照片来展示世纪广场的建筑形态以及人民的活动场景。温州中心城区的世纪广场是一个文化整合区，拥有包含城市广场、科技馆、博物馆和观光塔在内的多个重要标志物（图10-35~图10-38）。

4）空间注记分析法

这是现代城市设计空间分析中最有效的途径，它综合吸取了基地分析、序列视景、心理学、行为建筑学等环境分析技术的优点，有助于设计者加深对设计任务的理解，并有助于改善城市空间关系的观察效果。

图10-35 科技馆远眺
（图片来源：郑正，2007）

图10-36 图书馆
（图片来源：郑正，2007）

图10-37 会议中心
（图片来源：郑正，2007）

图10-38 中央广场夜景
（图片来源：郑正，2007）

所谓注记,指在体验城市空间时,把各种感受(包括人的活动、建筑细部等)通过记录的手段诉诸图面、照片和文字。因而这是一种关于空间诸特点的系统表达,这一技术在战后许多城镇设计和环境改造实践中得到广泛应用。在具体运用中,常见的有三种:

A. 无控制的注记观察。这源自基地分析的非系统性分析技术,观察者可以在指定的城市设计地段中随意漫步,不预定视点,不预定目标,甚至也不预定参项,一旦发现你认为重要的、有趣味的空间就迅速记录下来,如那些能诱导你、逗留你或阻碍你的空间,有特点的视景、标志和人群等。注记手段和形式亦可任意选择,但有时有许多无用的信息干扰观察者的情绪。例如东极镇庙子湖岛采用无控制的注记观察分析法对岛上较为重要和有特色的空间以照片的形式记录下来(图10-39)。

B. 有控制的注记观察。这通常是在给定地点、参项、目标、视点并加入了时间维度的条件下进行的。有条件时还应重复若干次,以获得时间中的空间和周期使用效果,并增加可信度和有效性。例如,观察建筑物、植物、空间及其使用活动随时间而产生的变化(一天之间和季节之间的变化)。其中空间使用还需要周期的重复和抽样分析。

C. 介于两者之间的是部分控制的注记观察。如规定参数而不定点,不定时等。就表达形式而言,常用的有直观分析和语义表达两种,前者包括序列照片记述,图示记述和影片,但一般情况是,以前者为基础,加上语义表达作为补充。语义可精确表述空间的质量性要素、数量性要素及比较尺度(如空间的开敞封闭程度、居留性、大小尺度及不同空间的大小比较、质量比较等)。

5)序列-视景分析法

其具体过程是:在待分析的城市空间中,有意识地利用一组运动的视点和固定的视点,选择适当的路线(通常是人们集中的路线)对空间视觉特点和性

图10-39 东极镇庙子湖岛现状分析图
(图片来源:浙江大学建筑设计研究院有限公司规划分院,2015)

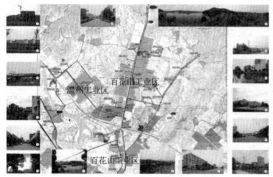

图 10-40　武义工业区百花山片区现状分析图
（图片来源：浙江大学建筑设计研究院有限公司规划分院，2014）

图 10-41　武义开发区牛背金片区现状分析图
（图片来源：浙江大学建筑设计研究院有限公司规划分院，2014）

质进行观察，同时在一张事先准备好的平面图上标上箭头，注明视点位置，并记录视景实况。分析的重点是空间艺术和构成方式，记录的常规手段是拍摄序列照片、勾画透视草图和作视线分析。如今还可利用电脑或模型－摄影结合的模拟手段取得更连续、直观和可记载比较的资料。

在分析武义开发区的城市空间时，规划师首先确定观察路线，在路线上不断拍摄照片记录建筑与空间的状况，并在每一段线路上标注出照片名称区间，选择每一段中具有代表性或特别重要的节点照片进行分析（图 10-40、图 10-41）。

（2）统计分析方法

1）单变量统计分析

单变量统计分析主要包括频数分布与频率分布分析、集中趋势分析、离散趋势分析和单变量推论统计。频数分布是指在统计分组和汇总的基础上形成的各组次数的分布情况，通常以频数分布图（柱状图、折线图等）的形式表示。集中趋势分析和离散趋势分析能帮助了解一组数据的集中和离散程度。集中趋势分析的主要测度值有平均数、中位数、众数。离散趋势分析的主要测度值有全距、标准差、离散系数等。

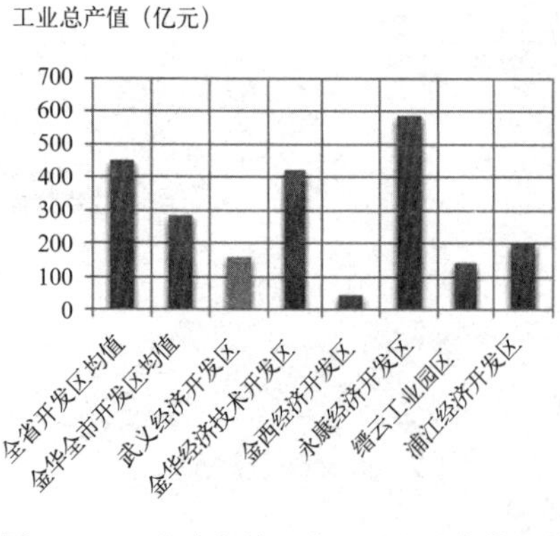

单变量统计分析是统计分析方法中应用最广泛的一种分析方法，常见于各种案例中，如比较武义开发区与其他经济开发区等工业总产值差异时就采用了单变量统计分析法，将各个开发区工业总产值作为变量进行统计，并生成柱状图（图 10-42）。

2）双变量与多变量统计分析

城市设计调查研究的对象众多，各种因素和变量

工业总产值（亿元）

700
600
500
400
300
200
100
0

全省开发区均值
金华全市开发区均值
武义经济开发区
金西经济技术开发区
金华经济开发区
永康经济开发区
缙云工业园区
浙江经济开发区

图 10-42　几个经济开发区工业总产值比较
分析图①
（图片来源：浙江大学建筑设计研究院有限公司规划分院，2014）

———————————

① 通过色彩的差异可以区别研究案例和对比案例。

彼此相互依存、相互影响，其相互关系比较复杂。变量间的关系大致可分为相关关系和因果关系两大类。相关关系是指在双变量或多变量之间存在某种依存关系。因果关系是一种特殊的相关关系，两个变量（自变量 X 和因变量 Y）之间具有单向性、不对称性和时间或逻辑顺序上的先后关系。为了把握变量之间的复杂关系，必须对数据资料进行双变量或多变量的统计分析。常用的双变量统计分析工具包括列联表、卡方检验、回归分析等。多变量统计的常用方法主要有多变量相关分析、多元回归分析、多元方差分析、因子分析等。

3）统计分析计算机软件的应用

计算机技术的发展使得城市设计调查研究的数据分析能力得到很大提高。目前常用的社会调查统计分析主要有 Excel、SPSS、SAS、URPMS、BMPD 等，其中 SPSS 是公认的应用最广的统计分析软件。而广大城市规划及设计专业人员处理统计数据时，最为简便、实用的是 Excel。

Excel 进行单变量统计分析非常高效，且表达方式多样、美观。在 Excel 中有 14 种标准类型统计图——柱状图、条形图、折线图、饼图、XY 散点图、面积图、圆环图、雷达图、曲面图、气泡图、股价图、圆柱图、圆锥图和棱锥图，在实际的应用中可以根据不同的特点和分析目的选择适当的表达方式。有时为了进行更为复杂的分析，会采用 SPSS 等其他软件进行分析，一般来说，分析软件之间的数据可以相互转换，使用较为方便。

（3）其他分析方法

数学、统计学、社会学、心理学、计算机技术等多学科的交叉发展，还促使了 SD 法、多重比较法、线性规划法、主成分分析法、多项目综合评价模型法、AHP 法、预测模型法、因子分析法等多种调查方法在城市设计领域的应用。如将 SD 法用于城市空间视觉景观的评价，将线性规划法、因子分析法、AHP 法用于评价空间系统诸要素关系、城市空间整体评价与最优选择等。

在城市的用地适宜性分析中，常常使用因子分析法，选择对用地产生影响的多个因子并对其附权重值，利用 GIS 软件进行因子分析并获得结果。如东极岛的用地适宜性评价因子选择和评价（表 10-5）。

东极镇用地适宜性评价因子选择和评价表　　　　　　　　　表 10-5

因子名称		权重	因子类型
建设经济性因子	距客运码头出口距离	40	弹性
	距停机坪距离		
建设安全性因子	地基承载力	35	弹性
	地下水位		
	洪水淹没程度		
	地质活动		
	地面高程以及坡度		

续表

因子名称		权重	因子类型
生态敏感性因子	山体	—	刚性
	礁石、沙滩		
生态保护因子	农地保护因子 基本农田	25	弹性
	农地保护因子 优质园地		
	农地保护因子 一般农田		
	军事管理区因子 专门划定的军事管理区范围	—	刚性
	饮用水源保护因子 水库水面	—	刚性
	饮用水源保护因子 专门划定的水源保护区		

根据上表可以利用GIS进行分析评价，并得到东极镇用地适宜性评价图（图10-43）。

10.3.3 成果表现

在对设计场地进行充分调研与分析后，我们常采用文字、图表、模型以及动画等方式对调研结果进行表达，常用的表达方式有统计数据的可视化、空间及时间维度上的相互关系、不同单元信息的叠加等。

（1）统计数据的可视化

统计数据的分析通常采用计算机电子表格程序（Excel）进行，这些程序能够将统计数据进行图形化表现，生成如柱状图、饼状图、点状图、折线图等一系列图形，从而直观地反映调查数据特征。统计数据可视化使阅读者更容易理解信息，同时，通过一些手段，如色彩更改、大小对比等可以突出关键性数据。

统计数据可视化的案例非常丰富，如武义开发区的各项经济数据的分析就采取了可视化的方式，多

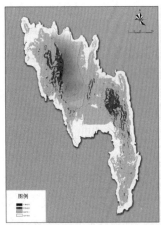
建设安全因子分析

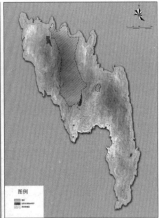
刚性因子分析

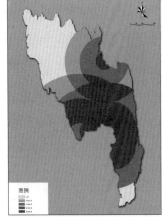

建设经济因子分析

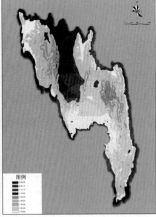
用地适宜性分析

图10-43 东极镇庙子湖岛用地适宜性分析图[①]
（图片来源：浙江大学建筑设计研究院有限公司规划分院，2015）

---

① 在用地适宜性评价中，可以根据实际情况选取不同的因子进行分析，因子的权重也可根据需要进行选择。

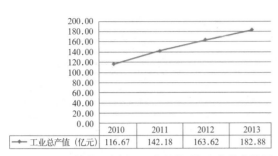

图 10-44 折线图实例——武义县历年工业总产值图
(图片来源：浙江大学建筑设计研究院有限公司规划分院，2014)

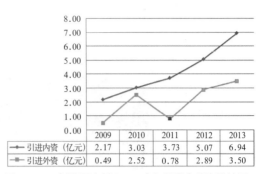

图 10-45 折线图实例 2——武义引进内外资比较图
(图片来源：浙江大学建筑设计研究院有限公司规划分院，2014)

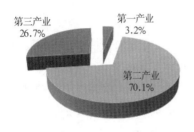

图 10-46 饼图实例——武义县各产业总产值图
(图片来源：浙江大学建筑设计研究院有限公司规划分院，2014)

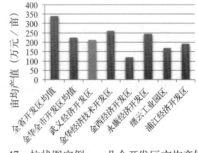

图 10-47 柱状图实例——几个开发区亩均产值比较图
(图片来源：浙江大学建筑设计研究院有限公司规划分院，2014)

用柱状图、饼状图和折线图等进行表达（图 10-44~ 图 10-47）。

此外，也可以将统计数据反映在地图上。当数据是按照地图上的特定分区进行调研时，可以将地图上的特定分区中按照数据大小填充同色系不同颜色用来表达数据。这种方式可以对特定分区的情况一目了然，同时根据颜色的深浅可以进行各个分区的对比。如对天台县某一规划单元进行分析时，就采用了这种方式（图 10-48~ 图 10-51）。

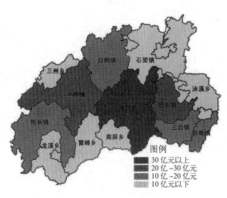

图 10-48 天台县工业总产值分布图
(图片来源：浙江大学建筑设计研究院有限公司规划分院，2013)

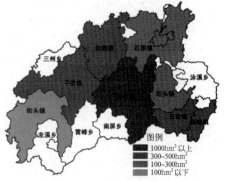

图 10-49 天台县现状城镇建成规模比较图
(图片来源：浙江大学建筑设计研究院有限公司规划分院，2013)

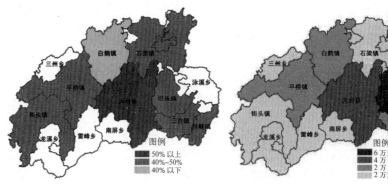

图 10-50 天台县现状城镇化水平比较图
（图片来源：浙江大学建筑设计研究院有限公司规
划分院，2013）

图 10-51 天台县人均工业总产值分布图
（图片来源：浙江大学建筑设计研究院有限公司规
划分院，2013）

（2）空间及时间维度上的相互关系

空间维度上的相互关系主要指设计场地与周围其他场地的空间关系或场地内部各要素之间的空间关系。通过对这些关系的分析，能帮助设计者明确周围环境对设计场地的影响要素及场地自身的特点等。如前文中首钢工业区改造启动区城市设计就对设计场地以及其周围空间的建筑要素进行了分析（图 10-29~ 图 10-32）。

时间维度上的相互关系主要指通过对比过去与现在的场地情况或分析多个阶段的场地情况的演变，从而发现场地现存的问题。首钢工业区改造启动区城市设计也从时间维度上的相互关系进行了分析，将不同阶段工业区的空间演变以图片形式表达出来（图 10-52）。在哈尔滨市铁路街沿线城市设计案例中，将设计地块以及周边环境的历史演变表达出来（图 10-53）。

（3）不同单元信息的叠加

基于不同的视角，城市空间可以划分为不同的单元。在自然环境的演变过程中，自然形成的生态系统具有相对独立和封闭的流域单元；在城市物质空间的演进中，建筑、街区、住区构成了不同层次的空间单元；而在城市社会空间中，

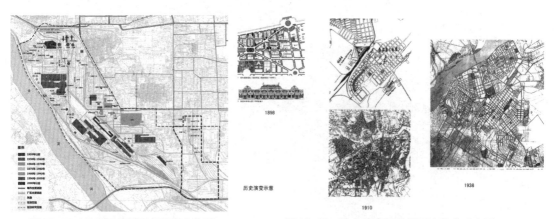

图 10-52 首钢工业区历年建筑定位图
（图片来源：北京华清安地建筑设计事务所有限公司，2008）

图 10-53 哈尔滨市铁路街历史演变示意图
（图片来源：《哈尔滨市铁路街沿线城市设计（海城街、安发街段）》图集，东林）

有具有文化同存性的社会单元和由行政区划促成的行政单元。在生态单元中，通过 3S（GIS、RS、GPS）技术可将地形、地貌、水文、植被等信息落实到空间。对物质空间单元的空间状态信息，可以通过地形图、卫星影像等提取。社会单元中的信息主要包括人口信息、业态信息、文化信息等。通过对一类单元中多种信息的空间叠加或对三类单元信息的空间叠加，能清晰地反映场地空间关系与特征，从而为下一步的设计提供依据。

生态单元的不同信息叠加最常用的就是用地适宜性分析，这在前文中的东极镇案例中已经有提及。叠加的信息越丰富越准确，分析结果越精确，指导性越强。在武义开发区的研究中，也采用了这种方法，将基本农田信息、水源信息、人文保护信息、河流、高程、坡度、坡向和交通信息进行叠加后获得了用地适宜性评价图（图 10-54）。这份用地适宜性评价图成为后一阶段设计的基础。

在对武义开发区的分析中还包含企业相关的经济数据信息，包括企业总产值、销售、税收等级、企业低均产值、销售、税收等级、低均用煤量、低均从业人数等，并将其进行叠加，得到了用地综合绩效评价图（图 10-55）。

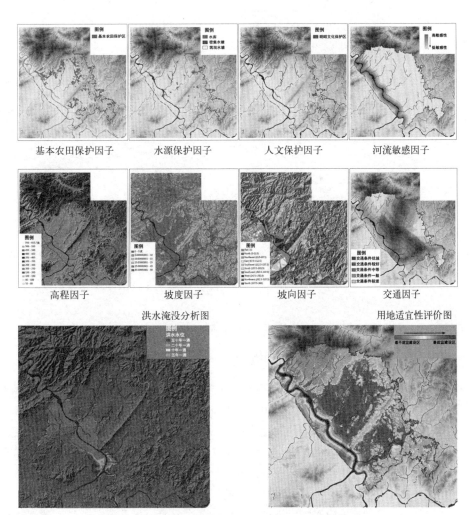

图 10-54　武义开发区用地适宜性评价分析过程图
（图片来源：浙江大学建筑设计研究院有限公司规划分院，2014）

企业总产值、销售、税收等级

企业地均产值、销售、税收等级

图 10-55　武义开发区工业用地综合绩效评价分析过程图
（图片来源：浙江大学建筑设计研究院有限公司规划分院，2014）

10.4　城市空间的控制导则

10.4.1　导则的概念

　　"导则"一词出于英文，一般称为"Guidelines"，也可称为"Guidance"，一度被译为"导引"并广泛传播。导则对事物进行规范的引导、指引，包含了控制和引导的双重作用。导则在城市空间控制中的应用通常通过设计导则实现，即"Design Guideline"或者"Design Guidance"。导则（以下提及的导则均指对城市空间进行控制的导则）主要对城市总体或城市中的历史街区、街道、社区、公共空间、道路景观、建筑等空间的设计与开发作相关引导，借助文字与图解的手段对特定城市空间内的各个要素（如高度、色彩、建筑材料等）作说明与规定，以此达到对城市空间控制，引导城市建设与管理的目的。不同国家导则的表现形式不同。一般来说，导则可以依附于城市设计或者区划法①，也可以形成单独针对市域、区段、专项甚至特定建筑的设计导则。

区别于城市设计对空间环境美学、人文、社会等方面的关注，导则更关注的是对城市设计实施的指导，关注如何将美好但不可及的设计落地建成，并且能够达到城市设计的目标。根据导则的弹性，可以将导则分为规定性和指导性两种。规定性导则是下一阶段设计工作必须遵守和体现的，是硬性要求；指导性导则解释说明对空间设计的要求、意向等，只提供可能性，不构成严格的制约。对特定空间的控制通常会同时存在这两种导则，两者共同发挥作用。

10.4.2　导则的实例与运用

在中国，城市设计发展不健全，控制导则更是处于萌芽阶段。中国也试图将设计导则引入城市规划管理过程中，但是一方面我国对导则内涵的理解不够深入与透彻，另一方面，我国的城市规划法律体系不完善，设计导则发挥的作用十分有限。部分控制导则的内容被杂糅在了我国现行规划体系中控制性详细规划的图则中，一些重要的内容，如对空间环境活力提升的指导等则缺失了。

西方城市建设的经验表明，导则在城市建设中的重要性不断突出，在城市历史风貌保护和城市更新与再开发中的作用最为显著。在存量规划渐渐成为主流的未来，导则将发挥出更大的作用。因此促进中国对设计导则的认识，并在实际规划设计中运用导则是城市规划学科下一阶段的重要任务。

设计导则在美国、英国、澳大利亚等多个国家都有自己的实践。本章将介绍美国在设计导则上的经验。

在美国，导则是特定的经济和行政体制下的产物，它包含的内容与特征是由现行的城市建设管理手段和控制体系决定的。美国区划法（Zoning）对城市空间中容积率、建筑高度、退后、建筑体块和停车位等方面进行了规定。美国有奖区划法（Incentive zoning）出现以后，设计导则成为对区划法的重要辅助手段之一，设计导则对城市设计概念和不可度量标准进行说明和规定，同时也作为公众参与和设计评审（Design Review）的标准之一，是开发商获得奖励（Bonuses）必须符合的前提。正是因为如此，导则在美国城市空间控制中显示出了极为重要的作用。

（1）波特兰的城市设计导则

波特兰（Portland）是位于美国俄勒冈州（Oregon），由姆尔特诺默县下辖的城市，它邻近威拉米特河汇入哥伦比亚河的河口，属于美国西部地区，是俄勒冈州最大的城市，也是美国西北太平洋地区仅次于西雅图（Seattle）的第二大城市。此外，波特兰还有一个重要的标签，即美国一个历史悠久的城市。

波特兰位列美国最后一批在机动车大肆横行前进行平面布局的城市，这个时机让波特兰中心城区拥有长宽均约 200 英尺的街区，形成了密集的网格布局形态。因此波特兰的城市拥有大量的公共空间，且城市的渗透性非常好，确保了城市的人性化发展。波特兰的中心城区北威拉米特河与韦斯特山包围在中间，

---

① 在美国，有一部分设计导则依附于区划法中。

其间有丰富的公园系统，形成了迷人且充满生机的城市形态。

这座城市对设计质量的要求大概就是从最初城市布局的传统延续下来的。在第二次世界大战结束以后的一段时期内，波特兰对历史街区进行了不断地保护，到1980年代，多个历史街区都已经有了自己的设计导则。波特兰还对中心城区、社区、公共空间也作了设计导则。从最初1980年发布的《莱尔山历史保护街区设计导则 (Lair Hill Historic Conservation District Design Guidelines)》到2008年发布的《河流区域设计导则 (River District Design Guidelines)》，一共先后发布了二十多个设计导则[①]，内容涵盖了波特兰的各个区域。波特兰的设计导则是一以贯之的，1980年代发布的导则至今仍在沿用。

波特兰的城市设计导则是在大量建筑师和历史保护团体的共同参与下完成的，他们运用凯文·林奇的研究方法确定了每一个潜在的地标，对从中心城区、内城到历史街区的每一个区域的设计特点进行详细的分析：利用三维轴侧图和地图在大尺度上提取信息，然后对小尺度的建筑和街道特色进行细节分析，分别形成详实的城市设计导则，并使之成为城市设计评估的依据。这些城市设计导则清晰的阐明了建筑的和城市的设计标准，以保证新的建设项目与城市的特色、城市设计框架是相符的，保证能够提升步行空间的环境，保证细节设计能回应当地的特色并能创造出有利之处来。

在波特兰，城市设计导则与各种规划、奖励机制、发展政策、交通法律、特殊区域控制和设计（项目）审查形成了一个完整而复杂的城市控制体系。在波特兰的设计导则体系下，这座城市获得了在城市设计和规划品质上的多个奖励，并且大多数的奖项都是在褒奖波特兰城市环境品质和城市宜居方面所获得的成就。对每一个到访波特兰的游客来说，城市空间的品质体现在没有"灰空间 (Grey Areas)"与废弃的内城街区 (Inner City Block) 上，体现在标志、家具、景观和步道的统一标准上，体现在交通的组织方式和公共交通标准的制定上。城市里到处都是杰出的优秀公共空间、文明的交通枢纽、设计得很好的轻轨系统 (LRT) 以及相关的街道家具、景观等，所有的这些形成了一个舒适、宜居、安全，最重要的是可步行的城市内。虽然城市中很少有那些看似雄伟的现代建筑，但是这座城市的历史、高质、和谐和生气使它成为美国特别的城市。

（2）美国的导则体系

波特兰的城市设计导则发展经历了很长时间。在三十多年里，以最初对市民和建筑师的调研为基础，在市民自身以及专业规划机构等对邻里和区域不断地调查下，设计导则和设计原则日渐发展和提升。除了波特兰以外，美国的城市逐渐认识到城市设计导则对城市空间品质提升的重要作用，也逐渐发展出自身的导则体系。

目前，美国不同州的不同城市都有相应的导则体系，并且各个体系都有其自身的特点，这与城市的性质、物质和社会环境等有着密切的关系。纽约这个充满活力的大都市则给它的设计导则规定了主题，它的城市设计导则就叫《活跃的设计导则——促进体育活动和健康的设计 (Active Design Guidelines

---

① 见 https://www.portlandoregon.gov/bps/34250。

Promoting Physical Activity and Health in Design）》。上文提及的历史城市波特兰，它的设计导则可以很好地体现其作为历史性城市的特点。尽管如此，导则规定的内容和导则的作用是大同小异的。

通常，导则的引导范围可以分为城市范围和区段两类，其中区段包括城市中心区、历史街区等。城市范围内的设计导则涵盖的内容广泛，包括对步行交通、公共空间、公共安全、建筑及其附属物设计等。有些城市将这些内容分开设置，形成多个设计导则，如洛杉矶的城市范围内的设计导则就分为《城市居住区设计导则（Residential Citywide Design Guidelines）》《城市商业区设计导则（Commercial Citywide Design Guidelines）》《步行化设计手册（Walkability Checklist）》《设计一个健康的洛杉矶（Designing a Healthy LA）》《小地块设计导则（Small Lot Design Guidelines）》，有的城市则有一个全市性的设计导则，如西雅图的《西雅图设计导则（Seattle Design Guidelines）》就是这样。区段设计导则也有不同的表现形式，除了城市中心区、历史街区以外，也有城市有分区城市设计导则，如西雅图的就根据不同的设计审查局辖区进行划分，对辖区内的区域分别设置设计导则，《巴拉德市政中心社区设计导则（Ballard Municipal Center Neighborhood Design Guidelines）》就是西北设计审查局辖区内巴拉德市社区的设计导则。城市中心区的设计导则也可能依据引导的内容的不同进行进一步地细分，如波特兰中心城区对基础设施设计也设置了导则《中心城区基础设施设计导则（Central City Fundamental Design Guidelines 2001）》。

美国的城市设计导则往往依附于总体规划，也会有部分内容依附于区划法，同时，在城市设计导则的体系中，还可能有专门的城市设计原则（Principles）和手册（Checklist）进行补充。如洛杉矶的城市设计体系中，《城市设计原则（Urban Design Principles）》占据了重要的地位，成为统领各个城市设计导则的基础，这个手册从如何构建一个机动性的城市、有活力的城市、有责任的城市三个方面列举了十条重要的原则，将政策与开放空间环境进行联系，关注和处理了由私人不动产到街区，街区到邻里，邻里到社区，社区到城市的链接，表达了洛杉矶对待城市的价值观念。

（3）美国导则的编制

上一节提及美国的城市设计导则体系中有多种导则类型，它们用以引导的对象、内容都不同，但是导则的编写结构和用以导引的方式都是大致相同的。

1）导则的编写结构

导则的编写结构一般按照导则概要、导则主体内容、附录三个部分来写。在导则概要部分，通常会表达对编写导则的单位、提供帮助的个人等的鸣谢，介绍导则编写的缘由、背景，说明导则是如何使用的等内容；在导则主体内容部分，一般会根据导则引导对象按照特定的逻辑进行编制，这是导则最重要也是最实用的部分；附录一般可以包括术语、与导则相关的标准、表格等，有时术语可以放到第一部分写，有时也把鸣谢放到附录，当然，有时候附录不写到导则文本中，而是以附件的形式另起文本供人查阅。

在纽约的《活跃的设计导则——促进体育活动和健康的设计》中，导则概要部分写了地方行政结构和长官的介绍、美国建筑师协会纽约分会的介绍、官方对本导则的概括性介绍、这个设计导则的使用方法、符号术语的含义几个部分的内容。在导则的主体内容部分，分环境设计与健康：过去与现在、城市设计：创建有活力的城市、建筑设计：创造日常体育活动、与可持续发展和通用设计的综合协同 4 个主题分别进行对设计的控制引导。在附录部分，内容包括了 LEED（Leadership in Energy and Environmental Design）关于"通过增加体育锻炼达到健康的设计"的表格以及相关分值、图片目录及作者名录和鸣谢三个部分。该导则的结构相对完整，内容丰富，是整个纽约市范围内必须遵循的城市设计导则。

同样是全市性的设计导则，《西雅图设计导则》内容相对精炼，导则概要部分首先进行鸣谢，然后回答了什么是卓越设计、西雅图设计导则的目的是什么、我们创建环境时重视什么、导则将由谁使用、读者指导 5 个问题。导则主体部分分环境和场所、公共生活、设计理念三个部分来进行空间设计的引导。该导则没有附录部分。导则一共只有 36 页，内容相当精炼实用，没有冗余的地方。

洛杉矶的全市性设计导则有统一的编写结构，它们在概要部分都介绍了导则的目标、背景以及与其他规划之间的关系，在附录部分都是术语表，有差异的部分仅在主体内容上有差异，根据用以导引的对象分别进行编写。这套全市性设计导则内容丰富详实，导引深入。

2）导则的引导方式

根据导则的弹性，可以将引导方式分为规定性引导和指导性引导两种，根据表达形式，可以把引导方式分为文字引导、图片引导和图文结合三种方式。

规定性引导是下一阶段设计工作必须遵守和体现的，如在《波特兰人行道设计（Portland Pedestrian Design Guide）》中，对街角的"非私人使用区域"作出了规定："为了给必须放置在街角的硬件设施提供空间，并确保街角良好的视线，私人用地边界延长线 1.5m 的范围内不允许临时性的私人使用，如街边摆摊、人行道咖啡、广告牌和报纸贩卖机，如图 10-56 所示。"指导性引导解释说明对空间设计的要求、意向等，不构成严格的制约，如《西雅图设计导则（Seattle Design Guidelines）》中指出，"在条件允许的地方要利用太阳能和场地中的自然通风设备，利用好自然通风和太阳能的作用来尽可能减少机械的通风或取暖装置"，这就是一种指导性的导则。对特定空间的控制通常会同时存在这两种导则，两者共同发挥作用。

文字引导指用文字的形式解释和说明导引的内容，一般要求文字简明有力，能够清晰地表达要求。文字引导的优势是逻辑清晰，但劣势是不够直观，容易引起歧义等。图片引导指利用图片的形式解释和说明导引的内容，一般图片可以采用真实案例照片、手绘意向图、抽象图等多种方式进行表达。图片引导的优势是直观，可读性强，但劣势是有时不能很好地表达设计理念和思想，

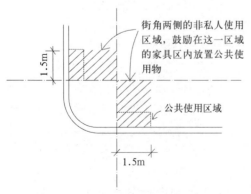

图 10-56 非私人使用区域的设计导则图示
（图片来源：作者重绘）

以及解释为何要这样引导。因此图文结合的形式是现在的导则一般会采用的方式，能够兼有文字引导清晰有逻辑的长处和图片引导直观可读的优点，使导则的引导更明确和实用，可实施性更强。

在洛杉矶《城市商业区设计导则》中，对城市建筑立面和形式有控制导引，表达如下：

建筑立面和形式：

A. 建筑立面必须形式多变且相互连接，以增加立面墙体的数量并且避免大量单调乏味的墙体。

B. 建筑元素，如入口、门廊、檐口和遮阳棚等应与建筑体块体量相适应，并且应避免夸张或者具有对历史建筑形式讽刺性的元素出现。

C. 将建筑特色叠加来强化某种建筑的特色如入口、转角以及零售和办公空间的组织。

D. 不同的纹理、色彩、材料和可识别的建筑处理方式交替和谐地出现，以增加视觉的趣味性，同时避免枯燥和重复的立面。

（4）小结

事实上，美国的城市设计导则在城市的建设和发展中有着重要的作用。美

建议

✓ 强化转角处理，以建立视觉上的突出

✓ 立面的建造可以表达为将单一的墙体打破成为多个平面的墙面

不建议

⚠ 与统一风格不相符的夸张元素

图 10-57　建筑立面和形式的控制导则
（图片来源：作者重绘）

国的城市强调步行空间、公共空间、人文历史、景观风貌等，希望通过导则令城市拥有步行舒适的环境、勃勃生机的公共空间，希望能够在城市中央留住历史的痕迹，使它们不被现代建筑所侵蚀，希望城市可以拥有统一和谐的景观风貌，城市的特色能够延续下去。当然导则必须在城市的控制体系下完成它们的使命，设计导则只是对城市空间进行控制时遵守的原则，城市建设和更新的过程要复杂得多，美国的不同城市也都有着不同的流程模式。但它们的共同特点就是，从项目申请开始到被批准，都必须严格按照规定的步骤进行，这保证了设计导则一定被应用。

在城市设计导则刚刚开始运用的我国，不仅要尽快形成自身的城市设计导则系统，还必须从法律的角度出发，明确城市设计导则的地位。同时要尽快完善城市建设项目申报和审批的流程，让城市设计导则能够真正被使用，不至于沦为一则可有可无的原则。

习　题

1. 请简述城市设计的范畴与作用？举 1~2 个事例予以说明。
2. 围绕导则的概念及其制定方法，举 1~2 个案例，并说明其利弊。

参考文献

[1] Charlie Hales, Vic Rhodes et al. portland pedestrian design guide[S]. Portland：Office of Transportation, Engineering and Development, Pedestrian Transportation Program, 1998. http：//www.portlandoregon.gov/transportation/article/84048.

[2] John Punter. Design guidelines in American cities, a review of design policies and guidance in five west coast cities[M]. Liverpool：Liverpool University Press, 1999.

[3] Lesley Bain, Cheryl Sizov. Seattle design guidelines[S], Seattle：Department of Planning and Development, 2013.http：//www.seattle.gov/dpd/cs/groups/pan/@pan/documents/web_informational/p2402708.pdf

[4] Sean O, Burton et al. Commercial citywide design guidelines[S], Los Angeles：Diego Cardoso Los Angeles Department of City Planning, 2011. http：//urbandesignla.com/resources/CommercialCitywideDesignGuidelines.php.

[5] 金广君. 美国城市设计导则介述 [J]. 国外城市规划, 2001, (2)：6-9, 48.

[6] 凯文·林奇. 城市意象 [M]. 方益萍译. 北京：华夏出版社：2001.

[7] 林云华. 英美城市设计引导研究 [D]. 武汉：华中科技大学, 2006.

[8] 王建国. 城市设计 [M]. 北京：中国建筑工业出版社, 2009.

[9] 王建国. 城市设计（第三版）[M]. 南京：东南大学出版社, 2011.

[10] 周俭, 夏南凯. 新理想空间Ⅳ——同济规划设计年鉴 [M]. 上海：同济大学出版社, 2010.

[11] 郑正. 寻找适合中国的城市设计——郑正城市规划、城市设计论文、作品选集 [M]. 上海：同济大学出版社, 2007.

11 城市空间发展战略

本章从宏观与中观两个角度解析城市空间发展战略，其一是区域空间发展战略，其二是城市战略空间规划。

11.1 区域空间发展政策

11.1.1 区间差异

尽管协作与融合是大的趋势，但西欧各国之间和国内各区域之间仍存在区间差异。一般而言，最大的差异存在于蓬勃发展的大都市地区和偏远乡村之间，以及衰落的老工业地区和新成长起来或转型成功的以高技术制造业与服务业为主体的新产业地区之间。传统的衰落工业地区如英格兰中北部工业区、法国与比利时之间的煤矿区、法国的洛林与伦巴第地区、德国鲁尔区，还有农业比重较大的地区如爱尔兰周边乡村地区、法国西部与南部、西班牙、葡萄牙和意大利南部等，人均 GDP 低而失业率较高。而德国南部、英格兰东南部、意大利中北部的伊米利亚－罗马涅（Emilia-Romagna）、法国地中海沿岸、西班牙南部的马德里则是繁荣地区。发达的城市地区构成了法国学者称之为"蓝香蕉"

(Blue Banana) 的地理景观，涵盖了伦敦、巴黎、布鲁塞尔、阿姆斯特丹、科恩、法兰克福、慕尼黑、米兰等欧洲在城市体系当中等级最高、最具影响力的城市当中的大多数。

而停滞成长或增长缓慢的乡村地带，一般都远离蓝香蕉地区。即使是在大都市带，以单一产业（如煤炭、钢铁）为主的城市也日趋衰落，多元化的高新技术制造业、服务业、商业与金融业的城市则不断增长。同样的，美国也有"铁锈地带"（Rust Belt）和新崛起的"阳光带"，传统的东北工业带在产业衰退和人口外迁的消极作用下，纷纷调整地区支柱产业，期望扭转颓势；而太平洋沿岸地区则借助高科技朝阳产业，成为美国新的经济热点地区和人口迁入地。

这些区间差异的成因比较复杂，大多有历史原因，也有近现代因产业发展、结构转型等造成的区域经济上的进退变化。一般而言，发达的城市集聚地区之所以存在，是专门的高技术制造业和第三产业（服务业）不断发展的体现。这些产业要在有大市场和大量技术工人的地方生长，且需要专门化的交通运输和市场服务，并逐渐形成一个复合体，以期最大限度地发挥规模效应。区间差异拉大引起了 1980 年代以来西欧的经济策略、产业战略和区域政策方面的关注，同时也影响着区域规划与城市规划的制定。因为如果不加以控制，这种马太效应下的区域两极分化现象会越来越严重，一方面是几个大城市地区人口日益膨胀，会导致规模不经济，出现交通拥堵、土地短缺、房价飞扬、基础设施不敷使用等问题；另一方面，落后地区因为人口过于稀少与分散，已无法支撑各项现代服务设施的基本运转需要。

西方各国政府自 1950 年代以来也制定了不少空间发展政策试图减小区间差异，例如英国一直以来都不遗余力的扶持其西北部落后地区。但在 1980 年代以来的市场和竞争力主导的战略思想下，政府更倾向于将资本投入到经济增长势头强劲的地区（Salet，Thornley and Kreukels，2003：12）。而欧盟一直致力于扶助落后地区 [①] 的发展，减少差距，且欧盟的经济政策与立法对各国有制约作用。在这样两股相反的势力下，欧洲区域未来的发展态势将更加复杂化。

11.1.2 空间发展政策实践

(1) 欧盟区域空间发展政策

欧盟一体化对欧洲城市规划的影响，首先体现在其于 1999 年出台的《欧洲空间发展展望：面向欧盟地域的均衡可持续发展》(the European Spatial Development Perspective：Towards Balanced and Sustainable Development of the Territory of the EU，ESDP) 上。经过 10 年磨砺方始成文的 ESDP 通过了三种空间发展方针：第一，均衡且多中心化的城市体系和新型城市－乡村关系的发展；第二，确保基础设施建设和接受知识的机会均等；第三，可持续发展，谨慎管理及保护自然与文化遗产。它的核心原则有两个：多中心；以及辅助的将集聚分散化（Hall，2002，184）。

---

① 落后地区一般指人均 GDP 低于欧盟平均水平 75% 的地区。

对中心词"多中心",在不同的空间尺度和地理背景中有不同的界定：在全球尺度上,它指发展备选的全球中心城市,即除了必然在名单上的伦敦外,或许还有巴黎和其他的承担某种全球功能的次级全球城市；在欧洲尺度上,指将全球城市伦敦的部分功能和活动转移到其他城市上,但是分散到哪一级城市上,这可能是需要进一步探讨的问题；在区域尺度上,指功能和活动从高等级城市分散到更小的城市上,这些城市位于城市场或高等级城市影响范围内。在这个尺度上,集聚分散化是指沿着少数几条选定的发展轴分布,发展轴一般都要沿着最重要的交通线路（高速铁路、公路等）,选点一般都在铁路站点和高速公路中转站等具有极好通达性的地方。在偏远的农村地区,多中心意味着增强 20 万~50 万人的"区域中心"(Regional Capital) 和 5 万~20 万人的地方中心 (County Town) 这两级城市的潜力。与之相应,ESDP 的实施需要三层"垂直"协作——乡镇层面、跨国\国家层面以及区域\地方层面;它同时也需要"水平"协作——各行政等级当中的部门之间的协作 (Sykes and Motte, 2007：99)。

(2) 美国 2050 战略

根据美国 2050 战略,全国 11 个大都市圈集中了美国 3/4 的人口。这些大都市圈的规模差异非常大,功能特色也不尽相同。它们既包括美国东部传统工业发达的铁锈地带——东北区、大湖区、大西洋皮埃蒙特区等大都市圈,也包括西部后起的阳光地带——北加州、南加州、亚利桑那阳光带、佛罗里达等以电子高科技产业为引导的大都市圈,及最近新兴的竹带——环境良好以生物制药为主的大西洋皮埃蒙特区。除了这些具有历史渊源的城市密集地区,美国内陆和边缘地区也出现了一些新兴的大都市圈——西北部的卡斯凯迪亚、落基山脉东部的山前地带以及南部传统上被认为是农业省份的德州三角和墨西哥湾沿岸。

根据预测,到 2050 年美国的总人口会增加 50%。在此背景下全国尺度的大都市圈空间规划越来越依赖地方性的海港、高速铁路以及机场等基础设施建设的布局。与此同时,公平、公正等社会问题也受到关注。"美国 2050"(America 2050) 战略在恰当的时机提出了通过适当的空间规划手段实现区域的均衡发展的宗旨,其核心思想是通过构建大都市圈网络突破行政边界的限制,让各个城市通过合作共同分享发展的益处 (张纯,贺灿飞,2010)。

11.2　城市战略空间规划

"战略"一词源于军事,最早属于兵家术语 (Albrechts,2003；杨保军,2006),从字义上理解是为了求得自身的生存和长远发展而进行的全局性谋划。韦伯斯特大词典将战略定义为"strategia",即运用一个或多个国家政治、经济、心理和军事的力量来尽可能实现战争或和平的政策目的 (Webster,1970：867,引自,Albrechts,2003)。除军事领域外,战略也被广泛用于政治和经济领域。20 世纪以来,战略思想又被用于指导城市与区域发展,战略规划应运而生。近年来,在全球化、可持续发展、市场化、分权化等诸多因素影响下,战略规划或战略空间规划在世界范围内出现了复兴或迅速发展的现象。它作为

一种新的战略性城市规划类型，有别于传统的城市总体规划、土地利用规划以及城镇体系规划，更加强调对城市发展问题的诊断、发展策略的研究以及政府行政、城市经营的建议，相较法定规划更少形式和内容上的约束（吕传廷等，2010）。

11.2.1 界定与特点

（1）界定

与战略规划相关的概念有概念规划（Concept Plan）、结构规划（Structure Plan）、战略空间规划（Strategic Spatial Plan，一译空间战略规划）、空间规划（Spatial Plan）、城市战略规划、城市发展战略规划、城市发展战略研究、城市空间发展战略研究等。这些概念在一些文献中被等同使用，在另一些文献中则被加以区分。

在中国，战略规划可分为广义和狭义两种。广义的战略规划泛指包含战略性思考的规划，可体现在不同规模（Scales）的地域或行政等级（Administrative Level）上。在国家层面有中央各部委（尤其是国家发改委和国土资源部）编制的空间发展战略规划以指导全国性的社会经济发展、空间开发及土地利用；在区域层面有都市圈、城市群规划以及各省市自治区城镇体系规划，多为增强区域竞争力提供指导意见；在城市层面有针对城市自我发展的战略规划。可以看出，中国战略规划编制的层面多与行政等级相匹配，跨国的战略规划合作较少；相比之下，欧洲对战略规划的认识及实践更加灵活，进行战略规划实践的层面更加丰富。从欧盟层面，到欧洲某几个国家的联合层面，到国家层面，到区域层面再到城市层面都有战略规划的成果。

狭义的战略规划则特指城市战略规划，尤其是以大城市为编制基础的战略空间规划。在中国城市迅速发展的近 10 年内，战略规划实践多以城市为主体，相应的理论探讨也集中在城市层面的战略规划。因此，将战略规划理解成"城市的战略规划"——这也是本文分析的主体——逐渐成为当下的主流意识。城市战略规划指在全球化竞争时代，城市面对快速多变、严峻挑战的环境，为了求得长期生存和发展而进行的全局性、总体性谋划（杨保军，2006）。战略规划研究中需要明确一定空间地域应对未来各种潜在重大问题、发展机遇或挑战的方针策略（吴良镛，吴维佳，2012），重点是城市整体发展策略和土地空间开发的政策纲领（吕传廷等，2010）。中国城市 10 多年来开展的城市战略规划名称并不统一，多数称"发展战略规划"，也有的借用新加坡规划体系中的称谓称"概念规划"。有的城市为突出其"空间规划"的性质，在发展战略前冠以"空间"二字；有的为表明其"研究"的性质，在"规划"后再加"研究"二字（邹德慈，2003），衍生出城市战略规划、城市发展战略规划、城市发展战略研究、城市空间发展战略研究等名称，显示出战略规划在中国的新生性、多元性和可变性。

"概念规划"就是要表达城市或者区域在一个长久阶段内发展的整体方向，以及可以指导当前行动的整体框架（张兵，2001）。战略规划是城市在全球化竞争时代，为了应对快速多变、严峻挑战的环境，为了求得长期生存和发展而进行的全局性、总体性谋划（王磊，等，2011）。概念规划将社会经济发展的潜在可能和需要（产业结构调整、发挥竞争优势、培育新的经济增长点等）解释为空间的语言（不同功能的空间分布、发展方向、城市结构和基础设施等）（赵燕菁，2001）。

（2）特点

一般而言，城市战略规划或城市发展战略研究的一般性特点如下（杨保军，2006；邹德慈，2003；姜涛，2009；吕传廷，等，2010）：

第一，全局性、整体性或综合性，即规划对象一般是城市全局，根据城市总体发展的需要而制定，规划在分析时应具有区域分析视角，而不是像城市总体规划那样单纯聚焦于所规划的城市本身。注重规划的愿景塑造，特别是将城市放置于一个更广阔的区域视角中，在与其他地域相互关系中重新定位。

第二，长远性，即规划制定要以城市外部环境和内部条件的当前情况为出发点，并指导、限制当前行动，但这些都是长远发展的起步。

第三，抗争性，即战略规划是关于城市在激烈竞争中如何与竞争对手抗衡的行动方案，同时也是针对来自各方面的冲击、压力、威胁和困难，迎接这些挑战的行动方案。

第四，纲领性，即规划采取的基本行动方针、重大措施和基本步骤通常都是原则性的，具有行动纲领的意义。战略议题的选择上具有针对性，如产业结构、核心空间或基础设施提升等，通常是最迫切、也最易产生推动效应的关键议题，在很大程度上摆脱了之前总体规划那种耗时且不切实际的全覆盖、模式化。

第五，自由度或弹性，即战略规划的编制程序与形式应比较自由而具有弹性，具有研究的性质。熟练运用各种企业战略方法和工具，如 SWOT 分析、场景分析、竞争力分析等，以提高规划在复杂多变环境中的应对能力。

第六，空间性，强化空间概念和意象的表达，来帮助形塑注意力以及信息更好地传递与沟通。

同时，中国的战略规划还具有"体制内体系外"的特征：所谓"体制内"是指战略规划在很大程度上是由国家规划体制内的规划机构所承担；而"体系外"是指其非法定规划特性，并且使得城市规划预设的规划对象，从笼统的"公众"转向具体的"地方首长"（刘昭吟，等，2013）。

阿尔布雷克特（Albrechts，2006）总结了欧洲战略空间规划的一般性特点：第一，针对性（Selective）。空间发展在不同阶段会产生不同的问题和挑战，战略规划应因时制宜，针对当下空间发展中最重要的议题展开，而不是像综合规划（Comprehensive Planning）那样面面俱到。第二，包容性（Relational Annex Inclusive）。正如 Healey（1997）所言，战略空间规划应被视为一个社会－空间过程（Socio-spatial Process），该过程包容社会中不同的个体和想法。个体之间的社会交流有助于有效地判断空间问题，从而提升对空间的认识。第三，整合性（Integrative）。它并非指无遗漏地考虑空间发展中的各项问题，而是以一种全局性的眼光来看待空间发展。此外，除了关注具体的对象和功能外还要关注过程，力求在制定战略规划的过程中，实现跨部门和跨政府等级之间的合作与协调。第四，愿景（Visioning）。战略规划应对空间发展进行展望，以图

形或文字的形式描述未来的空间状态，并思考到达该状态所需的途径与方法。战略空间规划的愿景应与传统规划中的蓝图进行区别。传统规划强调的是与规划蓝图保持一致（Conformance），但战略规划强调的是 tranformance（Mastop and Faludi，1997）。第五，行动导向性（Action Oriented）。战略空间规划是一个长久持续的过程，不终止于"规划"。战略规划强调的是持续的变化，即使在完成规划之后，仍需要不断地付诸行动。

可见，综合性（整合性）、可预见性、长远性（或行动导向）和对空间的重视是认同度较高的战略规划的一般性特征。除此之外，各国或各地区对战略规划的侧重点则有所区别。中国城市战略规划更强调通过战略规划在城市竞争中取胜，而欧洲的战略规划更重视区域或地域（Territory）间的合作与协作。

总体来说，相比西北欧，中国的战略规划带有明显的国情特色，且仍是一个处于探索阶段的新型规划：

1）空间色彩浓而公共政策色彩淡（杨保军，2006）。目前中国的战略空间规划仍是一个"政府主导"的过程，偏重于技术性而非空间管治手段，对公共政策研究较弱，对社会公众参与经验少。虽然在第二轮规划中公众参与的力度有所加强，但其成效仍不明显。

2）对远景宏图和构建倾注心力多而对实施策略研究着力少（杨保军，2006）。自从《城乡规划法》和《城市规划编制办法》明文规定需编制战略规划以作为总体规划的前瞻性研究，战略规划就被普遍理解为是一种为总体规划服务的、构建宏图的工具。如果仔细对比，可发现战略规划在某种程度上实则就是城市总体规划纲要的扩展。弗里德曼（Friedmann，2007：59）甚至认为，在中观，城市总体规划和战略方法并不是那么明显。总的来说，中国目前对战略规划自身的独立性，及被实施的重要性认识尚浅。虽然第二轮战略规划都加强了"行动计划"的内容，但可操作性和实施效果仍待检验。

3）对提高经济竞争力的关注度远远大于对提高社会公平及环境品质的关注。虽然在第二轮的战略规划编制中，关注点从"量"转变为"质"，但经济要素仍在"城市品质"构成中占有绝对优势的比重。相比西北欧等发达国家而言，中国战略规划在社会及环境方面的重视度还有待提高。

（3）与传统空间规划的区别

传统的空间规划也至少有两层涵义，从宏观层面上说与土地利用有关，被视为典型的物质性规划（张伟等，2005），在很多国家是部门性的土地利用管理规划（Healey，1997；Vigar et al，2000），其根本目的是实现经济增长。市场机制可以实现生产和活动的优化配置，从而使空间有序发展，空间规划则作为"理性对非理性的控制"一直被视为市场失效时的一种补救手段（张伟等，2005）。从中观层面上说，传统的空间规划一般指泛指与物质形体空间相关的规划设计，如外部空间规划设计、城市空间规划设计、城市开敞空间规划设计等（霍兵，2007）。

1980 年代以来，空间规划在西方作为一个具有特定含义的专用概念和名词正式出现，且经常与战略规划相联系，或组合为"战略空间规划"（Strategic Spatial Planning）这一专有名称。新一轮空间规划是在可持续发展战略确立、全球化、信息化、对环境问题广泛关注、政府机构重组、公共参与深化等这些背景下发展起来的（张伟等，2000）。与 1980 年代以前的传统的空间规划相比，其目的、功能、模式、理论方法等都发生了变化。根据欧盟和英国副首相办公室的定义，空间规划的核心是空间融合和政策协调，包括不同空间尺度、跨越部门和区域的政策整合，以实现经济和社会的和谐、可持续发展以及地区之间竞争力的平衡（CEC，1999）。从目的来说，空间规划的目标不再单纯地为促进经济增长，社会公平和环境健康也成为其根本目标。新型的空间规划包括以下三个基本功能：空间规划提供了一个长期或中期的领土战略，整合各行业政策的不同视角，追求共同的目标；空间规划处理土地利用和物质发展问题，作为与交通、农业、环境等一道的政府活动的特殊行业；空间规划也意味着根据不同的空间尺度进行行业政策的规划（霍兵，2007）。

（4）与城市总体规划的区别

从方法来看，传统的总体规划属于理性规划模式，它从目的和目标开始，通过广泛地获取信息、分析评估，然后选择一个最优方案付诸实施，这是一种线性的、综合的方法。后来为了改进方法的不足，又强调在实施这个方案时，对其结果和成效进行监测和评估，并反馈到目标，如此不断滚动循环。西方战略规划的方法不同于以上理性规划，它首先假定未来不可预测，甚至也不可控制，即便是通过强大的政府力量也难以奏效；其次，它假定社会不同的利益群体、不同的组织机构之间总是存在矛盾和冲突，很难有共同的利益和目标。因此，战略规划不是从具体的目标入手，而是从问题开始。然后主要运用 SWOT分析手段来制定战略，其中最重要的部分是实施。这样，利益相关者必须参与战略制定的全过程，因为只有存在拥护者时，实施才能有效落实（杨保军，2006）。

11.2.2 由来与复兴

（1）战略规划的西方起源

战略规划在不同国家、地区有不同的起源。在西北欧，战略规划的应用可以追溯到 1920 年代和 1930 年代，它与诞生自 19 世纪的现代民族国家的概念紧密相连，被应用于指导不同的权力机构、部门和私人参与者中的行为。战略规划在战后到 1970 年代曾经是欧洲城市与区域规划的主要形式之一。1960年代，在欧洲许多国家的城市和区域发展中，以土地利用规划和投资开发为代表的战略方法（Strategic Approaches）占主导地位，包括总体规划、城市更新、新城镇规划等（Healey，1997）。例如 1960 年代的英国战略规划颇为流行，其特色在于行动导向、利益相关者广泛参与、重视对现状分析研究、具有应对发展变化的灵活性、对未来发展提出多方案选择、重视当前行动未来可能的影响等（Bryson & Einsweiler，1988）。这样，至 1968 年时英国便开始对已僵化的城市土地利用规划进行改革，并于 1971 年通过了新的《城市规划法》。这部法规终结了 1945 年规划法确立的单一的详细土地利用开发规划，正式引入了新的开发规划类型——结构规划（Structure Plan）。结构规划又称战略规划，是对大范围地域的主要政策目标的宏观描述。其编制成果是一种概念性框架，与

传统的土地使用规划明显不同（吕传廷等，2010），并以其较为灵活和弹性的特征逐步引导西方传统土地利用规划走出狭隘的蓝图控制思维（姜涛，2009）。

在美国，根据考夫曼和雅各布斯（Kaufman and Jacobs，1987）的研究，战略规划起源于 1950 年代的私营部门，原本是为了让快速变化和不断扩张的公司有效地规划和管理似乎越来越不确定的未来，例如某个组织对自身的行动制定战略规划。后来，空间部门公司法人将响应市场快速变化的企业战略规划借用到空间规划中来，产生了战略规划（刘昭吟等，2013）。战略规划在美国和欧洲不同的起源和传统，反映了战后许多欧洲国家在实行福利国家政策中的"中央经济统治论"的历史传统（Albrechts，2003）。

（2）战略规划的西方复兴

1980 年代以后随着新自由主义在全球的兴起、规划的力量随之衰减，传统的空间规划作为防止市场失效的一种管理手段受到冷落。但 2000 年以后在全球化趋势下世界各国都有战略规划强势复兴的趋向。空间战略规划在西方复兴的原因如下：第一，社会政治经济的发展为战略空间规划的复兴提供了平台；第二，可持续发展日益受到重视；第三，政府角色的转变；第四，欧盟政策的推动（钱慧，罗振东，2011）。复兴后的战略规划被赋予了新的内涵，带有"空间管治"的视角，越来越以一种区别于传统空间规划、区别于综合规划的姿态出现在规划实践中。同时，对战略规划的关注也不再局限于"规划的编制"，如何更好地落实战略规划也成为欧洲学术界思考的新方向。

（3）战略规划的中国起源（第一轮城市战略规划）

同西北欧的情况类似，中国战略规划也经历了两轮历程，但却是在 20 世纪末以来的短短 10 多年间。1990 年代末是中国政治、经济社会的重大变革期，内外部环境的变化推动城镇化和城市发展进入快速发展期。而通过一系列制度改革掌控了更多自主权的"企业化了的"地方政府，也具有强烈的发展城市、提升城市竞争力的需求。在这种形势下，中国开始探讨一种独立于传统的规划，即城市发展战略规划。这是中国城市战略规划的起源，也是第一轮战略规划之肇始。短短十多年间，中国城市战略空间规划（或城市空间发展战略研究）已经走过了两轮发展历程，未来还有广阔的发展和探索空间。

2000 年前后是我国政治、经济社会的重大变革期，内外部环境的变化推动城镇化和城市发展进入快速发展期，国家"十五计划"首次明确提出"推进城镇化的条件已渐成熟，要不失时机地实施城镇化战略"。总体说来，城市战略规划在我国的出现有内外两方面的背景。第一轮城市战略规划出现的原因大体如下（张兵，2002；王凯，2002；邹德慈，2003；杨保军，2006；王磊等，2011；徐泽等，2012）：

第一，外部环境的影响。一方面，全球化为我国城市发展提供了新机遇，外资的大量进入推动了城市的快速发展，也加剧了城市间的竞争，城市必须进行符合自身情况的宏观的战略管理，把握大的发展方向。另一方面，全球化使城市和城市地区逐渐被纳入全球经济网络之中，原有相对稳定的城市体系格局被打破，一些城市曾经拥有的支配地位受到周边城市的挑战或威胁。而另一些大都市地区在经济发展中的主导地位则在这一过程中突显出来，成为国家参与全球竞争的战略性节点。来自区域内、国内以至国际间竞争态势的增强，迫切要求城市产业结构和空间结构的调整，以巩固和强化中心城市的地位和实力，这要求城市发展具有全球视野。因此，上述两类地区率先对战略规划提出了要求。

第二，中国城市发展的新态势。改革开放以来中国城镇快速发展。随着城镇化进程的加快，城镇化模式呈现多元化（王凯，2006），区域内的发展由一元走向多元。

第三，制度层面的变革。首先，社会主义市场经济体制的确立和逐步完善，以及分权化（Decentralization）的深入。1994年分税制施行，中央与地方政府的关系从此发生了微妙变化，地方政府开始成为市场化的主体（姜涛，2011）。与过去相比，地方政府发展经济的内在动力大大加强，导致城市之间的竞争加剧、对发展机会和发展资源进行争夺，这些都促使地方政府调动各种手段来寻找发展良策，希望通过城市规划更综合地发挥宏观调控作用。到目前为止，经济增长还是依靠投入来拉动的，在劳动力和资金不算稀缺的情况下，土地资源就是关键，而且也是政府职能转变后政府所能直接掌控的重要资源。因此，如何运用空间规划手段来合理引导、调控和高效组织各类资源，以期在你追我赶的发展中脱颖而出，就成为地方政府必须破解的问题。1998年国家为应对亚洲金融危机，启动了住房制度改革，巨大的房地产内需市场为地方政府利用土地资源谋求发展提供了制度支持。从"十五"计划（2001—2005年）开始，大量由计划制定的指令性指标转变为根据市场发展趋势预测的指导性指标，加之国家投资体制改革的深入和多元化市场主体的形成，都为地方政府的发展提供了更多的自主选择权。这些改革也推动了分权化进程，中央政府放权，地方政府所掌握的自主权也越来越大。其次，对原有"五年计划"和城市规划体系的冲击。传统的"五年计划"由于时限短且对物质空间层面的问题涉入不多，无法解决城市远期发展战略的问题。而在经济快速发展和快速城镇化的刺激下，城市往往呈现迅猛的跳跃式发展。在这种快速发展背景下，传统的总体规划仍然残留着计划经济烙印，缺乏政治、经济、环境等方面的研究，编制办法过于古板教条、成果对多变的环境缺乏应对，难以对地方政府决策起到参谋作用，甚至限制了城市的发展，迫切需要新的规划类型——战略规划正是在此情况下形成的某种突破。最后，行政区划体系的变化。中国目前有很多城市"撤县设区"引起行政区划变更，且个别特区城市随着某些特区政策的淡化和改变，都要寻求新的发展模式。此外，城市区域化与区域城市化趋势要求城市与区域联动发展，而市场经济条件下区域发展的矛盾日益突出，内部协调机制没有健全。

在上述内外背景和多重因素作用下，2000年在吴良镛先生的倡议下，广州市人民政府编制了《广州城市建设总体战略概念规划纲要》，广州成为中国第一个编制战略规划的城市[①]（吕传廷，2010；王磊等，2011；徐泽等，

---

① 也有学者认为大陆最早的战略规划当属1994年上海市政府组织的《迈向二十一世纪的上海》发展战略研究（刘昭吟，等，2013）。

2012）。随后全国 200 多个大中城市纷纷仿效广州开展这一规划研究工作（陈可石等，2013），几乎所有副省级以上城市和大半省会城市都相继完成了城市的战略规划（姜涛，2009），开创了中国城市规划领域的战略规划时代（吕传庭，2010），掀起第一轮战略规划编制高潮（王旭，罗震东，2011；陈定荣等，2011）。这第一波城市战略空间规划编制热潮反映出城市政府管理者和规划者对城市发展的正确战略及有效政策的探索，以及对传统规划编制方法的反思和创新（王伟，赵景华，2013）。

专栏：2000 年《广州城市建设总体战略概念规划纲要》

2000 年，在吴良镛先生的倡议下，广州市人民政府委托中规院、清华大学、同济大学、中山大学、广州规划院等单位进行"广州市总体发展概念规划咨询活动"，开展相关研究，率先进行了城市总体发展战略的研究。

广州战略规划的产生背景为：第一，区域地位与作用下降，随着全球经济一体化，珠三角城市群和沿海开放城市迅速发展，广州受到香港、深圳空前的挑战；第二，市域行政体制变化，2000 年，原花都、番禺撤市改区，使广州市区面积由 1443km^2 扩大到 7434km^2，中心城市的空间结构面临大调整的需要；第三，城市问题日益严重，改革开放 20 年，广州的经济飞速发展，广州的城市也日新月异，但城市题也日渐恶化。

以城市空间拓展为核心是广州 2000 年战略规划的鲜明特点（吕传庭等，2010）。广州战略规划的主要内容为：①空间发展取向上，提出"北抑南拓，东移西调"八字方针；②提出建设"新广州"、重构广州城市空间结构的新构想，即在番禺南沙建设一个 250 万人口的新广州，形成未来珠三角地区新的"区域服务中心"；③提出新的生态发展模式，即组团式的城市布局衬以绿色生态空间；④提出 TOD 发展模式，以珠三角地区为背景构建轨道交通网。

第一波热潮反映出城市政府管理者和规划者对城市发展的正确战略及有效政策的探索，以及对传统规划编制方法的反思和创新（王伟，赵景华，2013）。以提升城市竞争力为核心价值取向（徐泽等，2012）是第一轮战略规划的鲜明特点。也因此它是一种需求导向的、营销导向的规划（沈体雁，2007），这毋庸置疑体现了全球性的新自由主义浪潮在中国的影响。这种价值取向甚至推动了"城市竞争力"在中国的研究热潮，波特的"钻石理论"等国外相关经典理论也在此时被引入中国。

第一轮中国城市战略规划最大的任务是探索新的规划形式。新生的战略规划与传统总体规划的区别在于：第一，总体规划是目标导向，先广泛地获取信息、分析评估，然后选择一个最优方案付诸实施；而战略规划是问题导向，在分析城市发展背景和诊断主要问题的基础上，为城市的长期发展提供空间布局、产业优化、重大基础设施建设以及生态环境保护等方面的综合策略，并为政府行政、城市经营提供合理化建议（吕传廷，等，2003），这也是战略规划对线性的、综合的总体规划的最大革新。第二，其研究内容相对于传统总体规划而言针对性更强，重点研究"对城市未来可持续发展产生重要影响的前瞻性（时间上）的、区域性（空间上）的、战略性（内容上）的、框架性（形式上）的问题"（陈定荣等，2011），摆脱了总规的那种缺乏重点的全覆盖模式（姜涛，2009）。主要类型有两种（邹德慈，2003）：一是大城市战略规划，以经济发展为基础，围绕社会发展、环境保护、人口增长、土地需求、交通运输、空间发展方向、布局形态等问题进行研究，落实到空间结构的形式和资源、要素的优化配置等；一是全面战略与专项战略，参考国外做法、结合中国大城市的实际情况，在城市发展专项如交通、环境、生态，以至特色、形象等领域形成专题战略研究的题目。研究（也可理解为"策划"）在先，规划设计在后。其作用如下（邹德慈，2003）：第一，为城市规划（特别是制订或修编总体规划）提供前期研究，以指导城市规划；第二，为城市政府制定地方规划法规、政策，调整市域内行政区划、进行重大项目决策等提供依据和参考。

关于战略规划的定位主要有三种，一种把战略规划定位为总体规划的前期研究（邹德慈,2003;李晓江,2003）；一种认为战略规划是总体规划的发展方向，应当简化总体规划（张兵，2001）；还有一种观点认为应该形成"战略规划（区域规划）－总体规划"这样的规划体系关系（王磊，等，2011）。第一轮城市战略规划开展 5 年以后的 2005 年，建设部《关于加强城市总体规划修编和审批工作的通知》（建规 [2005]2 号）明确提出"各地在修编城市总体规划前，要组织空间发展战略规划研究，前瞻性地研究城市的定位和空间布局等战略性问题"。表明战略规划"作为总体规划前期研究"的法定地位正在得到确立，这也是第一波战略规划最大的阶段性成果。

同时也应看到，第一轮战略规划由于是各地政府自行出台，带有"自下而上"的突破和尝试性质，所以在空间层面时会突破总规用地的限制，这就对实施造成了障碍。并且，战略规划究竟是一种新的规划模式或"范型"，还是仅仅是一种顺应时势的过渡期产物，尚有争论（张兵，2007）。此外，由于"竞争"是基调，提升竞争力是主要目标，对象城市与其他城市之间的关系是对抗性质的，这一点在第二轮规划当中有了很大转变。

（4）新一轮中国城市战略空间规划

2006 年新版《城市规划编制办法》出台；2008 年《城乡规划法》颁布实施，战略规划迎来发展新契机。新版《编制办法》规定："城市人民政府提出编制城市总体规划前，应当⋯⋯，依据全国城镇体系规划和省域城镇体系规划，着眼区域统筹和城乡统筹，对城市的定位、发展目标、城市功能和空间布局等战略问题进行前瞻性研究"，肯定了"建规 [2005]2 号文件"的内容，明确了战略规划作为城市总体规划前期编制研究的地位。这一举措使得全国涌现出战略规划新一波编制浪潮。

与第一轮战略规划相比，第二轮战略规划编制的背景有很大的变化——中国正由快速增长期进入转型发展期，国家发展战略也开始作重大调整。第二轮规划出现的影响因素有（陈定荣，等，2011；徐泽，等，2012）：首先，外部

环境变化。随着世界金融危机的爆发，中国"出口导向"的经济发展模式面临巨大挑战，构建以"创新"为核心的竞争新优势成为新一轮发展的关键。其次，对区域问题的重视。与 10 年前相比，中央政府的宏观调控进一步增强，主体功能区划得到实施，区域规划受到了前所未有的重视。这使得很多新一轮城市战略规划将争取国家政策的倾斜、落实国家区域战略作为首要任务。第三，城镇化进入新发展阶段。2011 年中国城镇化水平超过 50%，中国正式跨入城市时代。"十二五规划"首次明确将提升城镇化质量作为新阶段的目标，城乡一体化协调发展取代了以城市为重的指导思想。

2007—2009 年，广州市政府又完成了《广州 2020：城市总体发展战略规划》，使广州市成为全国首个建立战略规划定期回顾和修订机制的城市（吕传庭等，2010），同时也开启了全国第二轮城市战略规划编制浪潮，深圳、上海、天津、重庆、宁波、成都等城市也纷纷开始编制新的战略规划。新一轮战略规划热潮中，最大的改变是战略规划不再是一种与城市总体规划相互竞争的手段，而是逐渐成为协调总体规划编制、为总体规划编制提供更广阔思路的手段。这样，两者之间便形成了战略规划为总体规划提供支持、相互协调的促进型关系（王磊，等，2011）。例如新时期广州城乡规划编制体系即将战略规划与总体规划糅合在一起，构建"发展研究（战略规划）—法定规划（总规、控规）—实施计划（近期建设规划、年度规划实施计划）"的联动机制，建立了法定规划与非法定规划相结合的规划编制体系。

此外，在目的、价值取向、着眼点、内容、方法、组织方式、时限、名称上，两轮规划也有较大差别（陈定荣，等，2011；王旭，罗震东，2011；徐泽，等，2012；陈可石，等，2013）。首先，规划的目的已经从第一轮的提升竞争力转变为第二轮的提高城市可持续发展能力，城市之间的博弈由零和变为正和，城市竞争变为城市竞合。因而，规划也从单纯追求经济提升转为注重经济、社会、人口资源、环境的协调发展（杨保军，2007）。从规划的价值取向看，第一轮战略作为"快速增长期的规划"，更强调量的扩张，而第二轮战略作为国家进入转型期的规划，更强调"品质提升"，并且，在国家区域战略下，第二轮战略规划的政策导向性更明显。在着眼点方面，也从单纯的宏观、长远战略转变为长远战略与近中期行动计划的组合。在内容上，第一轮战略规划更多地关注城市的特殊性，针对某些核心问题进行了专题研究，而在第二轮战略规划中，综合性有所提高，将越来越多的城市相关问题（如对环境问题的考量）及其相互之间的联系纳入战略思考的框架中，使得战略规划逐渐成为一个对城市发展提出全方位建议的工具（徐泽等，2012；王旭，罗震东，2011）。在技术方法上，除了第一轮的方法外还积极引入了交叉学科的技术，从静态规划向不确定性导向的动态规划转变（王旭，罗震东，2011）。主要采用的动态方法有情景规划[①]、交叉影响分析等（钱欣，等，2009），显示出对外部环境的不确定性以

---

① 情景规划通过分析影响城市发展的主要不确定性因素及其可能状态，构建在综合要素状态下城市发展的可能情景，对不同情景进行结果模拟及比较分析，继而得出控制性（或引导性）的城市发展策略，为城市发展保留战略性空间，并通过对发展时机的识别，选择相应的空间方案，为城市依据发展时机及发展环境的不同，在不同情景下转换提供可能。

及未来的不可预测性的重视。同时也采取了资源承载力分析法和环境容量分析法，显示出对环境与资源等约束条件的重视（陈定荣等，2011）。在组织方式上，第二轮战略规划加强了规划过程的公众和部门参与。在时限上，第二轮规划一般拉长为 20~30 年，这种中长期发展战略规划是对城市未来更长时段的发展进行的整体性和前瞻性研究。战略规划的名称也发生变化，多以"×城市 20××"为题，反映出纽约、伦敦、墨尔本、芝加哥、法兰克福等国外城市战略规划的影响（见表 11-1）。

部分第二轮城市战略规划概况   表 11-1

城市	战略空间规划名称	时限（年）
北京	北京 2049 空间发展战略研究	2012—2049
广州	广州 2020 城市总体发展战略规划	2010—2020
深圳	深圳 2040 城市发展策略	2010—2040
武汉	武汉 2049 远景发展战略	2013—2049
宁波	宁波 2030 城市发展战略	2010—2030

（资料来源：作者自绘）

第二轮战略规划是面对城市发展语境改变做出积极调整的产物，它既延续了第一轮战略规划的战略性思考，即有策略地对城市资源进行配置，又弥补了第一轮战略规划在综合性、实施性、空间性上的不足，并以一种动态的规划形式呈现。但应该看到，尽管中国战略空间规划的方法、模式在一步步明晰，但至这一轮发展时仍然没有获得法定规划的地位。一个明显的现象即新版《编制办法》要求在总体规划前应做城市发展战略问题的前瞻性研究，然而两年后实施的新版《城乡规划法》并未明确地规定战略规划的法定地位[1]。所以中国的战略规划仍然具有"体制内体系外"的特征——"体制内"指战略规划在很大程度上由国家规划体制内的规划机构承担；而"体系外"是指其非法定规划特性，这使得城市规划预设的规划对象其实并非笼统的"公众"，而是具体的"地方首长"（刘昭吟等，2013）。当然也有学者认为战略规划正因其非法定性而具有法定规划不具有的灵活性和开放性，一旦制度化、法制化，则将失去其特色（王磊，等，2011）。

综上，中国的城市战略空间规划是地方政府在竞争时代的迫切需要，也反映了规划从业者（Planning Practitioner）探索新的规划形式的诉求。从实践角度来说，中国第一轮战略规划是对传统城市总体规划的革新，战略规划获得了一定的法定地位，而第二轮又是对第一轮规划的超越，战略规划与其他法定规划出现互利的趋势。但从研究上而言，目前中国的战略规划尚处于探索阶段，仍是"百家争鸣"的局面。这首先反映在对战略规划认识的不统一，没有编制的定式上。虽然作为一种灵活的规划类型，战略规划的编制及实施不应有

---

[1] 2008 年《规划法》新增的法定规划类型有城镇体系规划，这在本文中属于"广义"战略规划，从某种程度而言战略规划已具备法定地位，但狭义上的城市战略空间规划仍不是法定规划。

固定的模式，而应视具体的情况而定（Albrechts，2006）。而考虑到中国目前分权化趋势以及各省市情况的差异，现有战略规划编制方法有所不同也无可厚非。但不管怎么说，在理论认识上还是应该避免混乱，只有建立了清楚的理论体系框架后，才能更好地指导规划实践的进行。其次，战略规划的不成熟也可反映在战略规划在规划体系中的位置上——战略规划尚未与其他规划形成一个系统的体系。目前中国的各类"规划"林林总总、种类繁多，不同部门都在制定各种等级、各种层次、各种类别的战略规划，与城市战略规划形成了竞争关系[①]。规划不成系统，行业规划多而散（霍兵，2007）已经成为中国规划领域难以治愈的痼疾。本应起到协调各类规划的战略规划其自身法定地位仍不稳固，与其他法定规划的衔接仍不完善，无法发挥其应有的作用。甚至战略规划本身仍被视为总规的政策咨询（王磊，等，2011），是决策者（如市长）做决策时的一个工具，仅仅是"开创了研究城市的新局面"（张兵，2007）。第三，目前中国的战略空间规划实践和相关研究主要停留在城市层面，跨行政边界或者跨区域层次的战略空间规划不足。中国是一个地域广泛的人口大国，同时又面临区域之间发展的严重不平衡，跨区的战略空间规划应该被视为一个有效的缩减地区之间差异的手段。

11.2.3 理论与方法

（1）理论

中国城市战略空间规划并未在理论层面上有所创新，即未提出"规划的理论"（Theory of Planning），而是运用了"规划中的理论"（Theory in Planning），即借鉴和吸收了相关学科的理论。在实践中运用较多的有（杨保军，2006）：

1）全球城市体系理论。这使得研究者无一例外地带有全球视野。

2）城市竞争力理论。这使得产业结构的分析有了深化，同时也扩展到基础竞争力、核心竞争力和环境竞争力的探讨。

3）空间经济学理论。这使得以往城市空间结构的分析有了新的力量，城市产业结构与空间结构的关系开始被发掘，城市空间结构与城市竞争力之间的关系也找到了诠释的途径。

4）空间管制理论。这使得规划向公共政策方向前进了一步。

5）区域协调理论。这使得城市竞争战略有可能走出单纯的对抗竞争陷阱，寻求合作竞争，这既符合区域经济一体化的发展趋势，也符合区域统筹的国家方略（杨保军，2006）。1990年代以来尤其在欧美国家学术界出现了"新区域主义"复兴的景观。新区域主义关注地域的整体性发展，关注经济发展与环境和社会平等的协调，关注具体的空间地域，更倾向于采取一种基于地域的整体性规划战略，主张强化规划的空间维度（仇保兴，2002）。空间规划在变革中很快与新区域主义相结合，并以之作为重要的理论基础（张伟，等，2005）。

另外，在中国进行战略规划编制的主要有外国顾问机构和以中规院为首的

---

① 例如国家发改委与国土资源部也制定相应的区域规划和土地利用规划（国土规划）。随着这些部委的强大，城市规划的作用有下降趋势（杨保军，2010）。

国内规划院两类主体，他们各自主要依据的规划理论与方法不尽相同。其知识体系主要来自管理学科，外国顾问机构擅长以全球化理论、跨国公司理论和公司化经营策略理论来判断一个地区的经济发展，并以国外案例作为空间布局和形态的参照，认为发展的线性轨迹可被复制，以西方大都市和富裕的西方社会代表发展的最高点。而以中规院为首的国内规划院其知识体系主要来自工程性的、物质的城市规划，在战略规划中借用了区域经济、城市化理论、区位理论、SWOT分析模型来界定和回答问题。然而，对规划界产生冲击和反思的不在于采用何种理论，而在于理论背后的价值立场（刘昭吟，等，2013）。

（2）方法

从技术分析方法看，除了通用的SWOT分析方法外，战略规划实践中还运用和发展了以下一些方法：

1）源于企业管理的SWOT分析方法。

2）系统分析方法。系统分析从系统的整体性出发，把事物作为一个整体，通过多种途径，对若干备选方案进行定性分析和定量计算，并对照系统的评价目标，选择出其中的最佳系统方案，帮助决策者作出最佳抉择。系统方法为解决城市空间发展战略研究这类复杂系统问题提供了有效工具（李迅，2004）；

3）区域分析方法。以区域观点来认识城市问题，寻求对策。通过全球、全国、地区等不同尺度的分析，才能准确揭示城市的问题，科学确定未来的定位；

4）基于城市结构理论的结构分析方法。分析内容包括产业结构、城市规模、空间构造、生态网架、交通网络等；

5）动力机制分析。这个方法有助于认清城市空间演进的内在规律，避免对空间现象的认识浮于表面；

6）历史分析。历史对城市的未来发展、对城市空间形态的塑造虽然不是决定性的，但也起着十分重要的作用；

7）目标——途径分析。即由规划师来提出目标，进而向决策者提供战略规划方案，在确立的目标之下，规划师开始寻求达到目标的途径和手段；

8）比较研究。通过对同类城市或地区的历时态、共时态比较研究，有助于吸取经验教训，找准前进方向，这个方法应用也比较广泛；

9）制度分析。一个战略方案能否被采纳，除了经济成本外，还需考虑制度成本，只有在制度环境中权衡，才离操作性更近（杨保军，2006）；

10）多方案方法。多方案备选是规划编制过程中的通常做法，目的是为了让决策者进行选择，做出更合理的决策（张兵，2001）。

中国新一轮战略规划在方法上也有所变化，积极引入了交叉学科的技术，从静态规划向不确定性导向的动态规划转变（王旭，罗震东，2011），采用情景规划、交叉影响分析等方法（钱欣，等，2009）。情景规划通过分析影响城市发展的主要不确定性因素及其可能状态，构建在综合要素状态下城市发展的可能情景，对不同情景进行结果模拟及比较分析，继而得出控制性（或引导性）的城市发展策略，为城市发展保留战略性空间，并通过对发展时机的识别，选择相应的空间方案，为城市依据发展时机及发展环境的不同，在不同情景下转换提供可能。

11.2.4 模式与内容

(1) 目的

根据 ESDP，欧洲"空间规划"的三个基本目标为：经济和社会的和谐、可持续发展以及欧盟各地区之间竞争力的平衡。基于这三个目标，ESDP 进一步认为"空间规划"的核心内容应该包括三个方面：多中心均衡化发展的城市体系、基础设施和知识信息体系均等的可达性以及自然和文化遗产谨慎的管理与发展（钱慧，罗振东，2011）。

中国战略规划目的是在分析城市发展背景和诊断主要问题的基础上，为城市的长期发展提供空间布局、产业优化、重大基础设施建设以及生态环境保护等方面的综合策略，以及为政府行政、城市经营提供合理化建议（吕传廷等，2003）。

(2) 规划主体

西欧的战略规划重视来自公部门、私部门和第三部门的广泛利益相关者，他们成为规划的共同制定者，并在结构及形态上形成一种多中心的权力运作网络。该网络通常没有清晰的边界，却存在着一个核心，而对于那些"地域共同体"的战略规划，这一网络则更接近于一种所谓的"政策网络"。规划主体间竞争关系与互惠合作关系共存，规划师通常扮演协调者角色，协调规划主体对规划客体的关系（姜涛，2009）。

在中国，战略规划的编制大致区分为几个阵营：一为以中规院为首的国内规划院，是中国的职业规划师团体，具有垄断地位，是战略规划市场的主力供应商（刘昭吟等，2013）。因为实践机会丰富，也是战略规划创新的最大来源。二为外国顾问机构，进入中国战略规划市场的背景是中国加入世界贸易组织后的开放境外服务采购，途径主要是概念规划的方案征集（刘昭吟等，2013）。三为高等院校中的规划学者，他们依托规划院的资质，所编制的规划带有更加浓郁的研究性质。在第一轮战略规划时，由于没有既定的"编制方法"约束，且具有很强的实验性质，战略规划编制的套路即使是在"阵营"内部也各不相同。委托方（城市政府）通常会邀请几家单位来参与规划方案的竞标，使城市战略规划编制的市场呈现战国争霸的局面。

(3) 技术流程

城市发展战略规划的技术流程主要有四种类型：① "问题推导型"，一般以"问题→战略"为基本逻辑线索，在城市发展现状上归纳城市发展面临的问题，进而探求解决问题的办法（战略）；② "目标引导型"，一般以"目标→战略"为基本逻辑线索，重点确定城市未来的发展目标，进而提出发展战略；③ "问题目标互动型"，以"问题+目标→战略"为逻辑线索，既注重城市发展问题的归纳，又关注城市发展目标的选择，双向牵引导出城市发展战略；④ "条件归纳型"，主要按照"基础→战略"的逻辑线索，在城市发展的基础和条件分析的基础上，因地制宜地确定发展战略（盛鸣，顾朝林，2005）。"问题目标互动型"目前看来是中国城市战略空间规划的主要流程（杨保军，2003）。结合系统论原理之后该技术流程改进为：问题出发→目标导向→方案抉择→措施支撑→论证评价→战略决策（李迅，2004）。此外，基于系统论原理的城市空间发展战略研究的技术流程：问题出发→目标导向→方案抉择→措施支撑→论证评价→战略决策（李迅，2008）。

（4）内容

西欧的战略空间规划在规划内容（或规划客体）上强调社会公正与环境品质的规划目标，与经济竞争目标并重甚至更重，并以愿景的方式加以表达；出现明显的"空间转向"，尤其表现在积极回应当代关系地理学对空间和场所的重新认识上，以及大力倡导以规划图为核心表达手段的复兴上；出现明显的"制度转向"，认为战略规划作为一种强化制度资本和行动力的社会过程，其无形成果的意义和影响甚至超过有形成果（姜涛，2009）。

中国城市战略规划的主要内容一般为（邹德慈，2003）：

1）以经济发展为基础，围绕社会发展、环境保护、人口增长、土地需求、交通运输、空间发展方向、布局形态等问题进行研究，落实到空间结构的形式和资源、要素的优化配置等。这部分内容适合大城市编制战略规划；

2）全面战略与专项战略。参考国外做法、结合我国大城市的实际情况，可以在城市发展专项如交通、环境、生态，以至特色、形象等领域形成专题战略研究的题目。研究（也可理解为"策划"）在先，规划设计在后是一种好的方法；

3）时限、时序与目标。时序的划分便于分阶段地实施战略并对过程进行监控，也便于在进入下一阶段前作必要的调适，使运行良性正常。目标既是战略规划的前提，也是战略研究的结果。

■ 习　题

1. 广义的和狭义的战略规划各指什么？
2. 中国的战略规划经过了哪几轮发展？每一轮的特征是什么？
3. 城市战略空间规划中常用的理论有哪些？

■ 参考文献

[1] Albrechts L. Strategic (Spatial) planning revisited[J]. Environment and Planning B：Planning & Design，2004，31（5）：743−758.

[2] Albrechts L. Shifts in strategic spatial planning? Some evidence from Europe and Australia[J]. Environment and Planning A，2006，38（6），1149.

[3] Albrechts L.，Healey P，Kunzmann K. R. Strategic spatial planning and regional governance in Europe[J]. Journal of the American Planning Association，2003，69（2），113−129.

[4] Albrechts L. 候丽译．对空间战略规划的重新审视[J]. 国外城市规划，2003，18（6）：66−70.

[5] Bryson J. M，Einsweiler R.C. Strategic planning：threatens and opportunities for planners[M]. Washington DC：American Planning Association，1988.

[6] CEC. European spatial development perspective : towards balanced and sustainable development of the territory of the European Union[R]. Luxembourg : European Commission, 1999.

[7] Duan J. Proposal on national comprehensive spatial planning in 12th national five-year plan period[J]. City Planning Review, 2011, 35 (3) : 9-11.

[8] Friedmann J. Strategic spatial planning and the longer range[J]. Planning Theory & Practice, 2004, 5 (1), 49-67.

[9] Hall P. Urban and regional planning, 4th edition[M]. London and New York : Routledge, 2002.

[10] Healey P. Collaborative planning[M]. Hampshire : Macmillan Press Ltd, 1997.

[11] Healey P. The treatment of space and place in the new strategic spatial planning in Europe[J]. International Journal of Urban and Regional Research, 2004, 28 (1) : 45-67.

[12] Healey P, Khakee A et al. Making strategic spatial plans : innovation in europe[M]. London : UCL Press Limited, 1997.

[13] Kaufman J. L Jacobs H. M. A public planning perspective on strategic planning[J]. Journal of American Planning Association, 1987, 53 (1) : 21-31.

[14] Lu C. T, Wu C, Huang D. X. From concept planning to structural planning : review and innovation of strategic plan of Guangzhou[J]. City Planning Review, 2010, 34 (3) : 17-24.

[15] Mastop H. National planning, new institutions for integration[A]. Paper for the XII AESOP Congress, Aveiro, Portugal, 1998 : 22-25.

[16] Perloff H. Planning and the post-industrial city[M]. Planners Press, Chicago, 1980.

[17] Salet W, Thornley A, Kreukels A. Institutional and spatial coordination in European metropolitan regions[A] // Salet W, Thornley A and Kreukels A eds. Metropolitan governance and spatial planning : comparative case studies of European city-regions[C]. London and New York : Spon Press, 2003 : 3-19.

[18] Sartorio F. S. Strategic spatial planning : a historical review of approaches, its recent revival, and an overview of the state of the art in Italy[J]. The Planning Review, 2005, 41 (1) : 26-40.

[19] Sykes O, Motte A. Examining the relationship between transnational and national spatial planning : French and British planning and the European Spatial Development Perspective[A] // Booth P, Breuillard M, Fraser C, Paris D Eds. Spatial planning systems of Britain and France : A comparative analysis[C]. London : Routledge, 2007 : 99-118.

[20] Vigar G, Healey P, Hull A et al. Planning, Governance and spatial strategy in Britain : an institutional analysis[C]. Hampshire : Macmillan Press Ltd., 2000.

[21] Webster. Webster's seventh new collegiate dictionary[M]. Springfield : Merriam Co., 1970.

[22] 陈定荣，蒋伶，程茂吉. 转型期城市战略研究新思维 [J]. 城市规划，2011，35（s1）：148-151.

[23] 陈可石，杨瑞，钱云. 国内外比较视角下的我国城市中长期发展战略规划探索 [J]. 城市发展研究，2013，20（11）：32-40.

[24] 霍兵. 中国战略空间规划的复兴和创新 [J]. 城市规划，2007，31（8）：19-29.

[25] 姜涛. 中国空间战略性规划的未来发展方向——从一个中外比较研究的视角 [J]. 城市规划，2009，33（8）：80-86.

[26] 李晓江. 关于"城市空间发展战略研究"的思考 [J]. 城市规划，2003，27（2）：28-34.

[27] 李迅. 基于系统方法的城市空间发展战略——以《深圳 2030 城市发展策略》为例 [J]. 城市规划，2004，28（10）：44-48.

[28] 刘昭吟，林德福，潘陶. 战略规划意义之两岸比较 [J]. 国际城市规划，2013，28（4）：37-42.

[29] 吕传庭. 从概念规划走向结构规划——广州战略规划的回顾与创新 [J]. 城市规划，2010，34（3）：17-24.

[30] 吕传廷，吴超，严明昆. 探索以实施为导向、以公共政策为引导手段的战略规划——以《广州 2020：城市总体发展战略规划》为例 [J]. 城市规划学刊，2010，（4）：5-14.

[31] 钱慧，罗震东. 欧盟"空间规划"的兴起、理念及启示 [J]. 国际城市规划，2011，26（3）：66-71.

[32] 钱欣，王德，孙烨. 交叉影响分析在战略规划决策研究中的应用——以 TM 软件在南京战略规划研究应用为例 [J]. 城市规划学刊，2009，（2）：69-74.

[33] 仇保兴. 从法治的原则来看《城市规划法》的缺陷 [J]. 城市规划，2002，26（4）：11-14.

[34] 沈体雁. 发言 [A] // 李晓江，杨保军. 战略规划 [J]. 城市规划，2007，31（1）：44-56.

[35] 盛鸣，顾朝林. 关于我国城市发展战略规划技术流程的思考 [J]. 城市规划，2005，29（2）：46-51.

[36] 王凯. 50 年来我国城镇空间结构的四次转变 [J]. 城市规划，2006，30（12）：9-14，86.

[37] 王凯. 从广州到杭州：战略规划浮出水面 [J]. 城市规划，2002，26（6）：58-62.

[38] 王磊，马赤宇，胡继元. 战略规划的认识与思考——基于不同发展形势下的战略规划取向. 城市发展研究，2011，18（6）：7-12.

[39] 王伟，赵景华. 新世纪全球大城市发展战略关注重点与转型启示——基于 15 个城市发展战略文本梳理评析 [J]. 城市发展研究，2013，20（1）：1-8.

[40] 王旭，罗震东. 转型重构语境中的中国城市发展战略规划的演进 [J]. 规划师，2011，27（7）：84-88.

[41] 吴良镛，吴维佳. 北京 2049 空间发展战略研究 [J]. 北京：清华大学出版社，2012.

[42] 徐泽，张云峰，徐颖. 战略规划十年回顾与展望——以宁波 2030 城市发展战略为例. 城市规划 [J]，2012，36（8）：73-79，86.

[43] 杨保军. 城市规划 30 年回顾与展望 [J]. 城市规划学刊，2010，（1）：14-23.

[44] 杨保军. 对战略规划的若干认识 [A] // 中国城市规划设计研究院. 战略规划 [C]. 北京：中国建筑工业出版社，2006.

[45] 李晓江，杨保军．战略规划 [J]．城市规划，2007，31（1）：44-56．

[46] 张兵．敢问路在何方——战略规划的产生、发展与未来 [J]．城市规划，2002，26（6）：63-68．

[47] 张兵．关于"概念规划"方法的初步研究——以"广州城市总体发展概念规划"实践为例 [J]．城市规划，2001，25（3）：53-57．

[48] 张纯，贺灿飞．大都市圈与空间规划：国际经验 [J]．国际城市规划，2010，25（4）：85-91．

[49] 张伟，刘毅，刘洋．国外空间规划研究与实践的新动向及对我国的启示 [J]．地理科学进展，2005，24（3）：79-90．

[50] 赵燕菁．探索新的范型：概念规划的理论与方法 [J]．城市规划，2001，25（3）：38-52．

[51] 邹德慈．审时度势，统筹全局，图谋致远，开拓进取——谈战略规划的若干问题 [J]．城市规划，2003，26（1）：17-18．

后 记

　　越来越多的人在城市空间中生活，人们在此经历着喜怒哀乐，或心怀寄翼，或失望落魄。幸运者可能在天时地利人和的基础上实现雄才伟略，失败者也许就在下一个火红晚霞之前，一切前功尽弃。这些都发生于城市空间。

　　群居习性导致了人类聚集于城市，人们期待着城市能为各自带来更多的机会和选择，具有高密度人群特征的城市空间自然承载着各种行为的丰富性，技术的发展和资本的逐利使城市空间密度的持续提高成为现实。人们一方面痛恨着污染、拥堵和紧张的城市病症状，一方面却不愿远离城市、脱离其带来的便捷并摆脱其诱惑。犹如一辆几近满载的公交车，车上的人抱怨着还在上车的人带来的麻烦，车下的人却仍要不辞辛劳去获取坐车的机会。大家都会提出各自的改善这辆"公交车"的建议，车改大一些、改成双层的、去掉一些座位、门开多一些……可一旦大家都下了车，还会说要这么多车实在是浪费资源。由是，各种动机和行为集中在有限的城市空间中，每个个体都希望自己的意见成为他人的共识。由此形成了民意，由此形成了学说。

　　学者期望着城市空间能够容纳人们在城市中的行为，用更科学和富有智慧的规划方式避免障碍和冲突，更有效地满足城市人群的意愿。教材中展现的不同专业背景的学者聚焦于城市空间的研究，说明了行为与空间的互动性。他们从物质、精神和社会角度理解空间以及城市空间，并以此为出发点从各个学科维度进一步解析城市空间。在此基础上，为了最终能够从设计的角度营造、改造和塑造空间，他们尽可能系统地引介了与城市空间发展相关的理论与技术方法，讨论了其发展机制、分析了其发展模式，最终落实到从宏观与中观层面对城市空间的设计与调控上来。他们冀望这本教材能够有助于引发学生、学者、设计者、管理者以及对城市空间感兴趣的人对其发展与设计的更好、更新、更全面地理解。

　　人们立足于自身在城市中的角色提出对城市空间的需求，并借助制度和权力保持或改变城市空间；在城市空间的限定下，城市行为获得伸张或制约，日积月累后演化成城市场景与文化。虽然城市空间从来未能营造出交口称赞的乐园，但其日益增长的丰富性还是为人类全球性的城市化添加了特有的精彩。那些可全天候进行各类舒适的办公和学习活动的场所最有希望激发科技文化的创新性和感召力；同样，那些简陋破败的城中村也许也能够为一位依靠奋斗而成功的英雄提供必要的逆境。

　　对更好的城市空间的期待助推了城市空间学科的发展。如同人们在幼童年代摆弄搭积木游戏时的憧憬心态——根据当时的目的和心境搭出一种形式，搭完后成功的喜悦达到顶峰，随之而来的是习以为常和兴奋消退。一旦新的动机和心境浮现，就巴望着眼前搭好的这堆积木能够推倒重来。受益于人们思想和动机的活跃性和能动性，关于城市空间的研究必将更加丰富多彩。这本教材的编写过程使我们经历了学习和反思，城市空间应该无所不容。

编者于 2017 年 9 月